高职高专机电系列教材

数控加工编程与应用

孙翰英　盛新勇　才　智　编著

清华大学出版社
北京

内 容 简 介

全书共分两篇：第一篇为数控车削加工编程与应用，主要内容包括数控车床操作基础、数控车削加工阶梯轴类零件、数控车削加工盘套类零件、数控车削加工螺纹类零件、数控车削加工组合件与非圆曲线轴；第二篇为数控铣削加工编程与应用，主要内容包括数控铣床及加工中心操作基础、数控铣削加工平面类零件、数控铣削加工轮廓及孔类零件、数控铣削加工槽与型腔类零件等。

本书注重实际应用，内容精练，可作为高职高专院校数控技术、模具制造及其他机械制造类专业、机电一体化技术专业的教材，也可作为普通高等院校师生及有关工程技术人员的参考用书。

图书在版编目(CIP)数据

数控加工编程与应用/孙翰英，盛新勇，才智编著. —北京：清华大学出版社，2021.7（2025.2重印）
高职高专机电系列教材
ISBN 978-7-302-58727-9

Ⅰ. ①数… Ⅱ. ①孙… ②盛… ③才… Ⅲ. ①数控机床—程序设计—高等职业教育—教材 ②数控机床—操作—高等职业教育—教材 Ⅳ. ①TG659

中国版本图书馆 CIP 数据核字(2021)第 142744 号

责任编辑：陈冬梅 杨作梅
封面设计：陆靖雯
责任校对：周剑云
责任印制：从怀宇
出版发行：清华大学出版社
网 址：https://www.tup.com.cn, https://www.wqxuetang.com
地 址：北京清华大学学研大厦 A 座 邮 编：100084
社 总 机：010-83470000 邮 购：010-62786544
投稿与读者服务：010-62776969, c-service@tup.tsinghua.edu.cn
质量反馈：010-62772015, zhiliang@tup.tsinghua.edu.cn
课件下载：https://www.tup.com.cn,010-62791865
印 装 者：三河市君旺印务有限公司
经 销：全国新华书店
开 本：185mm×260mm 印 张：22.75 字 数：553 千字
版 次：2021 年 8 月第 1 版 印 次：2025 年 2 月第 2 次印刷
印 数：1501 ～2000
定 价：69.00 元

产品编号：085988-01

前　言

自 20 世纪 50 年代第一台数控机床问世以来，机械制造技术的发展便出现了日新月异的局面，成为当今先进制造技术的核心。随着现代制造技术对机械零件加工工艺、技术、精度等的要求越来越高，数控机床已经成为现代制造业中的关键设备。因此，利用数控机床进行零件的加工已成为数控技术专业重要的核心课程之一。

本书在编写过程中，主要遵循以下编写原则。

(1) 贯彻先进的高职教育理念，基于工作过程的课程观，倡导从生产实际的需要出发，强调高新技术条件下与工作过程有关的隐性知识——经验的重要地位。

(2) 充分吸收高等职业院校在培养高等技术应用型人才方面取得的成功经验和教学成果，从职业(岗位)入手，构建培养计划，确定本课程的教学目标。

(3) 以国家职业标准为依据，使内容涵盖国家职业标准的相关要求。

(4) 以培养学生职业能力为主线，以相关知识为基础，以行动为导向，强调学科体系知识不应通过灌输而应由学生在学习过程的“行动”中自我建构而获得，较好地处理了理论教学与技能训练的关系，切实落实“教、学、做”一体化的教学模式。

本书由孙翰英、盛新勇、才智编著。其中，第 1 章、第 3 章、第 4 章、第 6 章由孙翰英编写，第 5 章、第 7 章、第 9 章由盛新勇编写，第 2 章、第 8 章由才智编写。全书由孙翰英负责统稿。

本书注重实际应用，内容精练，可作为高职高专院校数控技术、模具制造及其他机械制造类专业、机电一体化技术专业的教材，也可作为普通高等院校师生及有关工程技术人员的参考用书。

本书在编写过程中得到了有关企业领导和企业一线技术人员的大力支持，书中引用了有关著作的一些珍贵资料，在此一并表示感谢！

限于编者的水平和经验，书中难免有疏漏之处，敬请广大读者批评指正，以便修订时改进。

编　者

目　录

第一篇　数控车削加工编程与应用

第一篇

数控车削加工编程与应用

第 1 章　FANUC 0i 系统数控车床操作基础

本章要点

- 数控车床的基本结构。
- 数控车床的基本组成部分及作用。
- 数控车床的安全操作规程。
- 数控车床的基本操作方法。
- 数控车床的日常维护与保养。

1.1　数控车床概述

1.1.1　数控车床的基本结构

数控车床由车床主体、控制部分、驱动部分、辅助部分等组成。

1. 车床主体

车床主体部分是数控车床的基础件，由床身、主轴箱与主轴部件、进给箱与滚珠丝杠、导轨、刀架、尾座等组成。

数控车床的床身结构和导轨有多种形式，主要有水平床身、倾斜床身、水平床身斜滑鞍等。中、小规格的数控车床采用倾斜床身和水平床身斜滑鞍较多。倾斜床身多采用 30°、45°、60°、75° 和 90° 角，常用的有 45°、60° 和 75° 角。大型数控车床和小型精密数控车床采用水平床身较多。

数控车床的主传动系统一般采用直流或交流无级调速电动机，通过皮带传动，带动主轴旋转，实现自动无级调速及恒切速度控制。主轴组件是机床实现旋转运动的执行部件。横向进给传动系统是带动刀架做横向(*X* 轴)移动的装置，它控制工件的径向尺寸。纵向进给装置是带动刀架作轴向(*Z* 轴)移动的装置，它控制工件的轴向尺寸。

数控车床的刀架分为两大类，即转塔式和排刀式刀架。转塔式刀架通过转塔头的旋转、分度、定位来实现机床的自动换刀工作。排刀式刀架主要用于小型数控车床，适用于短轴或套类零件加工。

2. 控制部分

控制部分是数控车床的控制核心，由各种数控系统完成对数控车床的控制。常用数控系统有 FANUC 数控系统、SIEMENS 数控系统、FAGOR 数控系统、HEIDENHAIN 数控系统、GSK 数控系统、华中数控系统、KND 数控系统等。

3. 驱动部分

驱动部分是数控车床执行机构的驱动部件，由伺服驱动装置和伺服电动机等组成。伺服驱动装置是数控装置和机床主机之间的连接环节，接受数控装置生成的进给信号，经放大驱动主机的执行机构，实现机床运动。

4．辅助部分

辅助部分是数控车床完成加工辅助动作的装置，由液压系统、冷却系统、润滑系统、照明系统、自动排屑系统、防护罩等组成。

1.1.2 机床参数

数控车床的主要技术参数有：最大回转直径，最大车削直径，最大车削长度，最大棒料尺寸，主轴转速范围，*X*、*Z* 轴行程，*X*、*Z* 轴快速移动速度，定位精度，重复定位精度，刀架行程，刀位数，刀具装夹尺寸，主轴头型式，主轴电机功率，进给伺服电机功率，尾座行程，卡盘尺寸，机床重量，轮廓尺寸(长×宽×高)等。

1.1.3 工艺范围

数控车床主要用于轴类或盘类零件的内外圆柱面、任意角度的内外圆锥面、复杂回转内外曲面和圆柱、圆锥螺纹等的切削加工，并能进行切槽、钻孔、扩孔、铰孔及镗孔等。

1.2 数控车床的文明生产和安全操作规程

1.2.1 数控车床的文明生产

文明生产是现代企业制度的一项十分重要的内容，而数控加工是一种先进的加工方法。操作者除了要掌握数控机床的性能并管好、用好和维护好数控机床外，还必须养成文明生产的良好工作习惯和严谨的工作作风，应具有较好的职业素质、较高的责任心和良好的合作精神。

1.2.2 数控车床的安全操作规程

数控车床的生产操作一定要做到规范，以避免发生人身、设备、刀具等的安全事故。

1．安全操作基本注意事项

(1) 工作时需穿好工作服、安全鞋，戴好工作帽及防护镜，不允许戴手套操作机床。

(2) 注意不要移动或损坏安装在机床上的警告标牌。

(3) 注意不要在机床周围放置障碍物，工作空间应足够大。

(4) 某一项工作如果需要两人或多人共同完成时，应注意相互间的协调一致。

(5) 不允许采用压缩空气清洗机床、电气柜及 NC 单元。

2．操作前的准备工作

(1) 仔细阅读交接班记录，了解上一班机床的运转情况和存在的问题。

(2) 检查机床、工作台、导轨以及各主要滑动面，如有障碍物、工具、铁屑、杂质等，

必须清理，擦拭干净后上油。

(3) 检查工作台、导轨及主要滑动面有无新的拉、研、碰伤，若有，应通知班组长或设备管理员一起查看，并做好记录。

(4) 检查安全防护、制动(止动)、限位和换向等装置是否齐全完好。

(5) 检查机械、液压、气动等操作手柄、阀门和开关等是否处于非工作位置。

(6) 检查各刀架是否处于非工作位置。

(7) 检查电气配电箱是否关闭牢靠，电气接地是否良好。

(8) 检查润滑系统储油部位的油量是否符合规定且封闭良好。油标、油窗、油杯、油嘴、油线、油毡、油管和分油器等应齐全完好，并安装正确。按润滑指示图表的规定做人工加油或机动(手拉)泵打油，查看是否来油。

(9) 停车一个班以上的机床应按照说明书规定及液体静压装置使用规定的开车程序和要求，做空转试车 3～5min，并进行以下检查。

① 操纵手柄、阀门、开关等是否灵活、准确、可靠。

② 安全防护、制动(止动)、联锁、夹紧机构等装置是否起作用。

③ 校对机构运动是否有足够行程，调正并固定限位、定程挡铁和换向碰块等。

④ 机动泵或手拉泵润滑的部位是否有油，润滑是否良好。

⑤ 机械、液压、静压、气动、靠模、仿形等装置的动作、工作循环、温升和声音等是否正常，压力(液压、气压)是否符合规定。

3. 机床操作过程中的安全操作

(1) 当手动操作机床时，要确定刀具和工件的当前位置，并保证正确指定了运动轴、方向和进给速度。

(2) 机床通电后，务必先执行手动返回参考点操作。如果机床没有执行手动返回参考点操作，机床的运动将不可预料。

(3) 在手摇脉冲发生器进给时，一定要选择正确的进给倍率，过大的进给倍率容易使刀具或机床损坏。

(4) 手动干预、机床锁住或镜像操作都可能移动工件坐标系，用程序控制机床前，需要先确认工作坐标系。

(5) 在空运行期间，机床以空运行的进给速度运行，这与程序输入的进给速度不一样，并且空运行的进给速度要比编程用的进给速度快得多。

(6) 自动运行。机床在自动执行程序时，操作人员不得撤离岗位，要密切注意机床、刀具的工作状况，根据实际加工情况调整加工参数。一旦发现意外情况，应立即停止机床动作。

4. 与编程相关的安全操作

(1) 如果没有设置正确的坐标系，尽管指令是正确的，机床也可能不会按想象的动作运动。

(2) 在编程过程中，一定要注意国际单位制/英制的转换，使用的单位制式一定要与机床当前使用的单位制式相同。

(3) 回转轴的功能。当编制极坐标插补或法线方向(垂直)控制时，需特别注意回转轴的转速。回转轴的转速不能过高，如果工件安装不牢，会由于离心力过大而甩出工件，从而引起事故。

(4) 刀具补偿功能。在补偿功能模式下，发生基于机床坐标系的运动命令或参考点返回命令，补偿就会暂时取消，这可能会导致机床有不可预想的运动。

5. 工作完成后的注意事项

(1) 清除切屑、擦拭机床，使机床与环境保持清洁状态。

(2) 注意检查或更换磨损坏的机床导轨上的油擦板。

(3) 检查润滑油、冷却液的状态，及时添加或更换。

(4) 依次关掉机床操作面板上的电源和总电源。

1.3 数控车床的日常维护与保养

1.3.1 日常保养的内容和要求

1. 外观保养

(1) 擦拭机床表面，下班后，所有的加工面均抹上机油防锈。

(2) 清除切屑(内、外)。

(3) 检查机床内外有无磕、碰、拉伤现象。

2. 主轴部分

(1) 检查液压夹具的运转情况。

(2) 检查主轴的运转情况。

3. 润滑部分

(1) 检查各润滑油箱的油量。

(2) 各手动加油点按规定加油，并旋转滤油器。

4. 尾座部分

(1) 每周一次移动尾座，清理底面和导轨。

(2) 每周一次拿下顶尖，清理锥孔。

5. 电气部分

(1) 检查三色灯、开关。

(2) 检查操纵板上各部分所处位置。

6. 其他部分

(1) 液压系统应无滴油、发热现象。

(2) 切削液系统工作正常。

(3) 工件排列整齐。

(4) 清理机床周围，达到清洁。

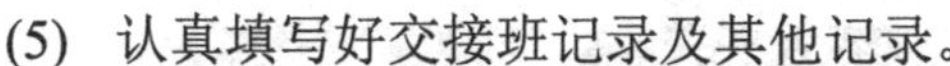

(5) 认真填写好交接班记录及其他记录。

1.3.2 定期保养的内容和要求

1. 外观部分

清除各部件切屑、油垢，做到无死角，保持机床内外清洁、无锈蚀。

2. 液压及切削油箱

(1) 清洗滤油器。

(2) 油管要畅通，油窗要明亮。

(3) 液压站无油垢、灰尘。

(4) 切削油箱内加 5～10CC 防腐剂(夏天 10CC，其他季节 5～6CC)。

3. 机床本体及清屑器

(1) 卸下刀架尾座的挡屑板，并清洗。

(2) 扫清清屑器上的残余金属切屑，每 3～6 个月(根据工作量大小)卸下清屑器，清扫机床内部。

(3) 扫清回转刀架上的全部金属切屑。

4. 润滑部分

(1) 各润滑油管要畅通无阻。

(2) 给各润滑点加油，并检查油箱内有无沉淀物。

(3) 试验自动加油器的可靠性。

(4) 每月用纱布擦拭读带机各部位，每半年对各运转点至少润滑一次。

(5) 每周检查一次滤油器是否干净，若较脏，必须洗净，每次清洗的时间间隔最长不能超过一个月。

5. 电气部分

(1) 对电机碳刷每年要检查一次(维修电工负责)，如果不合要求者，应立即更换。

(2) 热交换器每年至少检查并清理一次。

(3) 擦拭电气箱内外，要做到清洁无油垢、无灰尘。

(4) 各接触点良好，不漏电。

(5) 各开关按钮灵敏可靠。

1.4 数控车床的基本操作

1.4.1 FANUC 0i 系统数控车床面板介绍

1. MDI 和 CRT 面板

MDI 和 CRT 面板的界面如图 1-1 所示，MDI 软键的功能如表 1-1 所示。

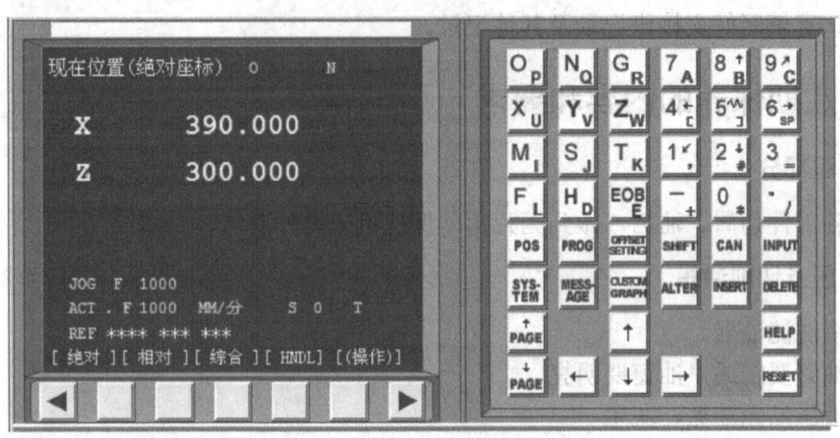

图 1-1 MDI 和 CRT 面板的界面

表 1-1 MDI 软键的功能

MDI 软键	功 能
↑PAGE ↓PAGE	软键↑PAGE实现左侧 CRT 中显示内容的向上翻页；软键↓PAGE实现左侧 CRT 显示内容的向下翻页
↑ ← ↓ →	移动 CRT 中的光标位置。软键↑实现光标的向上移动；软键↓实现光标的向下移动；软键←实现光标的向左移动；软键→实现光标的向右移动
O P N Q G R X U Y V Z W M I S J T K F L H D EOB E	实现字符的输入。按软键SHIFT(Shift)后再按字符键，将输入右下角的字符。例如：按软键O P，将在 CRT 的光标所在位置输入“O”字符，按软键SHIFT(Shift)后再按软键O P，将在光标所处位置输入 P 字符；软键EOB E中的 EOB 用于输入“;”号，表示换行结束
7 A 8 B 9 C 4 [5] 6 SP 1 , 2 # 3 = - + 0 * . /	实现字符的输入。例如：按软键5]将在光标所在位置输入字符“5”，按软键SHIFT(Shift)后再按软键5]，将在光标所在位置输入字符“]”
POS	调用机床当前位置、速度、监控等显示信息
PROG	显示、编辑、检查程序；显示文件目录、任务单操作等
OFFSET SETTING	CRT 将进入参数补偿显示界面
SYS-TEM	访问参数系统、诊断系统，进行 PMC 程序监控，波形诊断
MESS-AGE	查询报警信息、操作信息等
CUSTOM GRAPH	在自动运行状态下将数控显示切换至轨迹模式
SHIFT	用于输入同一键盘上有两个符号的顶部字符
CAN	删除当前光标位置的前一个字符
INPUT	将数据域中的数据输入指定的区域
ALTER	字符替换
INSERT	将输入域中的内容输入指定区域

续表

MDI 软键	功　能
DELETE	删除当前光标位置的命令或数据
HELP	查询报警、操作、参数等的帮助信息
RESET	机床复位

2. 机床控制面板

机床控制面板的界面如图 1-2 所示，面板控制键的功能如表 1-2 所示。

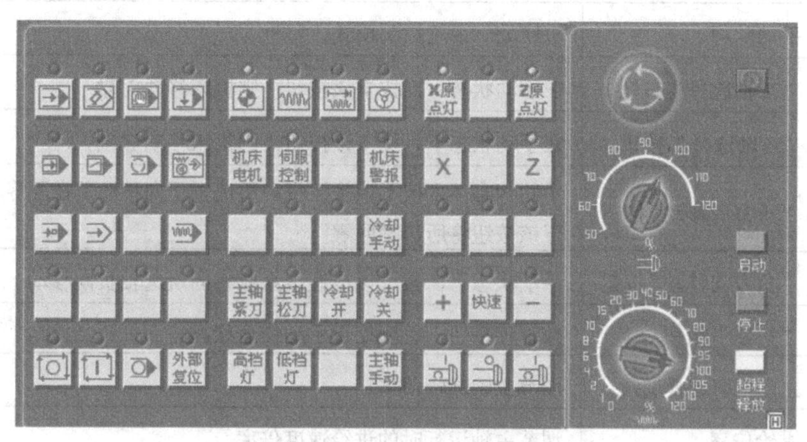

图 1-2　机床控制面板的界面

表 1-2　机床控制面板控制键的功能

按　钮	名　称	功能说明
	自动运行	此按钮被按下后，系统将进入自动加工模式
	编辑	此按钮被按下后，系统将进入程序编辑状态，可以直接通过操作面板输入数控程序和编辑程序
	MDI	此按钮被按下后，系统进入 MDI 模式，手动输入并执行指令
	远程执行	此按钮被按下后，系统进入远程执行模式，即 DNC 模式，输入/输出资料
	单节	此按钮被按下后，运行程序时每次执行一条数控指令
	单节忽略	此按钮被按下后，数控程序中的注释符号“/”有效
	选择性停止	此按钮被按下后，M01 代码有效
	机械锁定	此按钮被按下后，将锁定机床
	试运行	此按钮被按下后，机床将进入空运行状态
	进给保持	在程序运行过程中，按下此按钮，程序运行暂停；按“循环启动”按钮，则恢复运行

续表

按 钮	名 称	功能说明
	循环启动	程序运行开始。系统处于“自动运行”或 MDI 位置时按下有效，其余模式下使用无效
	循环停止	程序运行停止，在数控程序运行中，按下此按钮停止程序运行
	回原点	机床处于回零模式。机床必须首先执行回零操作，然后才可以运行
	手动	机床处于手动模式，可以手动连续移动
	手动脉冲	机床处于手动控制模式下的增量进给
	手动脉冲	机床处于手轮控制模式
X	“X 轴选择”按钮	在手动状态下，按下该按钮，则机床移动 X 轴
Z	“Z 轴选择”按钮	在手动状态下，按下该按钮，则机床移动 Z 轴
+	“正方向移动”按钮	手动状态下，按下该按钮将向所选轴正向移动。在回零状态时，按下该按钮将所选轴回零
-	“负方向移动”按钮	手动状态下，按下该按钮，系统将向所选轴负向移动
快速	“快速”按钮	按下该按钮，机床处于手动快速状态
	主轴倍率选择旋钮	调节主轴旋转倍率
	进给倍率	调节主轴运行时的进给速度倍率
	“急停”按钮	按下此按钮，机床移动将立即停止，并且所有的输出(如主轴的转动等)都会关闭
超程释放	超程释放	系统超程释放
	“主轴控制”按钮	从左至右分别为：正转、停止、反转
	手轮轴选择旋钮	手轮控制模式下，通过旋钮来选择进给轴
	手轮进给倍率旋钮	手轮控制模式下，通过旋钮来调节手轮步长。X1、X10、X100 分别代表移动量为 0.001mm、0.01mm、0.1mm
	手轮	转动手轮调节进给
启动	启动	启动控制系统
停止	关闭	关闭控制系统

1.4.2 有关基本操作的警告及注意

1. 紧急停止

(1) 当数控车床出现异常情况时，应立即按下机床操作面板上的紧急停止按钮，此时机床立即停止移动。

(2) 按下紧急停止按钮后，机床被锁住，解除方法是按箭头方向旋转按钮。

(3) 紧急停止时就切断了电机的电源。

(4) 解除紧急停止前，一定要排除不正常因素。

2. 超程

当刀具超越机床限位开关限定的行程范围或者进入由参数指定的禁止区域时，CRT 将显示“超程”报警，并且刀具减速停止，此时可手动将刀具移向安全的方向，然后按复位按钮解除报警。

3. 保护区的软限位

数控车床必须对刀架的移动范围进行限制，通过设定参数的方法来进行限位称为软限位，方法如下。

(1) 设定刀具的移动范围。按机床数据设定刀具的矩形移动范围，该矩形框外部为刀具的禁区。

(2) 限位。用参数(NO.700，701，704，705)来设定限制范围，限制范围的外侧面禁止区一般由机床厂家设定，也可以进行修改。

4. 保护区的硬限位

利用行程开关限制刀架移动范围的方法称为硬限位，具体方法如下。

(1) 先调 *Z* 方向的限位固定挡块的位置：按加工的标准位置装好刀具，在 *Z* 方向移动刀架位置，当刀尖离卡盘右端面大约 1mm 时停止，然后调整好挡块的位置。

(2) 再调 *X* 方向的限位固定挡块的位置：按加工的标准位置装好刀具，在 *X* 方向移动刀架位置，当刀尖超过卡盘旋转中心大约 1mm 时停止，然后调整好挡块的位置。

5. 报警处理

机床不能运转时，请按以下步骤进行检查。

(1) 在 CRT 上显示错误代码时：若显示错误代码，需按维修手册查找原因；若错误代码有“PS”二字，则一定是程序或设定数据的错误，需修改程序或设定的数据。

(2) 在 CRT 上没有显示错误代码时：此时可能是由于机床执行了一些故障操作，需参照“维修手册”有关说明进行处理。

知识链接

1. 企业 6S 管理

1S 整理(Seiri)：①对自己的工作场所(范围)全面检查，包括看得到和看不到的；②将不要的物品清除出工作场所；③每日自我检查。

2S 整顿(Seiton)：①需要的物品明确放置场所；②摆放整齐、有条不紊；③地板划线定位；④场所、物品标示。

3S 清扫(Seiso)：①建立清扫责任区(室内、外)；②执行例行扫除，清理脏污；③建立清扫基准作为规范；④每周一次实训场地的大清扫，清洗干净每个地方。

4S 清洁(Seiketsu)：①落实前 3S 工作；②制定目视管理的基准；③制定 5S 实施办法；④制定考评、稽核方法；⑤制定奖惩制度，加强执行；⑥实训教师经常带头巡查，带动全员重视 5S 活动。

5S 素养(Shitsuke)：①制定服装、工作帽等识别标准；②制定实训场地有关规则、规定；③推动各种激励活动，遵守规章制度。

6S 安全(Security)：①重视全员安全教育；②建立起安全生产的环境；③保障员工的人身安全，保证生产连续安全正常地进行。

2. 切削加工通用工艺守则

切削加工通用工艺守则如表 1-3 所示。

表 1-3 切削加工通用工艺守则

项目		主要规则
加工前的准备		(1) 操作者接到加工任务后，首先要检查加工所需的产品的图件、工艺规程和有关技术资料是否齐全。 (2) 要看懂、看清工艺规程、产品图样及其技术要求，有疑问之处应找有关人员问清再进行加工。 (3) 按产品图样和工艺规程复核工件毛坯或半成品是否符合要求，发现问题应及时向有关人员反映，待问题解决后才能进行加工。 (4) 按工艺规程要求准备好加工所需的全部工艺装备，发现问题及时处理。对新夹具、模具等，要先熟悉其使用要求和操作方法。 (5) 加工所用的工艺装备应放在规定的位置，不得乱放，更不能放在机床导轨上。 (6) 工艺装备不得随意拆卸和更改。 (7) 检查加工所用的机床设备，准备好所需的各种附件。加工前机床要按规定进行润滑和空运转
刀具、工件的装夹	刀具的装夹	(1) 在装夹各种刀具前，一定要把刀柄、刀杆、导套等擦拭干净。 (2) 刀具装夹后，应用对刀装置或试切等检查其正确性
	工件的装夹	(1) 在机床工作台上安装夹具时，首先要擦净其定位基面，并要找正其刀具的相对位置。 (2) 工件装夹前应将其定位面、夹紧面、垫铁和夹具的定位、夹紧面擦拭干净，且不得有毛刺。 (3) 按工艺规程中规定的定位基准装夹。若工艺规程中未规定装夹方式，操作者可自行选择定位基准和装夹方法。选择定位基准应按以下原则进行。 ① 尽可能使定位基准与设计基准重合。 ② 尽可能使各加工面采用同一定位基准。 ③ 粗加工定位基准应尽量选择不加工或加工余量比较小的平整表面，而且只能使用一次。 ④ 精加工工序定位基准应是已加工表面。 ⑤ 选择的定位基准必须使工件定位夹紧方便，加工时稳定可靠

续表

项　目		主要规则
刀具、工件的装夹	工件的装夹	(4) 对无专用夹具的工件，装夹时应按以下原则进行找正。 ① 对划线工件应按划线进行找正。 ② 对不划线工件，在本工序后尚需继续加工的表面，在找正精度时，应保证下一道工序有足够的加工余量。 ③ 对在本工序加工到成品尺寸的表面，其找正精度应小于尺寸公差和位置公差的 1/3。 (5) 装夹组合件时，应注意检查接合面的定位情况。 (6) 夹紧工件时，夹紧力的作用点应通过支承点或支承面。对于刚性较差的(或加工时有悬空部分的)工件，应在适当的位置增加辅助支承，以增强其刚性。 (7) 夹持精加工面和软材质工件时应垫以软垫，如紫铜皮等。 (8) 用压板压紧工件时，压板支承点应略高于被压工件表面，并且压紧螺栓应尽量靠近工件，以保证压紧力
加工要求		(1) 为了保证加工质量和提高生产率，应根据工件材料、精度要求以及机床、刀具、夹具等情况，合理选择切削用量。加工铸件时，为了避免表面夹砂、硬化层等损坏刀具，在许可的条件下，背吃刀量应大于夹砂或硬化层深度。 (2) 对有公差要求的尺寸，在加工时应尽量按其中间公差加工。 (3) 工艺规程中未规定表面粗糙度要求的粗加工工序，加工后的表面粗糙度 *Ra* 值应不大于 25μm。 (4) 铰孔前的表面粗糙度 *Ra* 值应不大于 12.5μm。 (5) 精磨前的表面粗糙度 *Ra* 值应不大于 6.3μm。 (6) 粗加工时的倒角、倒圆、槽深等都应按精加工余量加工或加深，以保证精加工后达到设计要求。 (7) 凡下一道工序需进行表面淬火、超声波探伤或滚压加工的工件表面，在本道工序加工的表面粗糙度 *Ra* 值不得大于 6.3μm。 (8) 在本道工序后无法进行去毛刺工序时，本工序加工产生的毛刺应在本道工序去除
加工后的处理		(1) 工件在各工序加工后应做到无屑、无水、无脏物，并在规定的工位器具上摆放整齐，以免磕、碰、划伤等。 (2) 暂不进行下一道工序加工或精加工后的表面应进行防锈处理。 (3) 用磁力夹具吸住进行加工的工件，加工后应进行退磁。 (4) 凡相关零件成组配加工的，加工后需做标记(或编号)。 (5) 各工序加工完的工件经专职检查员检查合格后方能转往下一道工序。 (6) 工艺装备用完后要擦拭干净(涂好防锈油)，然后放到规定的位置或交还工具库。 (7) 产品图样、工艺规程和所使用的其他技术文件要注意保持整洁，严禁涂改

3. 车削加工通用工艺守则

车削加工通用工艺守则如表 1-4 所示。

4. 数控加工工艺文件

数控加工工艺文件主要包括数控加工编程任务书、数控加工工序卡、工件安装和零点设定卡片、数控加工进给路线图、数控加工程序单等。

表 1-4　车削加工通用工艺守则

项　目	主要规则
车刀的装夹	(1) 车刀刀杆伸出刀架不宜太长，一般长度不应超过刀杆长度的 1.5 倍(车孔、槽等除外)。 (2) 车刀刀杆中心线应与走刀方向垂直或平行装夹。 (3) 刀尖高度的调整主要有以下几种情况。 ① 车端面、车圆锥面、车螺纹、车成形面及切断实心工件时，刀尖一般应与工件轴线等高。 ② 粗车外圆、精车孔时，刀尖一般应比工件轴线稍高。 ③ 精车细长轴、粗车孔、切断空心工件时，刀尖一般应比工件轴线稍低。 (4) 螺纹车刀刀尖角的平分线应与工件轴线垂直。 (5) 装夹车刀时，刀杆下面的垫片要少而平，压紧车刀的螺钉要拧紧
工件的装夹	(1) 用三爪卡盘装夹工件进行粗车或精车时，若工件直径小于或等于 30mm，其悬伸长度应不大于直径的 5 倍；若工件直径大于 30mm，其悬伸长度应不大于直径的 3 倍。 (2) 用四爪卡盘、花盘、角铁(弯板)等装夹不规则偏重工件时，必须加配重。 (3) 在顶尖间加工轴类工件时，车削前要调整尾座顶尖轴线与车床主轴轴线重合。 (4) 在两顶尖间加工细长轴时，应使用跟刀架或中心架。在加工过程中要注意调整顶尖的顶紧力，固定顶尖和中心架应注意润滑。 (5) 使用尾座时，套筒应尽量伸出短些，以减小振动。 (6) 在立车上装夹支承面小、高度高的工件时，应使用加高的卡爪，并在适当的部位加拉杆或压板压紧工件。 (7) 车削轮类、套类铸锻件时，应按不加工的表面找正，以保证加工后工件壁厚均匀
车削加工	(1) 车削台阶轴时，为了保证车削时的刚性，一般应先车直径较大的部分，后车直径较小的部分。 (2) 在轴类工件上切槽时，应在精车之前进行，以防止工件变形。 (3) 精车带螺纹的轴时，一般应在螺纹加工之后再精车无螺纹部分。 (4) 钻孔前，应将工件端面车平。必要时应先打中心孔。 (5) 钻深孔时，一般先钻导向孔。 (6) 车削 ϕ10～ϕ20mm 的孔时，刀杆的直径应为被加工孔径的 0.6～0.7 倍；加工直径大于 ϕ20mm 的孔时，一般应采用装夹刀头的刀杆。 (7) 车削多头螺纹或多头蜗杆时，调整好交换齿轮后要进行试切。 (8) 使用自动车床时，要按机床调整卡片进行刀具与工件相对位置的调整，调好后要进行试车削，首件合格后方可加工；加工过程中要随时注意刀具的磨损及工件尺寸与表面粗糙度。 (9) 在立式车床上车削时，当刀架调整好后，不得随意移动横梁。 (10) 当工件的有关表面有位置公差要求时，应尽量在一次装夹中完成车削。 (11) 车削圆柱齿轮齿坯时，孔与基准端面必须在一次装夹中加工。必要时应在该端面的齿轮分度圆附近车出标记线。

1)　数控加工编程任务书

数控加工编程任务书记载并说明了工艺人员对数控加工工序的技术要求、工序说明和数控加工前应保证的加工余量，是编程员与工艺人员协调工作和编制数控程序的重要依据之一，如表 1-5 所示。

表 1-5　数控加工编程任务书

年　　月　　日

<table>
<tr><td rowspan="2">×××机械厂</td><td rowspan="3" colspan="3">数控加工编程任务书</td><td colspan="2">产品零件图号</td><td colspan="2">DEK 0301</td><td colspan="2">任务书编号</td></tr>
<tr><td colspan="2">零件名称</td><td colspan="2">摇臂壳体</td><td colspan="2">18</td></tr>
<tr><td>工艺处</td><td colspan="2">使用数控设备</td><td colspan="2">BFT 130</td><td colspan="2">共　页　第　页</td></tr>
<tr><td colspan="10">主要工序说明及技术要求：
数控精加工各行孔及铣凹槽，详见本产品工艺过程卡片，工序号 70 的要求。</td></tr>
<tr><td colspan="2">编程收到日期</td><td colspan="2"></td><td>经手人</td><td colspan="2"></td><td>批　准</td><td colspan="2"></td></tr>
<tr><td>编　制</td><td></td><td>审　核</td><td></td><td>编　程</td><td></td><td>审　核</td><td></td><td>批　准</td><td></td></tr>
</table>

2)　数控加工工序卡

数控加工工序卡与普通加工工序卡有许多相似之处，所不同的是，该卡中应反映使用的辅具、刀具切削参数、切削液等，它是操作人员配合数控程序进行数控加工的主要指导性工艺资料。工序卡应按已确定的工步顺序填写。数控加工工序卡片如表 1-6 所示。

表 1-6　数控加工工序卡片

<table>
<tr><td colspan="2" rowspan="2">××机械厂</td><td colspan="2" rowspan="2">数控加工工序卡片</td><td colspan="2">产品名称或代号</td><td colspan="2">零件名称</td><td>零件图号</td></tr>
<tr><td colspan="2">JS</td><td colspan="2">行星架</td><td>0102-4</td></tr>
<tr><td>工艺序号</td><td>程序编号</td><td colspan="2">夹具名称</td><td colspan="2">夹具编号</td><td colspan="2">使用设备</td><td>车　间</td></tr>
<tr><td></td><td></td><td colspan="2">镗　胎</td><td colspan="2"></td><td colspan="2"></td><td></td></tr>
<tr><td>工步号</td><td>工步内容</td><td>加工面</td><td>刀具号</td><td>刀具规格</td><td>主轴转速</td><td>进给速度</td><td>切削深度</td><td>备　注</td></tr>
<tr><td>1</td><td>N5～N30，ϕ65H7 镗成 ϕ63mm</td><td></td><td>T13001</td><td></td><td></td><td></td><td></td><td></td></tr>
<tr><td>2</td><td>N40～N50，ϕ50H7 镗成 ϕ48mm</td><td></td><td>T13006</td><td></td><td></td><td></td><td></td><td></td></tr>
<tr><td>3</td><td>N60～N70，ϕ65H7 镗成 ϕ64.8mm</td><td></td><td>T13002</td><td></td><td></td><td></td><td></td><td></td></tr>
<tr><td>4</td><td>N80～N90，ϕ65H7 镗好</td><td></td><td>T13003</td><td></td><td></td><td></td><td></td><td></td></tr>
<tr><td>5</td><td>N100～N105，倒 ϕ65H7 孔边 1.5×45°角</td><td></td><td>T13004</td><td></td><td></td><td></td><td></td><td></td></tr>
<tr><td>6</td><td>N110～N120，ϕ50H7 镗成 ϕ49.8mm</td><td></td><td>T13007</td><td></td><td></td><td></td><td></td><td></td></tr>
<tr><td>7</td><td>N130～N140，ϕ50H7 镗好</td><td></td><td>T13008</td><td></td><td></td><td></td><td></td><td></td></tr>
<tr><td>8</td><td>N150～N160，倒 ϕ50H7 孔边 1.5×45°角</td><td></td><td>T13009</td><td></td><td></td><td></td><td></td><td></td></tr>
<tr><td>9</td><td>N170～N240，铣 $\phi68_{0}^{+0.3}$ mm 环沟</td><td></td><td>T13005</td><td></td><td></td><td></td><td></td><td></td></tr>
<tr><td>编　制</td><td></td><td>审　核</td><td></td><td>批　准</td><td></td><td colspan="2">共　页</td><td>第　页</td></tr>
</table>

若在数控机床上只加工零件的一个工步时，也可不填写工序卡。在工序加工内容不十

分复杂时，可把零件草图反映在工序卡上。

3) 工件安装和零点设定卡片

数控加工零件安装和零点(编程坐标系原点)设定卡片(简称装夹图和零点设定卡片)标明了数控加工零件定位方法和夹紧方法，也标明了工件零点设定的位置和坐标方向、使用夹具的名称和编号等。装夹图和零点设定卡片如表 1-7 所示。

表 1-7 装夹图和零点设定卡片

零件图号	JS0102-4	数控加工装夹图和零点设定卡片			工序号	
零件名称	行星架				装夹次数	
(图略)				3	梯形槽螺栓	
				2	压 板	
				1	镗铣夹具板	GS53—61
编 制	审 核	批 准	第 页			
			共 页	序 号	夹具名称	夹具图号

4) 数控加工进给路线图

设计好数控加工刀具进给路线是编制合理加工程序的条件之一。另外，在数控加工中要经常注意并防止刀具在运动中与工件、夹具等发生意外的碰撞，因此机床操作者要了解刀具运动路线(如从哪里下刀，从哪里抬刀等)，了解并计划好夹紧位置及控制夹紧元件的高度，以避免碰撞事故发生。这在上述工艺文件中难以说明或表达清楚，常常采用进给路线图加以说明。

为简化进给路线图，一般可采取统一约定的符号来表示，不同的机床可以采用不同的图例与格式。

5) 数控加工程序单

数控加工程序单是编程员根据工艺分析情况，经过数值计算，按照机床特定的指令代码编制的。它是记录数控加工工艺过程、工艺参数、位移数据的清单，以及手动数据输入(MDI)和置备控制介质、实现数控加工的主要依据。其格式如表 1-8 所示。

表 1-8 数控加工程序单

单 位		CNC 机床程序单		程序号		零件图号		机 床	
				产品号		零件名称		共 页	第 页
材 料		毛坯种类		第一次加工数量		每台数量		单件质量	
工步号	程序段号	程序内容				备 注			
标 记	修改内容	修改者	修改日期			编制日期	审核日期	批准日期	反馈日期

5. 数控机床的故障及系统报警

1)　数控机床的故障分类

(1)　按数控机床的故障内容，数控机床的故障可分为机械故障和电气故障两类。

① 机械故障往往发生在传动系统的运动部件上，如丝杠、导轨、轴承、主轴换挡机构、主轴润滑、导轨润滑、液压系统等。通常机械故障是通过电气部件故障表现出来的，例如，由于导轨润滑故障导致伺服电机过载报警，或者发现伺服电机温度过高。

② 电气故障包括机床上和电气柜中的所有电气部件发生的故障。可能出现的故障有继电器、接触器、伺服驱动装置、主轴驱动装置以及数控系统的各个模块。

(2)　按故障现象，数控机床的故障可分为可重复性故障和随机性故障两类。

① 可重复性故障是指在某些特定条件下必然出现的故障，这种故障具有可重复性的特点。因此，故障诊断较为方便。

② 随机性故障是指偶然出现的故障。因此，随机性故障的分析与排除比可重复性故障困难得多，需经反复试验和综合判断才能排除。

(3)　按故障特征，数控机床的故障可分为诊断显示故障和无诊断显示故障。现今的数控系统都有较丰富的自诊断功能，出现故障时会停机、报警并自动显示相应报警参数号，使维护人员较容易找到故障原因。而对于无诊断显示故障，往往机床停在某一位置不能动，甚至手动操作也失灵，维护人员只能根据出现故障前后的现象来分析判断，排除故障难度较大。

(4)　按故障的破坏性，数控机床的故障可分为破坏性故障和非破坏性故障。破坏性故障如伺服失控造成撞车、短路烧坏保险等，维修难度大，有一定危险，修后不允许重演这些现象。非破坏性故障可经过多次反复试验直至排除，不会对机床、人员造成危害。

(5)　按发生故障的部位可分为硬件故障和软件故障。硬件故障只要通过更换某些元器件即可排除，而软件故障是由于编程错误等造成的，通过修改程序内容或修订机床参数就可以排除。

(6)　机床运动特性质量故障。这类故障发生后，机床照常运行，也没有任何报警显示，但加工出的工件不合格。针对这些故障，必须在检测仪器的配合下，对机械、控制系统、伺服系统等采取综合措施。

2)　数控系统报警

数控机床出现故障时，通常会在显示屏上显示报警信息，通常情况下，这些报警分为系统报警和用户报警两大类。

系统报警是数控系统根据其诊断能力对硬件、功能、参数、用户程序的故障、错误等作出的信息提示。用户报警是机床制造厂的设计部门利用数控系统提供的工具，根据机床设计的诊断功能对相关的机床电气故障、动作错误等作出的信息提示。

对于机床用户(操作者)而言，要分清哪些是数控系统报警，哪些是机床制造厂的报警，从而可以查阅相关资料或咨询相关的技术热线。

6. 数控车床常用的装夹方法

数控车床常用的装夹方法如表 1-9 所示。

表 1-9 数控车床常用的装夹方法

序 号	装夹方法	特 点	适用范围
1	三爪卡盘	夹紧力较小，夹持工件时一般不需要找正，装夹速度较快	适合于装夹中小型圆柱形、正三角形或正六边形工件
2	四爪卡盘	夹紧力较大，装夹精度较高，不受长爪磨损的影响，但夹持工件时需要找正	适合于装夹形状不规则或大型的工件
3	两顶尖及鸡心夹头	用两端中心孔定位，容易保证定位精度，但由于顶尖细小而装夹不够牢靠，不宜用大的切削用量进行加工	适合于装夹轴类零件
4	一夹一顶	定位精度较高，装夹牢靠	适合于装夹轴类零件
5	中心架	配合三爪卡盘或四爪卡盘来装夹工件，可以防止弯曲变形	适合于装夹细长的轴类零件
6	心轴与弹簧卡头	以孔为定位基准，用心轴装夹来加工外表面；也可以外圆为定位基准，采用弹簧卡头装夹来加工内表面，零件的位置精度较高	适合于装夹内外表面的、位置精度要求较高的套类零件

1.4.3 拓展实训

(1) 数控车床操作系统的菜单结构与基本操作步骤的练习。

接通电源，启动数控系统，利用数控车床的面板功能，进行“手动”“回零”“点动”“步进”“单段自动”“连续自动”的操作练习。

(2) 用 MDI 功能控制机床运行(程序指令为 G91 X56 Y-48 Z25)，观察程序轨迹与机床坐标的变化。

第 2 章　数控车削加工阶梯轴类零件

本章要点

- 简单及中等复杂外轮廓阶梯轴、偏心轴等零件工艺规程制定。
- 简单及中等复杂外轮廓阶梯轴、偏心轴等零件加工程序编写。
- 简单及中等复杂外轮廓阶梯轴、偏心轴等零件的数控车削加工。
- 简单及中等复杂外轮廓阶梯轴、偏心轴等加工零件的质量检测。

技能目标

- 能正确分析阶梯轴类零件的工艺性。
- 能合理选择刀具并确定切削参数。
- 能正确选用和使用通用工艺装备。
- 能正确制定阶梯轴类零件的数控车削加工工序。
- 能正确编制阶梯轴类零件的数控车削加工程序。
- 能熟练操作数控车床并完成阶梯轴类零件的数控车削加工。
- 能正确使用通用量具。
- 能建立质量、安全、环保及现场管理的理念。
- 树立正确的工作态度，培养合作、沟通、协调能力。

2.1　数控车削加工短轴零件

知识目标

- 掌握 G50 对 1 把刀的方法。
- 掌握加工零件的工艺规程制定内容。
- 掌握 G01、G03 指令的应用。
- 掌握 G40、G42 指令的应用。
- 掌握刀尖圆弧半径和方位号的手工输入以及刀偏量和刀尖圆弧半径等参数的修改。
- 能正确进行短轴零件的质量检测。

技能目标

- 能正确分析短轴零件的工艺性。
- 掌握数控加工的操作步骤。
- 掌握机床回零的方法。
- 能正确使用三爪卡盘装夹棒料，能正确安装 1 把刀具。

- 掌握输入程序与编辑程序的方法。
- 能正确使用游标卡尺和钢板尺。

2.1.1 工作任务

1. 零件图样

短轴零件图样如图 2-1 所示。

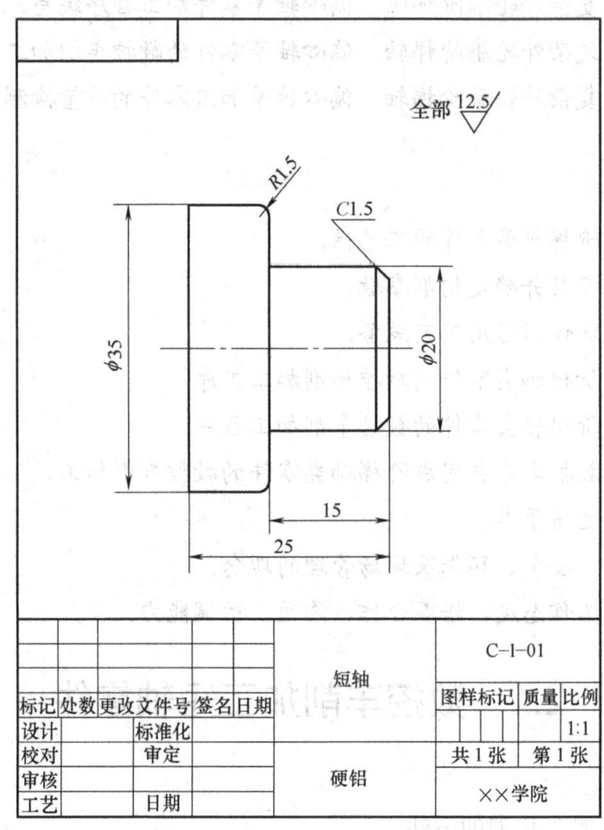

图 2-1 短轴零件图样

2. 工作条件

(1) 生产纲领：单件。
(2) 毛坯：φ40mm 硬铝棒料。
(3) 选用机床为 FANUC 0i 系统的 CK6140 型数控车床。
(4) 时间定额：编程时间为 20min，实操时间为 40min。

3. 工作要求

(1) 工件经加工后，各尺寸符合图样要求。
(2) 工件经加工后，形位公差符合图样要求。

(3) 工件经加工后，表面粗糙度符合图样要求。

(4) 正确执行安全技术操作规程。

(5) 按企业有关文明生产规定，做到保持工作地整洁，工件、工具摆放整齐。

2.1.2 工作过程

1. 工艺分析与工艺设计

1) 工艺结构及精度分析

本例工件由ϕ20 圆柱段、ϕ35 圆柱段、倒角及倒圆组成。工件的尺寸精度和表面粗糙度要求不高。

2) 零件装夹方案分析

采用三爪卡盘装夹方法。

3) 加工刀具分析

刀具选择如下。

T01：93° 外圆车刀(刀具材料：高速钢)1 把。

T02：切断刀(宽 4mm)1 把。

4) 制作工序卡

工序卡如表 2-1 所示。

2. 数控编程

(1) 建立工件坐标系。把工件右端面的轴心处作为工件原点，并以此为工件坐标系编程。

(2) 计算基点与节点。

(3) 编制程序。加工程序单如表 2-2 所示。

3. 模拟加工

模拟加工的结果如图 2-2 所示。

图 2-2 模拟加工的结果

表 2-1　工序卡

数控车床加工工序卡			产品名称或代号		零件名称		零件图号		
					短轴		C-1-01		
单位名称			夹具名称		使用设备		车间		
			三爪卡盘		FANUC 0i 系统的 CK6140 型数控车床		现代制造技术中心		
序　号	工艺内容	刀具号	刀具规格/mm	主轴转速 n/(r/min)	进给速度 F/(mm/r)	背吃刀量 a_p/mm	刀片材料	程序编号	量　具
1	手动车端面(含 Z 向对刀)	T01	93° 高速钢外圆车刀	350	0.3	0.15		O0001	游标卡尺、钢板尺
2	粗车外轮廓	T01	93° 高速钢外圆车刀	500	0.2	3			
3	手动切断	T02	宽 4mm 切断刀	100	0.1	4			
4									
5									
6									
7									
编　制			审　核		批　准		第 1 页		共 1 页

表 2-2　加工程序单

程　序	注　释
O0001;	程序号
G50 X100. Z50. T0101;	建立工件坐标系，给定刀具及刀具补偿
M03 S500;	主轴正转
G00 X34. Z3.;	快速定位
G01 Z-13. F0.2;	刀具向左做直线切削运动
X35.;	
G00 Z3.;	
X28.;	
G01 Z-13.;	
X29.;	
G00 Z3.;	
X24.;	
G01 Z-13.;	
X25.;	
G00 Z3.;	
X14.;	
G42 Z1.5;	建立刀尖圆弧半径补偿
G01 X20. Z-1.5;	
Z-15.;	
X32.;	
G03 U3. W-1.5 R1.5;	刀具做半径为 1.5mm 的切削运动
G01 Z-30.;	
X42.;	
G40 G00 X100. Z50.;	取消刀尖圆弧半径补偿
M05;	主轴停止
M30;	程序结束

4. 数控加工

1)　加工前准备

(1) 电源接通。

① 检查 CNC 车床的外表是否正常。例如，检查后面电控柜的门是否关上，车床内部是否有其他异物等。

② 打开位于车床后面电控柜上的主电源开关，应听到电控柜风扇和主轴电动机风扇开始工作的声音。

③ 按下“启动”按钮启动，此时机床电机和伺服控制的指示灯变亮机床电机 伺服控制。

④ 检查“急停”按钮是否松开至正常状态。若未松开，按下“急停”按钮，将其松开。

(2) 机床回零。

① 检查操作面板上回原点指示灯是否亮。若指示灯亮，则已进入回原点模式；若指示灯不亮，则按下“回原点”按钮，转入回原点模式。

② 在回原点模式下，先将 X 轴回原点，按下操作面板上的“X 轴选择”按钮，使 X 轴方向移动指示灯变亮，按下“正方向移动”按钮，此时 X 轴将回原点，X 轴回原点灯变亮，CRT 上的 X 坐标变为“390.000”。同样，再按下“Z 轴选择”按钮，使指示灯变亮，按下“正方向移动”按钮，Z 轴将回原点，Z 轴回原点灯变亮。此时，CRT 界面如图 2-3 所示。

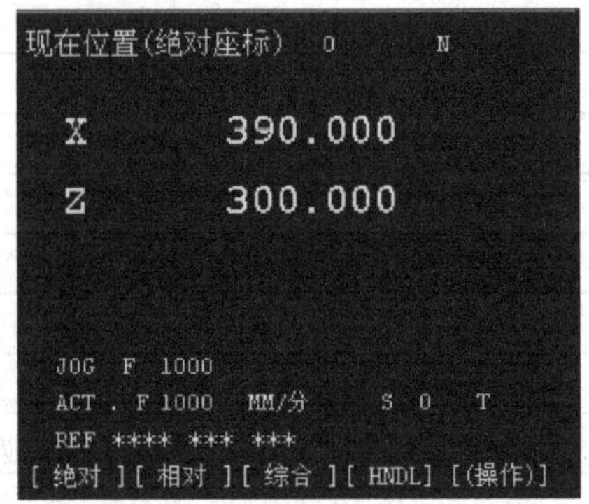

图 2-3 机床回原点后的屏幕显示界面

(3) 刀辅具准备和毛坯准备。

按零件图的材料及毛坯尺寸准备毛坯，按工序卡要求准备刀辅具。

2) 工件与刀具装夹

(1) 工件装夹。使用三爪自定心卡盘。装夹时，右手拿工件，工件要水平安放，伸出卡盘部分长度约为 35mm，左手旋紧卡盘扳手。

(2) 刀具安装。选定 1 号刀位，装上第一把刀。

车刀安装得正确与否，将直接影响切削能否顺利进行以及工件的加工质量，所以应注意下列几个问题。

① 车刀安装在刀架上，伸出部分不宜太长，伸出量一般为刀杆高度的 1～1.5 倍，如图 2-4 所示。

② 车刀安装时，刀杆下面的车刀垫片应平整，片数一般少于 3 片，如图 2-4 所示。

③ 车刀至少要用两个螺钉压紧在刀架上，并逐个轮流拧紧。

④ 车刀刀尖应与工件等高，如图 2-5 所示。尤其是切断刀主切削刃不允许高于或低于工件旋转中心，否则会使工件中心部位形成凸台，并损坏刀头。

⑤ 车刀刀杆中心线应与进给方向垂直，否则会使主偏角和负偏角的数值发生变化。

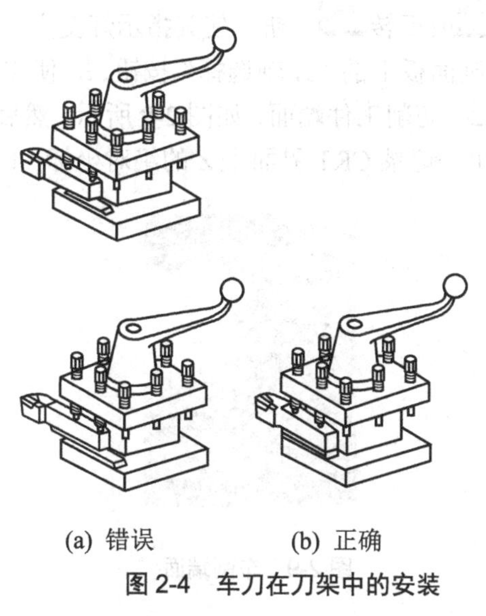

图 2-4　车刀在刀架中的安装

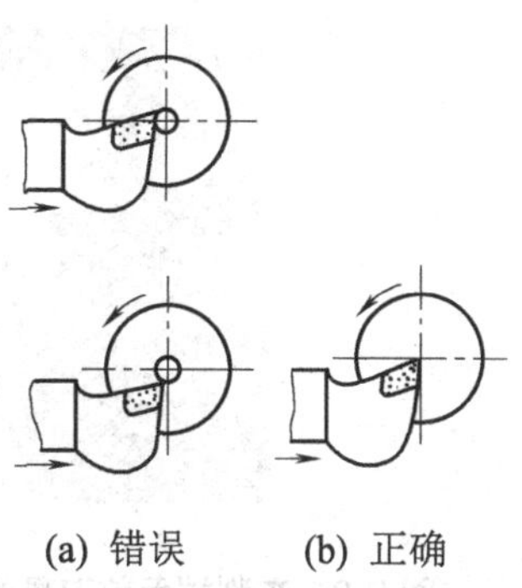

图 2-5　车刀刀尖的高度位置

3)　对刀与参数设置

数控程序一般按工件坐标系编程，对刀的过程就是建立工件坐标系与机床坐标系之间关系的过程。

(1)　切削外圆：按下操作面板上的“手动”按钮，手动状态指示灯变亮，机床进入手动操作模式，按下控制面板上的“X 轴选择”按钮，使 X 轴方向移动指示灯变亮，按下“正方向移动”按钮或“负方向移动”按钮，使机床在 X 轴方向移动；同样使机床在 Z 轴方向移动。通过手动方式将机床移到如图 2-6 所示的大致位置，按下操作面板上的正转或反转按钮，使其指示灯变亮，主轴转动。再按下“Z 轴选择”按钮，使 Z 轴方向指示灯变亮，按下“负方向移动”按钮，用所选刀具来试切工件外圆，如图 2-7 所示。然后按“正方向移动”按钮，X 轴方向保持不动，刀具退出，记录 CRT 界面中 X 的绝对坐标，即为 X_1。

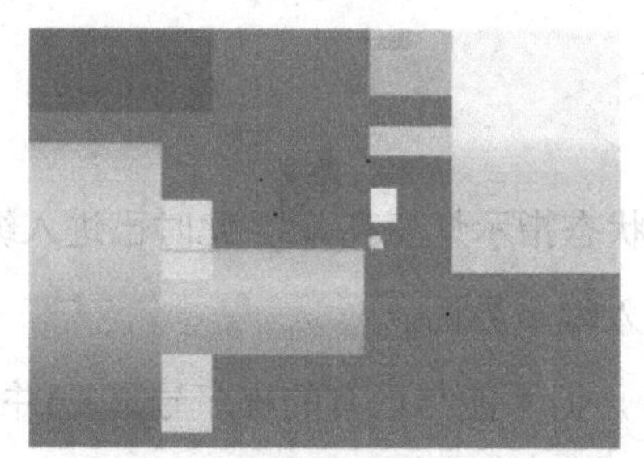

图 2-6　切削外圆前刀具所处的大致位置

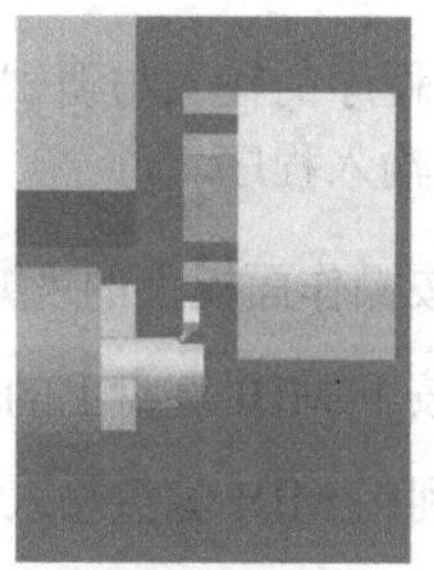

图 2-7　试切外圆后的刀具位置

(2)　测量切削位置的直径：按下操作面板上的按钮，使主轴停止转动，用游标卡尺测量切削位置的直径，即为 X_2。

(3) 切削端面：按下操作面板上的正转或反转按钮，使其指示灯变亮，主轴转动。将刀具移至如图 2-8 所示的位置，按下控制面板上的“X 轴选择”按钮，使 X 轴方向移动指示灯变亮，按下“负方向移动”按钮，切削工件端面，如图 2-9 所示。然后按“正方向移动”按钮，Z 方向保持不动，刀具退出，记录 CRT 界面中 Z 的绝对坐标，即为 Z_1。

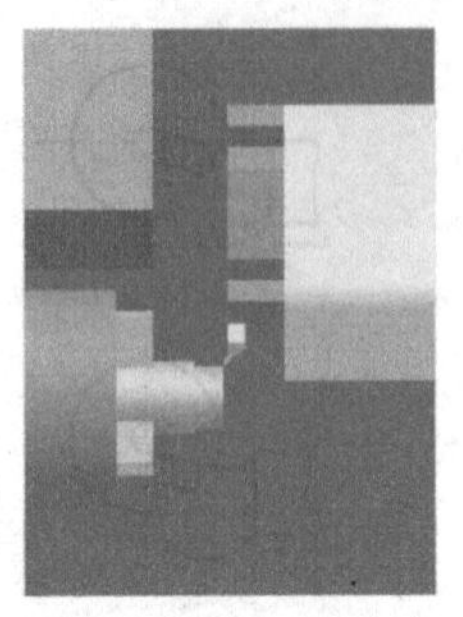
图 2-8 车削端面前刀具的大致位置

图 2-9 车削端面

(4) 按下操作面板上的“主轴停止”按钮，使主轴停止转动。

(5) 计算刀具起点位于 G50 X100. Z50.(程序段指定的位置)时，CRT 界面中 X、Z 的绝对坐标，$X=X_1-X_2+100$，$Z=Z_1+50$。

(6) 使 X 轴方向移动指示灯变亮，按下“正方向移动”按钮或“负方向移动”按钮，使机床在 X 轴方向移动；同样使机床在 Z 轴方向移动。使 CRT 界面中 Z 的绝对坐标的整数部分与步骤(5)的计算结果相同，X 的绝对坐标的整数部分与步骤(5)的计算结果相同或相差 1。

(7) 旋转模式开关为手轮模式。旋转“手轮轴选择”旋钮，选择坐标轴。旋转“手轮进给倍率”旋钮(×1、×10、×100 分别代表移动量为 0.001mm、0.01mm、0.1mm)，选择合适的脉冲当量。当手轮做顺时针方向旋转时，所选择的轴向“+”方向做进给动作；当手轮做逆时针方向旋转时，所选择的轴向“−”方向做进给动作，从而精确地控制机床的移动。

4) 程序的输入与调试

(1) 输入程序。

① 按操作面板上的“编辑”按钮，编辑状态指示灯变亮，此时已进入编辑状态。

② 按下 MDI 键盘上的PROG键，CRT 界面转入编辑界面。

③ 利用 MDI 键盘输入“O×”(×为程序号，但不能与已有的程序号重复)并按INSERT键，CRT 界面上将显示一个空程序，可以通过 MDI 键盘输入程序。输入一段代码后按INSERT键，则数据输入域中的内容将显示在 CRT 界面上，用回车键EOB E结束一行的输入后换行。

(2) 编辑程序。

① 移动光标。按↑PAGE键和↓PAGE键翻页，按方位键↑↓←→移动光标。

② 插入字符。先将光标移到所需位置，按下 MDI 键盘上的数字/字母键，将代码输入

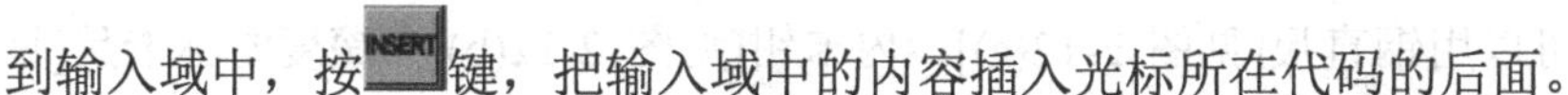

到输入域中，按INSERT键，把输入域中的内容插入光标所在代码的后面。

③ 删除输入域中的数据。按CAN键用于删除输入域中的数据。

④ 删除字符。先将光标移到所需删除字符的位置，按DELETE键即可删除。

⑤ 替换。先将光标移到所需替换字符的位置，将替换成的字符通过 MDI 键盘输入到输入域中，按ALTER键，用输入域中的内容替代光标所在位置的代码。

(3) 刀具补偿。

① 在 MDI 键盘上按下OFFSET SETTING键，进入磨耗补偿参数设置界面；再按菜单软键“[形状]”，进入形状补偿参数设置界面，如图 2-10 所示。

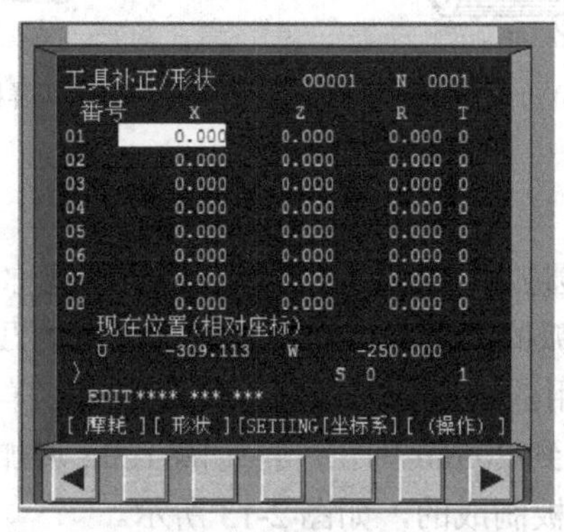

图 2-10 刀具形状补偿设置界面

② 输入刀尖圆弧半径和方位号。分别把光标移到 R 和 T 列，按数字键输入半径或方位号，然后按菜单软键“[输入]”。

(4) 自动加工。

① 按下操作面板上的“自动运行”按钮，使其指示灯变亮。

② 按下操作面板上的“循环启动”按钮，程序开始执行。

5. 加工工件质量检测

(1) 外圆直径的测量。当工件的外圆尺寸要求不高时，可用游标卡尺直接测量，如图 2-11 所示。在测量前先检查游标卡尺零位线上下是否对齐，如果有偏差，说明游标卡尺的测量面已磨损，使用这种游标卡尺测量工件误差较大，应修复后再使用。

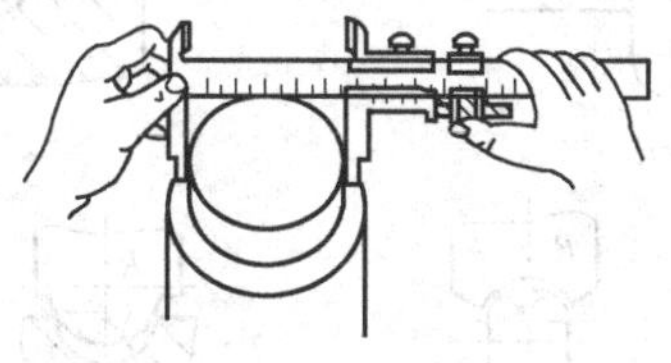

图 2-11 用游标卡尺测量工件外径

(2) 端面和台阶的测量。端面最主要的是要求平直、光洁。检验一般的平面度是否符合要求，最简单的方法是用钢直尺或刀口直尺检测。

台阶的长度尺寸可以用钢直尺[见图 2-12(a)]、内卡钳[见图 2-12(b)]和深度游标卡尺[见图 2-12(c)]来测量，对于批量大或精确的台阶工件可以用样板测量[见图 2-12(d)]。

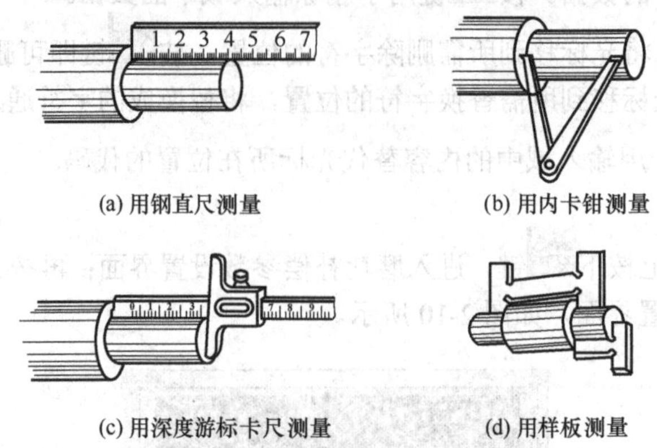

(a) 用钢直尺测量　(b) 用内卡钳测量

(c) 用深度游标卡尺测量　(d) 用样板测量

图 2-12　测量台阶长度的方法

(3) 圆角的测量。检查圆弧角半径尺寸是否合格的量规称为半径样板，简称为 R 规。半径样板可分为检查凸形圆弧的凹形样板和检查凹形圆弧的凸形样板。半径样板也成套地组成一组，根据半径范围常用的有三套，每套有凹形和凸形样板各 16 片，最小的为 1mm，然后每隔 0.5mm 增加一档，到 20mm 为止，再每隔 1mm 增加一档，到 25mm 为止。每片样板都是用 0.5mm 的不锈钢板制成的，如图 2-13 所示。

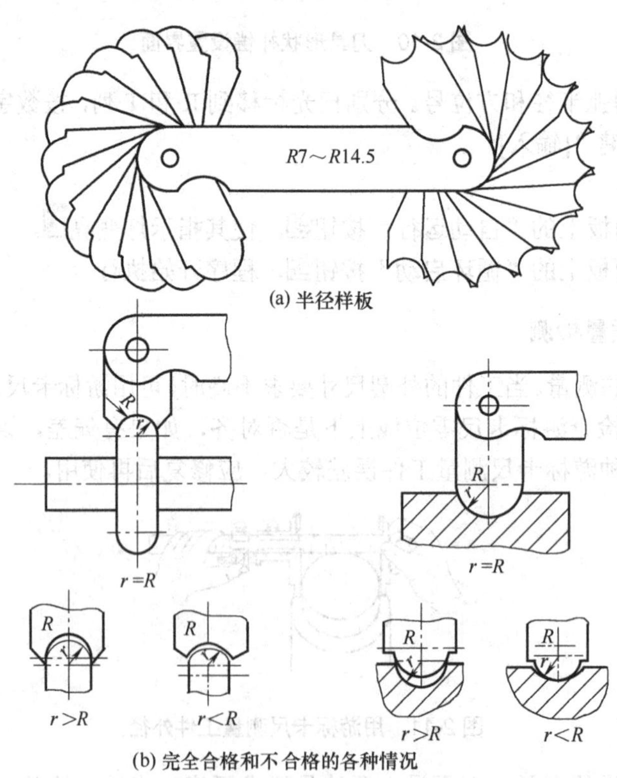

(a) 半径样板

(b) 完全合格和不合格的各种情况

图 2-13　半径样板及其使用方法

6. 清场处理

(1) 清除切屑、擦拭机床，使机床与环境保持清洁状态。

(2) 注意检查或更换磨损的机床导轨上的油擦板。

(3) 检查润滑油、冷却液的状态，及时添加或更换。

(4) 依次关掉机床操作面板上的电源和总电源。

(5) 将现场设备、设施恢复到初始状态。

知识链接

1. 使用游标卡尺的注意事项

(1) 测量深度时，测量直尺不能前后、左右倾斜，应放垂直，才能获得正确的尺寸，如图 2-14 所示。

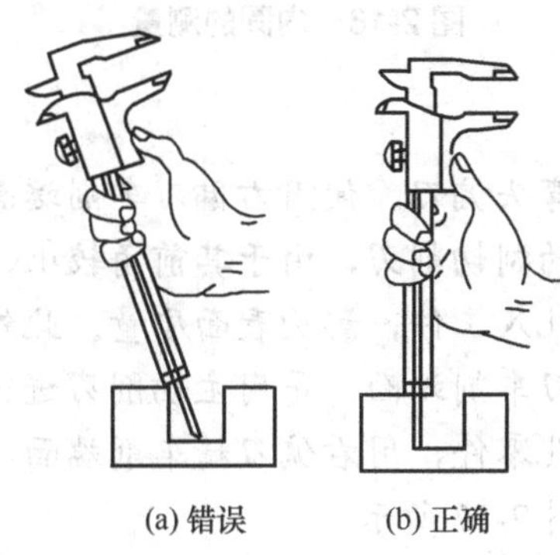

(a) 错误　　(b) 正确

图 2-14　深度的测量

(2) 用游标卡尺测量时，卡脚不能斜放。

① 用游标卡尺测量外圆时，卡尺应垂直于工件轴线；测量其他外表面时，卡脚应与被测尺寸的方向一致。此外，应使卡脚逐渐与工件表面靠近，最后达到轻微接触，如图 2-15 所示。

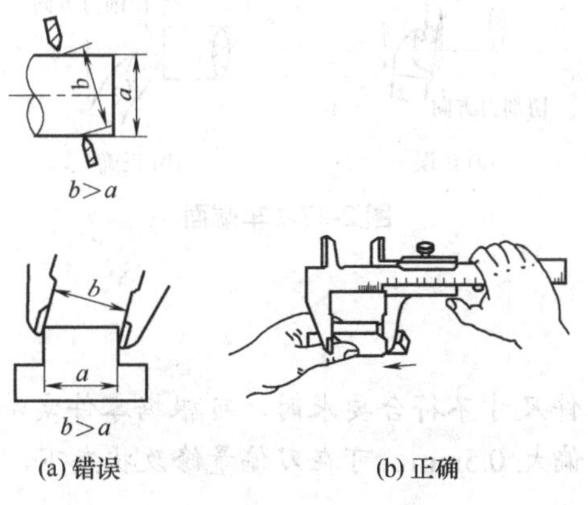

(a) 错误　　(b) 正确

图 2-15　直径和长度的测量

② 测量内圆尺寸时，应使两卡脚处于直径位置，通常先使一个卡脚接触孔壁不动，另一个卡脚轻轻摆动，取其最大值，以测量出真正的直径尺寸，如图 2-16 所示。

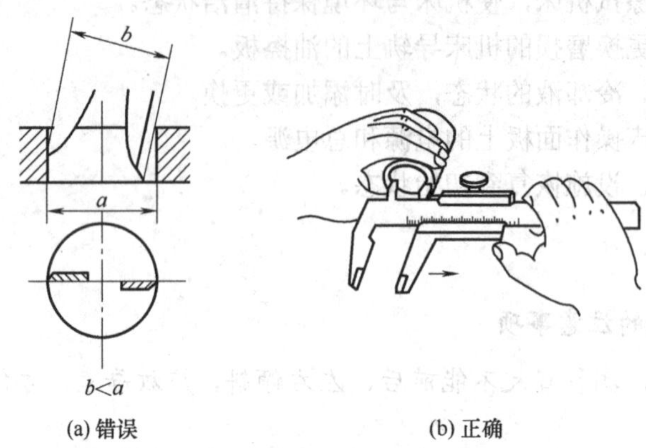

(a) 错误　　(b) 正确

图 2-16　内圆的测量

2. 车削端面时的注意事项

车削端面时，常用偏刀或弯头偏刀。使用右偏刀车削端面时，由外圆向中心进给，起主要切削作用的是车削外圆时的副切削刃，由于其前角较小，切削不能顺利进行，此时受切削力方向的影响，刀尖容易扎入工件，影响表面质量。此外，中心的凸台是瞬时车削掉的，容易损坏刀尖。用弯头车刀车削端面，是用主切削刃进行切削，中心的凸台是逐步切去的，不易损坏刀尖。对于带孔零件，用右偏刀精车削端面，可由中心向外进给，避免了由外圆向中心进给的缺点，如图 2-17 所示。

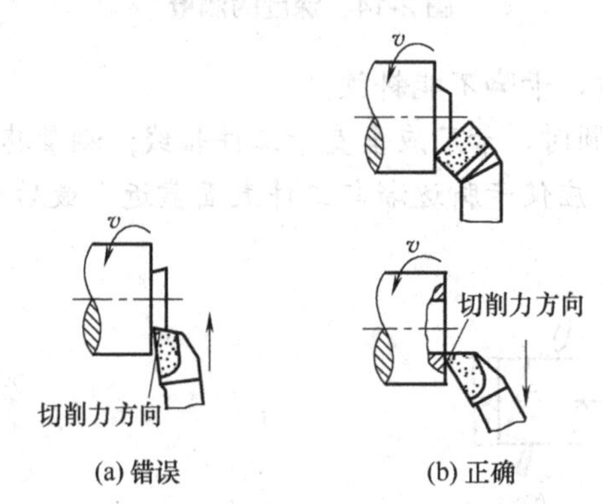

(a) 错误　　(b) 正确

图 2-17　车端面

3. 尺寸超差的处理

1)　刀偏量的修改

当试切加工后发现工件尺寸不符合要求时，可根据零件实测尺寸进行刀偏量的修改。例如，测得工件外圆尺寸偏大 0.5mm，可在刀偏量修改状态下，将该刀具的 X 方向刀偏量改小 0.5mm。

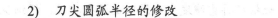

2) 刀尖圆弧半径的修改

在试切加工后发现工件的外径及长度合格，而圆角半径超差，则应检查刀尖方位号 T，重新输入正确的刀尖圆弧半径。

4. 数控车床常见故障及其处理

1) 数控车床常见操作故障

数控车床的故障种类繁多，有电气、机械、系统、液压、气动等部件的故障，产生的原因也比较复杂，但很大一部分故障是由于操作人员操作机床不当引起的。数控车床常见的操作故障如下。

(1) 防护门未关，机床不能运转。

(2) 机床未回参考点。

(3) 主轴转速 n 超过最高转速限定值。

(4) 程序内没有设置 F 或 S 值。

(5) 进给修调 F%或主轴修调 S%时开关设为 0%。

(6) 回零时离零点太近或回零速度太快，引起超程。

(7) 程序中的 G00 位置超过限定值。

(8) 刀具补偿测量设置错误。

(9) 刀具换刀位置不正确(换刀点离工件太近)。

(10) G40 取消不当，引起刀具切入已加工表面。

(11) 程序中使用了非法代码。

(12) 刀具半径补偿方向错误。

(13) 切入、切出方式不当。

(14) 切削用量太大。

(15) 刀具钝化。

(16) 工件材质不均匀，引起振动。

(17) 机床被锁定(工作台不动)。

(18) 工件未夹紧。

(19) 对刀位置不正确，工件坐标系设置错误。

(20) 使用了不合理的 G 功能指令。

(21) 机床处于报警状态。

(22) 断电后或报过警的机床没有重新回参考点。

2) 故障常规处理方法

数控车床出现故障，除少量自诊断功能可以显示故障外，如存储器报警、动力电源电压过高报警等，大部分故障是由综合因素引起的，往往不能确定其具体原因。一般应按以下步骤进行常规处理。

(1) 充分调查故障现场。机床发生故障后，维护人员应仔细观察寄存器和缓冲工作寄存器中尚存内容，了解已执行的程序内容，向操作者了解现场情况和现象。当有诊断显示报警时，打开电气柜，观察印制线路板上有无相应报警红灯显示。做完这些调查后，就可以按动数控机床上的复位键，观察系统复位后报警是否消除，如消除，则属于软件故障，否则即为硬件故障。对于非破坏性故障，可让机床再重演发生故障时的运行状况，仔细观察故障是否再现。

(2) 将可能造成故障的原因全部列出。将可能发生故障的机械、电气、控制系统等方面的原因全部列出，以便排查。

(3) 逐步选择确定故障产生的原因。根据故障现象，参考机床有关维护使用手册，罗列出诸多因素，经优化选择综合判断，找出导致故障的确定因素。

(4) 排除故障。找到造成故障的确切原因后，就可以"对症下药"修理、调整或更换有关元部件。

2.1.3 拓展实训

按照图 2-18 和图 2-19 所示的工件图样完成加工操作。

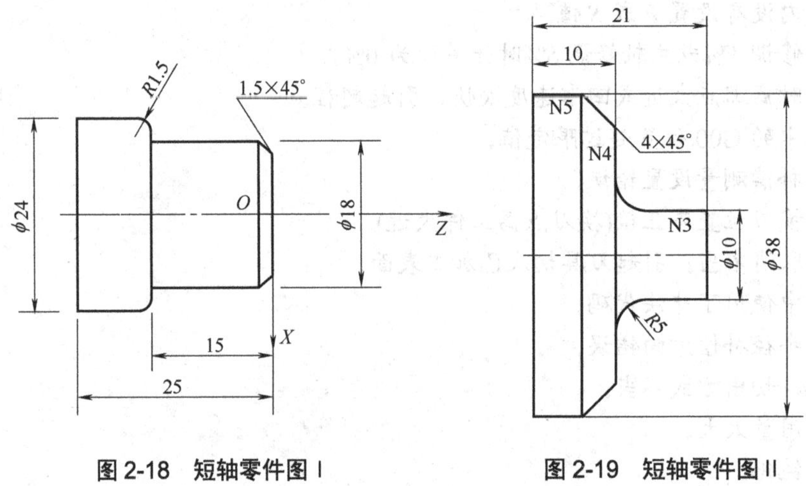

图 2-18 短轴零件图 I　　　图 2-19 短轴零件图 II

2.2 数控车削加工锥轴零件

知识目标

- 掌握 G50 多把刀的对刀方法。
- 掌握 G90 指令的应用。

技能目标

- 能正确分析锥轴零件的工艺性。
- 能正确进行锥轴零件的质量检测。
- 能正确使用游标卡尺、钢板尺和万能角度尺。

2.2.1 工作任务

1. 零件图样

锥轴零件图样如图 2-20 所示。

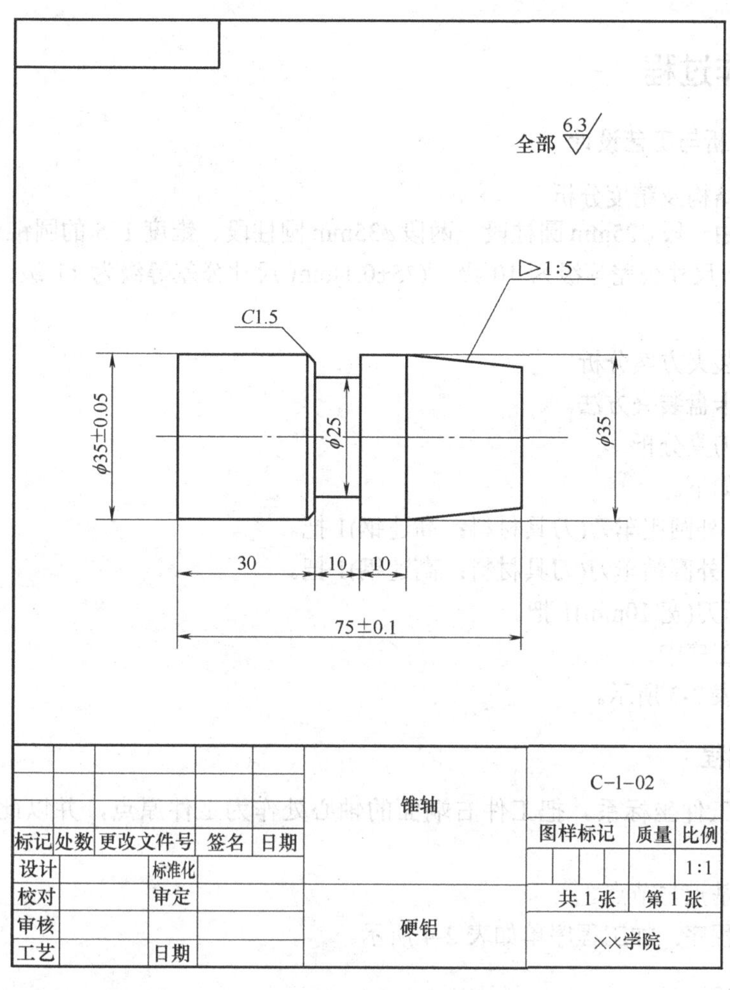

图 2-20　锥轴零件图样

2. 工作条件

(1) 生产纲领：单件。

(2) 毛坯：ϕ40mm 硬铝棒料。

(3) 选用机床为 FANUC 0i 系统的 CK6140 型数控车床。

(4) 时间定额：编程时间为 20min，实操时间为 40min。

3. 工作要求

(1) 工件经加工后，各尺寸符合图样要求。

(2) 工件经加工后，形位公差符合图样要求。

(3) 工件经加工后，表面粗糙度符合图样要求。

(4) 正确执行安全技术操作规程。

(5) 按企业有关文明生产规定，做到保持工作地整洁，工件、工具摆放整齐。

2.2.2 工作过程

1. 工艺分析与工艺设计

1) 工艺结构及精度分析

本例工件由一段ϕ25mm圆柱段、两段ϕ35mm圆柱段、锥度1:5的圆锥台及倒角组成。(ϕ35±0.05)mm尺寸公差等级为10级，(75±0.1)mm尺寸公差等级为11级。表面粗糙度为6.3μm。

2) 零件装夹方案分析

采用三爪卡盘装夹方法。

3) 加工刀具分析

刀具选择如下。

T01：93°外圆粗车刀(刀具材料：高速钢)1把。

T02：93°外圆精车刀(刀具材料：高速钢)1把。

T03：切断刀(宽10mm)1把。

4) 制作工序卡

工序卡如表2-3所示。

2. 数控编程

(1) 建立工件坐标系。把工件右端面的轴心处作为工件原点，并以此为工件坐标系编程。

(2) 计算基点与节点。

(3) 编制程序。加工程序单如表2-4所示。

3. 模拟加工

模拟加工的结果如图2-21所示。

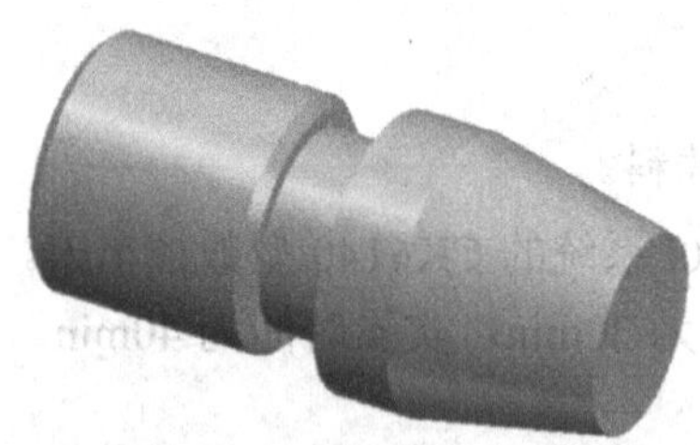

图2-21 模拟加工的结果

4. 数控加工

1) 加工前准备

(1) 电源接通。

(2) 机床回零。

(3) 刀辅具准备和毛坯准备。

表 2-3　工序卡

数控车床加工工序卡			产品名称或代号		零件名称		零件图号		
					锥　轴		C-1-02		
单位名称			夹具名称		使用设备		车　间		
			三爪卡盘		FANUC 0i 系统的 CK6140 型数控车床		现代制造技术中心		
序　号	工艺内容	刀具号	刀具规格/mm	主轴转速 n/(r/min)	进给速度 F/(mm/r)	背吃刀量 a_p/mm	刀片材料	程序编号	量　具
1	手动车端面(含 Z 向对刀)	T01	93° 高速钢外圆粗车刀	350	0.3	0.5		O0002	
2	粗车外圆和锥面 留加工余量单边 0.3mm	T01	93° 高速钢外圆粗车刀	350	0.3	2.5			游标卡尺
3	精车外圆和锥面等达到图纸要求	T02	93° 高速钢外圆精车刀	500	0.2	0.3			游标卡尺、万能角度尺
4	切槽(10× ϕ25)并倒角	T03	宽 10mm 切断刀	300	0.1	10			游标卡尺
5	切断	T03	宽 10mm 切断刀	300	0.1	10			钢板尺、游标卡尺
6									
7									
编　制		审　核		批　准		第 1 页		共 1 页	

表 2-4 加工程序单

程 序	注 释
O0002;	程序号
G50 X100. Z50. T0101;	建立工件坐标系，给定刀具及刀具补偿
M03 S350;	主轴正转
G00 X35.6 Z3.;	快速定位
G01 Z-86. F0.3;	粗车外圆
X37.;	
G00 Z3.;	
G90 X35.6 Z-25. R-2.8 ;	粗车圆锥
G00 X100. Z50.;	
T0202 S500;	换刀
G00 X29.4 Z5.;	精车外轮廓
G42 Z3.;	
G01 X35. Z-25. F0.2;	
Z-86.;	
X37.;	
G40 G00 X39.;	
X100. Z50.;	
T0303 S300;	换刀
G00 X40. Z-45.;	切槽并倒角
G01 X25. F0.1;	
X32.;	
X37. Z-47.5;	
G00 Z-85.;	
G01 X-1.;	切断
G00 X37.;	
X100. Z50.;	
M05;	主轴停止
M30;	程序结束

2) 工件与刀具装夹

(1) 工件装夹。使用三爪自定心卡盘。装夹时，右手拿工件，工件要水平安放，伸出卡盘部分长度约 85mm，左手旋紧卡盘扳手。

(2) 刀具安装。将加工零件的刀具依次装夹到相应的刀位上，操作如下。

① 根据工序卡，选定被加工零件所用的刀具号，按加工工艺的顺序安装。

② 选定 1 号刀位，装上第一把刀。

③ 在手动模式下，按下操作面板上的“刀架旋转”按钮，刀架顺时针选择一个刀位，

再次按下该按钮，刀架又旋转一个刀位；或按下操作面板上的 MDI 键按钮，使其指示灯变亮，进入 MDI 模式。在 MDI 键盘上按PROG键，进入编辑页面，输入换刀程序，按“循环启动”按钮运行程序，刀架旋转。然后将加工零件的刀具装夹到相应的刀位上。

3) 对刀与参数设置

选择一把刀(T01)为标准刀具，采用试切法完成对刀，然后通过设置偏置值完成其他刀具的对刀。下面介绍刀具偏置值的获取办法。

按下 MDI 键盘上的POS键和“[相对]”软键，进入相对坐标显示界面，如图 2-22 所示。

选定标刀试切工件端面，将刀具当前的 Z 轴位置设为相对零点(设零前不得有 Z 轴位移)：依次按下 MDI 键盘上的SHIFT、Zw、0键输入“w0”，按“[预定]”软键，则将 Z 轴当前坐标值设为相对坐标原点。标刀试切零件外圆，将刀具当前 X 轴的位置设为相对零点(设零前不得有 X 轴的位移)：依次按下 MDI 键盘上的SHIFT、Xu、0键输入“u0”，按“[预定]”软键，则将 X 轴当前坐标值设为相对坐标原点。此时，CRT 界面如图 2-23 所示。

换刀后，移动刀具使刀尖分别与标准刀切削过的表面接触。接触时显示的相对值即为该刀相对于标刀的偏置值 ΔX 、ΔZ (为保证刀准确移到工件的基准点上，可采用手动脉冲进给方式)。此时，CRT 界面如图 2-24 所示，所显示的值即为偏置值。

图 2-22 相对坐标显示界面

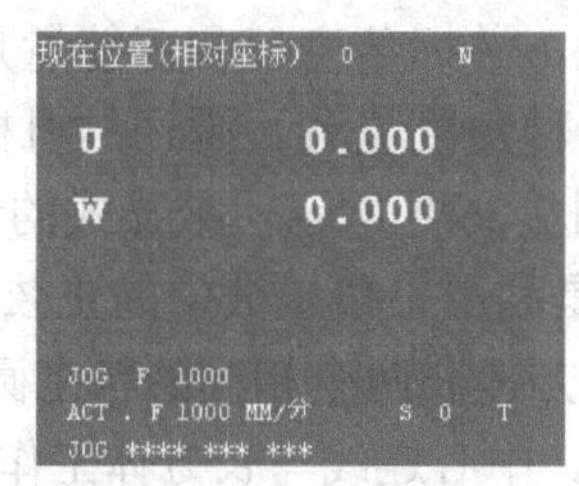

图 2-23 标刀试切显示界面

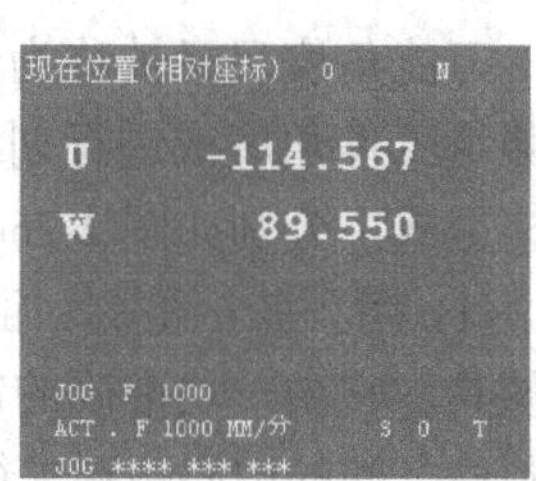

图 2-24 换刀后接触显示界面

将偏置值输入磨耗参数补偿表或形状参数补偿表。

注：MDI 键盘上的SHIFT键用来切换字母键，如Xu键，直接按下输入的是“X”，按SHIFT键后，再按Xu键，则输入的是“U”。

4) 程序输入与调试

(1) 输入程序。

(2) 刀具补偿。

① 输入形状补偿参数：在 MDI 键盘上按下OFFSET SETTING键，进入形状补偿参数设定界面，如图 2-10 所示；利用方位键↑ ↓选择所需的编号，并利用方位键← →确定所需补偿的值；按下数字键，输入补偿值；按菜单软键“[输入]”或按INPUT键，将参数输入指定区域；按CAN键逐字删除输入域中的字符。

② 输入刀尖圆弧半径和方位号：分别把光标移到 R 和 T 列，按数字键输入半径或方位

号，然后按菜单软键“[输入]”。

(3) 自动加工。

5. 加工工件质量检测

当单件小批量生产时，常用万能角度尺测量，如图 2-25 所示。

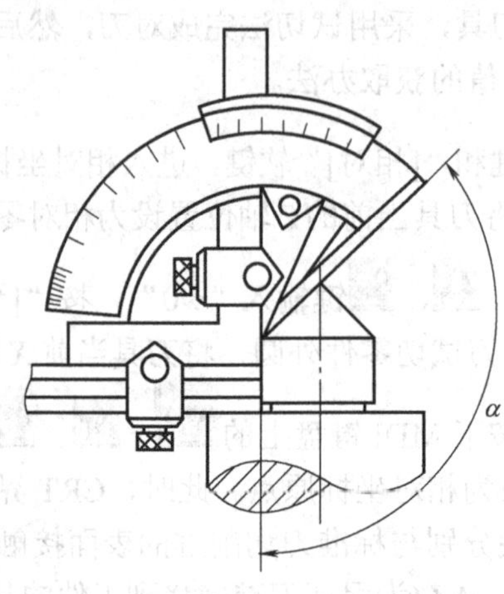

图 2-25 用万能角度尺测量角度

万能角度尺又被称为角度规、游标角度尺和万能量角器，它是利用游标读数原理来直接测量工件角度或进行划线的一种角度量具。国产的机械式万能角度尺分 I 型和Ⅱ型两种结构型式，分别如图 2-26(a)和图 2-26(b)所示，数显式的示例如图 2-26(c)所示。

(1) 用正弦规检测。正弦规是利用三角函数中的正弦(sin)关系来间接测量角度的一种精密量具。它由一块准确的钢质长方体和两个相同的精密圆柱体组成，如图 2-27(a)所示。两个圆柱之间的中心距要求很精确，中心连线与长方体工作平面严格平行。测量时，将正弦规安放在平板上，圆柱的一端用量块垫高，被测工件放在正弦规的平面上，如图 2-27(b)所示。

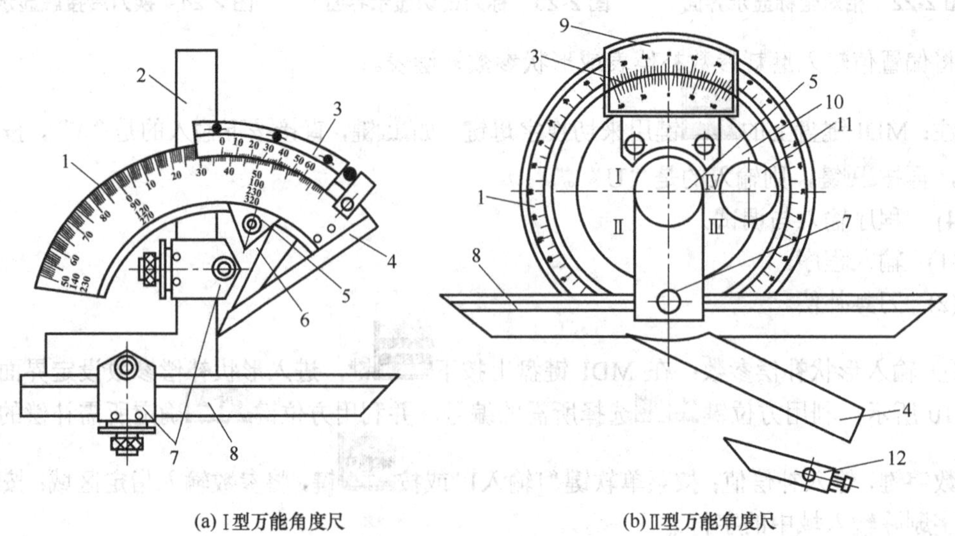

(a) I型万能角度尺 (b) II型万能角度尺

图 2-26 万能角度尺

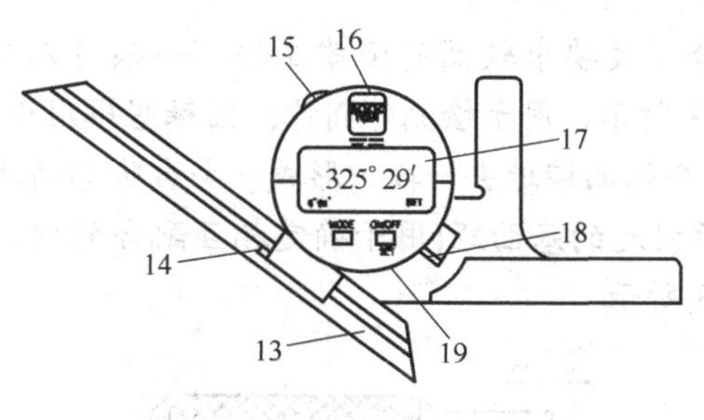

(c) 数显式万能角度尺

图 2-26　万能角度尺(续)

1—主尺；2—直角尺；3—游标；4—基尺；5—制动头；6—扇形板；7—卡块；8—直尺；9—放大镜；10—圆盘；11—微动装置；12—附加直尺；13—标尺；14—标尺锁紧按钮；15—微调装置；16—SR-232 端口；17—多功能显示器；18—锁紧装置；19—电池盖

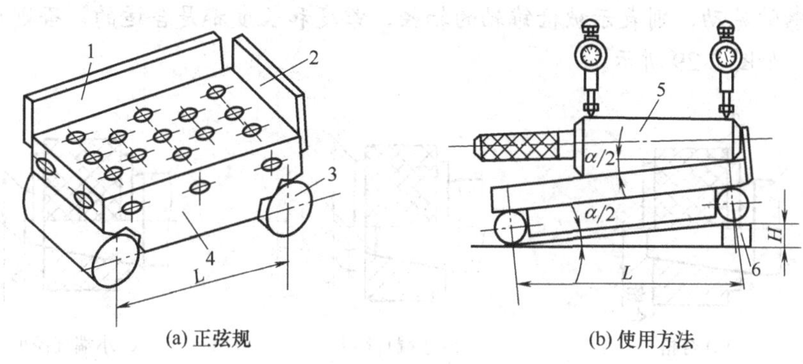

(a) 正弦规　　(b) 使用方法

图 2-27　正弦规及其使用方法

1、2—挡板；3—圆柱；4—长方体；5—工件；6—量块

(2) 用卡钳和千分尺检测。圆锥精度要求较低及加工中粗测圆锥尺寸时，可以使用卡钳和千分尺测量。测量时必须注意卡钳脚或千分尺测量杆与工件的轴线垂直，测量位置必须在锥体的最大端处或最小端处。

6. 清场处理

(1) 清除切屑、擦拭机床，使机床与环境保持清洁状态。

(2) 注意检查或更换磨损坏的机床导轨上的油擦板。

(3) 检查润滑油、冷却液的状态，及时添加或更换。

(4) 依次关掉机床操作面板上的电源和总电源。

(5) 将现场设备、设施恢复到初始状态。

知识链接

1. 大批量生产时锥度的检测

用角度样板检测，以减少辅助时间。

对于标准圆锥或配合精度要求较高的圆锥工件，一般可以使用圆锥套规和圆锥塞规检测。圆锥套规如图 2-28 所示，用于检测外圆锥；圆锥塞规用于检测内圆锥。在套规测量面孔径较小的一端，有半个端面缩进去一段，形成一个台阶形的缺口，缺口的长度为 *m*，*m* 值就是工件因加工误差所引起的基面距(用于确定相互配合的内、外圆锥轴向的相互距离)变动的允许值，如图 2-28 所示。

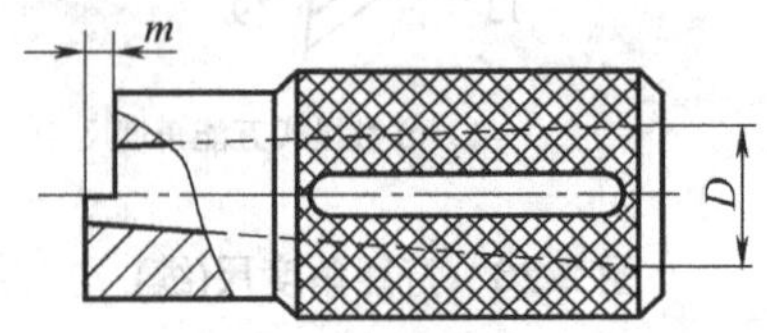

图 2-28　圆锥套规

将环规套入被检查的锥形轴上以后，如果锥形轴的小端面刚好处于套规缺口长度之间，并且套规不感觉晃动，则表示被检锥轴的轴径、锥度和长度都是合适的，否则说明轴径大了或者小了，如图 2-29 所示。

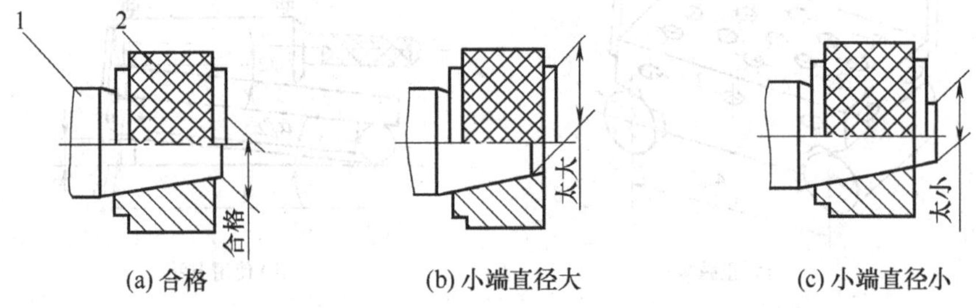

(a) 合格　　(b) 小端直径大　　(c) 小端直径小

图 2-29　圆锥套规检验外圆锥尺寸

1—工件；2—圆锥套规

为了准确地检查轴锥度和表面的加工情况，也可采用涂色法，将涂料涂在被检查的锥形轴上，若接触面积大于 65%，则为合格。

2. 刀尖圆弧半径的选择原则

刀尖圆弧半径对刀尖的强度及加工表面粗糙度影响很大，一般适宜值为进给量的 2～3 倍。

3. 多用车刀结构

在机夹式车刀应用中，45° 和 90° 车刀应用范围广，通常采用一杆一刀方式。采用 45°、90° 可转位机夹式多用车刀，可以在一把刀体上完成多种工序。

多用车刀的结构如图 2-30 所示，其特点是在一把刀体上可正反两面装夹刀片，每一块刀片又可在 45° 和 90° 两个位置上变换角度，组成左、右 45°、90° 四种不同用途的车刀，对工件粗车或精车。由于正反面均可夹刀，既可用于左车刀，又可用于右车刀，可实现一刀多用。该车刀结构简单，装卸方便，安装牢固，使用寿命长。刀片精磨后，在 C618、C616 车床上加工 45 钢轴类工件时，n=610r/min，F=0.25mm/r，a_p=0.1～4mm，应用中效果良好。

4. 车圆锥时产生废品的原因及预防措施

加工圆锥面时，会产生很多缺陷，例如锥度(角度)或尺寸不正确、双曲线误差、表面粗糙度 *Ra* 值过大等。对所产生的缺陷必须根据具体情况进行仔细分析，找出原因，并采取相应的措施加以解决。现将产生废品的主要原因及预防措施列于表 2-5 中。

5. 标准公差数值

在生产实际中，不同精度等级范围内对公差数值的影响因素较为复杂。为了方便使用，经过大量的实验、实践并经过统计分析，总结出标准公差数值表，如表 2-6 所示。

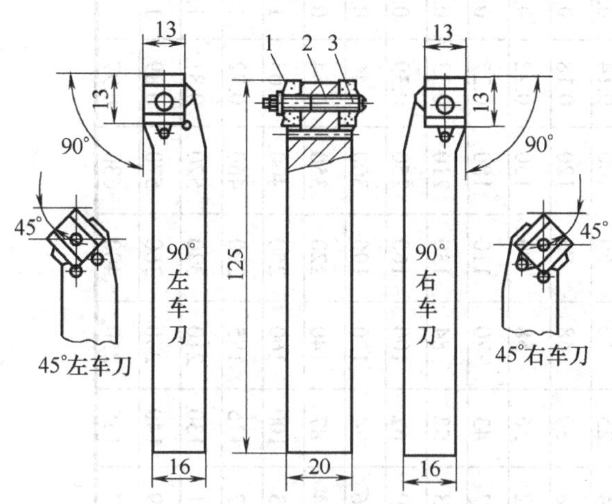

图 2-30　多用可转位车刀

1—刀片；2—刀杆；3—螺钉

表 2-5　车圆锥时产生废品的原因及预防措施

废品种类	产生原因	预防措施
锥度(角度)不正确	(1) 车刀没有固紧； (2) 编程错误	(1) 固紧车刀； (2) 检查程序
大小端尺寸不正确	编程错误	检查程序
双曲线误差	车刀刀尖未对准工件轴线	车刀刀尖必须严格对准工件轴线
表面粗糙度达不到要求	(1) 切削用量选择不当； (2) 车刀角度不正确，刀尖不锋利	(1) 正确选择切削用量； (2) 刃磨车刀，角度要正确，刀尖要锋利

表 2-6　标准公差数值表(GB/T 1800.3—1998)

基本尺寸/mm	公差等级																			
	IT01	IT0	IT1	IT2	IT3	IT4	IT5	IT6	IT7	IT8	IT9	IT10	IT11	IT12	IT13	IT14	IT15	IT16	IT17	IT18
	μm														mm					
≤3	0.3	0.5	0.8	1.2	2	3	4	6	10	14	25	40	60	100	0.14	0.25	0.40	0.60	1.0	1.4
3～6	0.4	0.6	1	1.5	2.5	4	5	8	12	18	30	48	75	120	0.18	0.30	0.48	0.75	1.2	1.8
6～10	0.4	0.6	1	1.5	2.5	4	6	9	15	22	36	58	90	150	0.22	0.36	0.58	0.90	1.5	2.2
10～18	0.5	0.8	1.2	2	3	5	8	11	18	27	43	70	110	180	0.27	0.43	0.70	1.10	1.8	2.7
18～30	0.6	1	1.5	2.5	4	6	9	13	21	33	52	84	130	210	0.33	0.52	0.84	1.30	2.1	3.3
30～50	0.6	1	1.5	2.5	4	7	11	16	25	39	62	100	160	250	0.39	0.62	1.00	1.60	2.5	3.9
50～80	0.8	1.2	2	3	5	8	13	19	30	46	74	120	190	300	0.46	0.74	1.20	1.90	3.0	4.6
80～120	1	1.5	2.5	4	6	10	15	22	35	54	87	140	220	350	0.54	0.87	1.40	2.20	3.5	5.4
120～180	1.2	2	3.5	5	8	12	18	25	40	63	100	160	250	400	0.63	1.00	1.60	2.50	4.0	6.3
180～250	2	3	4.5	7	10	14	20	29	46	72	115	185	290	460	0.72	1.20	1.85	2.90	4.6	7.2
250～315	2.5	4	6	8	12	16	23	32	52	81	130	210	320	520	0.81	1.40	2.10	3.20	5.2	8.1
315～400	3	5	7	9	13	18	25	36	57	89	140	230	360	570	0.89	1.60	2.30	3.60	5.7	8.9
400～500	4	6	8	10	15	20	27	40	63	97	155	250	400	630	0.97	1.80	2.50	4.00	6.3	9.7

注：(1) 基本尺寸小于 1mm 时，无 IT14～IT18。

(2) IT01～IT1 属于高精级。

(3) IT2～IT4 属于精密级。

(4) IT5～IT11 属于普通级。

(5) IT12～IT18 属于低精级。

2.2.3　拓展实训

按照图 2-31 和图 2-32 所示的工件图样完成加工操作。

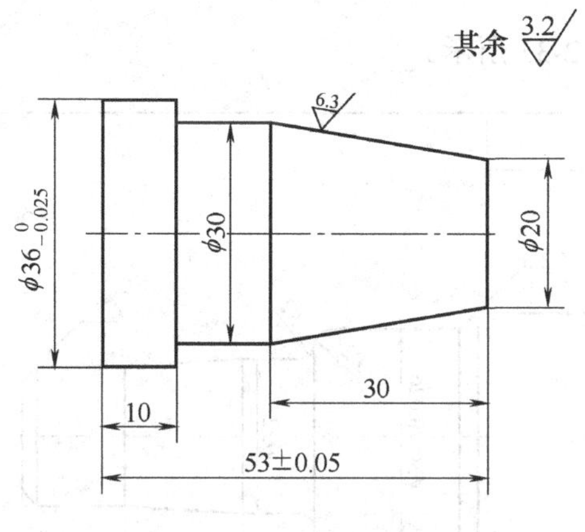

图 2-31　锥轴零件图 I

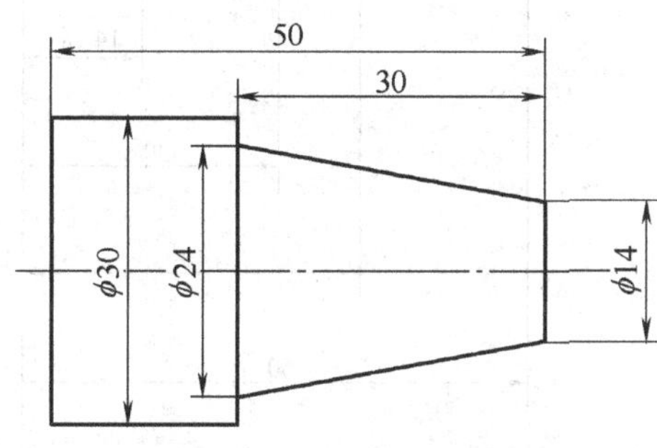

图 2-32　锥轴零件图 II

2.3　数控车削加工综合轴零件

知识目标

- 掌握 G54 对多把刀的方法。
- 掌握 G70、G71 指令的应用。
- 掌握编程时的公差处理。

技能目标

- 能正确分析综合轴零件的工艺性。
- 能正确进行综合轴零件的质量检测。
- 能运用机床锁定检验程序。
- 能正确使用游标卡尺和钢板尺。

2.3.1　工作任务

1. 零件图样

综合轴零件图样如图 2-33 所示。

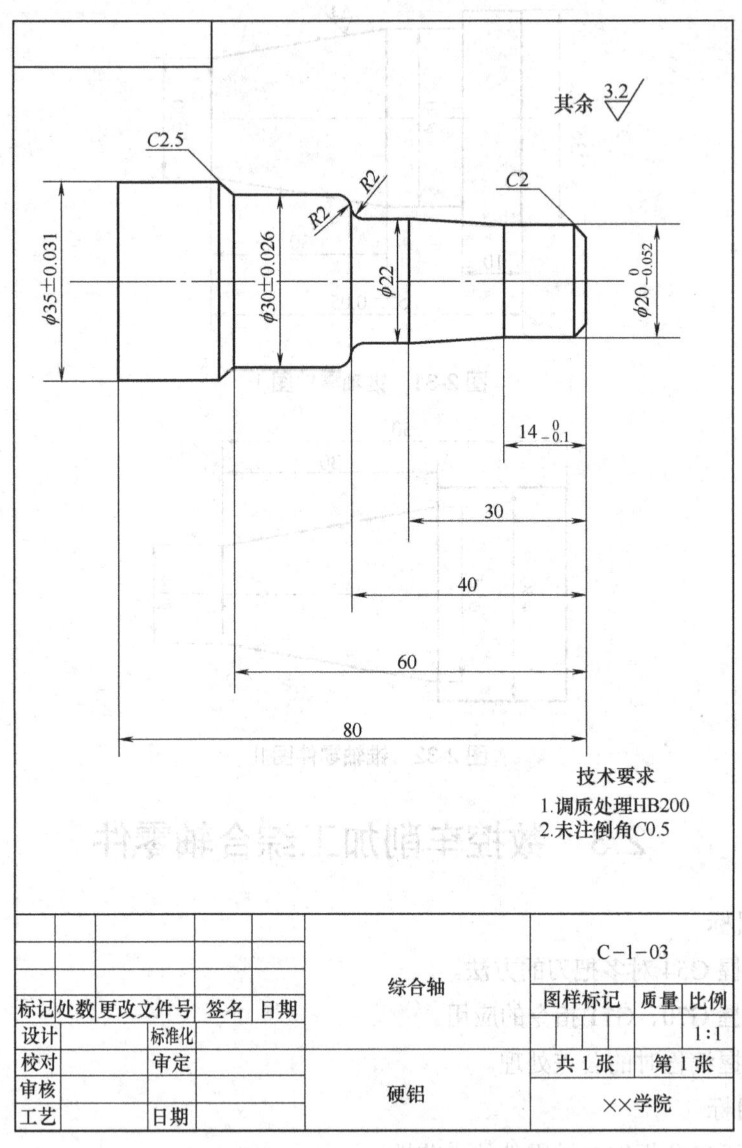

图 2-33　综合轴零件图样

2. 工作条件

(1) 生产纲领：单件。

(2) 毛坯：ϕ40mm 硬铝棒料。

(3) 选用机床为 FANUC 0i 系统的 CK6140 型数控车床。

(4) 时间定额：编程时间为 30min，实操时间为 40min。

3. 工作要求

(1) 工件经加工后，各尺寸符合图样要求。
(2) 工件经加工后，形位公差符合图样要求。
(3) 工件经加工后，表面粗糙度符合图样要求。
(4) 正确执行安全技术操作规程。
(5) 按企业有关文明生产规定，做到保持工作地整洁，工件、工具摆放整齐。

2.3.2　工作过程

1. 工艺分析与工艺设计

1) 工艺结构及精度分析

本例工件由 ϕ35mm 圆柱段、ϕ30mm 圆柱段、ϕ20mm 圆柱段、圆锥台、倒圆及倒角组成。($\phi 35 \pm 0.031$)mm 尺寸公差等级为 9 级，($\phi 30 \pm 0.026$)mm 尺寸公差等级为 9 级，$\phi 20_{-0.052}^{\ 0}$ mm 尺寸公差等级为 9 级，$14_{-0.1}^{\ 0}$ mm 尺寸公差等级为 11 级。表面粗糙度为 3.2μm。

2) 零件装夹方案分析

采用三爪卡盘装夹方法。

3) 加工刀具分析

刀具选择如下。

T01：93°外圆粗车刀(刀具材料：高速钢)1 把。

T02：93°外圆精车刀(刀具材料：高速钢)1 把。

T03：切断刀(宽 4mm)1 把。

4) 制作工序卡

工序卡如表 2-7 所示。

2. 数控编程

(1) 建立工件坐标系。把工件右端面的轴心处作为工件原点，并以此为工件坐标系编程。
(2) 计算基点与节点。标注有公差的尺寸应采用平均尺寸编程。
(3) 编制程序。加工程序单如表 2-8 所示。

3. 模拟加工

模拟加工的结果如图 2-34 所示。

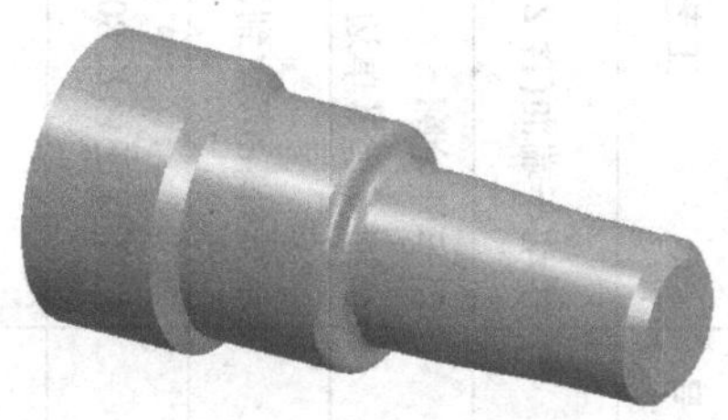

图 2-34　模拟加工的结果

表 2-7　工序卡

数控车床加工工序卡			产品名称或代号		零件名称		零件图号		
					综合轴		C-1-03		
单位名称			夹具名称		使用设备		车间		
			三爪卡盘		FANUC 0i 系统的 CK6140 型数控车床		现代制造技术中心		
序　号	工艺内容	刀具号	刀具规格/mm	主轴转速 n/(r/min)	进给速度 F/(mm/r)	背吃刀量 a_p/mm	刀片材料	程序编号	量具
1	手动车端面(含 Z 向对刀)	T01	93° 高速钢外圆粗车刀	350	0.3	0.5		O0003	
2	粗车外轮廓 留加工余量单边 0.3mm	T01	93° 高速钢外圆粗车刀	350	0.3	2.5			游标卡尺
3	精车外轮廓达到图纸要求	T02	93° 高速钢外圆精车刀	500	0.2	0.3			游标卡尺
4	切断保证总长 80mm	T03	宽 4mm 切断刀	300	0.1	4			钢板尺和 游标卡尺
5									
6									
7									
编　制		审　核		批　准		第 1 页		共 1 页	

表 2-8　加工程序单

程　序	注　释
O0003;	程序号
G54 M03 S350 T0101;	建立工件坐标系，主轴正转，给定刀具及刀具补偿
G00 X44. Z2.;	快速定位
G71 U2.5 R1.;	粗车外轮廓
G71 P10 Q20 U0.6 W0.3 F0.3;	
N10 G00 X13.974;	
G42 Z1.;	
G01 X19.974 Z-2. F0.2 S500;	
Z-13.95;	
X22. Z-30.;	
Z-38.;	
G02 U4. W-2. R2.;	
G03 X30.W-2. R2.;	
G01 Z-60.;	
U5. W-2.5;	
Z-85.;	
X42.;	
N20 G40 G00 X44.;	
G00 X100. Z50.;	
T0202;	换刀
G00 X44. Z2.;	
G70 P10 Q20;	精车外轮廓
G00 X100. Z50.;	
T0303 S300;	换刀
G00 X40. Z-84.;	
G01 X-1. F0.1;	切断
G00 X40.;	
G00 X100. Z50.;	
M05;	主轴停止
M30;	程序结束

4. 数控加工

1)　加工前准备

(1)　电源接通。

(2)　机床回零。

(3) 刀辅具准备和毛坯准备。

2) 工件与刀具装夹

(1) 工件装夹。使用三爪自定心卡盘。装夹时，右手拿工件，工件要水平安放，伸出卡盘部分长度约 95mm，左手旋紧卡盘扳手。

(2) 刀具安装。将加工零件的刀具依次装夹到相应的刀位上。

3) 对刀与参数设置

选择一把刀(T01)为标准刀具，采用试切法完成工件坐标系 G54 的设置，然后通过设置偏置值完成其他刀具的对刀。下面介绍工件坐标系 G54 的设置。

(1) 切削外径。

(2) 测量切削位置的直径。

(3) 在 MDI 键盘上按下OFFSET SETTING键，进入磨耗补偿参数设定界面；再按菜单软键“[坐标系]”，进入工件坐标系设定界面。

(4) 把光标定位在需要设定的坐标系 G54 上。

(5) 将光标移到 *X* 上。

(6) 在 MDI 键盘面板上按下需要设定的轴 *X* 键。

(7) 输入直径值。

(8) 按菜单软键“[测量]”，自动计算出坐标值并填入。

(9) 切削端面。

(10) 按下操作面板上的“主轴停止”按钮，使主轴停止转动。

(11) 把光标定位在 *Z* 上。

(12) 在 MDI 键盘面板上按下需要设定的轴 *Z* 键。

(13) 输入工件坐标系原点的距离(注意距离有正负号)。

(14) 按菜单软键“[测量]”，自动计算出坐标值并填入。

4) 程序输入与调试

(1) 输入程序。

(2) 刀具补偿。

① 输入形状补偿参数：其余各把刀按以下步骤进行。

第一步，切削外径。

第二步，测量切削位置的直径。

第三步，在 MDI 键盘上按下OFFSET SETTING键，进入磨耗补偿参数设定界面；再按菜单软键“[形状]”，进入形状补偿参数设置界面。

第四步，用方位键↑↓选择所需的编号。

第五步，用方位键←→确定所需补偿的值 *X*。

第六步，在 MDI 键盘面板上按下需要设定的轴 *X* 键。

第七步，输入直径值。

第八步，按菜单软键“[测量]”，自动计算出坐标值并填入。

第九步，轻轻碰端面。

第十步，按下操作面板上的“主轴停止”按钮，使主轴停止转动。

第十一步，把光标定位在 Z 上。

第十二步，在 MDI 键盘面板上按下需要设定的轴 Z 键。

第十三步，输入工件坐标系原点的距离(注意距离有正负号)。

第十四步，按菜单软键“[测量]”，自动计算出坐标值并填入。

② 输入刀尖圆弧半径和方位号：分别把光标移到 R 和 T 列，按数字键输入半径或方位号，然后按菜单软键“[输入]”。

(3) 机床锁定。

① 按下操作面板上的“自动运行”按钮，使其指示灯变亮。

② 按下操作面板上的“机械锁定”按钮，使其指示灯变亮。

③ 按下操作面板上的“循环启动”按钮，程序开始执行。

机床锁定主要检查编写程序的格式有无错误。

(4) 自动加工。

5. 加工工件质量检测

用游标卡尺和钢板尺检查相应工序中的各尺寸。

6. 清场处理

(1) 清除切屑、擦拭机床，使机床与环境保持清洁状态。

(2) 注意检查或更换磨损坏的机床导轨上的油擦板。

(3) 检查润滑油、冷却液的状态，及时添加或更换。

(4) 依次关掉机床操作面板上的电源和总电源。

(5) 将现场设备、设施恢复到初始状态。

知识链接

切削液的种类和选用

1) 切削液的种类

(1) 水溶液。水溶液的主要成分是水及防锈剂、防霉剂等。为了提高清洗能力，可加入清洗剂；为具有一定的润滑性，还可加入油性添加剂。例如，加入聚乙二醇和油酸时，水溶液既有良好的冷却性，又有一定的润滑性，并且溶液透明，加工中便于观察。

(2) 乳化液。乳化液是水和乳化油经搅拌后形成的乳白色液体。乳化油是一种油膏，由矿物油和表面活性乳化剂(石油磺酸钠、磺化蓖麻油等)配制而成，表面活性剂的分子上带极性一端与水亲和，不带极性一端与油亲和，使水油均匀混合，并在液体中添加乳化稳定剂(乙醇、乙二醇等)以使乳化液中的油、水不分离，具有良好的冷却性能。

(3) 合成切削液。合成切削液是国内外推广使用的高性能切削液，由水、各种表面活性剂和化学添加剂组成。它具有良好的冷却、润滑、清洗和防锈性能，热稳定性好，使用周期长。

(4) 切削油。切削油主要起润滑作用。常用的有 10 号机械油、20 号机械油、轻柴油、煤油、豆油、菜油、蓖麻油等矿物油和动、植物油。其中动、植物油容易变质，一般较少使用。

(5) 极压切削油。极压切削油是在矿物油中添加氯、硫、磷等极压添加剂配制而成的。它在高温下不破坏润滑膜，并具有良好的润滑效果，故被广泛使用。

(6) 固体润滑剂。固体润滑剂主要以二硫化钼(MoS_2)为主。二硫化钼形成的润滑膜具有极低的摩擦因数(0.05～0.09)和高的熔点(1185℃)，因此，高温不易改变它的润滑性能，它具有很高的抗压性能和牢固的附着能力，有较高的化学稳定性和温度稳定性。固体润滑剂的种类有 3 种：油剂、水剂和润滑脂。应用时，将二硫化钼与硬脂酸及石蜡做成蜡笔，涂抹在刀具表面；也可混合在水中或油中，涂抹在刀具表面。

2) 切削液的选用

切削液的种类繁多，性能各异，在加工过程中应根据加工性质、工艺特点、工件和刀具材料等具体条件合理选用。

(1) 根据加工性质选用。

① 粗加工时，由于加工余量和切削用量均较大，在切削过程中会产生大量的切削热，易使刀具迅速磨损，这时应降低切削区域温度，所以应选择以冷却作用为主的乳化液或合成切削液。

- 用高速钢刀具粗车或粗铣碳钢时，应选用 3%～5%的乳化液，也可以选用合成切削液。
- 用高速钢刀具粗车或粗铣合金钢、铜及其合金工件时，应选用 5%～7%的乳化液。
- 粗车或粗铣铸铁时，一般不用切削液。

② 精加工时，为了减少切屑、工件与刀具间的摩擦，保证工件的加工精度和表面质量，易选用润滑性能较好的极压切削油或高浓度极压乳化液。

- 用高速钢刀具精车或精铣碳钢时，应选用 10%～15%的乳化液，或 10%～20%的极压乳化液。
- 用硬质合金刀具精加工碳钢工件时，可以不用切削液，也可用 10%～25%的乳化液，或用 10%～20%的极压乳化液。
- 精加工铜及其合金、铝及其合金工件时，为了得到较高的表面质量和较高的精度，可选用 10%～20%的乳化液或煤油。

③ 半封闭式加工时，如钻孔、铰孔和深孔加工，排屑、散热条件均非常差，不仅使刀具磨损严重，容易退火，而且切屑容易拉毛工件的已加工表面。为此，须选用黏度较小的极压乳化液或极压切削油，并加大切削液的压力和流量，这样，不仅可以进行冷却、润滑，还可将部分切屑冲刷出来。

(2) 根据工件材料选用。

① 一般钢件，粗加工时选乳化液；精加工时，选硫化乳化液。

② 加工铸铁、铸铝等脆性金属时，为了避免细小切屑堵塞冷却系统或黏附在机床上难以清除，一般不用切削液；但在精加工时，为提高工件表面加工质量，可选用润滑性好、黏度小的煤油或 7%～10%的乳化液。

③ 加工有色金属或铜合金时，不宜采用含硫的切削液，以免腐蚀工件。

④ 加工镁合金时，不能用切削液，以免燃烧起火，必要时，可用压缩空气冷却。

⑤ 加工难加工材料时，如不锈钢、耐热钢等，应选用 10%～15%的极压切削油或极压乳化液。

(3) 根据刀具材料选用。

① 高速钢刀具：粗加工时，选用乳化液；精加工时，选用极压切削油或浓度较高的极压乳化液。

② 硬质合金刀具：为避免刀片因骤冷或骤热而产生崩裂，一般不使用冷却润滑液。如果要使用，必须连续、充分。例如，加工某些硬度高、强度大、导热性差的工件时，由于切削温度较高，会造成硬质合金刀片与工件材料发生黏结和扩散磨损，此时应加注以冷却为主的 2%～5%的乳化液或合成切削液；若采用喷雾加注法，则切削效果更好。

2.3.3 拓展实训

按照图 2-35 和图 2-36 所示的工件图样完成加工操作。

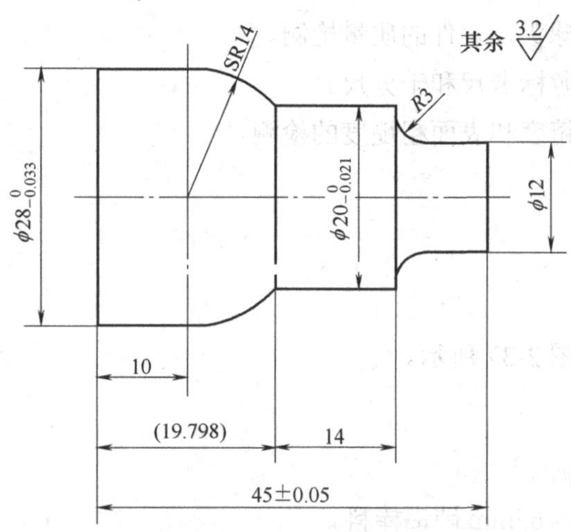

图 2-35　综合轴零件图 I

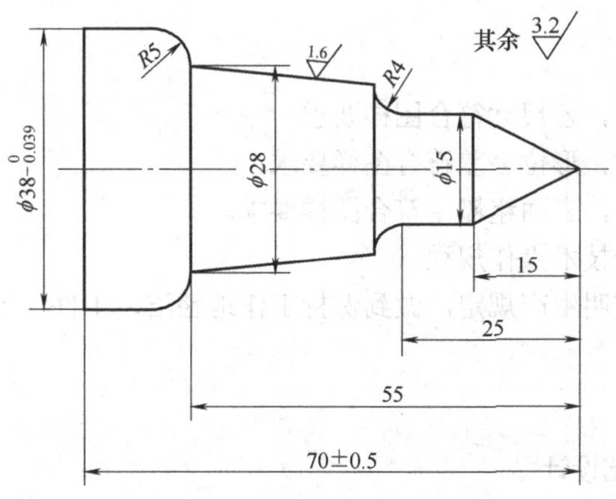

图 2-36　综合轴零件图 II

2.4 数控车削加工球头轴零件

▶ 知识目标

- 掌握 G54 对多把刀的方法。
- 掌握调头后的对刀及程序编写的注意事项。
- 掌握 G70、G71 指令的应用。
- 掌握在编程时公差的处理。

▶ 技能目标

- 能正确分析球头轴零件的工艺性。
- 能调头找正。
- 能运用单节方式下机床锁定检验程序。
- 能正确进行球头轴零件的质量检测。
- 能正确使用游标卡尺和千分尺。
- 能进行形位精度和表面粗糙度的检测。

2.4.1 工作任务

1. 零件图样

球头轴零件图样如图 2-37 所示。

2. 工作条件

(1) 生产纲领：单件。
(2) 毛坯：ϕ40mm×65mm 硬铝棒料。
(3) 选用机床为 FANUC 0i 系统的 CK6140 型数控车床。
(4) 时间定额：编程时间为 40min，实操时间为 100min。

3. 工作要求

(1) 工件经加工后，各尺寸符合图样要求。
(2) 工件经加工后，形位公差符合图样要求。
(3) 工件经加工后，表面粗糙度符合图样要求。
(4) 正确执行安全技术操作规程。
(5) 按企业有关文明生产规定，做到保持工作地整洁，工件、工具摆放整齐。

2.4.2 工作过程

1. 工艺分析与工艺设计

1) 工艺结构及精度分析
本例工件由 ϕ35mm 圆柱段、ϕ14mm 圆柱段、ϕ20mm 圆柱段、圆锥台、球面、倒圆及倒角组成。($\phi20\pm0.035$)mm 尺寸公差等级为 9 级，(60±0.1)mm 尺寸公差等级为 11 级，$\phi20_{-0.035}^{\ 0}$ mm 尺寸公差等级为 8 级，同轴度公差等级为 7 级，$\phi14_{-0.035}^{\ 0}$ mm 尺寸公差等级为 8 级，(R6±0.05)mm 尺寸公差等级为 11 级，表面粗糙度为 3.2μm。

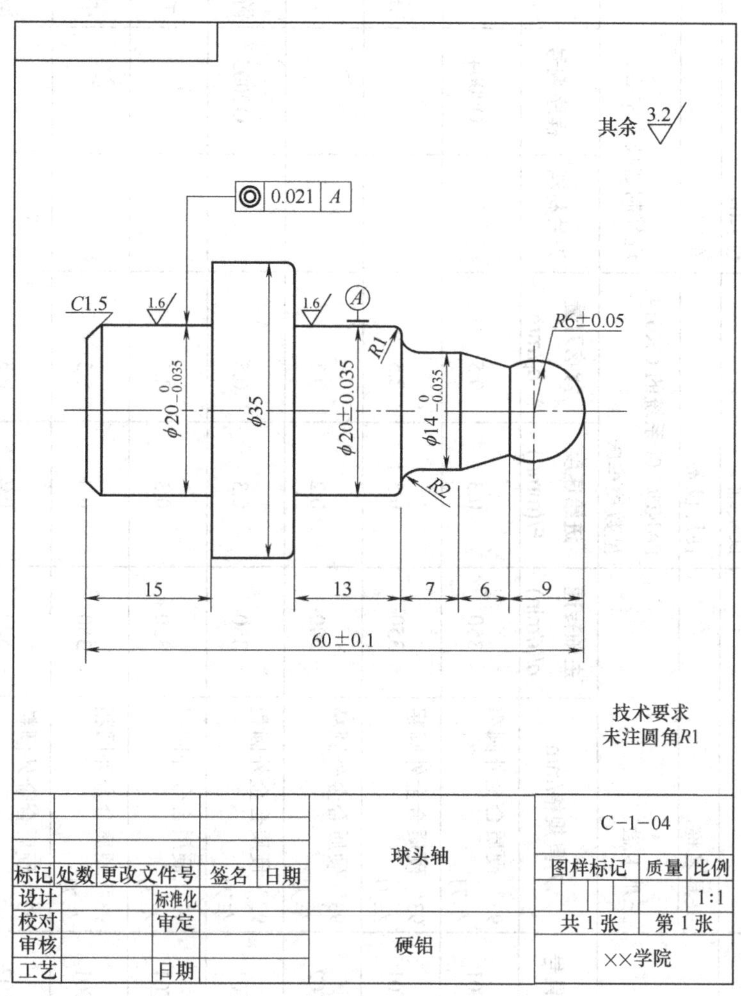

标记	处数	更改文件号	签名	日期	球头轴	C-1-04			
设计		标准化				图样标记	质量	比例	
校对		审定						1:1	
审核					硬铝	共 1 张	第 1 张		
工艺		日期				××学院			

图 2-37　球头轴零件图样

2)　零件装夹方案分析

采用三爪卡盘装夹方法。

3)　加工刀具分析

刀具选择如下。

T01：93° 外圆粗车刀(刀具材料：硬质合金)1 把。

T02：93° 外圆精车刀(刀具材料：硬质合金)1 把。

4)　制作工序卡

工序卡如表 2-9 所示。

表 2-9　工序卡

数控车床加工工序卡			产品名称或代号		零件名称		零件图号		
					球头轴		C-1-04		
单位名称			夹具名称		使用设备		车间		
			三爪卡盘		FANUC 0i 系统的 CK6140 型数控车床		现代制造技术中心		
序　号	工艺内容	刀具号	刀具规格/mm	主轴转速 n/(r/min)	进给速度 F/(mm/r)	背吃刀量 a_p/mm	刀片材料	程序编号	量　具
1	手动车端面(含 Z 向对刀)	T01	93° 硬质合金外圆粗车刀	350	0.3	0.5		O0004	
2	粗车左端外轮廓 留加工余量单边 0.3mm	T01	93° 硬质合金外圆粗车刀	350	0.3	2.5			游标卡尺
3	精车左端外轮廓达到图纸要求	T02	93° 硬质合金外圆精车刀	500	0.2	0.3			千分尺
4	调头车右端面，保证工件总长	T01	93° 硬质合金外圆粗车刀	350	0.3	0.5		O0005	游标卡尺
5	粗车右端外轮廓(不含凹槽) 留加工余量单边 0.3mm	T01	93° 硬质合金外圆粗车刀	350	0.3	2.5			千分尺
6	粗车右端外轮廓(含凹槽) 留加工余量单边 0.3mm	T01	93° 硬质合金外圆粗车刀	350	0.3	2.5			千分尺
7	精车右端外轮廓达到图纸要求	T02	93° 硬质合金外圆精车刀	500	0.2	0.3			游标卡尺
编　制		审　核		批　准		第 1 页		共 1 页	

2. 数控编程

(1) 建立工件坐标系。零件分左右端加工。把装夹后的工件右端面的轴心作为工件原点，并以此为工件坐标系编程。

(2) 计算基点与节点。对标注有公差的尺寸应采用平均尺寸编程。由图 2-38 可知：

$$BC=\sqrt{(AB)^2-(AC)^2}=\sqrt{6^2-(9-6)^2}=5.196$$

因此，点 B 的坐标为(10.392, −9)。

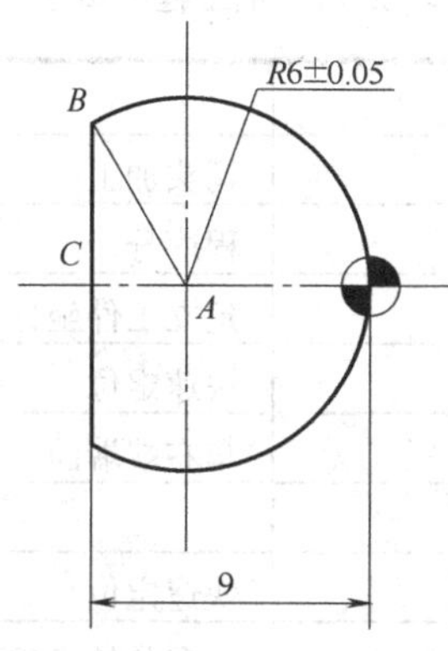

图 2-38　基点坐标的计算

(3) 编制程序。加工程序单如表 2-10 和表 2-11 所示。

表 2-10　加工程序单 I

程　序	注　释
加工左端程序：	
O0004;	程序号
G54 M03 S350 T0101;	建立工件坐标系，主轴正转，给定刀具及刀具补偿
G00 X44. Z2.;	快速定位
G71 U2.5 R1.;	粗车外轮廓
G71 P10 Q20 U0.6 W0.3 F0.3;	
N10 G00 X14.983;	
G42 Z1.;	
G01 X19.9825 Z-1.5 F0.2 S500;	
Z-20.;	
X42.;	
N20 G40 G00 X44.;	
G00 X100. Z50.;	
T0202;	换刀
G00 X44. Z2.;	
G70 P10 Q20;	精车外轮廓

续表

程　序	注　释
G00 X100. Z50.;	
M05;	主轴停止
M30;	程序结束

表 2-11　加工程序单 II

程　序	注　释
加工右端程序：	调头加工
O0005;	程序号
G55 M03 S350 T0101;	建立工件坐标系，主轴正转，给定刀具及刀具补偿
G00 X45.Z0;	快速定位
G01 X-2.F0.05;	车右端端面
Z2.;	
G00 X42. Z2.;	快速定位
G71 U2.5 R1.;	粗车外轮廓(不含凹槽)
G71 P10 Q20 U0.6 W0.3 F0.3;	
N10 G00 X0;	
G42 Z0;	
G03 X12. Z-6. R6.;	
G01 X13.983 W-9.;	
W-5.;	
G02 U4. W-2. R2.;	
G01 X18.;	
G03 U2. W-1. R1.;	
G01 W-12.;	
X33.;	
G03 U2. W-1. R1.;	
G01 Z-46.;	
N20 G40 G00 X42.;	
G00 Z0;	粗车右端凹槽
X12.6;	
G42 G01Z-6.;	
G03 X11.Z-9.R6.3;	
G01 X14.6W-6.;	
X16.;	
G40 X18.;	
G00 X100. Z50.;	

续表

程　序	注　释
T0202 S500;	换刀
G00 X0Z2.;	精车轮廓
G42 Z0;	
G03 X10.392 Z-9. R6.;	
G01 X13.983 W-6.;	
W-5.;	
G02 U4. W-2. R2.;	
G01 X18.;	
G03 U2. W-1. R1.;	
G01 W-12.;	
X33.;	
G03 U2. W-1. R1.;	
G01 Z-46.;	
G40 G00 X42.;	
G00 X100. Z50.;	
M05;	主轴停止
M30;	程序结束

3. 模拟加工

模拟加工的结果如图 2-39 所示。

图 2-39　模拟加工的结果

4. 数控加工

1)　加工前准备

(1)　电源接通。

(2)　机床回零。

(3)　刀辅具准备和毛坯准备。

2)　工件与刀具装夹

(1)　工件装夹。使用三爪自定心卡盘。装夹时，右手拿工件，工件要水平安放，第 1 次装夹伸出卡盘部分长度约为 25mm，第 2 次调头装夹伸出卡盘部分长度约为 50mm，左手旋紧卡盘扳手。

(2)　刀具安装。将加工零件的刀具依次装夹到相应的刀位上。

3)　对刀与参数设置

第 2 次装夹车端面，设置 *Z* 向工件坐标系。

(1)　用第 1 次装夹时的标准刀具 T01 试切车削端面。然后按“正方向移动”按钮，*Z* 轴方向保持不动，刀具退出。

(2)　按下操作面板上的“主轴停止”按钮，使主轴停止转动。

(3) 取下工件，用游标卡尺测量工件的实际长度；用实际长度减去理论长度，其差值记为 Z_0。

(4) 重新安装工件，采用手动方式或者手动脉冲方式，使机床在 Z 轴方向移动并与切削过的端面接触。

(5) 在 MDI 键盘上按下 OFFSET SETTING 键，进入磨耗补偿参数设定界面；再按菜单软键“[坐标系]”，进入工件坐标系设定界面。

(6) 把光标定位在需要设定的坐标系 G55 上。

(7) 将光标移到 Z 上。

(8) 在 MDI 键盘面板上按下需要设定的轴 Z 键。

(9) 输入 Z_0。

(10) 按菜单软键“[测量]”，自动计算出坐标值并填入。

4) 程序输入与调试

(1) 输入程序。

(2) 机床锁定。

① 按下操作面板上的“自动运行”按钮，使其指示灯变亮。

② 按下操作面板上的“机械锁定”按钮，使其指示灯变亮。

③ 按下操作面板上的“单节”按钮，使其指示灯变亮。

④ 按下操作面板上的“循环启动”按钮，程序开始执行。

注：单节方式下，机床锁定可检查编辑与输入的程序是否正确无误。

(3) 自动加工。

5. 加工工件质量检测

1) 外圆直径的测量

外径千分尺的主要用途是测量工件的外径，当然也可测量一些外尺寸。外径千分尺又简称为“千分尺”。实际上，千分尺的分度值是 0.01mm，即百分之一毫米，由此应将其称为“百分尺”，“千分尺”是一种习惯称呼。

常用的外径千分尺有普通式、电子数显式和带表式三种类型。它们的外形结构如图 2-40 所示。

2) 球面检测

(1) 用圆孔端面检测。在实际生产中，也可用小于球径的垫圈或套筒来检测球面的几何形状。检测时，将垫圈或套筒端面的内圈(外圈)与外球面(内球面)的测量部位贴合，并观察其缝隙大小，便可较简便地测出球面的形状精度，如图 2-41(a)所示。垫圈的直径不宜过小，一般可取 1.5SR 左右。

(2) 用样板检测。用样板检测球面的方法如图 2-41(b)和图 2-41(c)所示，检测时，应注意使样板中平面通过球心，以减少测量误差。用样板检测也是以样板测量面与球面之间的缝隙大小来判断球面的精度。

(3) 用内径量表(或千分尺)检测。用内径量表测量球面的方法如图 2-41(d)所示，如果被测球面各个方向的直径都相等，显然球面形状是正确的；若测得的数据偏差较大，则表明球面形状不正确。采用这种方法，在检测球面形状的同时也测量了球面直径的实际尺寸。用千分尺测量外球面情况也是如此。

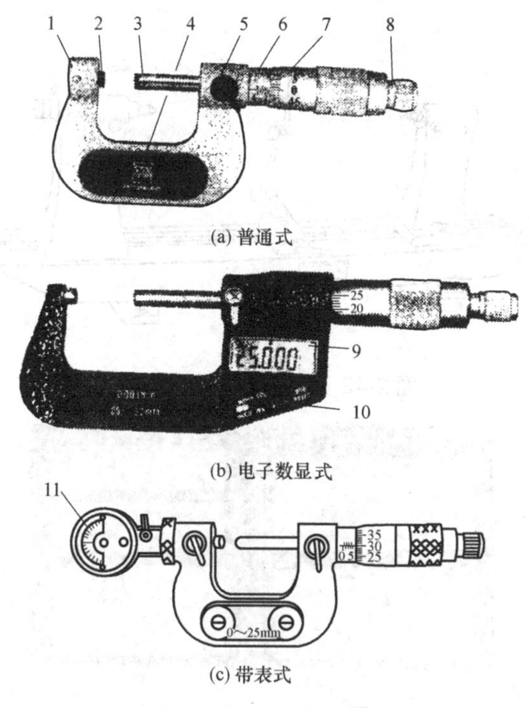

(a) 普通式

(b) 电子数显式

(c) 带表式

图 2-40　外径千分尺的外形结构

1—尺架；2—固定测砧；3—活动测砧紧固套筒；4—护板；5—锁紧装置；6—固定套筒；7—微分筒(测微头)；8—测力装置；9—显示器(计数器)；10—功能按键；11—指示表

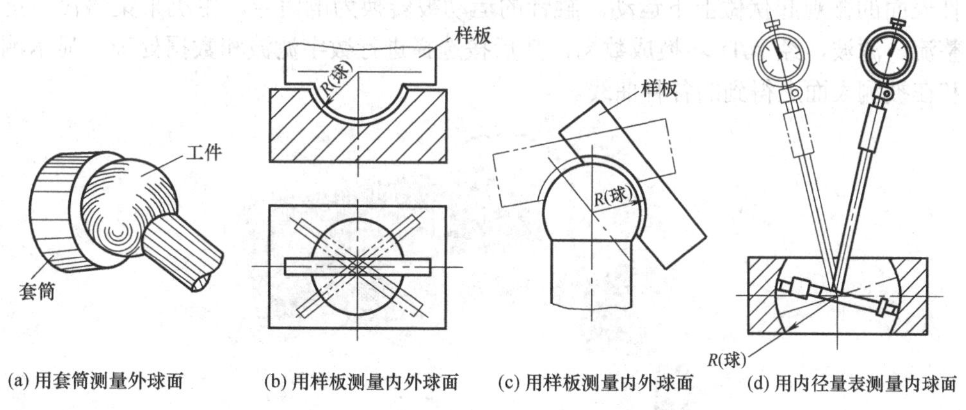

(a) 用套筒测量外球面　(b) 用样板测量内外球面　(c) 用样板测量内外球面　(d) 用内径量表测量内球面

图 2-41　球面检验方法

3)　形位公差的测量

将转轴用图 2-42 所示的专用支架架起来，这样转动将很方便。该设备还有一个可沿轴向移动的百分表支架，使用更加便利。

4)　粗糙度的测量

(1)　对比测量。对比测量是用表面粗糙度样块(见图 2-43)与所加工零件进行对比的测量方法。一套完整的粗糙度样块(板)包括车、磨、锉、铣、刨、插等几种加工方式的样块，每种加工方式的样块又将按照粗糙度的几种常用级别排列若干块，一般装在一个专用的盒子里。

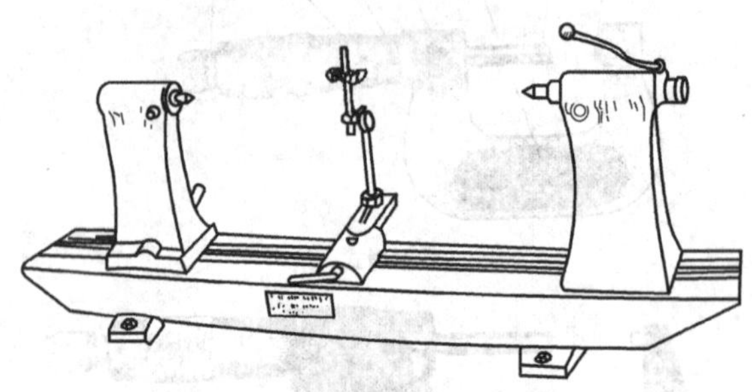

图 2-42　测量转轴用专用支架

图 2-43　粗糙度样块

(2) 便携式表面粗糙度测量仪。便携式表面粗糙度测量仪如图 2-44 所示。其工作原理是，当传感器在驱动器的驱动下沿被测表面做匀速直线运动时，其垂直于工件表面的触针随工件表面的微观起伏做上下运动。触针的运动被转换为电信号，主机采集该信号进行放大、整流、滤波，经 A/D 转换成数据，然后按选择进行数字滤波和数据处理，显示测量参数值和在被测表面上得到的各种曲线。

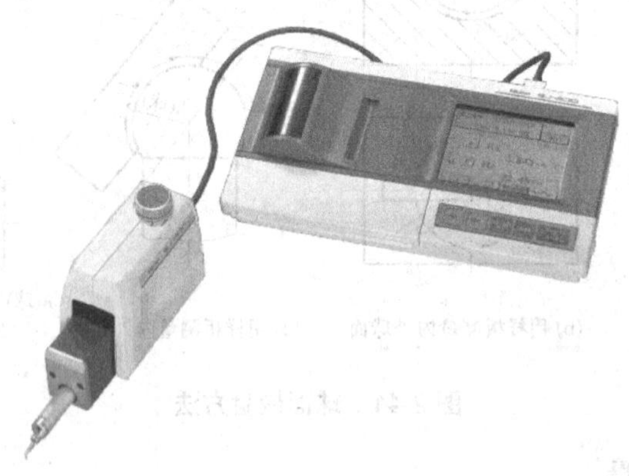

图 2-44　便携式表面粗糙度测量仪

6. 清场处理

(1) 清除切屑、擦拭机床，使机床与环境保持清洁状态。

(2) 注意检查或更换磨损坏的机床导轨上的油擦板。

(3) 检查润滑油、冷却液的状态，及时添加或更换。

(4) 依次关掉机床操作面板上的电源和总电源。

(5) 将现场设备、设施恢复到初始状态。

知识链接

1. 调头校正

将一端加工好的工件调头装夹后，用百分表找正。

(1) 将百分表固定在支架上，如图 2-45(a)所示。若采用夹持套筒的方法来固定百分表，则夹紧力要适当，既要夹牢而又不至于使套筒变形，以免出现测量杆卡住或移动不灵活的现象，夹紧后就不准再转动百分表，如需要转动表的方向，则必须先松开夹紧装置。

(2) 调整百分表测量头的位置，使其与被测量面接触，要求具有适当的测量力(或称为“预压力”)。所谓适当的测量力，一般是指在测量头压到被测量面上之后，表针顺时针转动半圈至一圈(相当于测量杆有 0.3～1mm 的压缩量，称为“预压量”)，即所谓的“压半圈”或“压一圈”，如图 2-45(b)所示。

在比较测量时，如果存在负向偏差，预压量还要增大，使指针有一定的指示余量，这样，在测量过程中，既能指示出正偏差，又能指示出负偏差，而且仍可保持一定的测量力，否则负的偏差就可能测不出来，还要调整，浪费时间。之后，再按上述检查百分表的稳定性的方法检查一次，若符合要求，则可开始进行测量。

(3) 为了读数方便，测量前一般要把百分表的指针指在表盘的“0”位，在百分表的测量头施加适当的测量力，表针稳定在一个位置之后，表针对“0”位的方法是旋转表圈带动表盘(含刻度盘)，使“0”位刚好对准指针，如图 2-45(c)所示。之后，再按上述检查百分表的稳定性的方法检查一次，若符合要求，则可开始进行测量，如图 2-45(d)所示。百分表平移，表指针转动，测量值为 1.56mm。

2. 影响表面粗糙度的因素及修正措施

影响表面粗糙度的因素及修正措施如表 2-12 所示。

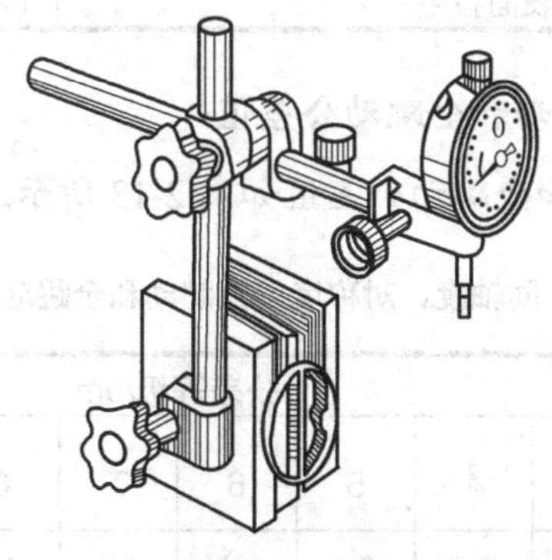

(a) 将百分表装卡在支架上

图 2-45　机械式百分表的调整和读数方法

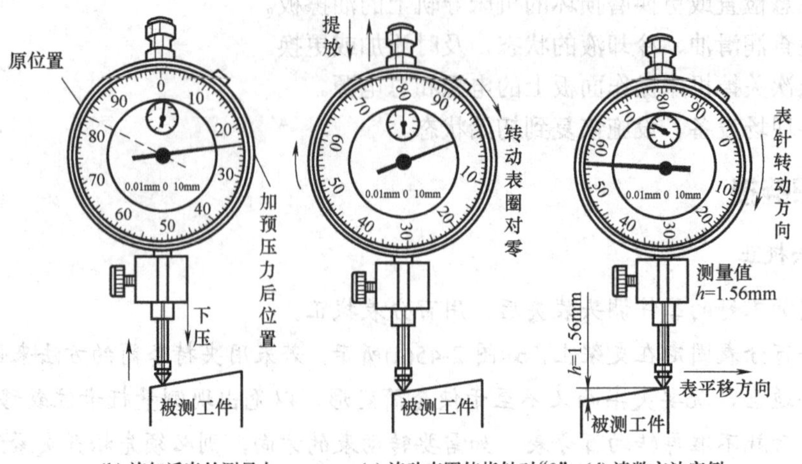

(b) 施加适当的测量力　(c) 旋动表圈使指针对"0"　(d) 读数方法实例

图 2-45　机械式百分表的调整和读数方法(续)

表 2-12　影响表面粗糙度的因素及修正措施

表面缺陷	影响因素	修正措施
残留面积	车削时，其运动轨迹残留未被切除的面积	(1) 减小进给量； (2) 减小主、副偏角； (3) 加大刀尖圆弧半径
鳞刺、毛刺等	积屑瘤	(1) 冷却降温； (2) 选择好切削速度和进给量； (3) 注意观察，及时去掉积屑瘤
切削纹变形	工艺系统产生振动	增加刚性，减少振动源
	刀具后刀面摩擦	及时修复后刀面
	崩碎的切屑产生的影响	使排屑顺畅，断屑平稳
其他缺陷	切削刃自身表面粗糙度差	仔细研磨切削刃
	切屑将已加工的表面拉毛	改变排屑方向，及时断屑

3. 同轴度、对称度、圆跳动和全跳动公差值

同轴度、对称度、圆跳动和全跳动公差值如表 2-13 所示。

表 2-13　同轴度、对称度、圆跳动和全跳动公差值

主参数 $d(D)$、B、L /mm	公差等级/μm											
	1	2	3	4	5	6	7	8	9	10	11	12
≤1	0.4	0.6	1.0	1.5	2.5	4	6	10	15	25	40	60
＞3	0.4	0.6	1.0	1.5	2.5	4	6	10	20	40	60	120
＞3～6	0.5	0.8	1.2	2	3	5	8	12	25	50	80	150

续表

主参数 d(D)、B、L /mm	公差等级/μm											
	1	2	3	4	5	6	7	8	9	10	11	12
＞6～10	0.6	1	1.5	2.5	4	6	10	15	30	60	100	200
＞10～18	0.8	1.2	2	3	5	8	12	20	40	80	120	250
＞18～30	1	1.5	2.5	4	6	10	15	25	50	100	150	300
＞30～50	1.2	2	3	5	8	12	20	30	60	120	200	400
＞50～120	1.5	2.5	4	6	10	15	25	40	80	150	250	500

注：主参数 *d*(*D*)、*B*、*L* 为被测要素的直径、宽度、长度。

2.4.3　拓展实训

按照图 2-46 和图 2-47 所示的工件图样完成加工操作。

工件毛坯尺寸为：ϕ28mm×53mm。

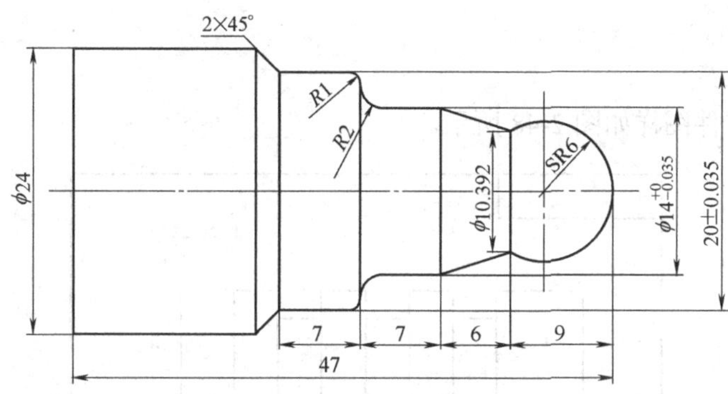

图 2-46　球头轴零件图 I

工件毛坯尺寸为：ϕ64mm×114mm。

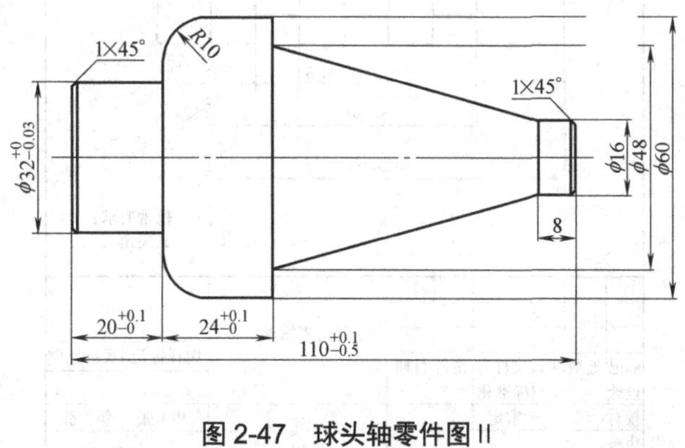

图 2-47　球头轴零件图 II

2.5 数控车削加工径向直槽轴零件

知识目标

- 掌握 G54 对多把刀的方法。
- 掌握加工零件的工艺规程制定的内容。
- 掌握 G75 指令的应用。
- 掌握编程时公差的处理。

技能目标

- 能正确分析径向直槽轴零件的工艺性。
- 能运用试运行检验程序。
- 能正确进行径向直槽轴零件的质量检测。
- 能正确使用游标卡尺和环规。

2.5.1 工作任务

1. 零件图样

径向直槽轴零件图样如图 2-48 所示。

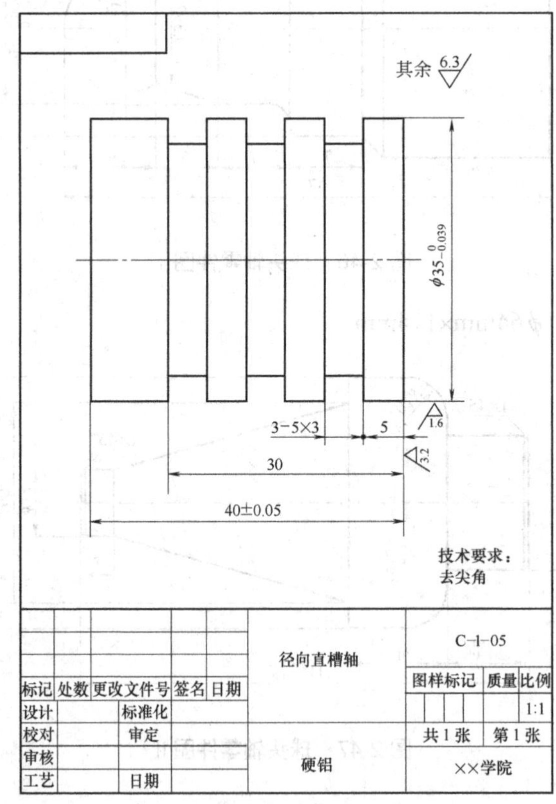

图 2-48 径向直槽轴零件图样

2. 工作条件

(1) 生产纲领：中批。
(2) 毛坯：ϕ40mm 硬铝棒料。
(3) 选用机床为 FANUC 0i 系统的 CK6140 型数控车床。
(4) 时间定额：编程时间为 20min，实操时间为 40min。

3. 工作要求

(1) 工件经加工后，各尺寸符合图样要求。
(2) 工件经加工后，形位公差符合图样要求。
(3) 工件经加工后，表面粗糙度符合图样要求。
(4) 正确执行安全技术操作规程。
(5) 按企业有关文明生产规定，做到保持工作地整洁，工件、工具摆放整齐。

2.5.2 工作过程

1. 工艺分析与工艺设计

1) 工艺结构及精度分析

本例工件由ϕ35mm 圆柱段及其上的 3 个 5×3 的槽组成。$\phi 35_{-0.039}^{\ 0}$ mm 尺寸公差等级为 8 级，(40±0.05)mm 尺寸公差等级为 10 级，表面粗糙度为 6.3μm。

2) 零件装夹方案分析

采用三爪卡盘装夹方法。

3) 加工刀具分析

刀具选择如下。

T01：93°外圆粗车刀(刀具材料：硬质合金)1 把。

T02：93°外圆精车刀(刀具材料：硬质合金)1 把。

T03：切槽刀(宽 5mm)1 把。

4) 制作工序卡

工序卡如表 2-14 所示。

2. 数控编程

(1) 建立工件坐标系。把工件右端面的轴心作为工件原点，并以此为工件坐标系编程。
(2) 计算基点与节点。对标注有公差的尺寸应采用平均尺寸编程。
(3) 编制程序。切槽刀的刀位点设在左刀尖处。加工程序单如表 2-15 所示。

表 2-14　工序卡

数控车床加工工序卡			产品名称或代号	零件名称		零件图号			
				径向直槽轴		C-1-05			
单位名称			夹具名称	使用设备		车间			
			三爪卡盘	FANUC 0i 系统的 CK6140 型数控车床		现代制造技术中心			
序　号	工艺内容	刀具号	刀具规格/mm	主轴转速 n/(r/min)	进给速度 F/(mm/r)	背吃刀量 a_p/mm	刀片材料	程序编号	量　具
1	手动车端面(含 Z 向对刀)	T01	93° 硬质合金外圆粗车刀	350	0.3	0.5		O0006	
2	粗车外轮廓 留加工余量单边 0.3mm	T01	93° 硬质合金外圆粗车刀	350	0.3	2.2			游标卡尺
3	精车外轮廓达到图纸要求	T02	93° 硬质合金外圆精车刀	500	0.2	0.3			千分尺
4	切槽 3-5×3	T03	宽 5mm 切槽刀	300	0.1	5			游标卡尺、环规
5	切断保证总长 40.5mm	T03	宽 5mm 切槽刀	300	0.1	5			钢板尺
6	调头，手动车左端保证总长								游标卡尺
编　制		审　核		批　准		第 1 页		共 1 页	

表 2-15　加工程序单

程　序	注　释
O0006;	程序号
G54 M03 S350 T0101;	建立工件坐标系，主轴正转，给定刀具及刀具补偿
G00 X35.6 Z2.;	快速定位
G01 Z-46. F0.3;	粗车外轮廓
X37.;	
G00 X100. Z50.;	
T0202 S500;	换刀
G00 X34.981 Z2.;	
G01 Z-46. F0.2;	精车外轮廓
G00 X100. Z50.;	
T0303 S300;	换刀
G00 X40. Z-10.;	
G75 R0.5;	切槽
G75 X29. P1000. F0.1;	
G00 W-10.;	
G75 R0.5;	
G75 X29. P1000. F0.1;	
G00 W-10.;	
G75 R0.5;	
G75 X29. P1000. F0.1;	
G00 X42. Z-45.;	
G01 X-1. F0.1;	
G00 X42.;	
X100. Z50.;	
M05;	主轴停止
M30;	程序结束

3. 模拟加工

模拟加工的结果如图 2-49 所示。

图 2-49　模拟加工的结果

4. 数控加工

1)　加工前准备

(1)　电源接通。

(2)　机床回零。

(3)　刀辅具准备和毛坯准备。

2)　工件与刀具装夹

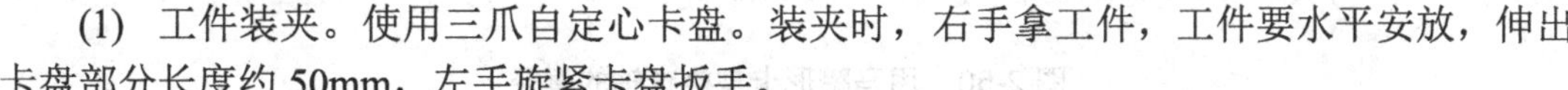

(1)　工件装夹。使用三爪自定心卡盘。装夹时，右手拿工件，工件要水平安放，伸出卡盘部分长度约 50mm，左手旋紧卡盘扳手。

(2) 刀具安装。将加工零件的刀具依次装夹到相应的刀位上。

3) 对刀与参数设置

4) 程序输入与调试

(1) 输入程序。

(2) 刀具补偿。

(3) 试运行。

① 按下操作面板上的“自动运行”按钮，使其指示灯变亮。

② 按下操作面板上的“试运行”按钮，使其指示灯变亮。

③ 按下操作面板上的“循环启动”按钮，程序开始执行。

机床试运行主要用于检查刀具轨迹是否与要求相符。

(4) 自动加工。

5. 加工工件质量检测

在检查批量生产的工件时，使用专用量具测量方便，并且不易出现人为读数错误等问题，不足之处是不能定量地得到测量的准确数值。

检查圆柱形工件的直径尺寸时，使用马蹄形卡规，如图 2-50 所示。用卡规的过端检查时，使被检查的轴水平放置。应尽可能地使卡规从轴的上方(竖直方向)放入，用手拿住卡规，使其垂直于被测轴的轴线，手不要用力，靠卡规本身的重力从轴的外圆上滑过去，如图 2-50(a)所示。对于基本尺寸大于 100mm 且重量较大的卡规，为了防止测量力过大而影响检查的准确性(止端在较大压力下可能止不住)，还应通过用手向上提等方法使其压力减少一部分，需要减少的力的数值标注在卡规上。

6. 清场处理

(1) 清除切屑、擦拭机床，使机床与环境保持清洁状态。

(2) 注意检查或更换磨损坏的机床导轨上的油擦板。

(3) 检查润滑油、冷却液的状态，及时添加或更换。

(4) 依次关掉机床操作面板上的电源和总电源。

(5) 将现场设备、设施恢复到初始状态。

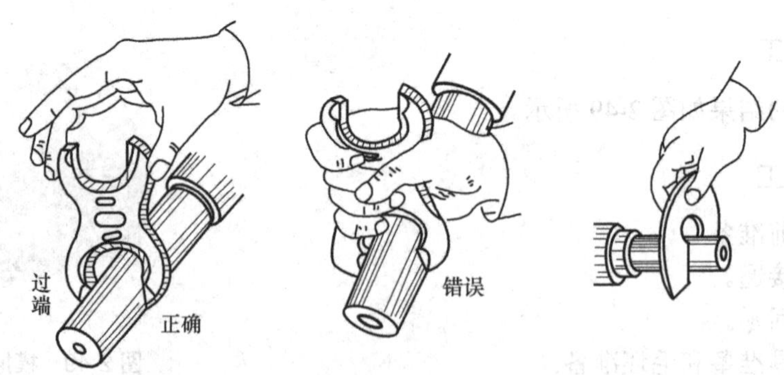

(a) 凭卡规的自重从轴的上方放下　(b) 用力压卡规(错误的做法)　(c) 单手操作小卡规

图 2-50　用马蹄形卡规检查轴的直径

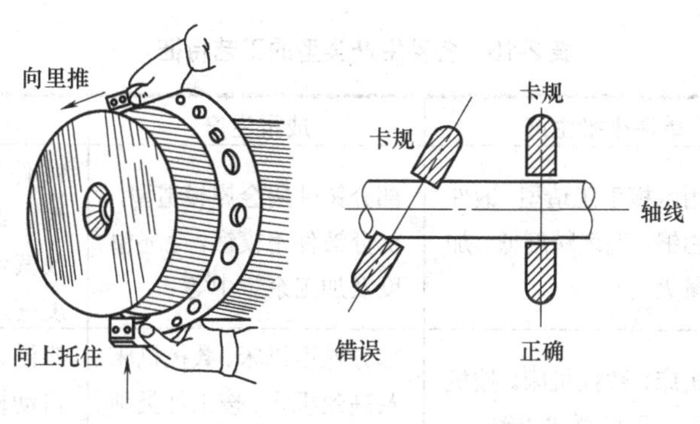

(d) 双手操作大卡规　　(e) 卡规与轴线的测量关系

图 2-50 用马蹄形卡规检查轴的直径(续)

知识链接

1. V 带轮槽的多刀车削法

采用多刀车削法，要根据车床刀架的尺寸规格制作两个适合在刀架上安装的刀体，如图 2-51 所示。刀体材料用 45 号钢，每个刀体上都能安装与 V 带轮槽数相等的刀数，并且各刀的距离与带轮槽距一致。在第一个刀体上装 4 把切槽刀，先车出 4 个直槽，直槽的宽度与带轮槽底的宽度相等，切槽刀如图 2-52(a)所示；再在第二个刀体上装 4 把成型刀，把带轮槽的各个侧面车成，成型刀的参数与带轮槽的参数一致，成型刀如图 2-52(b)所示。

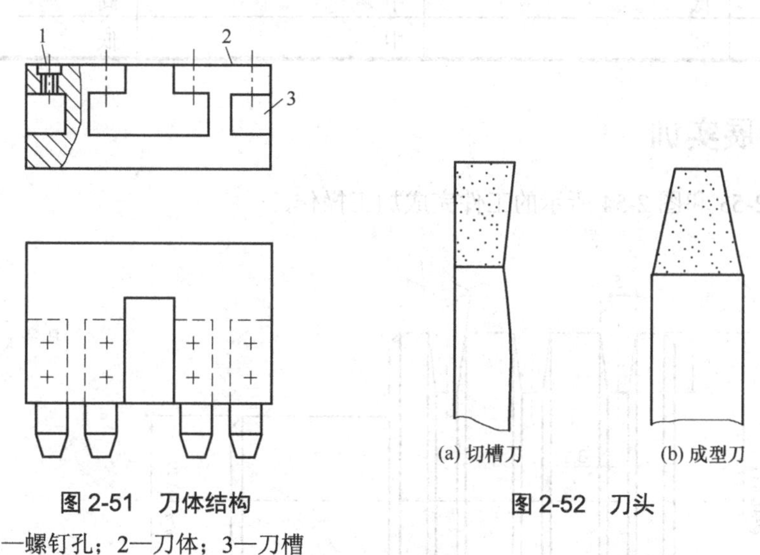

(a) 切槽刀　　(b) 成型刀

图 2-51 刀体结构

1—螺钉孔；2—刀体；3—刀槽

图 2-52 刀头

该 V 带轮槽的多刀车削法，一次对刀安装即可加工成批的带轮，省时省力，效率高，车出的带轮槽一致性好。

2. 生产类型的工艺特征

各种生产类型的工艺特征如表 2-16 所示。

表 2-16 各种生产类型的工艺特征

工艺特征	单件小批生产	成批生产	大批大量生产
毛坯的制造方法及加工余量	铸件用木模手工造型，锻件用自由锻，毛坯精度低，加工余量大	部分铸件用金属模造型，部分锻件用模锻，毛坯精度及加工余量中等	铸件广泛采用金属模造型，锻件广泛采用模锻以及其他高效方法，毛坯精度高，加工余量小
机床设备及其布置	通用机床、数控机床。按机床类别采用机群式布置	部分通用机床、数控机床及高效机床。按工件类别分工段排列	广泛采用高效专用机床及自动机床。按流水线和自动线排列
工艺装备	多采用通用夹具、刀具和量具。靠划线和试切法达到精度要求	多采用通用夹具、刀具和量具。靠划线和试切法达到精度要求	广泛采用高效率的夹具、刀具和量具。用调整法达到精度要求
工人技术水平	需技术熟练的工人	需技术比较熟练的工人	对操作工人的技术要求较低，对调整工人的技术要求较高
工艺文件	有工艺过程卡，关键工序需要工序卡。数控加工工序需要详细的工序和程序单等文件	有工艺过程卡，关键零件需要工序卡，数控加工工序需要详细的工序卡和程序单等文件	有工艺过程卡和工序卡，关键工序需要调整卡和检验卡
生产率	低	中	高
成本	高	中	低

2.5.3 拓展实训

按照图 2-53 和图 2-54 所示的工件完成加工操作。

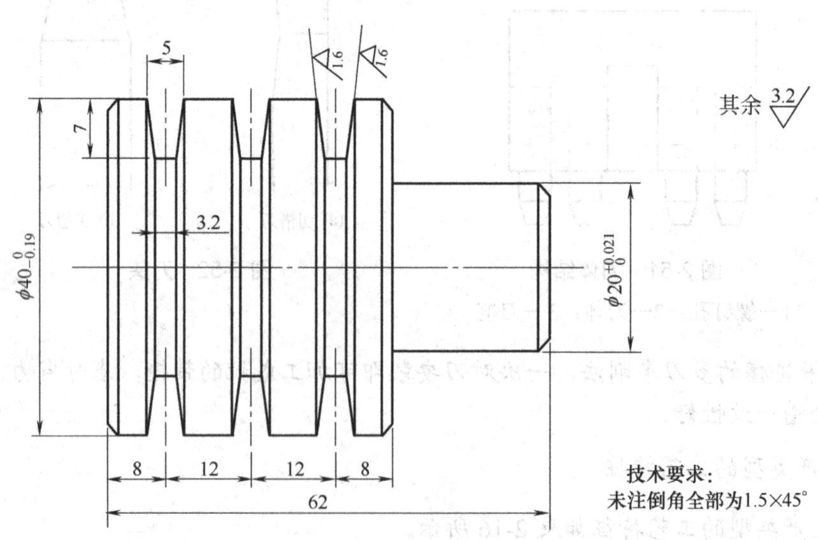

图 2-53 斜槽轴零件图

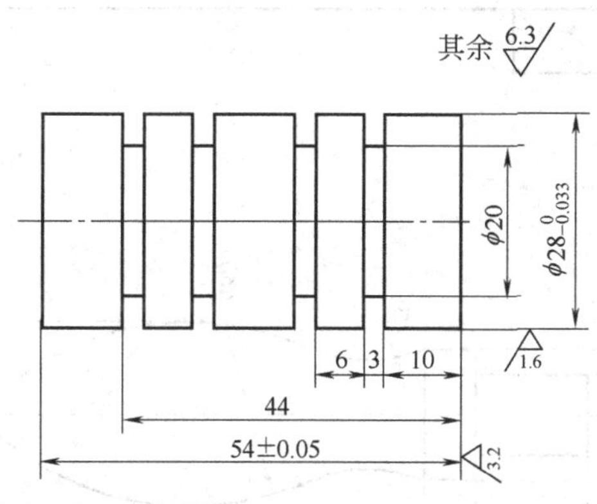

图 2-54 径向直槽轴零件图

2.6 数控车削加工手柄零件

知识目标

- 掌握 T0101 对刀方法。
- 掌握加工零件的工艺规程制定内容。
- 掌握 G71、G73 指令的应用。

技能目标

- 能正确分析手柄零件的工艺性。
- 能正确进行手柄零件的质量检测。
- 能正确使用游标卡尺和样板。

2.6.1 工作任务

1. 零件图样

手柄零件图样如图 2-55 所示。

2. 工作条件

(1) 生产纲领：中批。
(2) 毛坯：ϕ40mm×122mm 不锈钢棒料。
(3) 选用机床为 FANUC 0i 系统的 CK6140 型数控车床。
(4) 时间定额：编程时间为 20min，实操时间为 40min。

3. 工作要求

(1) 工件经加工后，各尺寸符合图样要求。
(2) 工件经加工后，表面粗糙度符合图样要求。
(3) 正确执行安全技术操作规程。
(4) 按企业有关文明生产规定，做到保持工作地整洁，工件、工具摆放整齐。

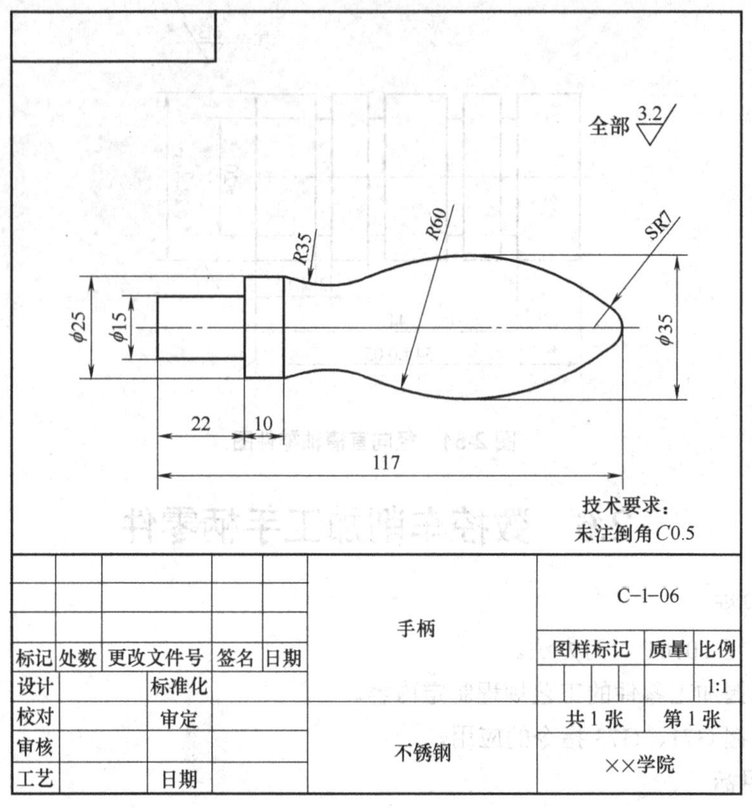

图 2-55　手柄零件图样

2.6.2　工作过程

1. 工艺分析与工艺设计

1)　工艺结构及精度分析

本例工件由 ϕ15mm 和 ϕ25mm 圆柱段及 R35mm、R15mm、SR7mm 圆弧面组成。精度要求不高，表面粗糙度为 3.2μm。

2)　零件装夹方案分析

采用三爪卡盘装夹方法。

3)　加工刀具分析

刀具选择如下。

T01：93° 外圆粗车刀(刀具材料：硬质合金)1 把。

T02：93° 外圆精车刀(刀具材料：硬质合金)1 把。

4)　制作工序卡

工序卡如表 2-17 所示。

2. 数控编程

(1)　建立工件坐标系。零件分左右端加工。把装夹后的工件右端面的轴心作为工件原点，并以此为工件坐标系编程。

表 2-17　工序卡

数控车床加工工序卡			产品名称或代号		零件名称		零件图号		
					手柄		C-1-06		
单位名称			夹具名称		使用设备		车间		
			三爪卡盘		FANUC 0i 系统的 CK6140 型数控车床		现代制造技术中心		
序　号	工艺内容	刀具号	刀具规格/mm	主轴转速 n/(r/min)	进给速度 F/(mm/r)	背吃刀量 a_p/mm	刀片材料	程序编号	量　具
1	车左端面、$\phi15$ 及 $\phi25$ 外圆留加工余量单边 0.3mm	T01	93° 硬质合金外圆粗车刀	150	0.2	2		O0007	游标卡尺
2	精车 $\phi15$ 及 $\phi25$ 外圆等达到图纸要求	T02	93° 硬质合金外圆精车刀	200	0.1	0.3			游标卡尺
3	调头粗车右端外轮廓	T01	93° 硬质合金外圆粗车刀	150	0.2	2		O0008	游标卡尺
4	精车右端外轮廓	T02	93° 硬质合金外圆精车刀	200	0.1	0.3			游标卡尺、样板
编　制		审　核		批　准		第 1 页		共 1 页	

(2) 计算基点与节点。采用 CAD 软件找点，如图 2-56 所示，其各基点坐标值分别为：*A*(11.886,−3.302)，*B*(26.410,−60.946)，*C*(25,−85)，*D*(25,−95)。

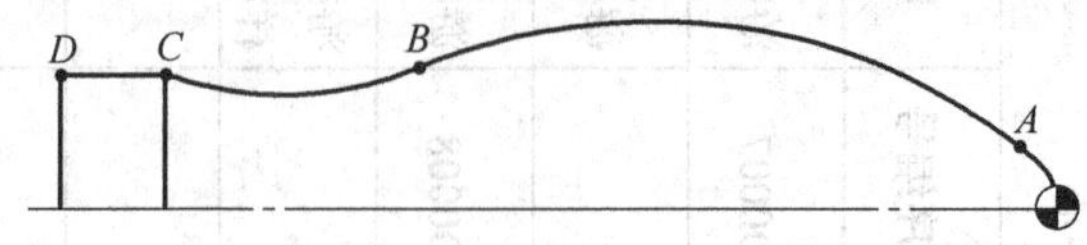

图 2-56 计算基点坐标

(3) 编制程序。加工程序单如表 2-18 和表 2-19 所示。

表 2-18 加工程序单 I

程 序	注 释
加工左端程序：	
O0007;	程序号
M03 S150 T0101;	主轴正转，给定刀具及刀具补偿
G00 X42. Z0;	快速定位
G01 X-1. F0.2;	车端面
G00 Z3.;	
G00 X42.;	快速定位
G71 U2.R0.5;	粗车外轮廓
G71 P10 Q20 U0.3 W0.3 F0.2;	
N10 G00 X13.;	
G42 G01 Z0.5 F0.1 ;	建立刀具半径补偿
X15. Z-0.5;	
Z-22.;	
X25.;	
W-12.;	
X41.;	
N20 G40 X42.;	取消刀具半径补偿
G00 X100. Z50.;	
T0202 S200;	换刀
G00 X42. Z3.;	
G70 P10 Q20;	精车外轮廓
G00 X100. Z50.;	
M05;	主轴停止
M30;	程序结束

表 2-19　加工程序单 II

程　序	注　释
加工右端程序：	调头加工
O0008;	程序号
M03 S150 T0103;	主轴正转，给定刀具及刀具补偿
G00 X42. Z3.;	快速定位
G73 U17.73 W0 R10;	粗车外轮廓
G73 P10 Q20 U0.6 W0 F0.2;	
N10 G00 X0 Z3.;	
G42 G01 Z0 F0.1 S200;	建立刀具半径补偿
G03 X11.886 Z-3.302 R7.;	
X26.410 Z-60.946 R60.;	
G02 X25. Z-85. R35.;	
G01 X41.;	
N20 G40 G00 X42.;	取消刀具半径补偿
G00 X100. Z50.;	
T0204 S200;	换刀
G00 X42. Z3.;	
G70 P10 Q20;	精车外轮廓
G00 X100. Z50.;	
M05;	主轴停止
M30;	程序结束

3. 模拟加工

模拟加工的结果如图 2-57 所示。

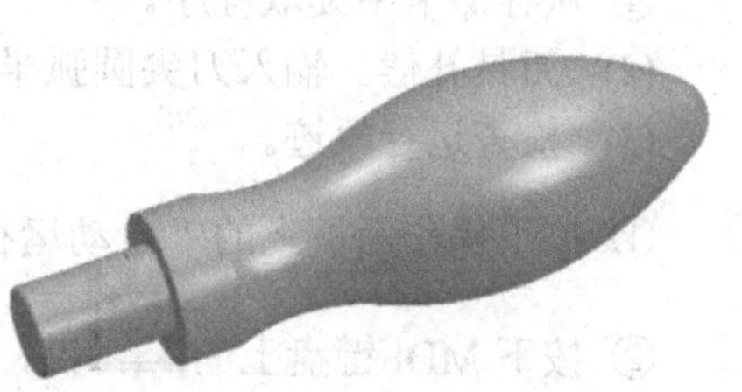

图 2-57　模拟加工的结果

4. 数控加工

1)　加工前准备

(1)　电源接通。

(2)　机床回零。

(3)　刀辅具准备和毛坯准备。

2)　工件与刀具装夹

(1)　工件装夹。使用三爪自定心卡盘。装夹时，右手拿工件，工件要水平安放，第 1 次装夹伸出卡盘部分长度约为 42mm，第 2 次调头装夹伸出卡盘部分长度约为 105mm，左手旋紧卡盘扳手。

(2)　刀具安装。将加工零件的刀具依次装夹到相应的刀位上。

3)　对刀与参数设置

分别对每一把刀测量、输入刀具偏移量。

将工件坐标系(G54)中的 X、Z 的偏置值设定为 0。通过机内对刀测量出每把刀具的 X、Z 的偏置值，作为刀具的补偿值。

若工件要调头，采用此种方法对刀时，每把刀均需再对刀，每把刀设置两个刀具补偿号，即调头前，1 号刀 T 功能为 T0101，2 号刀 T 功能为 T0202；调头后，1 号刀 T 功能为 T0103，2 号刀 T 功能为 T0204。

中批生产，工件轴向定位，第 2 次装夹车端面，设置 Z 向偏置值。

(1) 用第 1 次装夹时的刀具 T01 试切车削端面，然后按“正方向移动”按钮，Z 方向保持不动，刀具退出。

(2) 按下操作面板上的“主轴停止”按钮，使主轴停止转动。

(3) 用游标卡尺测量工件的实际长度。

(4) 用实际长度减去理论长度，其差值记为 Z_0。

(5) 在 MDI 键盘上按下OFFSET SETTING键，进入磨耗补偿参数设定界面；再按菜单软键“[形状]”，进入形状补偿设定界面。

(6) 把光标定位在需要的编号上。

(7) 把光标移到 Z 上。

(8) 在 MDI 键盘面板上按下需要设定的轴 Z 键。

(9) 输入 Z_0 的数值。

(10) 按菜单软键“[测量]”，自动计算出坐标值并填入。

4) 程序输入与调试

(1) 导入程序。

① 数控程序通过记事本编辑软件输入并保存为文本格式文件(*.txt)。

② 按下操作面板上的编辑键，编辑状态指示灯变亮，此时已进入编辑状态。

③ 按下 MDI 键盘上的PROG键，CRT 界面转入编辑页面。

④ 从存储卡中读取程序。

(2) 刀具补偿。输入刀尖圆弧半径和方位号。

(3) 检查运行轨迹。

① 按下操作面板上的“自动运行”按钮，使其指示灯变亮。

② 按下 MDI 键盘上的CUSTOM GRAPH键，进入检查运行轨迹模式。

③ 按下操作面板上的“循环启动”按钮，即可观察数控程序的运行轨迹。

此时也可通过“视图”菜单中的动态旋转、动态缩放、动态平移等方式对三维运行轨迹进行全方位的动态观察。

(4) 自动加工。

5. 加工工件质量检测

检查低精度工件时可采用样板。

6. 清场处理

(1) 清除切屑、擦拭机床，使机床与环境保持清洁状态。

(2) 注意检查或更换磨损坏的机床导轨上的油擦板。

(3) 检查润滑油、冷却液的状态，及时添加或更换。

(4) 依次关掉机床操作面板上的电源和总电源。

(5) 将现场设备、设施恢复到初始状态。

知识链接

1. B 功能 G71 指令的注意事项

(1) 轴向余量为 0。

(2) 因为 G71 不执行刀尖半径补偿，为防止 *R*60 圆弧的左半段过切，径向精加工余量需留得足够大。

2. 仿形车削的工件型面与车刀工作主、副偏角的选择

(1) 为避免仿形车削时刀刃与型面干涉，在车削反锥面时，车刀的工作副偏角应大于 2°，如图 2-58 所示。

(2) 为避免仿形车削时刀刃与型面干涉，在车削正锥面或端面时，车刀的工作主偏角应大于 2°，如图 2-59 所示。

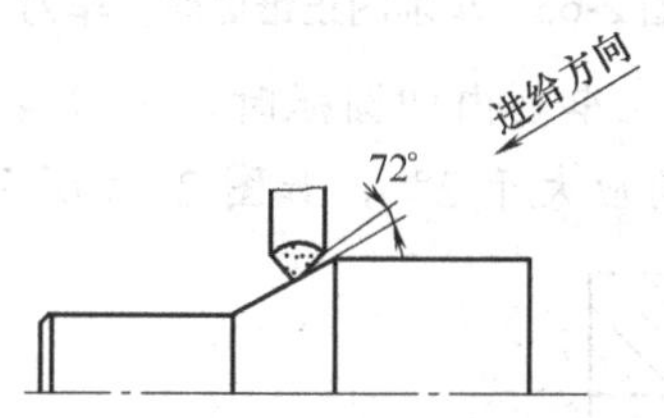

图 2-58　车削反锥面时车刀的工作副偏角

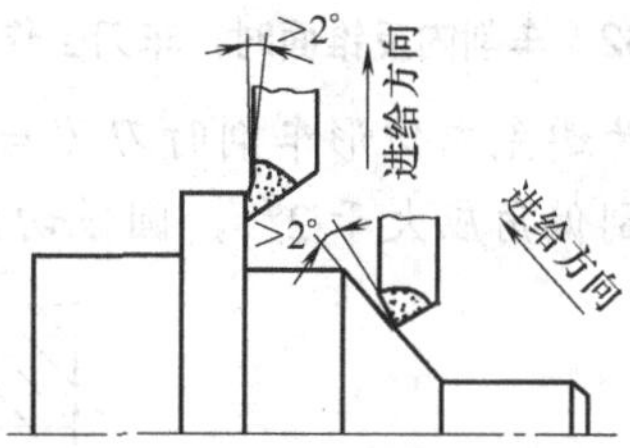

图 2-59　车削正锥面和端面时车刀的工作主偏角

(3) 为避免仿形车削时刀刃与型面干涉，在车削凹圆弧时，车刀在圆弧切入点的工作副偏角应大于 2°；在圆弧切出点的工作主偏角应大于 2°，如图 2-60 所示。

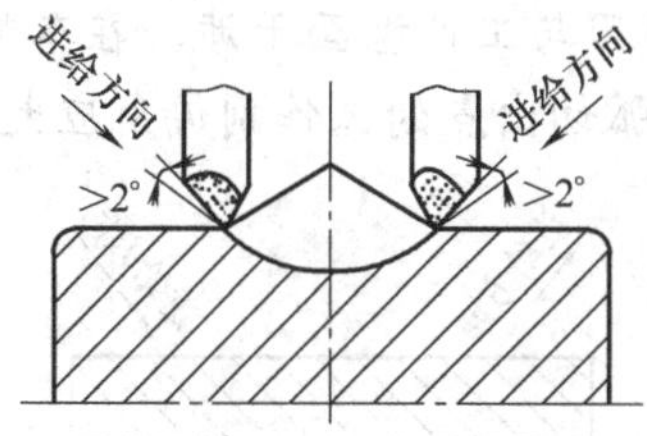

图 2-60　车削凹圆弧时，圆弧切入点的工作副偏角和圆弧切出点的工作主偏角

(4) 为避免仿形车削时刀刃与型面干涉，在车削凸圆弧时，车刀在圆弧切入点的工作主偏角应大于 2°；在圆弧切出点的工作副偏角应大于 2°，如图 2-61 所示。

3. 内仿形车削的工件型面与车刀工作主、副偏角的选择

(1) 为避免内仿形车削时刀刃与工件型面干涉，在车削内反锥面时，车刀工作副偏角应大于 2°，如图 2-62 所示。

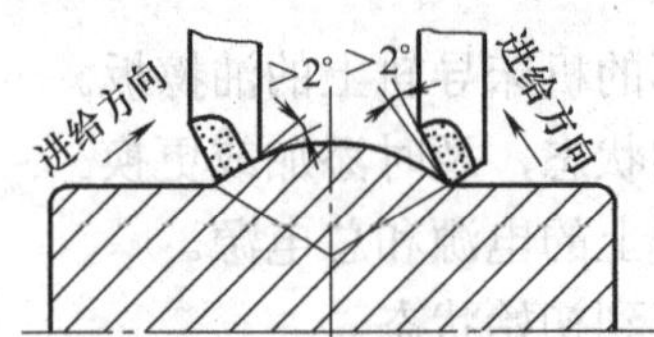

图 2-61　车削凸圆弧时，圆弧切入点的工作主偏角和圆弧切出点的工作副偏角

(2) 为避免内仿形车削时刀刃与工件型面干涉，在车削内正锥面或内端面时，车刀工作主偏角应大于 2°，如图 2-63 所示。

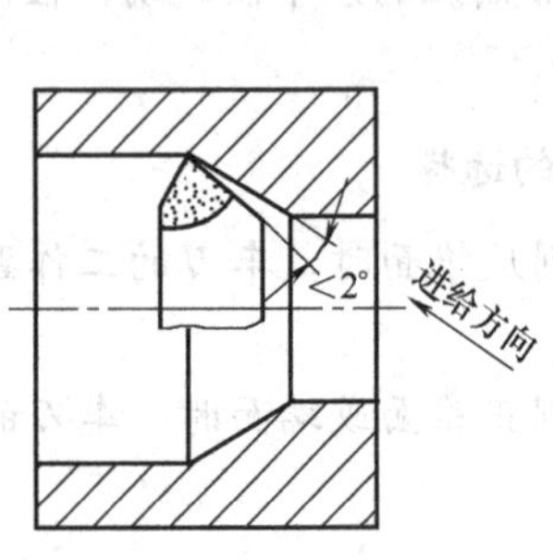

图 2-62　车削内反锥面时，车刀工作副偏角

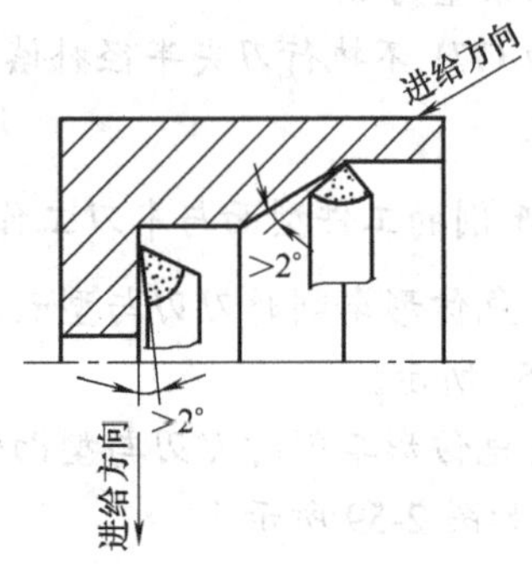

图 2-63　车削内正锥面时，车刀工作主偏角

(3) 为避免内仿形车削时刀刃与工件型面干涉，在车削内凹圆弧时，车刀在圆弧切入点的工作副偏角应大于 2°，圆弧切出点的工作主偏角应大于 2°，如图 2-64 所示。

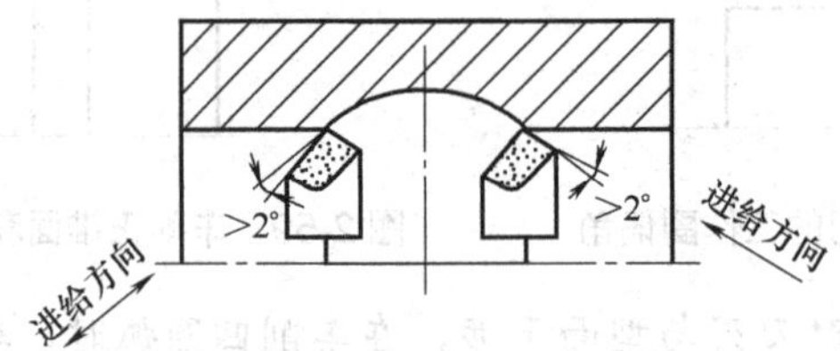

图 2-64　车削内凹圆弧时，车刀在圆弧切入点的工作副偏角和圆弧切出点的工作主偏角

(4) 为避免内仿形车削时刀刃与工件型面干涉，在车削内凸圆弧时，车刀在圆弧切入点的工作主偏角应大于 2°，圆弧切出点的工作副偏角应大于 2°，如图 2-65 所示。

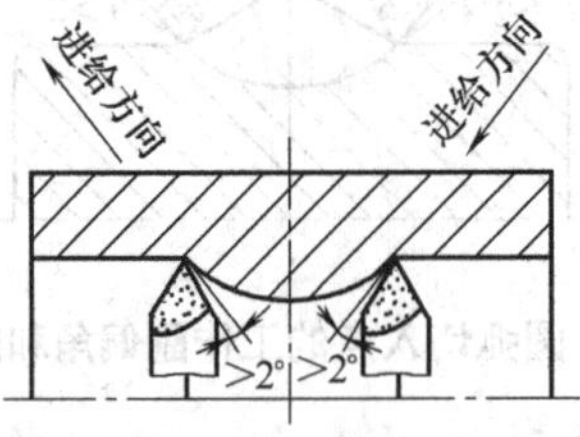

图 2-65　车削内凸圆弧时，车刀在圆弧切入点的工作主偏角和圆弧切出点的工作副偏角

2.6.3　拓展实训

按照图 2-66 和图 2-67 所示的工件图样完成加工操作。

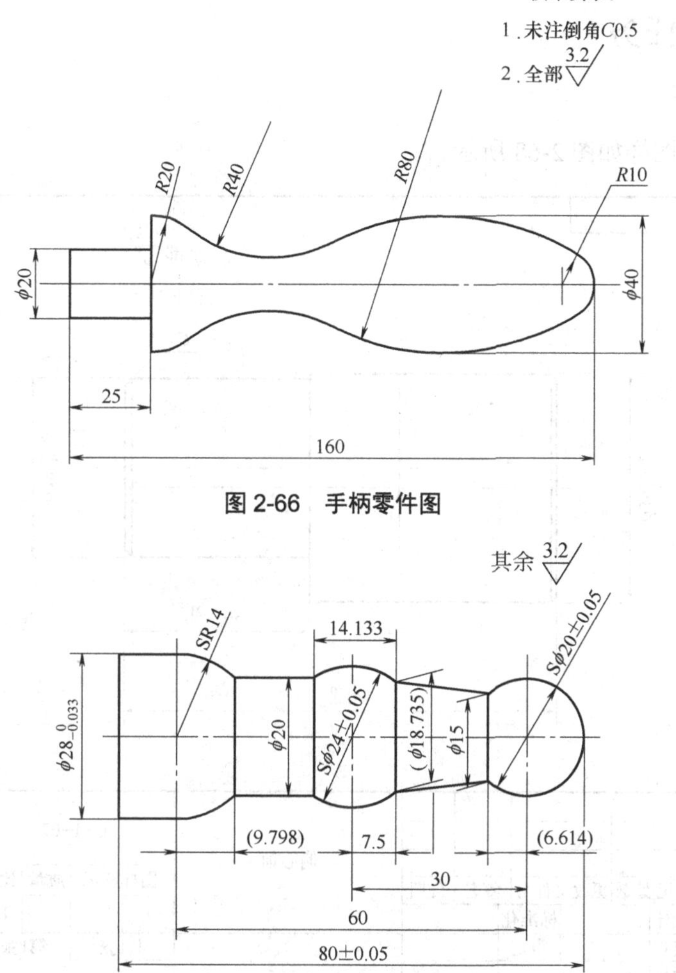

图 2-66　手柄零件图

图 2-67　成型轴零件图

2.7　数控车削加工偏心轴零件

知识目标

- 掌握 T0101 对刀方法。
- 掌握加工零件的工艺规程制定内容。
- 掌握偏心工件的划线方法。
- 掌握 G90 指令的应用。

技能目标

- 能正确分析偏心轴零件的工艺性。
- 能正确进行偏心轴零件的质量检测。
- 能用四爪单动卡盘装夹工件，通过百分表找正。
- 能正确使用游标卡尺和百分表。

2.7.1 工作任务

1. 零件图样

偏心轴零件图样如图 2-68 所示。

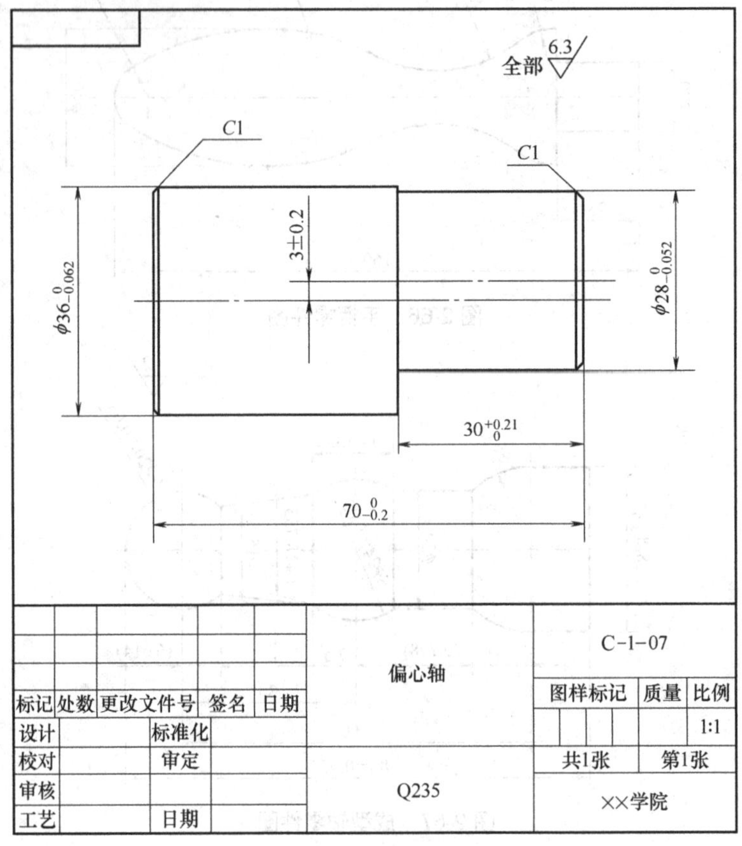

图 2-68 偏心轴零件图样

2. 工作条件

(1) 生产纲领：单件。
(2) 毛坯：经过粗车的 ϕ39mm×75mm Q235 棒料。
(3) 选用机床为 FANUC 0i 系统的 CK6140 型数控车床。
(4) 时间定额：编程时间为 20min，实操时间为 40min。

3. 工作要求

(1) 工件经加工后，各尺寸符合图样要求。
(2) 工件经加工后，形位公差符合图样要求。
(3) 工件经加工后，表面粗糙度符合图样要求。
(4) 正确执行安全技术操作规程。
(5) 按企业有关文明生产规定，做到保持工作地整洁，工件、工具摆放整齐。

2.7.2　工作过程

1. 工艺分析与工艺设计

1)　工艺结构及精度分析

本例工件由 ϕ36mm 和 ϕ28mm 两段不同心的圆柱组成。$\phi 36_{-0.062}^{\ 0}$ mm 尺寸公差等级为 9 级，$\phi 28_{-0.052}^{\ 0}$ mm 尺寸公差等级为 9 级，(3±0.2)mm 尺寸公差等级为 15 级，$70_{-0.2}^{\ 0}$ mm 尺寸公差等级为 11 级，$30_{0}^{+0.21}$ mm 尺寸公差等级为 7 级。表面粗糙度为 6.3μm。

2)　零件装夹方案分析

本例偏心轴因其长度较短、偏心距较小，故可选用四爪单动卡盘或三爪自定心卡盘安装。

3)　加工刀具分析

刀具选择如下。

T01：93°外圆粗车刀(刀具材料：硬质合金)1 把。

T02：93°外圆精车刀(刀具材料：硬质合金)1 把。

4)　制作工序卡

工序卡如表 2-20 所示。

2. 数控编程

(1)　建立工件坐标系。零件分左右端加工。把装夹后的工件右端面的轴心作为工件原点，并以此为工件坐标系编程。

(2)　计算基点与节点。采用平均尺寸编程。

(3)　编制程序。加工程序单如表 2-21 和表 2-22 所示。

3. 模拟加工

模拟加工的结果如图 2-69 所示。

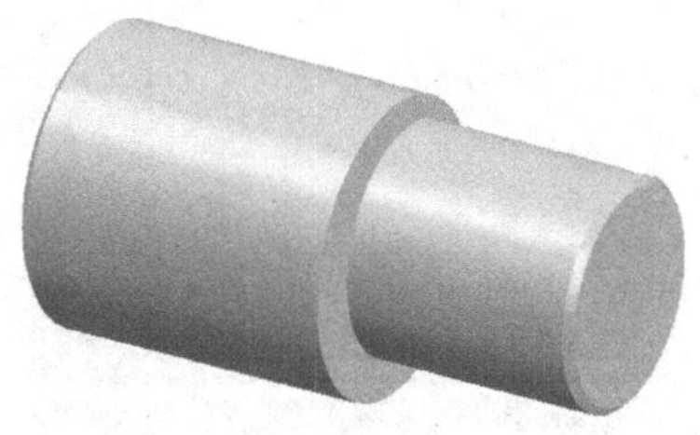

图 2-69　模拟加工的结果

4. 数控加工

1)　加工前准备

(1)　电源接通。

(2)　机床回零。

(3)　刀辅具准备和毛坯准备。

续表

数控车床加工工序卡			产品名称或代号		零件名称		零件图号		
					偏心轴		C-1-07		
单位名称			夹具名称		使用设备		车　间		
			三爪自定心卡盘、四爪单动卡盘		FANUC 0i 系统的 CK6140 型数控车床		现代制造技术中心		
序　号	工艺内容	刀具号	刀具规格/mm	主轴转速 n/(r/min)	进给速度 F/(mm/r)	背吃刀量 a_p/mm	刀片材料	程序编号	量　具
8	粗车右端外圆 留加工余量单边 0.3mm	T01	93° 硬质合金外圆粗车刀	350	0.3	2.5			游标卡尺
9	检查偏心距并进行调整								百分表
10	精车右端面和外圆等达到图纸要求	T02	93° 硬质合金外圆精车刀	500	0.2	0.3			千分尺
编　制		审　核		批　准		第 2 页		共 2 页	

表 2-21　加工程序单 I

程　序	注　释
加工左端程序：	
O0009;	程序号
M03 S350 T0101;	主轴正转，给定刀具及刀具补偿
G00 X36.4 Z3.;	快速定位
G01 Z-42. F0.3;	粗车左端外圆
G00 X42.;	
G00 X100. Z50.;	
T0202 S500;	换刀
G00 X-1. Z3.;	
G01 Z0 F0.2;	
X33.969;	精车端面
X35.969 Z-1.;	精车倒角
Z-42.;	精车外圆
G00 X42.;	
G00 X100. Z50.;	
M05;	主轴停止
M30;	程序结束

表 2-22　加工程序单 II

程　序	注　释
加工右端程序：	调头加工
O0010;	程序号
M03 S350 T0103;	主轴正转，给定刀具及刀具补偿
G00 X46. Z3.;	快速定位(偏心圆的圆心距离毛坯边缘最远处为 22mm)
G90 X39. Z-30. F0.3;	粗车右端外圆
X34.;	
X31.;	
X28.4;	
G00 X100. Z50.;	
T0204 S500;	换刀
G00 X-1. Z3.;	
G01 Z0 F0.2;	
X25.974;	精车端面
X27.974 Z-1.;	精车倒角

续表

程　序	注　释
Z-30.105;	精车外圆
G00 X46.;	
G00 X100. Z50.;	
M05;	主轴停止
M30;	程序结束

2)　工件与刀具装夹

(1)　工件装夹。使用四爪单动卡盘，装夹时，伸出卡盘部分长度约 50mm，找正后夹紧。

(2)　刀具安装。将加工零件的刀具依次装夹到相应的刀位。

3)　对刀与参数设置

分别对每一把刀测量，并输入刀具偏移量。

4)　程序输入与调试

(1)　导入程序。

(2)　刀具补偿。

① 输入形状补偿参数。

② 输入刀尖圆弧半径和方位号。

分别把光标移到 R 和 T 列，按数字键输入半径或方位号，然后按菜单软键“[输入]”。

(3)　调试程序。

(4)　自动加工。

5. 加工工件质量检测

1)　在两顶尖间检测偏心距

两端有中心孔的偏心轴，如果偏心距较小，可在两顶尖间测量偏心距。测量时，把工件装夹在两顶尖之间，百分表的测头与偏心轴接触，用手转动偏心轴，百分表上指示出的最大值和最小值之差的一半就等于偏心距。偏心套的偏心距也可用类似上述的方法来测量，但必须将偏心套套在心轴上，再在两顶尖之间测量。

2)　在 V 形架上间接测量偏心距

偏心距较大的工件，或无中心孔的偏心工件，因为受到百分表测量范围的限制，就不能用上述方法测量。这时可用间接测量偏心距的方法，如图 2-70 所示。测量时，把 V 形铁放在平板上，并把工件安放在 V 形铁中，转动偏心轴，用百分表测量出偏心轴的最高点，找出最高点后，把工件固定。再将百分表水平移动，测出偏心轴外圆到基准轴外圆之间的距离 a，然后用下式计算出偏心距 e：

$$e=\frac{D}{2}-\frac{d}{2}-a$$

式中：D 为基准轴直径，单位为 mm；d 为偏心轴直径，单位为 mm；a 为基准轴外圆到偏心轴外圆之间的最小距离，单位为 mm。

用上述方法，必须用千分尺测量出基准轴直径和偏心轴直径正确的实际值，否则计算时会产生误差。

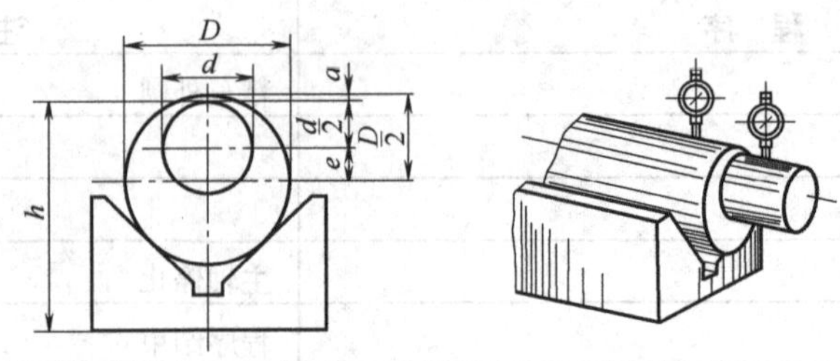

图 2-70　偏心距的间接测量方法

6. 清场处理

(1) 清除切屑、擦拭机床，使机床与环境保持清洁状态。
(2) 注意检查或更换磨损坏的机床导轨上的油擦板。
(3) 检查润滑油、冷却液的状态，及时添加或更换。
(4) 依次关掉机床操作面板上的电源和总电源。
(5) 将现场设备、设施恢复到初始状态。

知识链接

1. 偏心工件的划线方法

加工数量少而精度要求不是很高的偏心工件时，一般可用划线的方法找出偏心轴(孔)的轴线。

划线时，可先将划线表面涂有显示剂的工件安放在 V 形铁中，然后用游标高度尺找出中心，记录尺寸。再把游标高度尺移动一个偏心距离，并在工件四周和两端面上划出偏心线，如图 2-71 所示，图 2-71 中的 *oa* 即是偏心距。最后，在偏心线四周及点 *a* 打上样冲眼，以防线条擦掉而失去依据。偏心中心孔一般在钻床上加工，偏心距要求较高的中心孔可在坐标镗床上加工。

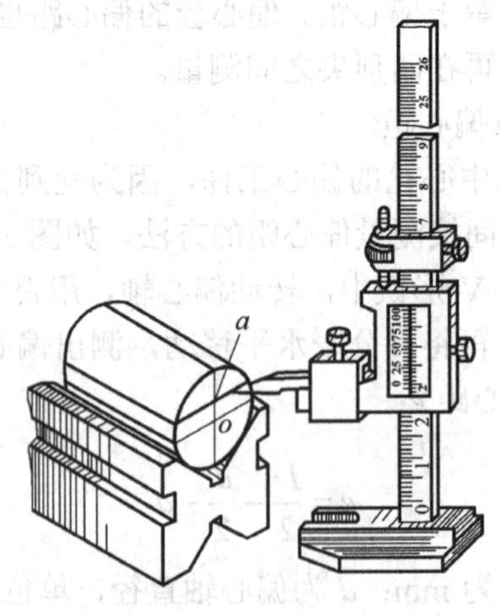

图 2-71　在 V 形铁上划偏心线的方法

2. 常用车削偏心工件的方法

(1) 用四爪单动卡盘安装、车削偏心工件。

① 按划线找正车削偏心工件。

② 用百分表找正。

对于偏心距较小、加工精度要求较高的偏心工件，如按划线找正加工，显然是达不到精度要求的，此时需用百分表找正，一般可使偏心距误差控制在0.02mm以内，由于受百分表测量范围的限制，所以它只能适于偏心距为5mm以下的工件找正。

第一，预调卡盘爪，使其中两爪呈对称布置，另两爪呈不对称布置，其偏离主轴中心的距离大致等于工件的偏心距 e，如图2-72所示。

第二，装夹工件时，先用划线初步找正工件。

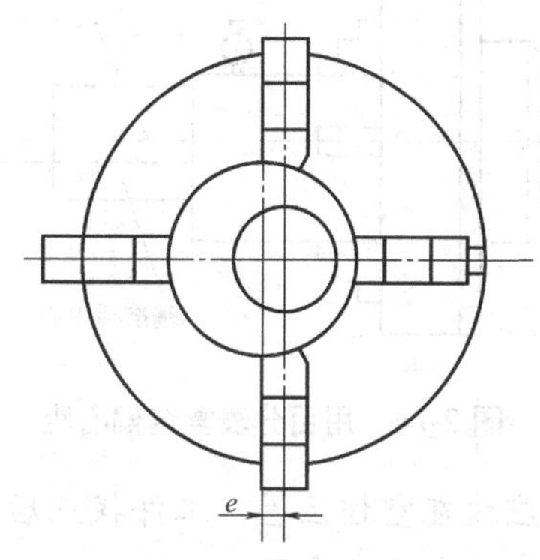

图2-72　用四爪单动卡盘装夹偏心件

第三，用百分表找正，使偏心轴线与车床主轴轴线重合。如图2-73所示，找正点 a 用卡爪调整，找正点 b 用木槌或铜棒轻击。

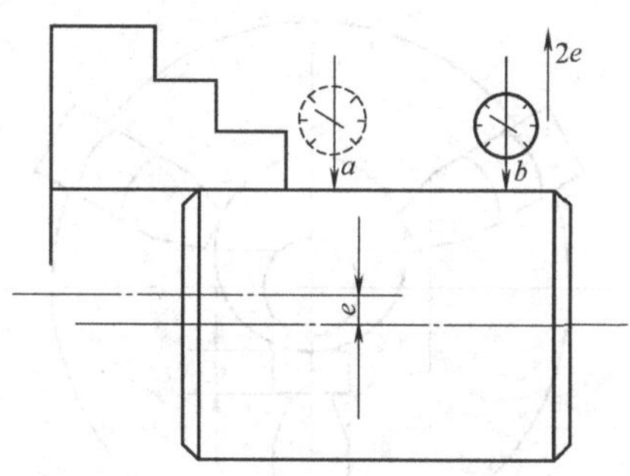

图2-73　用百分表找正偏心工件

第四，校正偏心距，将百分表杆触头垂直接触工件外圆，并使百分表压缩量为0.5～1mm，用手缓慢转动卡盘使工件转一周，百分表指示处读数的最大值和最小值之差的一半即为偏心距。按此方法校正使 a、b 两点的偏心距基本一致，并在图样规定的公差范围(±0.2mm)内。

第五，将四个卡爪均匀地紧一遍，检查确认偏心圆线和侧素线在夹紧时没有位移。

第六，复查偏心距，当还剩0.5mm左右精车余量时，可按图2-74所示的方法复查偏心距。将百分表杆触头垂直接触工件外圆，用手缓慢转动卡盘使工件转一周，检查百分表指示处读数的最大值和最小值之差的一半是否在±0.2mm 范围内。若偏心距超差，则略紧相应卡盘即可。

③ 四爪找正的注意事项。

第一，注意杠杆百分表的换向位置和用表安全。在测量过程中，一般量程应取中间值，并应防止测量值变动。

第二，在单独校正垂直度和对称度后，应综合复查，以防相互干扰，影响精度。

第三，在校正时，应注意基面统一，否则会产生积累误差而影响精度。

第四，四爪装夹时需垫铜片，找正时以铜棒轻敲，当敲击校正不了时，可通过稍微移动铜片轴向位置改变受力点的方法校正。

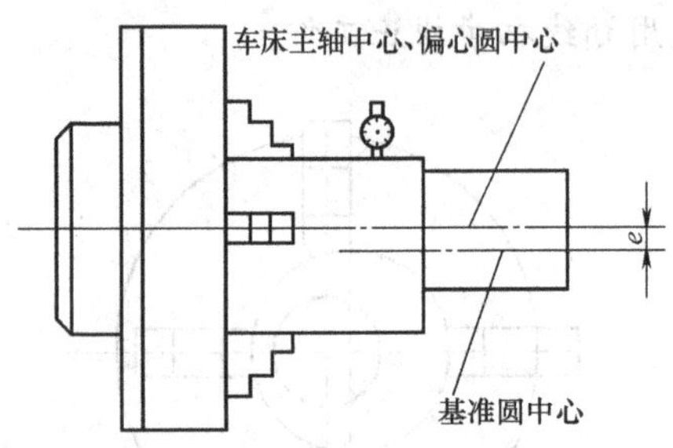

图 2-74 用百分表复查偏心距

第五，找正工件时，主轴应放在空挡位置。工件找正后，四爪的夹紧力要基本一致。调整时不能同时松开两只卡爪，以防工件掉下。

(2) 用三爪自定心卡盘安装、车削偏心工件。

在三爪的任意一个爪与工件接触面之间，垫上一块预先选好的垫片，使工件轴线相对于车床主轴轴线产生的位移等于工件的偏心距，如图 2-75 所示。

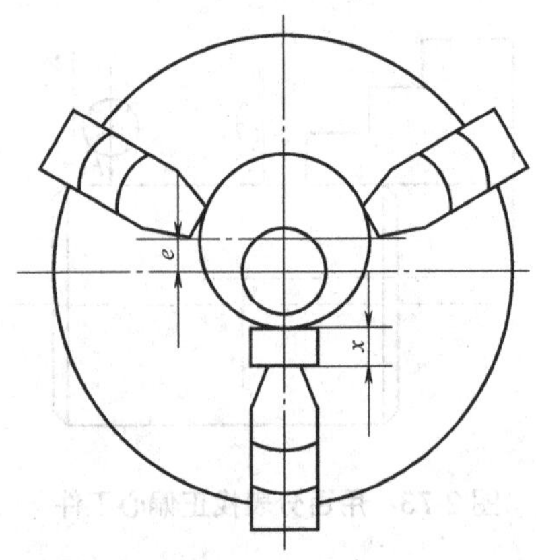

图 2-75 用三爪自定心卡盘装夹偏心件

① 垫片厚度计算。垫片厚度可按下式计算：

$$x = 1.5e \pm 1.5\Delta e$$

式中：x 为垫片厚度，单位为 mm；e 为要求的偏心距，单位为 mm；Δe 为试切后，实测偏心距误差，单位为 mm。实测结果比要求的大就取负号，反之就取正号。

② 注意事项如下。

第一，应选用硬度较高的材料做垫块，以防止在装夹时发生挤压变形。垫块与卡爪接触的一面应做成与卡爪圆弧相同的圆弧面，否则接触面会产生间隙，造成偏心距误差。

第二，装夹时，工件轴线不能歪斜，否则会影响加工质量。

第三，对精度要求较高的偏心工件，必须按上述方法计算垫片厚度，首件试切不考虑 Δe，根据首件试切后实测的偏心距误差，对垫片厚度进行修正，然后方可正式切削。

(3) 用两顶尖安装、车削偏心工件。

(4) 偏心卡盘车削偏心工件。

(5) 专用夹具安装、车削偏心工件——用可调偏心卡头车偏心轴。

图 2-76 所示为一偏心工件，*B*、*C* 两处的外圆有同一方向的偏心，但偏心量不等，分别为 p_1 和 p_2。车偏心有多种方法，现介绍一种用可调偏心卡头车偏心轴的方法。

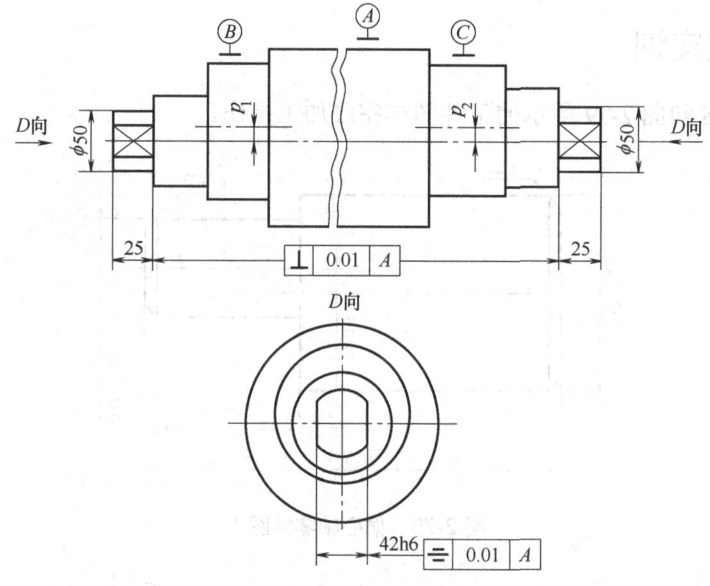

图 2-76　偏心轴

首先车好 *B*、*C* 全部偏心外圆，并在轴的两头留 ϕ50mm、长为 25mm 的工艺夹头，保证夹头中心线与 *A* 基准同轴，且夹头的台阶面与 *A* 基准垂直。把留在轴两端的工艺夹头 ϕ50mm 铣出扁，扁厚为 42h6，每一个扁的两面平行且与 *A* 基准中心对称，两头的扁平面也要平行，即扁的方向一致，这可用一次铣出两头扁的方法保证。然后按轴两端扁的尺寸做如图 2-77 所示的两个工艺卡头，在工艺卡头上铣出与轴两端扁尺寸相配的扁槽，槽宽为 42H7，槽的两面与中心孔 *B*5 的中心线对称，卡头的安装端面与中心孔的中心线垂直。在槽的对称两圆弧面上钻孔攻丝并拧两螺钉，保证扁槽的 p_3 尺寸一定要大于轴的偏心距。

车偏心轴 *B*、*C* 时，把两工艺卡头套在轴的两端扁上，调节工艺卡头上的螺钉就可以调节偏心量。为保证工艺卡头的中心线与偏心轴中心线平行，工艺卡头的端面必须贴紧在偏心轴的台阶面上。然后，双顶尖顶紧，卡盘夹持工件，用表测量偏心量的大小，不准确就调节螺钉，调整好一个偏心量后车一个偏心圆，然后调出另一偏心量，车另一个偏心圆，直至车完所有不同偏心量的偏心圆。最后把铣扁的工艺卡头去掉。

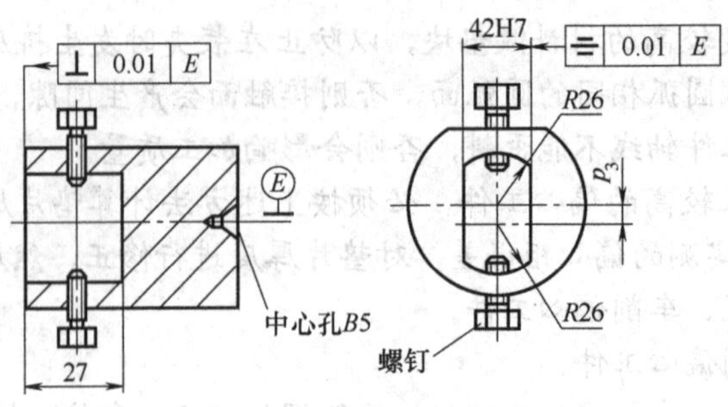

图 2-77　工艺卡头

对于方向相同的多个偏心圆的车削，使用工艺卡头简单、方便，偏心距精度高。

2.7.3　拓展实训

按照图 2-78 和图 2-79 所示的工件图样完成加工操作。

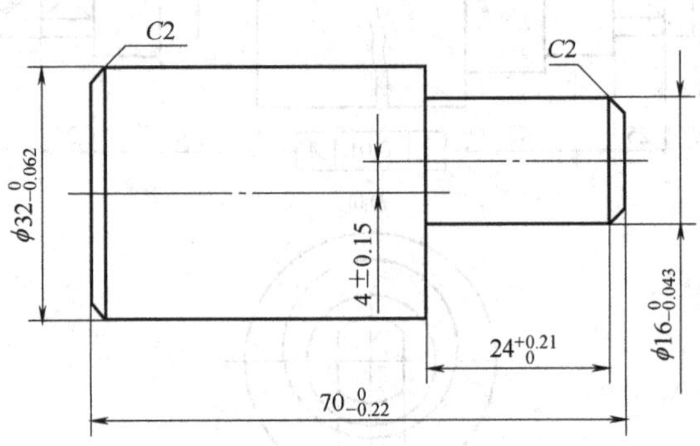

图 2-78　偏心轴零件图Ⅰ

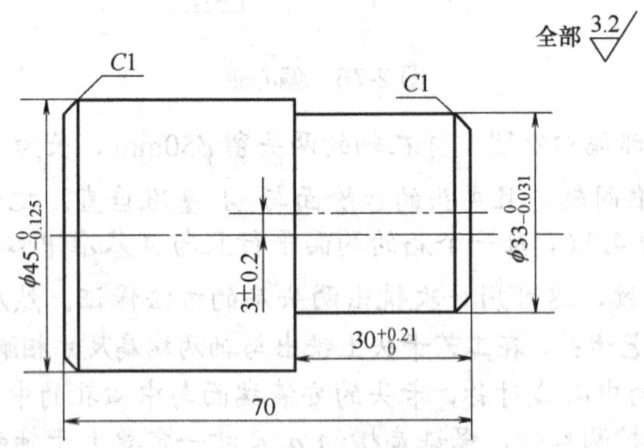

图 2-79　偏心轴零件图Ⅱ

第 3 章　数控车削加工盘套类零件

本章要点

- 盘套类(短套、简易盘、薄壁件)零件工艺规程的制定。
- 盘套类(短套、简易盘、薄壁件)零件加工程序的编写。
- 盘套类(短套、简易盘、薄壁件)零件的数控车削加工。
- 盘套类(短套、简易盘、薄壁件)零件的质量检测。

技能目标

- 能正确分析盘套类零件的工艺性。
- 能合理选择刀具并确定切削参数。
- 能正确选用和使用通用工艺装备。
- 能正确制定盘套类零件的数控车削加工工序。
- 能熟练操作数控车床并完成盘套类零件的数控车削加工。
- 能正确使用测量工具。

3.1　数控车削加工隔套零件

知识目标

- 掌握 G54 对刀方法。
- 掌握隔套零件加工的工艺规程制定内容。

技能目标

- 能正确分析隔套零件图纸，并进行相应的工艺处理。
- 会选择隔套零件加工方法，并划分加工工序。
- 能确定隔套零件装夹方案，合理选择刀具并确定切削参数。
- 能正确进行隔套零件的质量检测。
- 能正确使用游标卡尺和内径千分尺。

3.1.1　工作任务

1. 零件图样

零件图样如图 3-1 所示。

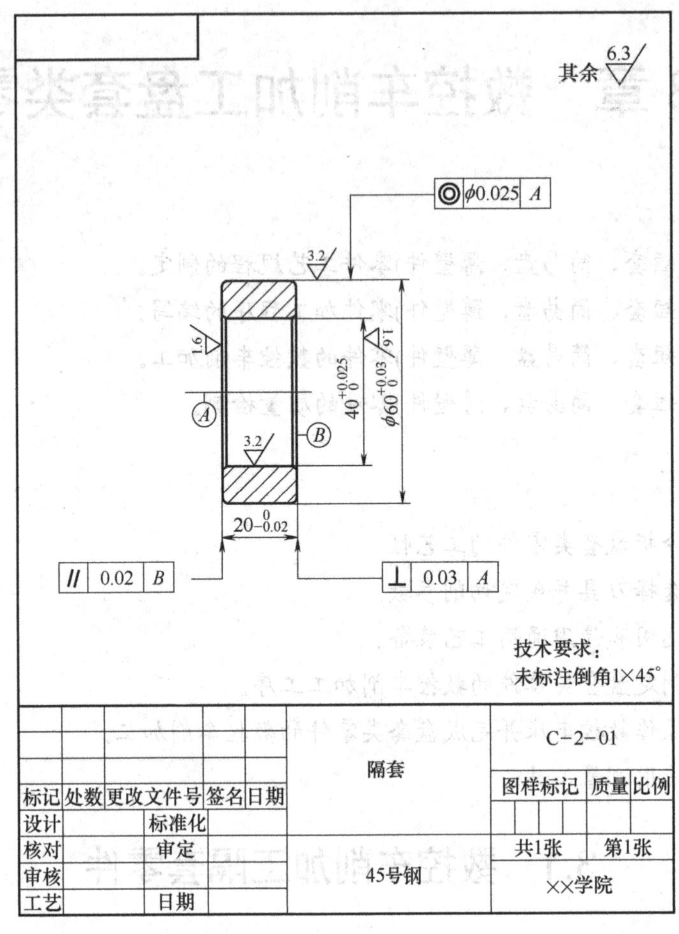

图 3-1　隔套

2. 工作条件

(1) 生产纲领：试制 5 件。

(2) 毛坯：材料为 45 号钢，尺寸为ϕ64mm×23mm；隔套内孔已用钻床钻孔至ϕ35mm。

(3) 选用机床为 FANUC 0i 系统的 CK6140 型数控车床。

(4) 时间定额：编程时间为 20min；实操时间为 60min。

3. 工作要求

(1) 工件经加工后，各尺寸符合图样要求。

(2) 工件经加工后，形位公差符合图样要求。

(3) 工件经加工后，表面粗糙度符合图样要求。

(4) 正确执行安全技术操作规程。

(5) 按企业有关文明生产规定，做到工作地整洁，工件、工具摆放整齐。

3.1.2 工作过程

1. 工艺分析与工艺设计

1) 工艺特点

隔套零件在机器中主要起支承和导向作用，一般主要由有较高同轴要求的内外圆表面组成。一般套类零件的主要技术要求如下。

(1) 内孔及外圆的尺寸精度、表面粗糙度和圆度要求。

(2) 内外圆之间的同轴度要求。

(3) 孔轴线与端面的垂直度要求。

2) 加工工艺制定原则

(1) 粗、精加工应分开进行。

(2) 尽量采用轴向压紧，如果采用径向夹紧应使径向夹紧力分布均匀。

(3) 热处理工序应安排在粗、精加工之间进行。

(4) 零件的内外圆表面及端面应尽量在一次安装中加工出来。

(5) 在安排孔和外圆加工顺序时，应尽量采用先加工内孔，然后以内孔定位加工外圆的加工顺序。

(6) 车削零件时，车削刀具应选择较大的主偏角，以减小背向力，防止加工工件变形。

3) 装夹方案

隔套零件壁厚 10mm，长度 20mm，不算太薄，零件刚性也还可以，主要需考虑零件装夹时的夹紧变形，必须采取相应的预防纠正措施。零件装夹采用圆弧软爪装夹法，在数控车床上装刀要根据工件内孔大小和外圆大小，需自行车削出外圆弧软爪和内圆弧软爪，分别用于涨紧工件内孔和夹紧工件外径，用自车软爪加工出的软爪轴向台阶面实现轴向定位装夹。加工时先用内圆弧软爪装夹工件外圆，车右端面、内孔及倒角，再用外圆弧软爪涨紧工件内孔，车左端面、外圆及倒角，保证零件的形位精度要求。

4) 制作工序卡

工序卡如表 3-1 所示。

2. 数控编程

(1) 建立工件坐标系。把工件左右端面的轴心作为工件原点，并以此为工件坐标系编程。

(2) 计算基点与节点。

(3) 编制程序。加工程序单如表 3-2 和表 3-3 所示。

表 3-1　工序卡

数控车床加工工序卡			产品名称或代号		零件名称		零件图号		
					隔套		C-2-01		
单位名称			夹具名称		使用设备		车间		
			三爪卡盘、软卡爪、弹性胀力心轴		FANUC 0i 系统的 CK6140 型数控车床		现代制造技术中心		
序　号	工艺内容	刀具号	刀具规格/mm	主轴转速 n/(r/min)	进给速度 F/(mm/r)	背吃刀量 a_p/mm	刀片材料	程序编号	量　具
1	粗车右端面	T01	93° 高速钢外圆正偏刀	520	0.25	1.35		O0001	
2	精车右端面，保证表面粗糙度 Ra:1.6μm	T01	93° 高速钢外圆正偏刀	600	0.12	0.15			
3	粗车内孔	T02	ϕ20 内孔车刀	800	0.2	1.9			游标卡尺
4	精车内孔，保证 $\phi 40^{+0.025}_{0}$ mm 和表面粗糙度 Ra:3.2μm	T02	ϕ20 内孔车刀	920	0.1	0.1			游标卡尺、内径千分尺
5	右端孔口和外圆倒角	T03	45° 端面车刀	600	0.2				游标卡尺
6	粗车左端面(掉头装夹，防夹变形)	T01	93° 高速钢外圆正偏刀	520	0.25	1.35		O0002	游标卡尺
7	精车左端面，保证表面粗糙度 Ra:1.6μm 和总长 $20^{0}_{-0.02}$ mm	T01	93° 高速钢外圆正偏刀	600	0.12	0.15			游标卡尺
8	粗车外圆	T01	93° 高速钢外圆正偏刀	520	0.2	1.9			游标卡尺
9	精车外圆，保证 $\phi 60^{+0.03}_{0}$ mm 和表面粗糙度 Ra:3.2μm	T01	93° 高速钢外圆正偏刀	600	0.1	0.1			游标卡尺
10	左端孔口和外圆倒角	T03	45° 端面车刀	600	0.2				
编　制		审　核		批　准		第 1 页		共 1 页	

表 3-2　加工程序单 I

程　序	注　释
O0001	右端程序：程序号
G90 G40 G17;	
T0101;	
G00 X100.0 Z100.0 M08;	
S520 M03;	
G00 X65.0 Z0.2;	粗车右端面
G01 X20.0 F0.25;	
X65.0;	
S600 M03;	
G01 Z0;	
X20.0 F0.12;	精车右端面
X65.0;	
G00 X100.0 Z100.0;	
T0202;	
S800 M03;	
G00 X33.0 Z2.0;	
G71 U1.0 R0.5;	粗车内孔
G71 P10 Q20 U-0.2 W0.1 F0.2;	
N10 G00 X40.0125 Z2.0;	
G01 Z-22.0 F0.1;	
N20 G40 X30.0;	
S920 M03;	
G70 P10 Q20;	精车内孔
G00 X100.0 Z100.0;	
T0303;	
S600 M03;	
G00 X38.0 Z1.0;	
G01 Z-1.0 F0.2;	内孔倒角
Z10.0;	
X62.0;	
G01 Z-1.0;	外圆倒角
G00 X100.0 Z100.0	
M05 M09;	主轴停止，切削液关闭
M30;	程序结束

表 3-3　加工程序单 II

程　序	注　释
O0002	左端程序：程序号
G90 G40 G17;	
T0101;	
G00 X100.0 Z100.0 M08;	
S520 M03;	
G00 X65.0 Z0.2;	粗车左端面
G01 X20.0 F0.25;	
X65.0;	
S600 M03;	
G01 Z0;	精车左端面
X20.0 F0.12;	
X65.0;	
S520 M03;	
Z2.0;	
G71 U1.0 R0.5;	粗车外圆
G71 P10 Q20 U0.2 W0.1 F0.2;	
N10 G00 X60.015 Z2.0;	
G01 Z-22.0 F0.1;	
N20 G40 X65.0;	
S600 M03;	
G70 P10 Q20;	精车外圆
G00 X100.0 Z100.0;	
T0303;	
S600 M03;	
G00 X38.0 Z1.0;	内孔倒角
G01 Z-1.0 F0.2;	
Z10.0;	
X63.0;	
G01 Z-1.0;	外圆倒角
G00 X100.0 Z100.0;	
M05 M09;	主轴停止，切削液关闭
M30;	程序结束

3. 模拟加工

模拟加工的结果如图 3-2 所示。

4. 数控加工

1)　加工前准备

(1)　电源接通。

(2)　机床回零。

(3)　刀辅具准备和毛坯准备。

2)　工件与刀具装夹

(1)　工件装夹。

第一次装夹：使用三爪自定心卡盘夹持外圆。

第二次装夹：使用三爪自定心卡盘夹持大内孔。

第三次装夹：使用扇形软卡爪夹持小外圆。

图 3-2　模拟加工的结果

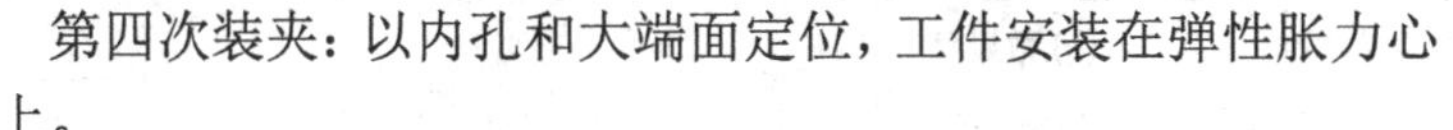

第四次装夹：以内孔和大端面定位，工件安装在弹性胀力心轴上。

(2)　刀具安装。

将加工零件的刀具依次装夹到相应的刀位上。

3)　对刀与参数设置

选择一把刀(T01)为标准刀具，采用试切法完成工件坐标系 G54 的设置，然后通过设置偏置值完成其他刀具的对刀。

4)　程序输入与调试

(1)　输入程序。

(2)　刀具补偿。

①　输入形状补偿参数。

②　输入刀尖半径(R)和方位号(T)。

分别把光标移到 R 和 T 列，按数字键输入半径或方位号，按菜单软键“[输入]”。

(3)　调试程序。

(4)　自动加工。

5. 加工工件质量检测

外圆尺寸公差用游标卡尺检测，内径测量用内径千分尺检测，同轴度误差与垂直度误差用百分表检测。

1)　内径检测

(1)　内径千分尺。内径千分尺的结构如图 3-3 所示。内径千分尺的工作原理和读数方法与普通外径千分尺完全相同。内径千分尺主要用于测量孔径、槽宽、两个内端面之间的距离等尺寸。

内径千分尺的使用方法如图 3-4 所示。在测量孔径时，内径千分尺应在孔内摆动。在直径方向应找出最大尺寸，轴向应找出最小尺寸，此时所得到的数值就是孔的实际尺寸。

(2)　内测千分尺。当孔径小于 25mm 时，可用内测千分尺测量。内测千分尺及其使用方法如图 3-5 所示。这种千分尺的刻度线方向与外径千分尺相反，当微分筒顺时针旋转时，活动爪向右移动，量值增大。

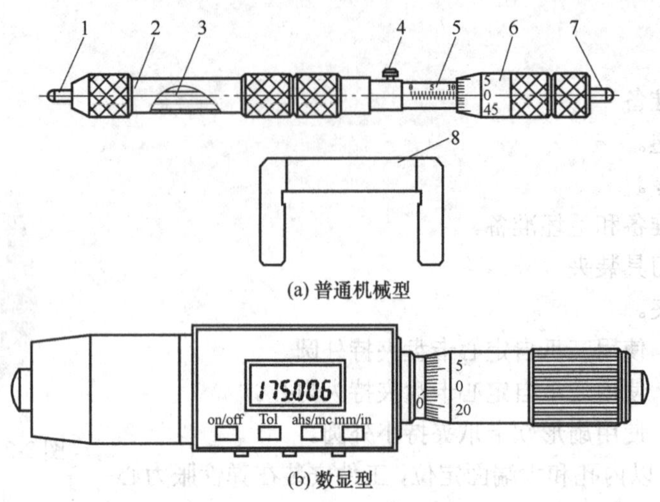

图 3-3　内径千分尺的外形结构

1—固定测头；2—接长杆；3—心杆；4—锁紧装置；5—固定套管

6—测微头(微分筒)；7—活动测头；8—校对量具

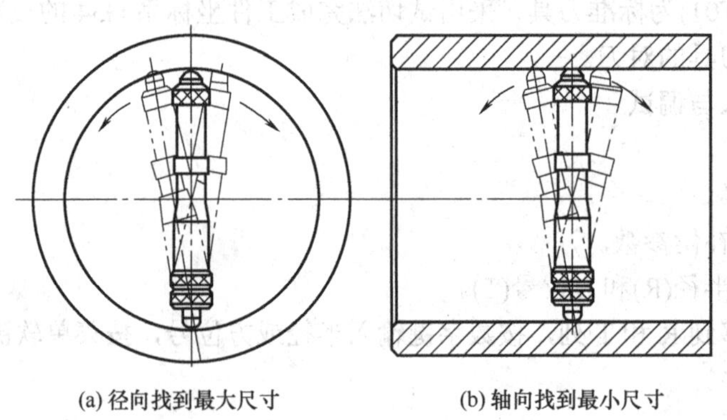

(a) 径向找到最大尺寸
(b) 轴向找到最小尺寸

图 3-4　用内径千分尺测量圆孔的内直径

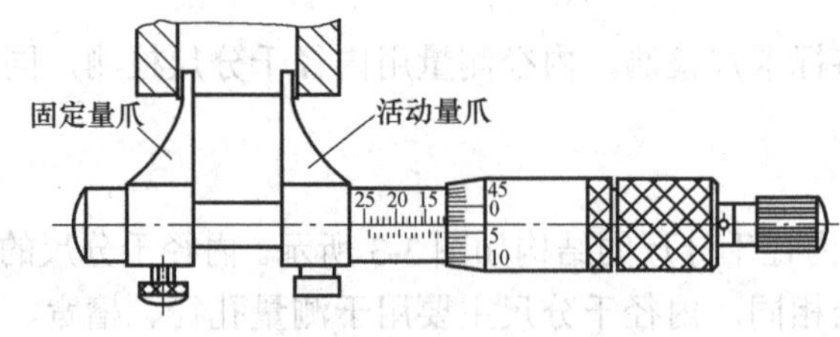

图 3-5　内测千分尺

2)　垂直度检测

检测端面垂直度必须经过两个步骤。首先检测端面圆跳动是否合格，如果符合要求，就用另一种方法检测端面的垂直度。对于精度要求较低的工件，可用刀口直尺检测。对于精度要求较高的工件，如图 3-6 所示，可把工件套在心轴 1 上检测。当端面圆跳动检测合格后，再把工件 2 装夹在 V 形架 3 上，并放在精度很高的平板上检测端面垂直度。检测时先找正心轴的垂直度，然后用百分表 4 从端面的内圆起向外拉出至外圆止，百分表的读数差就是端面对内孔轴线的垂直度误差。

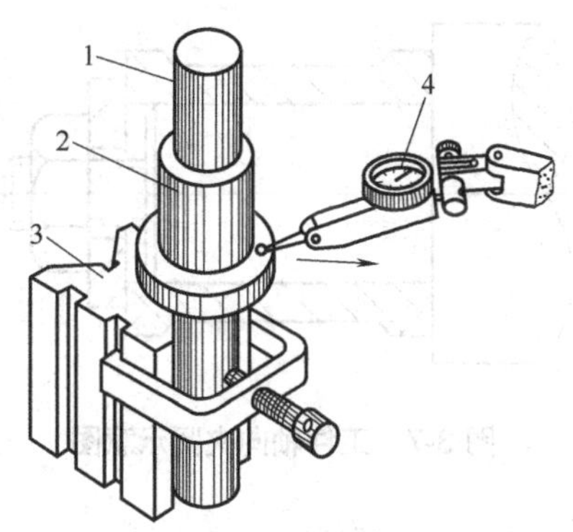

图 3-6　检验工件端面垂直度的方法

1—心轴；2—工件；3—V 形架；4—百分表

6. 清场处理

(1) 清除切屑、擦拭机床，使机床与环境保持清洁状态。

(2) 注意检查或更换磨损坏的机床导轨上的油擦板。

(3) 检查润滑油、冷却液的状态，及时添加或更换。

(4) 依次关掉机床操作面板上的电源和总电源。

(5) 将现场设备、设施恢复到初始状态。

知识链接

1. 套类零件的定位与装夹方案

1) 套类零件的定位基准选择

套类零件的主要定位基准为内外圆中心。外圆表面与内孔中心有较高同轴度要求时，加工中常互为基准反复装夹加工，以保证零件符合图纸技术要求。

2) 套类零件的装夹方案

(1) 套类零件的壁厚较大，零件以外圆定位时，可直接采用三爪卡盘装夹；外圆轴向尺寸较小时，可与已加工过的端面组合定位装夹，如采用反爪安装；工件较长时可加顶尖装夹，再根据工件长度决定是否再加中心架或跟刀架，采用“一夹一托”法安装。

(2) 套类零件以内孔定位时，可采用心轴装夹(圆柱心轴、可胀式心轴)；当零件的内、外圆同轴度要求较高时，可采用小锥度心轴装夹；当工件较长时，可在两端孔口各加工出一小段 60° 锥面，用两个圆锥对顶定位装夹。

(3) 当套类零件壁厚较小时，即薄壁套类零件，直接采用三爪卡盘装夹会引起工件变形，可采用轴向装夹、刚性开缝套筒装夹和圆弧软爪装夹(自车软爪成圆弧爪，适当增大卡爪夹紧接触面积)等办法。

① 轴向装夹法。轴向装夹法就是将薄壁套类零件由径向夹紧改为轴向夹紧，如图 3-7 所示。

② 刚性开缝套筒装夹法。薄壁套类零件采用三爪自定心卡盘装夹，如图 3-8 所示。零

件只受到 3 个爪的夹紧力，夹紧接触面积小，夹紧力不均衡，容易使零件发生变形。采用图 3-9 所示的刚性开缝套筒装夹，夹紧接触面积大，夹紧力较均衡，不容易使零件发生变形。

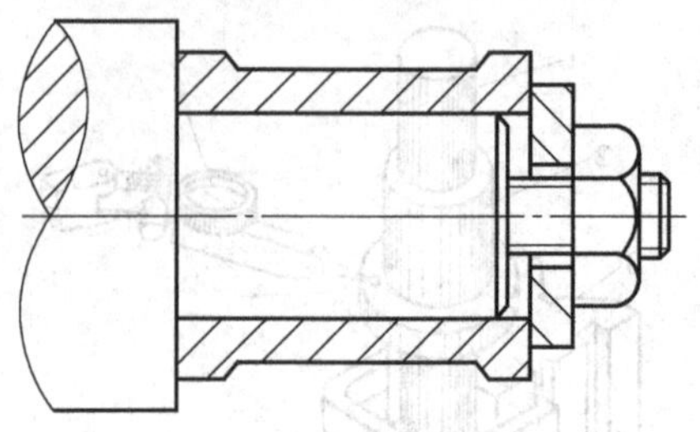

图 3-7　工件轴向夹紧示意图

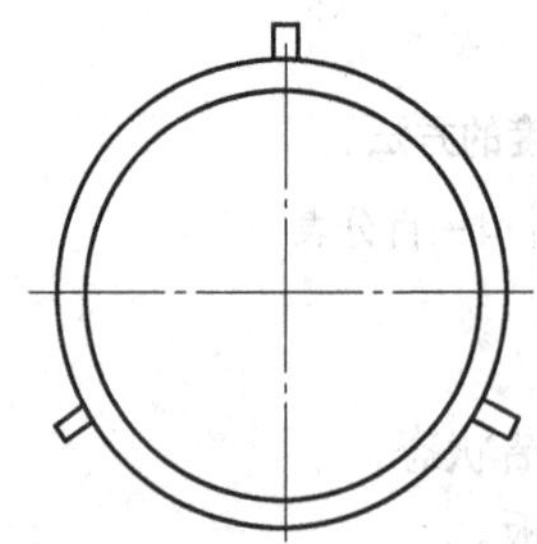

图 3-8　三爪自定心卡盘装夹示意图

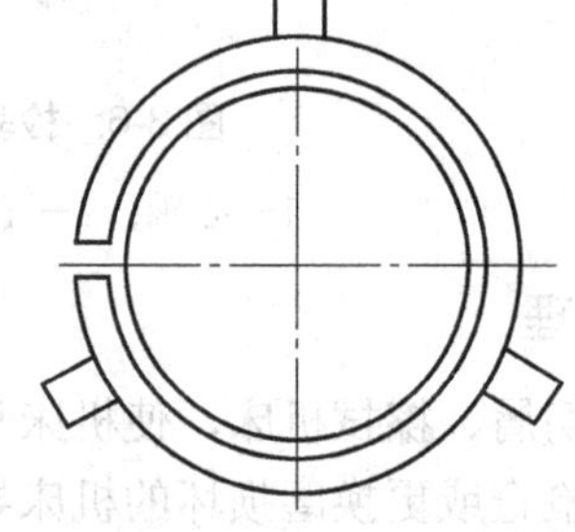

图 3-9　刚性开缝套筒装夹示意图

③ 圆弧软爪装夹法。当被加工薄壁套类零件以三爪卡盘外圆定位装夹时，采用内圆弧软爪装夹定位工件方法，如 3.1.2 工作过程内容所述。

当被加工薄壁套类零件以内孔(圆)定位装夹(涨内孔)时，采用自车外圆弧软爪，如图 3-10 所示。

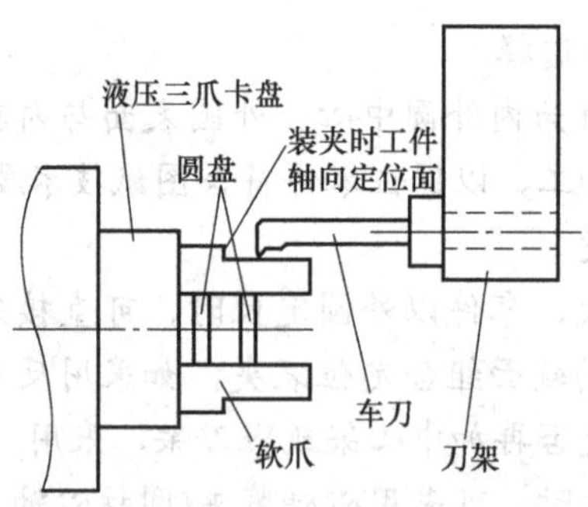

图 3-10　自车外圆弧软爪示意图

加工软爪时，需注意软爪要在与使用时相同的夹紧状态下进行车削，以免在加工过程中松动以及由于卡爪反向间隙而引起定心误差。车削软爪外定心表面时，要在靠卡盘处夹适当的圆盘料，以消除卡盘端面螺纹的间隙。

套类零件的尺寸较小时，应尽量在一次装夹下加工出较多表面，这样既可以减小装夹次数及装夹误差，又容易获得较高的位置精度。

2. 加工套类零件的常用夹具

加工中、小型套类零件的常用夹具有手动三爪卡盘、液压三爪卡盘和心轴等；加工大、中型套类零件的常用夹具有四爪卡盘和花盘。

当工件用已加工过的孔作为定位基准，并能保证外圆轴线和内孔轴线的同轴度要求时，常采用弹簧心轴装夹。这种装夹方法可保证工件内外表面的同轴度，较适合用于批量生产。弹簧心轴(又称胀心心轴)既能定心，又能夹紧，是一种定心夹紧装置。弹簧心轴一般分为直式弹簧心轴和台阶式弹簧心轴。

(1) 直式弹簧心轴。直式弹簧心轴如图 3-11 所示，它的最大特点是直径方向上膨胀较大，可达 1.5～5mm。

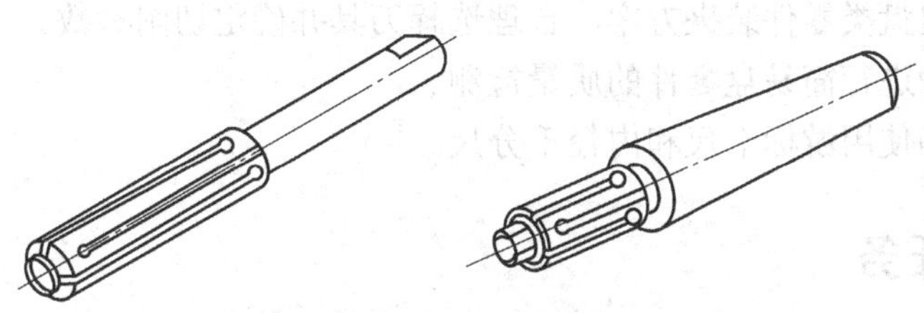

图 3-11　直式弹簧心轴

(2) 台阶式弹簧心轴。台阶式弹簧心轴如图 3-12 所示，它的膨胀量较小，一般为 1.0～2.0mm。

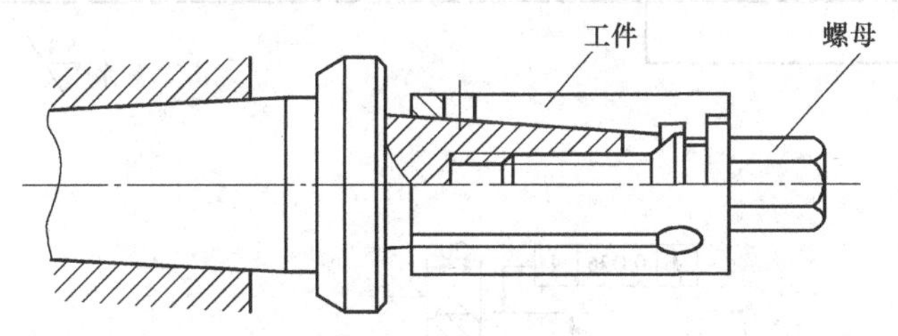

图 3-12　台阶式弹簧心轴

3.1.3　拓展实训

如图 3-13 所示为套筒加工案例。零件材料为 45 号钢，毛坯尺寸为 ϕ96mm×130mm，批量 50 件，套筒内孔已用普通钻床钻孔至 ϕ50mm。试设计其数控加工工艺，并确定装夹方案。

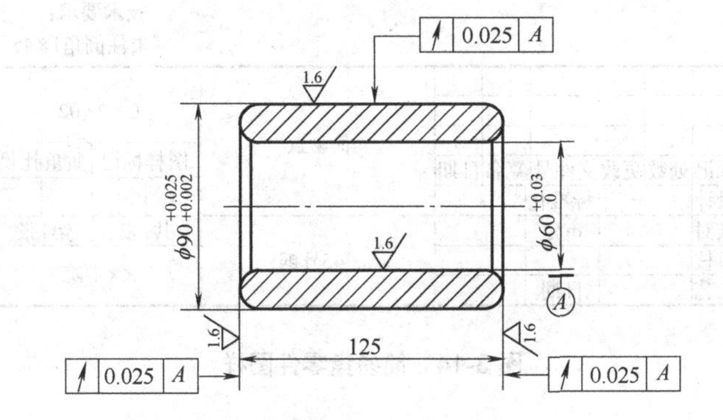

图 3-13　套筒

3.2 数控车削加工简易盘零件

▶ **知识目标**

- 掌握 G54 对刀方法。
- 掌握简易盘零件加工的工艺规程制定内容。

▶ **技能目标**

- 能正确分析盘类零件图纸，并进行相应的工艺处理。
- 会选择合适的机床、盘类零件加工方法，并划分加工工序。
- 能确定盘类零件装夹方案，合理选择刀具并确定切削参数。
- 能正确进行简易盘零件的质量检测。
- 能正确使用游标卡尺和内径千分尺。

3.2.1 工作任务

1. 零件图样

简易盘零件图样如图 3-14 所示。

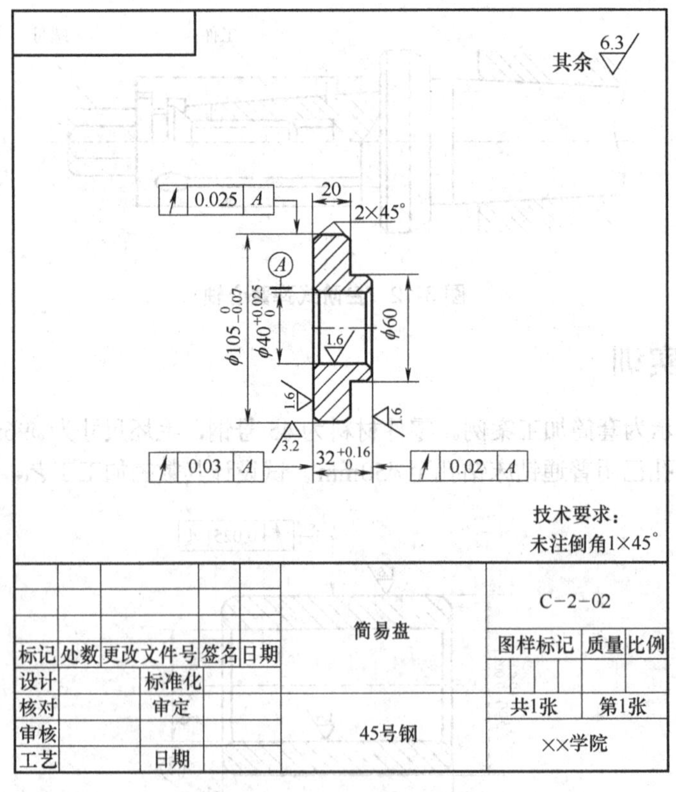

图 3-14 简易盘零件图样

2. 工作条件

(1) 生产纲领：试制 5 件。

(2) 毛坯：材料为 45 号钢，尺寸为ϕ10mm×36mm；简易盘内孔已用钻床钻孔至ϕ33mm。

(3) 选用机床为 FANUC 0i 系统的 CK6140 型数控车床。

(4) 时间定额：编程时间为 30min；实操时间为 40min。

3. 工作要求

(1) 工件经加工后，各尺寸符合图样要求。

(2) 工件经加工后，形位公差要求符合图样要求。

(3) 工件经加工后，表面粗糙度符合图样要求。

(4) 正确执行安全技术操作规程。

(5) 按企业有关文明生产规定，做到工作地整洁，工件、工具摆放整齐。

3.2.2 工作过程

1. 工艺分析与工艺设计

1) 工艺特点

该案例零件由端面、外圆和内孔等组成，零件直径尺寸比轴向长度大很多，两端面对内孔以及外圆对内孔都有径向圆跳动要求，是典型的盘类零件。

一般盘类零件的主要技术要求如下。

(1) 除尺寸精度、表面粗糙度有要求外，还有外圆对孔有径向圆跳动的要求，端面对孔有端面圆跳动和垂直度的要求。

(2) 外圆与内孔间有同轴度要求及两端面之间的平行度要求。

2) 加工工艺制定原则

保证径向圆跳动和端面圆跳动是制定盘类零件工艺重点要考虑的问题。

(1) 工艺上一般分粗车、半精车和精车；精车时，尽可能把有形位精度要求的外圆、孔、端面在一次安装中全部加工完成。

(2) 尽量采用轴向压紧，如果采用径向夹紧，应使径向夹紧力分布均匀。

(3) 若有形位精度要求的表面，不可能在一次安装中完成时，通常先把孔加工出来，然后以孔定位上心轴或弹簧心轴加工外圆或端面。

3) 装夹方案

因零件试制生产 5 件，为保证零件加工的形位精度要求，该零件装夹加工时，首先，用三爪卡盘夹紧工件左端，粗车右端面和ϕ60mm 外径，调头装夹ϕ60mm 外径，以已车台肩端面轴向定位，粗、精车端面、内孔、外圆和倒角。其次，调头装夹已精车ϕ105mm 外径。但为防止已精车ϕ105mm 外径夹伤，可考虑在工件ϕ105mm 已精车表面夹持位包一层铜皮，防止工件夹伤，同时能保证工件夹正，以免夹歪。最后，用锥度心轴和顶针装夹工件，用卡箍带动工件旋转，精车右端面，保证长度尺寸。

4) 制作工序卡

工序卡如表 3-4 所示。

表 3-4　工序卡

数控车床加工工序卡			产品名称或代号		零件名称		零件图号		
					简易盘		C-2-02		
单位名称			夹具名称		使用设备		车间		
			三爪卡盘、锥度心轴、顶针		FANUC 0i 系统的 CK6140 型数控车床		现代制造技术中心		
序　号	工艺内容	刀具号	刀具规格/mm	主轴转速 n/(r/min)	进给速度 F/(mm/r)	背吃刀量 a_p/mm	刀片材料	程序编号	量　具
1	粗车右端面至总长 34.6mm	T01	93° 高速钢外圆正偏刀	350	0.3	1.4		O0003	
2	粗车 ϕ60mm 外径至 ϕ62mm，长度 11mm	T01	93° 高速钢外圆正偏刀	350	0.25				
3	粗车左端面至总长 33.2mm(调头装夹)	T01	93° 高速钢外圆正偏刀	350	0.3	1.4			游标卡尺
4	粗车 ϕ105mm 外径至 ϕ106.2mm	T01	93° 高速钢外圆正偏刀	350	0.25	1.9			游标卡尺
5	粗车 ϕ40mm 内孔至 ϕ37mm	T02	ϕ20 内孔车刀	850	0.2	2			游标卡尺
6	半精车 ϕ40mm 内孔至 ϕ39.7mm	T02	ϕ20 内孔车刀	850	0.15	1.35			内径千分尺
7	精车 ϕ40mm 内孔至尺寸，保证 $\phi40^{+0.025}_{0}$	T02	ϕ20 内孔车刀	860	0.1	0.15～0.16			游标卡尺
8	精车左端面保证总长 33mm，表面粗糙度 Ra:1.6μm	T01	93° 高速钢外圆正偏刀	380	0.12	0.2			
9	精车 ϕ105mm 外径至尺寸，保证 $\phi105^{0}_{-0.07}$	T01	93° 高速钢外圆正偏刀	380	0.12	0.6			
10	左端内孔倒角 1×45°，大外角 2×45°	T03	45° 端面车刀	360	0.2				
11	精车 ϕ60mm 外径和台肩面 20mm 至尺寸(调头装夹找正，防夹伤)	T01	93° 高速钢外圆正偏刀	400	0.2	1			

续表

数控车床加工工序卡			产品名称或代号		零件名称		零件图号		
					简易盘		C-2-02		
单位名称			夹具名称		使用设备		车间		
			三爪卡盘、锥度心轴、顶针		FANUC 0i 系统的 CK6140 型数控车床		现代制造技术中心		
序　号	工艺内容	刀具号	刀具规格/mm	主轴转速 n/(r/min)	进给速度 F/(mm/r)	背吃刀量 a_p/mm	刀片材料	程序编号	量　具
12	半精车右端面至总长 32.3mm	T01	93° 高速钢外圆正偏刀	500	0.15	0.7			
13	右端内孔倒角 1×45°，大外角 2×45°	T03	45° 端面车刀	360	0.2				
14	精车右端面，保证总长 $32^{+0.16}_{0}$ mm(锥度心轴、顶针)	T01	93° 高速钢外圆正偏刀	550	0.08	0.11			游标卡尺
编　制		审　核		批　准		第 1 页		共 1 页	

2. 数控编程

(1) 建立工件坐标系。分别把工件左右端面的轴心作为工件原点，并以此为工件坐标系编程。

(2) 计算基点与节点。

(3) 编制程序。加工程序单如表 3-5 所示。

表 3-5　加工程序单

程　序	注　释
O0003	程序号
T0101;	
M03 S350;	
G00 X115;	
Z0.7;	
G01 X30 F0.2;	粗车左端面至总长 34.7mm
G00 Z3;	
X115;	
Z0.2;	
G01 X30 F0.2;	半精车左端面至 34.2mm
G00 Z3;	
X115;	
M3 S400;	
G00 Z0;	
G01 X30 F0.1;	精车左端面至 34mm
G00 Z3;	
X115;	
G71 U1 R1;	
G71 P10 Q20 U0.5 W0 F0.2 S350;	粗车 ϕ105mm 外径至 ϕ105.5mm
N10 G42 G01 X103 F0.1 S400;	
Z0;	
X100.965;	
X100.965 Z-2;	
Z-21;	
N20 G40 G01 X115;	
G70 P10 Q20;	精车 ϕ105mm 外径至尺寸，保证 $\phi105_{-0.07}^{0}$
G00 Z200;	
T0202;	
M03 S400;	

续表

程 序	注 释
G00 X31;	
Z3;	
G71 U1 R1;	粗车 ϕ40mm 内孔至 ϕ39.3mm
G71 P30 Q40 U-0.5 W0 F0.15;	
N30 G01 X41;	
Z0;	
X39.8;	
Z-35;	
N40 G01 X31;	
G70 P30 Q40;	半精车 ϕ40mm 内孔至 ϕ39.8mm
M03 S450;	
G00 X31;	
Z3;	
G41 G01 X43 F0.05;	精车 ϕ40mm 内孔至尺寸，并倒 1×45° 角
Z0;	
X42.0125;	
X40.0125 Z-1;	
Z-35;	
G00 X31 G40;	
Z200;	
T0303;	
G00 X38;	
Z3;	
G01 Z-37 F0.15;	用内槽刀在孔的右端面切一个小台阶
X42;	
G00 X38;	
Z200;	
T0101;	
M03 S350;	
G00 X115;	
Z0.7;	
G01 X38 F0.2;	粗车右端面至总长 32.7mm(调头装夹找正，防夹伤)
G00 Z3;	
X115;	
Z0.16;	
G01 X38 F0.2;	半精车右端面至总长 32.2mm

续表

程　序	注　释
G00 Z3;	
X115;	
Z0;	
M03 S400;	
G01 X38 F0.1;	精车右端面至总长，保证 $32^{+0.16}_{0}$
G00 Z3;	
X115;	
G72 U1 R1;	粗车 ϕ60mm 外径至 ϕ 60.5mm，台肩面 20mm 至尺寸 20.5mm
G72 P50 Q60 U0.5 W0.5 F0.2;	
N50 G42 G01 Z-14.008 F0.1 S400;	
X104.965;	
X104.965 Z-12.008;	
X60;	
Z-1;	
X52 Z3;	
N60 G40 G01 Z3;	
G70 P50 Q60;	精车 ϕ60mm 外径至尺寸，台肩面 20mm 至尺寸
G00 Z200;	
T0202;	
M03 S450;	
G00 X44;	
Z3;	
G41 G01 Z0 F0.05;	右端内孔倒角 1×45°
X42.0125;	
X38.0125 Z-2;	
X35;	
G00 Z200;	
M05;	主轴停止
M30;	程序结束

3. 模拟加工

模拟加工的结果如图 3-15 所示。

4. 数控加工

1) 加工前准备

(1) 电源接通。

(2) 机床回零。

(3) 刀辅具准备和毛坯准备。

2) 工件与刀具装夹

(1) 工件装夹。

第一次装夹：三爪卡盘夹紧工件左端，粗车右端面和 ϕ60mm 外径。

第二次装夹：调头装夹 ϕ60mm 外径，以已车台肩端面轴向定位，粗、精车端面、内孔、外圆和倒角。

图 3-15　模拟加工的结果

第三次装夹：再调头装夹已精车 ϕ105mm 外径，但为防止已精车 ϕ105mm 外径夹伤，可考虑在工件 ϕ105mm 已精车表面夹持位包一层铜皮，防止工件夹伤。因垫铜皮且为保证工件夹正，以免夹歪，用百分表找正工件后，精车 ϕ60mm 外径和台肩面 20mm 长度至尺寸，然后半精车右端面和内孔孔口及大外角倒角。

第四次装夹：用锥度心轴和顶针装夹工件，用卡箍带动工件旋转，精车右端面，保证长度尺寸。具体用锥度心轴和顶针装夹工件如图 3-16 所示。

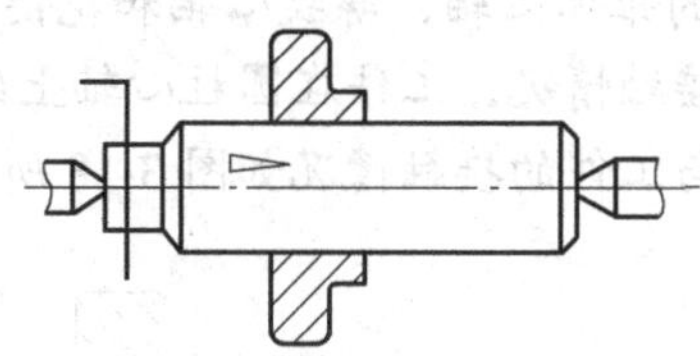

图 3-16　锥度心轴和顶针装夹工件示意图

(2) 刀具安装。

将加工零件的刀具依次装夹到相应的刀位上。

3) 对刀与参数设置

选择一把刀(T01)为标准刀具，采用试切法完成工件坐标系 G54 的设置，然后通过设置偏置值完成其他刀具的对刀。

4) 程序输入与调试

(1) 输入程序。

(2) 刀具补偿。

① 输入形状补偿参数。

② 输入刀尖半径和方位号。

(3) 调试程序。

(4) 自动加工。

5. 加工工件质量检测

用游标卡尺和内径千分尺检查相应工序中的各尺寸。

6. 清场处理

(1) 清除切屑、擦拭机床，使机床与环境保持清洁状态。

(2) 注意检查或更换磨损坏的机床导轨上的油擦板。

(3) 检查润滑油、冷却液的状态，及时添加或更换。

(4) 依次关掉机床操作面板上的电源和总电源。

(5) 将现场设备、设施恢复到初始状态。

知识链接

1. 加工盘类零件的常用夹具

加工小型盘类零件常采用三爪卡盘装夹工件，若有形位精度要求的表面不可能在三爪卡盘安装中加工完成时，通常在内孔精加工完成后，以中心孔作为定位基准，安装心轴或弹簧心轴后，进行加工外圆或端面，以保证形位精度要求。加工大型盘类零件时，因三爪卡盘规格没那么大，所以常采用四爪卡盘或花盘装夹工件。

1) 心轴

当工件用已加工过的孔作为定位基准，并能保证外圆轴线和内孔轴线的同轴度要求时，可采用心轴装夹。这种装夹方法可以保证工件内外表面的同轴度，适用于一定批量生产。心轴的种类很多，工件以圆柱孔定位常用圆柱心轴和小锥度心轴；对于带有锥孔、螺纹孔、花键孔的工件定位，常用相应的锥体心轴、螺纹心轴和花键心轴，圆锥心轴或锥体心轴定位装夹时，要注意其与工件的接触情况。工件在圆柱心轴上的定位装夹如图 3-17 所示，圆锥心轴或锥体心轴定位装夹时与工件的接触情况如图 3-18 所示。

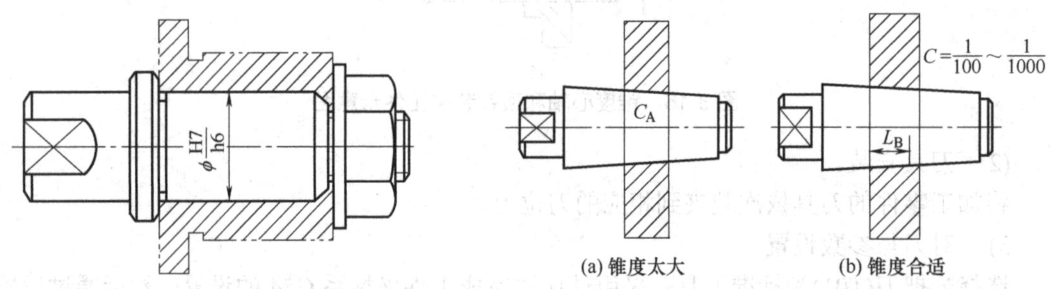

图 3-17　工件在圆柱心轴上定位装夹　　图 3-18　圆锥心轴安装工件的接触情况

圆柱心轴是以外圆柱面定心、端面压紧来装夹工件的，心轴与工件孔一般用 H7/h6、H7/g6 的间隙配合，所以工件能很方便地套在心轴上，但由于配合间隙较大，一般只能保证同轴度 0.02mm 左右。为了消除间隙，提高心轴定位精度，心轴可以做成锥体，但锥体的锥度很小，否则工件在心轴上会产生歪斜，常用的锥度为 C=1/100～1/1000。定位时，工件楔紧在心轴上，楔紧后孔会产生弹性变形，从而使工件不致倾斜。

当工件直径较大时，则应采用带有压紧螺母的圆柱形心轴，它的夹紧力较大，但对中精度比锥度心轴低。

2) 花盘

花盘是安装在车床主轴上的一个大圆盘。形状不规则的工件，无法使用三爪或四爪卡盘装夹的工件，可用花盘装夹，它也是加工大型盘套类零件的常用夹具。花盘上面开有若干个 T 形槽，用于安装定位元件、夹紧元件和分度元件等辅助元件，可加工形状复杂的盘套类零件或偏心类零件的外圆、端面和内孔等。用花盘装夹工件时，要注意平衡，应采用平衡装置以减少由离心力产生的振动及主轴轴承的磨损。一般平衡措施有两种：一种是在

较轻的一侧加平衡块(配重块)，其位置距离回转中心越远越好；另一种是在较重的一侧加工出减重孔，其位置距离回转中心越近越好，平衡块的位置和重量最好可以调节。花盘如图 3-19 所示，在花盘上装夹工件及其平衡如图 3-20 所示。

图 3-19　花盘

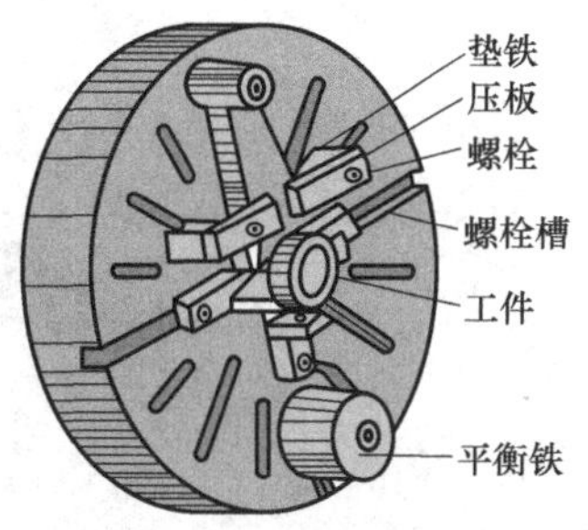

图 3-20　在花盘上装夹工件及其平衡

2. 内孔(圆)加工刀具

1)　内孔(圆)车刀

内孔(圆)车刀与外径(圆)车刀、端面车刀、外螺纹车刀、外切槽刀、切断刀刀杆形状不一样，外径(圆)车刀、端面车刀、外螺纹车刀、外切槽刀、切断刀刀杆形状呈四方形，而内孔(圆)车刀刀杆形状呈圆柱形，且装夹内孔(圆)车刀时，一般必须在刀杆上套一个弹簧夹套，再用刀夹通过弹簧夹套夹住内孔(圆)车刀。常见内孔(圆)车刀、刀片与弹簧夹套如图 3-21 所示。

图 3-21　常见内孔(圆)车刀、刀片与弹簧夹套

2)　内切槽车刀

内切槽车刀与内孔(圆)车刀一样，刀杆形状呈圆柱形，装夹内切槽车刀时，一般也必须在刀杆上套一个弹簧夹套，再用刀夹通过弹簧夹套夹住内切槽车刀，刀片与外切槽车刀片一样。常见内切槽车刀如图 3-22 所示。

图 3-22　内切槽车刀

3) 内螺纹车刀

内螺纹车刀与内切槽车刀一样，刀杆形状呈圆柱形，装夹内螺纹车刀时，一般也必须在刀杆上套一个弹簧夹套，再用刀夹通过弹簧夹套夹住内螺纹车刀，刀片与外螺纹车刀片一样。常见的内螺纹车刀如图 3-23 所示。

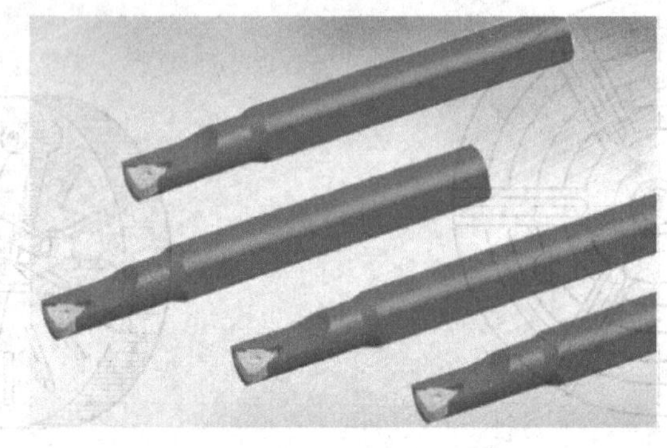

图 3-23 内螺纹车刀

3.2.3 拓展实训

如图 3-24 所示的齿轮坯加工图纸要求，加工保证内孔与外圆的同轴度为 0.025mm，试设计其数控加工工艺，并确定装夹方案。

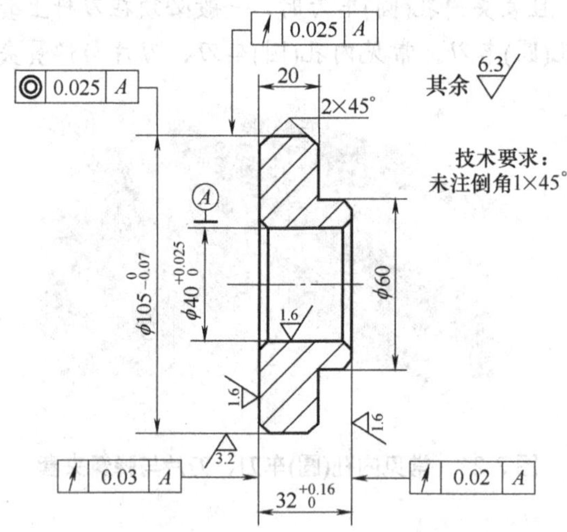

图 3-24 齿轮坯零件

3.3 数控车削加工薄壁零件

知识目标

- 掌握 G54 对刀方法。
- 掌握加工零件的工艺规程制定内容。

- 掌握薄壁件零件的装夹方法。
- 掌握薄壁件零件的加工特点。

技能目标

- 能正确分析薄壁件零件的工艺性。
- 会车软爪。
- 能正确进行薄壁件零件的质量检测。
- 能正确使用游标卡尺和内径千分尺。

3.3.1 工作任务

1. 零件图样

薄壁件零件图样如图 3-25 所示。

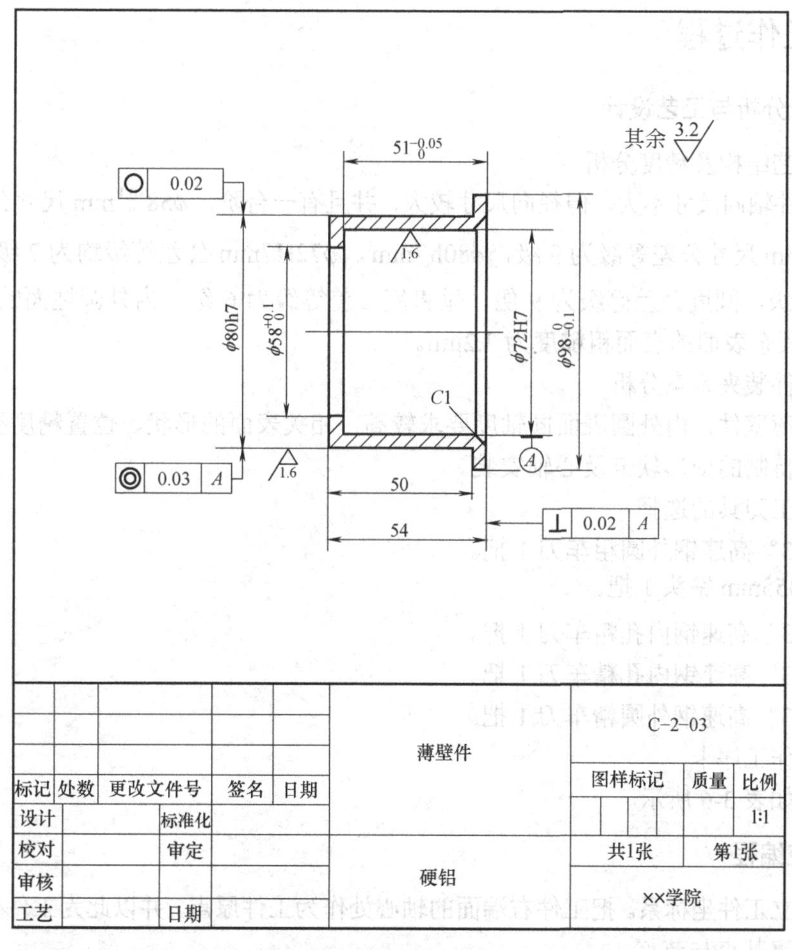

图 3-25　薄壁件零件图样

2. 工作条件

(1) 生产纲领：单件。

(2) 毛坯：ϕ103mm×60mm 硬铝棒料。

(3) 选用机床为 FANUC 0i 系统的 CK6140 型数控车床。

(4) 时间定额：编程时间为 20min；实操时间为 40min。

3. 工作要求

(1) 工件经加工后，各尺寸符合图样要求。

(2) 工件经加工后，形位公差符合图样要求。

(3) 工件经加工后，表面粗糙度符合图样要求。

(4) 正确执行安全技术操作规程。

(5) 按企业有关文明生产规定，做到工作地整洁，工件、工具摆放整齐。

3.3.2 工作过程

1. 工艺分析与工艺设计

1) 工艺结构及精度分析

本例零件轴向尺寸不大，但径向尺寸较大，并且有一台阶。$\phi58^{+0.1}_{0}$mm 尺寸公差等级为 9 级，$\phi98^{0}_{-0.1}$mm 尺寸公差等级为 9 级，ϕ80h7mm、ϕ72H7mm 公差等级均为 7 级，同轴度公差等级为 7 级，圆度公差等级为 9 级，垂直度公差等级为 6 级。内外圆柱面的表面粗糙度为 1.6μm，其余表面的表面粗糙度为 3.2μm。

2) 零件装夹方案分析

本例为薄壁件，内外圆表面同轴度要求较高，相关表面的形状、位置精度要求也较高，可考虑使用特制的扇形软卡及心轴安装。

3) 加工刀具的选择

T01：93° 高速钢外圆粗车刀 1 把。

T02：ϕ55mm 钻头 1 把。

T03：93° 高速钢内孔粗车刀 1 把。

T04：93° 高速钢内孔精车刀 1 把。

T05：93° 高速钢外圆精车刀 1 把。

4) 制作工序卡

工序卡如表 3-6 所示。

2. 数控编程

(1) 建立工件坐标系。把工件右端面的轴心处作为工件原点，并以此为工件坐标系编程。

(2) 计算基点与节点。

(3) 编制程序。加工程序单如表 3-7～表 3-10 所示。

表 3-6　工序卡

数控车床加工工序卡			产品名称或代号		零件名称		零件图号		
					薄壁件		C-2-03		
单位名称			夹具名称		使用设备		车间		
			三爪卡盘、软卡爪、弹性胀力心轴		FANUC 0i 系统的 CK6140 型数控车床		现代制造技术中心		
序　号	工艺内容	刀具号	刀具规格/mm	主轴转速 n/(r/min)	进给速度 F/(mm/r)	背吃刀量 a_p/mm	刀片材料	程序编号	量　具
1	夹持外圆，手动粗车大端面(含 Z 向对刀)，留加工余量单边 0.3mm	T01	93° 高速钢外圆粗车刀	350	0.3	0.5			
2	钻孔	T02	ϕ55 钻头	200	0.3	27.5		O3004	
3	粗车内孔留加工余量单边 0.3mm	T03	93° 高速钢内孔粗车刀	300	0.3	1.2			游标卡尺
4	夹持内孔，手动车小端面保证长度 54.3mm，粗车外圆留加工余量单边 0.3mm	T01	93° 高速钢外圆粗车刀	300	0.3	2.2		O3005	游标卡尺
5	用扇形软卡爪安装，手动精车大端面，长度达到图纸要求	T01	93° 高速钢外圆粗车刀	350	0.2	0.3			游标卡尺
6	精车内孔达到图纸要求	T04	93° 高速钢内孔精车刀	350	0.2	0.3		O3006	内径千分尺、游标卡尺
7	以内孔和大端面定位，工件安装在弹性胀力心轴上，精车外圆	T05	93° 高速钢外圆精车刀	400	0.2	0.3		O3007	游标卡尺
编　制		审　核		批　准		第 1 页		共 1 页	

表 3-7　加工程序单 I

程　序	注　释
O3004;	粗加工内孔的程序：程序号
G54 G00 X0 Z5. T0202;	工件坐标系，给定刀具及刀具补偿
M03 S200;	主轴转
G01 Z-82. F0.3;	钻孔
G04 X1.;	
G01 Z5. F1;	
G00 X150. Z50.;	返回换刀点
M00;	程序停止
T0303 S300;	换刀
G00 X50. Z5.;	快速定位
G71 U1.2 R1.;	粗车内孔
G71 P10 Q20 U-0.6 W0.3 F0.3;	
N10 G00 X78.015;	
G01 G41 Z2. F0.2 S350 T0404;	
X72.015 Z-1.;	
Z-51.;	
X58.05;	
Z-57.;	
N20 G40 X55.;	
G00 X150. Z50.;	
M05;	主轴停止
M30;	程序结束

表 3-8　加工程序单 II

程　序	注　释
O3005;	粗车外圆的程序：程序号
G55 G00 X105. Z5. T0101;	工件坐标系，快速定位，给定刀具及刀具补偿
M03 S300;	主轴转
G71 U2.2 R1.;	粗车外圆
G71 P30 Q40 U0.6 W0.3 F0.3;	
N30 G00 X79.985;	
G01 Z-50. F0.2 S400 T0505;	
X97.95;	
Z-55.	
N40 G00 X105.;	
G00 X150. Z50.;	
M05;	主轴停止
M30;	程序结束

表 3-9　加工程序单Ⅲ

程　序	注　释
O3006;	精加工内孔的程序：程序号
G56 G00 X78.015 Z5. T0404 ;	工件坐标系，快速定位，给定刀具及刀具补偿
M03 S350;	主轴转
G01 G41 Z2. F0.2;	精车内孔
X72.015 Z-1.;	
Z-51.025;	
X58.05;	
Z-57.;	
G40 X55.;	
G00 Z5.;	
X150. Z50.;	
M05;	主轴停止
M30;	程序结束

表 3-10　加工程序单Ⅳ

程　序	注　释
O3007;	精车外圆的程序：程序号
G57 G00 X79.985 Z5. T0505;	工件坐标系，快速定位，给定刀具及刀具补偿
M03 S400;	主轴转
G01 Z-50. F0.2;	精车外圆
X97.95;	
Z-55.	
G00 X105.;	
X150. Z50.;	
M05;	主轴停止
M30;	程序结束

3. 模拟加工

模拟加工的结果如图 3-26 所示。

4. 数控加工

1)　加工前准备

(1)　电源接通。

(2)　机床回零。

(3)　刀辅具准备和毛坯准备。

图 3-26　模拟加工的结果

2) 工件与刀具装夹

(1) 工件装夹。

第一次装夹：使用三爪自定心卡盘夹持外圆。

第二次装夹：使用三爪自定心卡盘夹持大内孔。

第三次装夹：使用扇形软卡爪夹持小外圆，如图 3-27 所示。

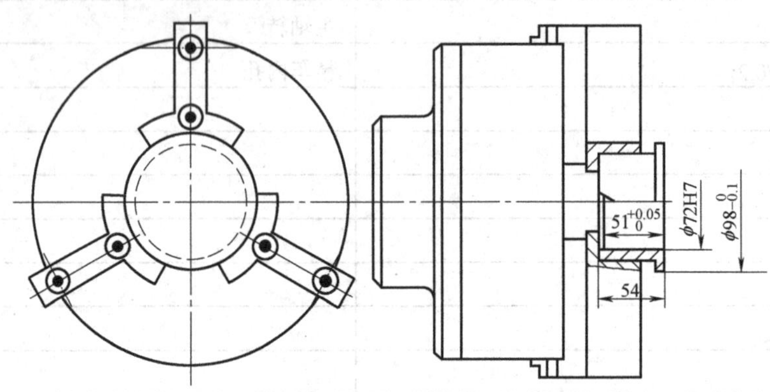

图 3-27 使用扇形软卡爪安装精车端面及内孔

第四次装夹：以内孔和大端面定位，工件安装在弹性胀力心轴上，如图 3-28 所示。

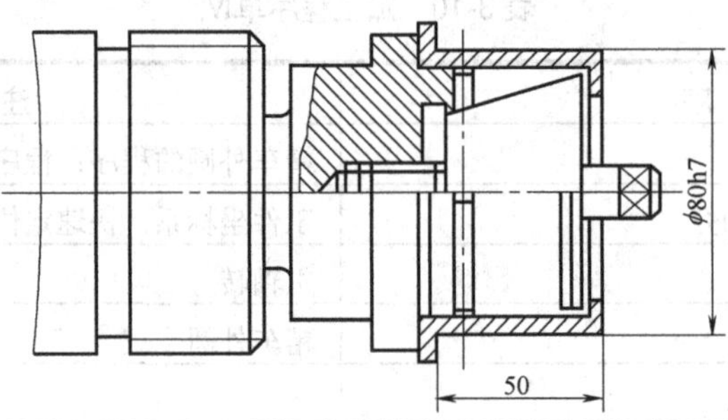

图 3-28 用弹性胀力心轴安装精车外圆

(2) 刀具安装。

将加工零件的刀具依次装夹到相应的刀位上。

3) 对刀与参数设置

选择一把刀(T01)为标准刀具，采用试切法完成工件坐标系 G54 的设置，然后通过设置偏置值完成其他刀具的对刀。

4) 程序输入与调试

(1) 输入程序。

(2) 刀具补偿。

① 输入形状补偿参数。

② 输入刀尖半径(R)和方位号(T)。

(3) 调试程序。

(4) 自动加工。

5. 加工工件质量检测

1) 圆度的检测

当孔的圆度要求不高时，在生产现场可用内径百分表沿孔的圆周回转一周，测量结果的最大示值与最小示值之差的一半即为圆度误差。

使用内径百分表测量属于比较测量法。测量时必须摆动百分表，所得的最小尺寸是孔的实际尺寸，如图 3-29 所示。

2) 端面圆跳动的检测

端面圆跳动的检测可用图 3-30 所示的方法。先把工件装夹在精度较高的心轴上，利用心轴上极小的锥度使工件轴向定位，然后把杠杆式百分表的圆测头靠在被测量的端面上，转动心轴一周，杠杆百分表读数的最大值与最小值之差就是测量面上的端面圆跳动误差。按上述方法在若干直径处测量，其端面圆跳动量最大值就是该工件的端面圆跳动误差。

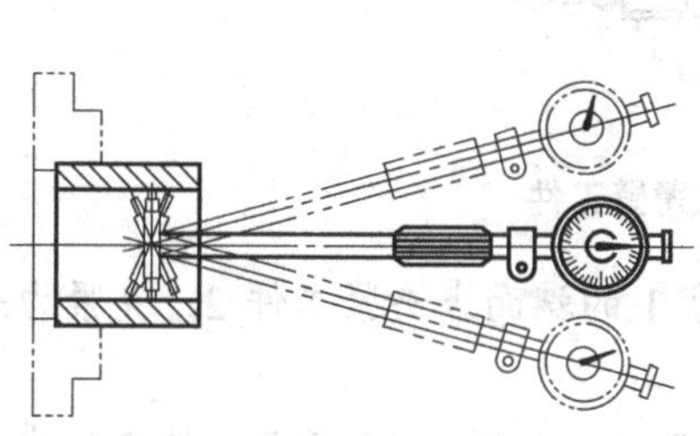

图 3-29 内径百分表的测量方法

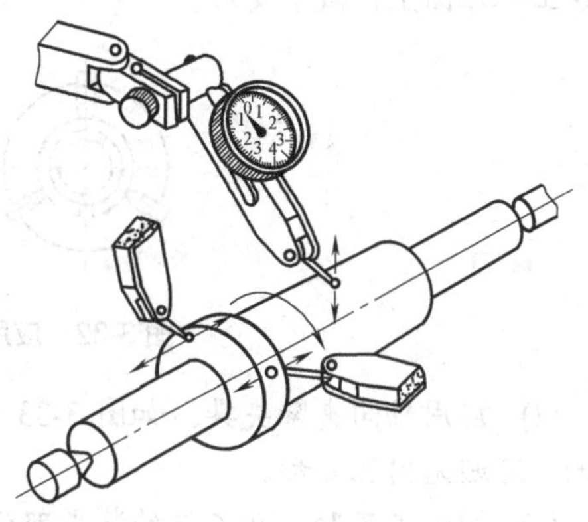

图 3-30 用百分表测量端面圆跳动误差

6. 清场处理

(1) 清除切屑、擦拭机床，使机床与环境保持清洁状态。
(2) 注意检查或更换磨损坏的机床导轨上的油擦板。
(3) 检查润滑油、冷却液的状态，及时添加或更换。
(4) 依次关掉机床操作面板上的电源和总电源。
(5) 将现场设备、设施恢复到初始状态。

知识链接

1. 薄壁工件的加工特点

(1) 因工件壁薄，在夹紧力的作用下容易产生变形。如图 3-31(a)所示，工件夹紧后会略微变成三边形，但车孔后所得的是一个圆柱孔。当松开卡爪后，由于弹性恢复，外圆为圆柱形，而内孔则变成如图 3-31(b)所示的弧形三边形。如果采用内径千分尺测量，各个方向的直径 D 相等，但实际上工件已变形，因此称为等直径变形。

(2) 因为工件较薄，切削热会引起工件热变形。

(3) 在切削力(特别是径向切削力)的作用下，容易产生振动和变形。

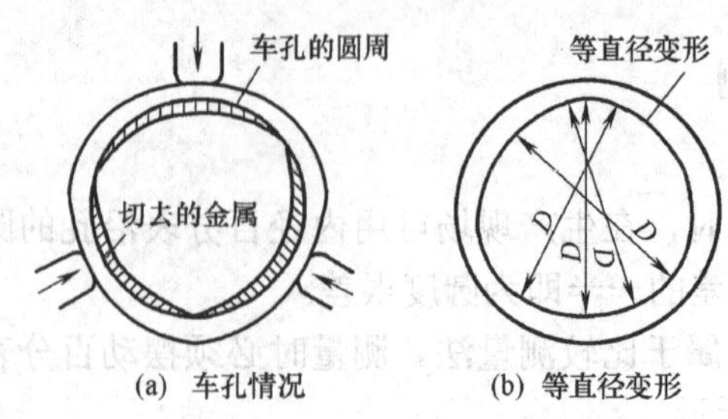

图 3-31 薄壁工件的夹紧变形

2. 防止和减少薄壁工件变形的方法

(1) 工件分粗、精车，粗车时，夹紧力大些；精车时，夹紧力小些。

(2) 应用开缝套筒。如图 3-32 所示，应用开缝套筒可增大接触面积，使夹紧力均匀分布在工件外圆上，减小变形。

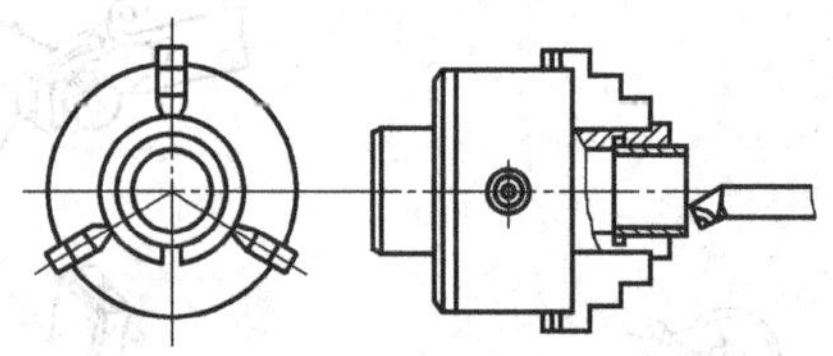

图 3-32 应用开缝套筒装夹薄壁工件

(3) 应用轴向夹紧夹具。如图 3-33 所示，用螺母 1 的端面来夹紧工件 2。夹紧力是轴向的，可避免内孔变形。

(4) 增加工艺肋。在工件的装夹部分特制几根工艺肋，如图 3-34 所示，使夹紧力作用在肋上，减小工件的变形。

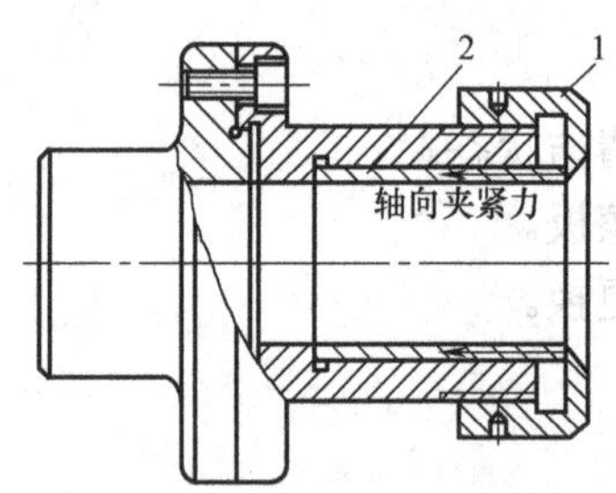

图 3-33 轴向夹紧薄壁工件的夹具

1—螺母；2—工件

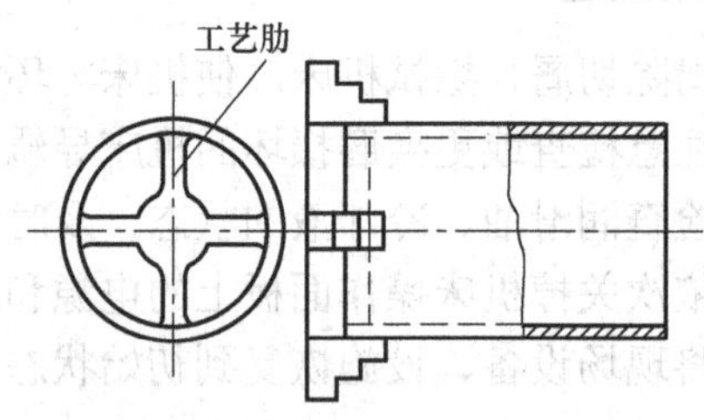

图 3-34 增加工艺肋防止薄壁工件变形

(5) 车削超薄壁圆筒件时填充石蜡。

在图 3-35 中，心轴 4 和堵头 1、5 的配合精度要高，两端堵头用螺母 6 和心轴 4 组装紧固在一起，两端堵头与工件内孔采用过渡配合，以保证心轴与工件的同轴度。然后从堵头 5 的小孔向心轴 4 与工件 3 之间的空隙内注入石蜡液体，一定要注满注实，不能有缩孔现象。石蜡冷凝后就可以在车床上车外圆了。注意切削用量要小并及时冷却，防止切削热使石蜡熔化，从而使工件刚性降低。

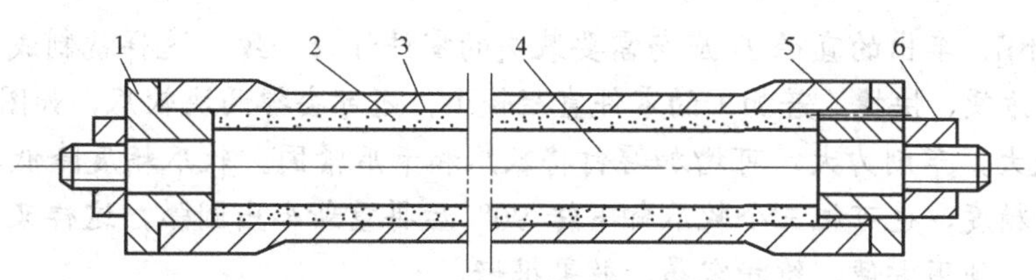

图 3-35　浇灌石蜡充填料组装图

1，5—堵头；2—石蜡；3—工件；4—心轴；6—螺母

(6) 用注水法避免车削薄壁长筒类零件时的振动。

薄壁长筒零件因其长而壁薄，加工中容易产生振动，影响车削速度和吃刀深度的增大，从而影响车削效率，甚至无法车削。因其为筒状零件，根据这一特点，可采用注水防振法车削而不用专门的夹具和跟刀架。

水在密闭工件内起到了阻尼作用，相当于建立了一个阻尼器，有效地防止了振动。水在工件内部还起到了冷却散热的作用。

此方法可推广到其他各种薄壁筒状零件的车削中。若两端是开口的，可做专门的塑料密封件起密封作用，再做金属堵头钻中心孔以便于顶紧。

(7) 车槽释放工件外应力的工艺方法如图 3-36 所示。

① 粗车端面、外圆和内孔，车削长度大于工件长度。

② 松动一次三爪，半精车端面、外圆和内孔。

③ 在外圆上按工件长度车一个槽，注意：槽的底径要大于精车后工件的内孔直径。

④ 精车工件外圆和内孔至成品尺寸。

⑤ 沿槽切断。

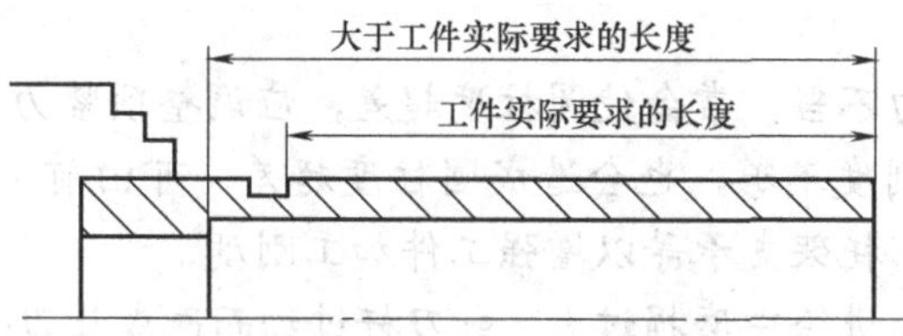

图 3-36　车槽释放工作外应力

采用这种方法车削的薄壁件变形大为减小，其原因是通过车槽释放了由于夹紧时产生的外应力，从而使精车时工件处于无应力变形状态，接近自由状态，车断后工件仍然保持了车削时的形状和尺寸精度。

3. 车软爪的方法

对于薄壁件零件使用三爪夹紧容易使零件变形，若零件尺寸不大，可用图 3-37 所示的软爪夹紧，可有效地防止变形，提高加工质量。

具体方法是：用与工件材料相同的材料车三个如图 3-37 所示的圆形软爪，中间的圆孔与卡盘卡爪的外接圆过盈配合，其厚度和外圆直径视卡爪的尺寸和工件外径大小而定。将三个圆形软爪压入卡爪后，再把三个卡爪依次装入卡盘中。然后，找一个直径尺寸适当、经过精车或磨削过的圆柱料头，放进卡爪里边，用三爪夹紧料头[见图 3-37(a)]，车削软爪毛坯[见图 3-37(b)]，车出的直径 D 应与需要装夹的零件外径一致。这样就制成了一副可换软爪，夹紧零件方便、快捷。若加工的零件直径较小，还可去掉两块软爪，如图 3-37(c)所示。若加工余量较大，车削力大，可增加螺钉将软爪和卡爪紧固。软爪精度降低后可再车一次以提高软爪的精度，也可把三个软爪卸下转 90° 后再重新车出圆弧，这样又可使用。这种软爪制作简单，使用方便，维护容易，效果很好。

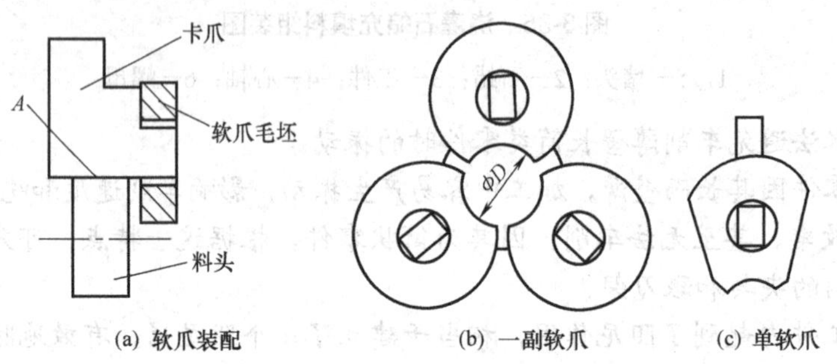

图 3-37 软爪

4. 车床上加工外圆和孔时，圆柱度超差的因素及修正措施

如图 3-38 所示，若外圆柱度大于 0.007、孔的圆柱度大于 0.008，则超差，应修正为外圆柱度小于等于 0.007、孔的圆柱度小于等于 0.008。

(1) 如果坯料弯曲，往往会引起圆柱度超差。

(2) 如果车床主轴轴线与床身导轨面在水平面内不平行，就会引起圆柱度超差，应校正其平行度。

(3) 如果车床前、后顶尖不等高或中心偏差，就会造成圆柱度超差，应调整使车床前、后顶尖对准。

(4) 如果顶尖顶紧力不当，常会使圆柱度超差，应调整顶紧力或使用弹性尾顶尖。

(5) 如果工件装夹刚度不够，也会造成圆柱度超差，可由前、后顶尖装夹改为卡盘、顶尖夹顶；或用跟刀架、托架支承等以增强工件加工刚度。

(6) 如果刀具在一次进给中磨损过大，或刀杆过细而造成让刀(对孔)，就会导致圆柱度超差，应降低车削速度，提高刀具耐磨性和增强刀杆刚度。

(7) 如果切削时产生的内应力和切削热引起的变形过大，就会造成圆柱度超差，应消除应力，加强冷却润滑。

(8) 使用跟刀架车削时，刀尖离跟刀架支承处距离太大，就会导致圆柱度超差，故应缩短其距离(一般为 2mm)。

5. 车床上加工外圆和孔时，圆度超差的因素及修正措施

如图 3-39 所示，若外圆、孔的圆度误差大于 0.005，则超差，应修正为小于 0.005。

(1) 如果车床卡盘法兰与主轴配合螺纹松动，或卡盘定位面松动，就会造成圆度超差，应进行调整，消除配合间隙。

(2) 如果车床主轴轴承间隙大，主轴轴套外径与箱体孔配合间隙大，或主轴轴颈圆度超差，都会导致零件外圆和孔的圆度超差，应重新调整间隙，或修磨主轴径。

(3) 如果工件孔壁较薄，如图 3-40(a)所示，装夹变形大，常会造成圆度超差。此时可采用液性塑料夹具或留工艺夹，如图 3-40(b)所示，以减少工件变形。

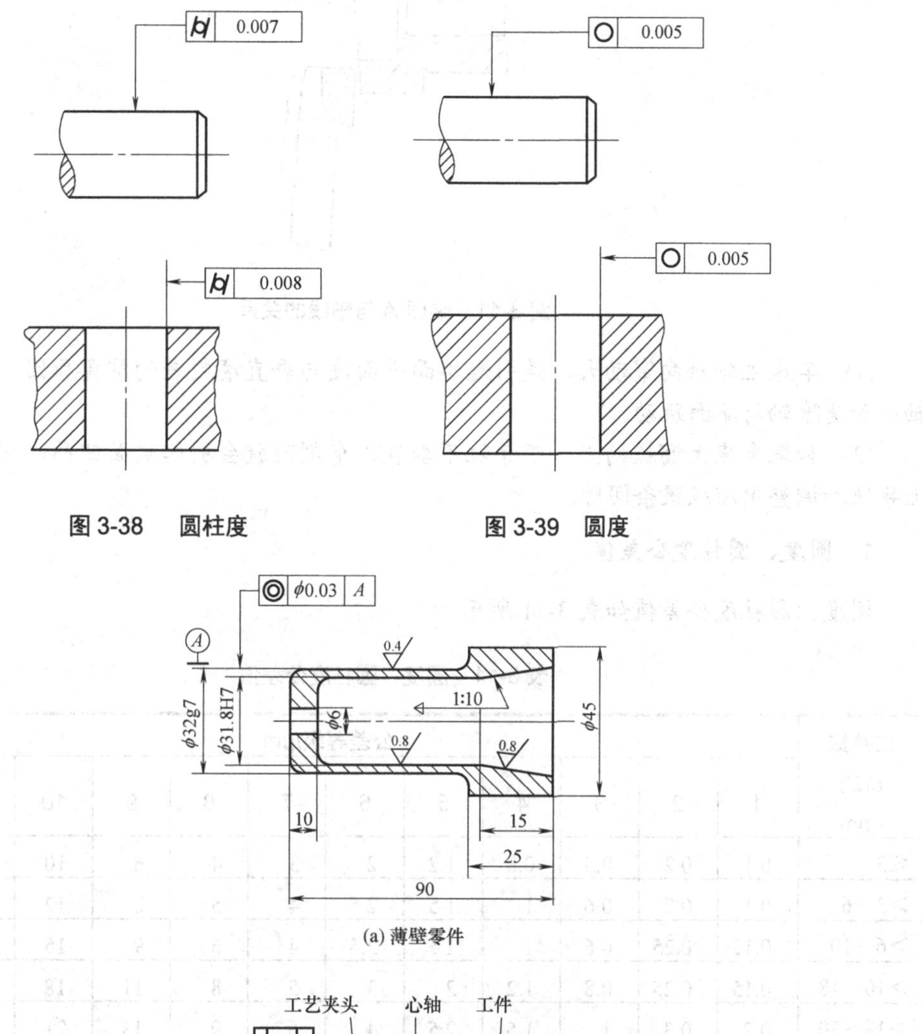

图 3-38　圆柱度

图 3-39　圆度

(a) 薄壁零件

(b) 工件装夹

图 3-40　薄壁零件及其装夹

6. 车床上加工端平面时，平面度与垂直度超差的因素及修正措施

如图 3-41 所示，端面 *A* 与轴线不垂直是错误的，应修正为垂直。

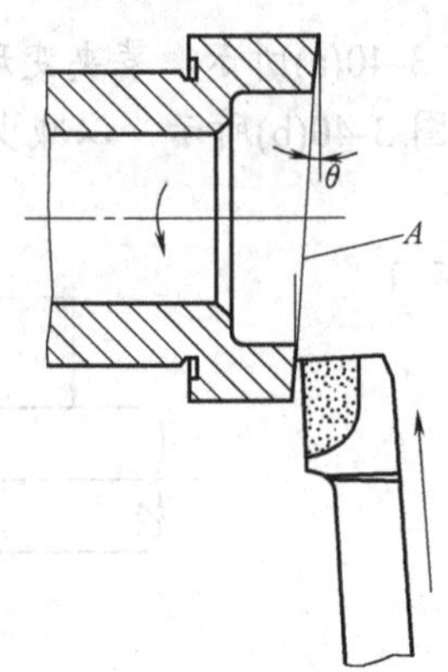

图 3-41　端面 *A* 与轴线的关系

(1) 车床主轴轴向窜动大，是引起端面平面度与垂直度超差的重要原因，应调整主轴轴承和消除轴肩端面跳动。

(2) 如果车床大溜板的上、下导轨不垂直，车削时就会引起端面凹凸，应修刮大溜板上导轨和调整中溜板镶条间隙。

7. 圆度、圆柱度公差值

圆度、圆柱度公差值如表 3-11 所示。

表 3-11　圆度、圆柱度公差值

主参数 *d*(*D*) /mm	公差等级/μm											
	1	2	3	4	5	6	7	8	9	10	11	12
≤3	0.1	0.2	0.5	0.8	1.2	2	3	4	6	10	14	25
＞3～6	0.1	0.2	0.6	1	1.5	2.5	4	5	8	12	18	30
＞6～10	0.12	0.25	0.6	1	1.5	2.5	4	6	9	15	22	36
＞10～18	0.15	0.25	0.8	1.2	2	3	5	8	11	18	27	43
＞18～30	0.2	0.3	1	1.5	2.5	4	6	9	13	21	33	52
＞30～50	0.25	0.4	1	1.5	2.5	4	7	11	16	25	39	62
＞50～80	0.3	0.5	1.2	2	3	5	8	13	19	30	46	74

注：主参数 *d*(*D*)为被测要素的直径。

8. 平行度、垂直度、倾斜度公差值

平行度、垂直度、倾斜度公差值如表 3-12 所示。

3.3.3　拓展实训

按照图 3-42～图 3-46 所示的工件图样完成加工操作。

表 3-12　平行度、垂直度、倾斜度公差值

主参数 L /mm	公差等级/μm											
	1	2	3	4	5	6	7	8	9	10	11	12
≤10	0.4	0.8	1.5	3	5	8	12	20	30	10	80	120
>10～16	0.5	1	2	4	6	10	15	25	40	12	100	150
>16～25	0.6	1.2	2.5	5	8	12	20	30	50	15	120	200
>25～40	0.8	1.5	3	6	10	15	25	40	60	18	150	250
>40～63	1	2	4	8	12	20	30	50	80	21	200	300
>63～100	1.2	2.5	5	10	15	25	40	60	100	25	250	400

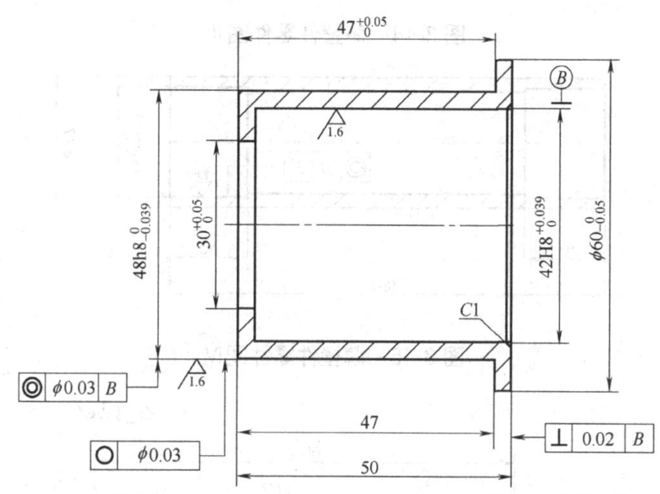

图 3-42　薄壁件零件图 I

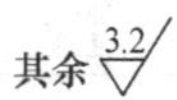

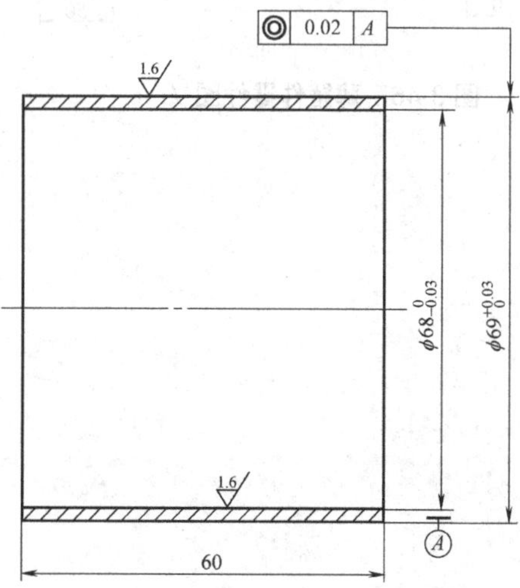

图 3-43　薄壁件零件图 II

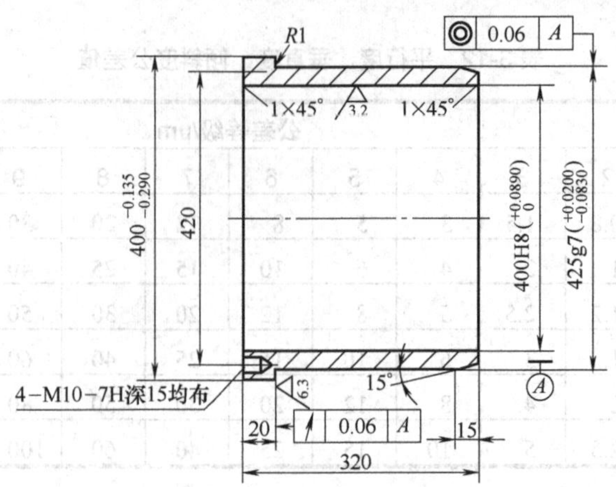

图 3-44　薄壁件零件图Ⅲ

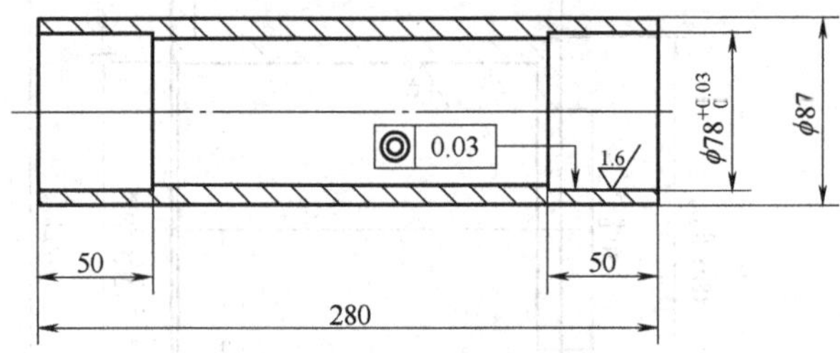

图 3-45　薄壁件零件图Ⅳ

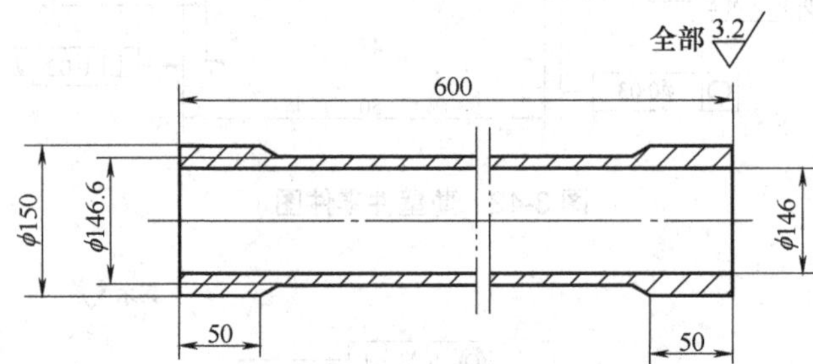

图 3-46　薄壁件零件图Ⅴ

第 4 章　数控车削加工螺纹类零件

本章要点

- 螺纹类(圆柱外螺纹、螺柱、圆柱内孔螺纹、梯形螺纹)零件工艺规程的制定。
- 螺纹类(圆柱外螺纹、螺柱、圆柱内孔螺纹、梯形螺纹)零件加工程序的编写。
- 螺纹类(圆柱外螺纹、螺柱、圆柱内孔螺纹、梯形螺纹)零件的数控车削加工。
- 螺纹类(圆柱外螺纹、螺柱、圆柱内孔螺纹、梯形螺纹)零件的质量检测。

技能目标

- 能正确分析螺纹类零件的工艺性。
- 能合理选择刀具并确定切削参数。
- 能正确选用和使用通用工艺装备。
- 能正确制定螺纹类零件的数控车削加工工序。
- 能熟练操作数控车床并完成螺纹类零件的数控车削加工。
- 能正确使用测量工具。

4.1　数控车削加工圆柱外螺纹零件

知识目标

- 掌握 G54 对刀方法。
- 掌握加工零件的工艺规程制定内容。
- 掌握 G32 指令的应用。
- 掌握千分尺、游标卡尺、钢板尺和螺纹环规的使用。

技能目标

- 能正确分析圆柱外螺纹零件的工艺性。
- 能合理选择刀具并确定螺纹切削参数。
- 能正确进行圆柱外螺纹零件的质量检测。

4.1.1　工作任务

1. 零件图样

圆柱外螺纹零件图样如图 4-1 所示。

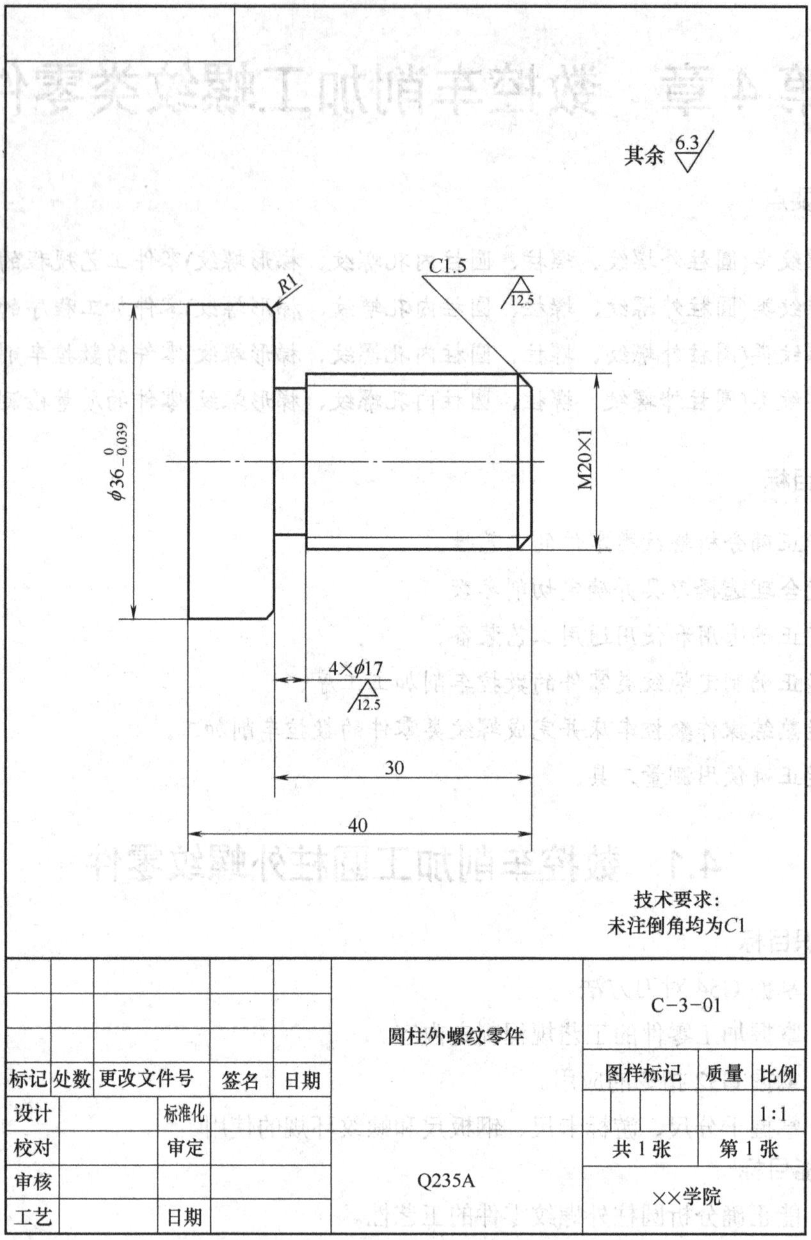

其余 6.3

C1.5　12.5

R1

$\phi 36_{-0.039}^{\ 0}$

M20×1

4×ϕ17　12.5

30

40

技术要求：
未注倒角均为$C1$

					圆柱外螺纹零件	C-3-01		
标记	处数	更改文件号	签名	日期		图样标记	质量	比例
设计		标准化						1:1
校对		审定				共 1 张		第 1 张
审核					Q235A	××学院		
工艺		日期						

图 4-1　圆柱外螺纹零件图样

2. 工作条件

(1) 生产纲领：单件。

(2) 毛坯：材料为 Q235A 的 ϕ40mm 棒料。

(3) 选用机床为 FANUC 0i 系统的 CK6140 型数控车床。

(4) 时间定额：编程时间为 30min；实操时间为 30min。

3. 工作要求

(1) 工件经加工后，各尺寸符合图样要求。

(2) 工件经加工后，表面粗糙度符合图样要求。

(3) 正确执行安全技术操作规程。

(4) 按企业有关文明生产规定，保持工作地整洁，工件、工具摆放整齐。

4.1.2　工作过程

1. 工艺分析与工艺设计

工序卡如表 4-1 所示。

2. 数控编程

(1) 建立工件坐标系。把工件右端面的轴心作为工件原点，并以此为工件坐标系编程。

(2) 基点与节点计算编程时，要考虑螺纹公差和 ϕ36mm 轴段公差要求。精加工的基点计算值说明如下。

① 牙底直径：$d_{底}=d-2h_{牙深}=19.8-2\times0.5413\times1\approx 18.72$(mm)。

② $\phi36_{-0.039}^{\ 0}$ mm 轴段取平均值 ϕ35.981mm 编程。

(3) 编制程序。加工程序单如表 4-2 所示。

3. 模拟加工

模拟加工的结果如图 4-2 所示。

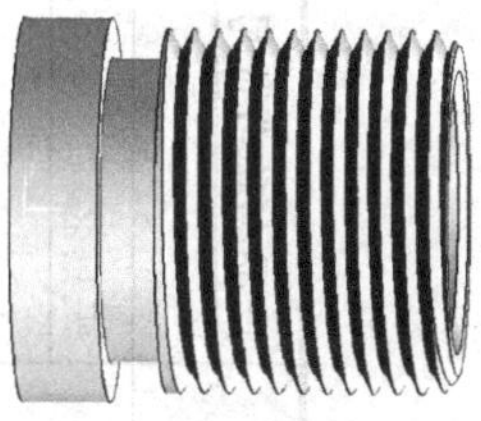

4. 数控加工

1) 加工前的准备

(1) 机床准备。选用的机床为 FANUC 0i 系统的 CK6140 型数控车床，其刀架为四工位前置刀架(刀架靠近操作者一侧)。

(2) 机床回零。

(3) 工具、量具和刀具准备见表 4-1 所示的工序卡。

图 4-2　模拟加工的结果

2) 工件与刀具装夹

(1) 工件装夹。使用三爪自定心卡盘，装夹时，右手拿工件，工件要水平安放，伸出卡盘部分长度约 50mm，左手旋紧卡盘扳手。

(2) 刀具安装。选用数控车床的刀架为前置刀架，车削右旋螺纹，螺纹车刀应正向(即前刀面向上)安装，主轴用 M03 指令指定。

(3) 对刀与参数设置。螺纹车刀的对刀包括 X 和 Z 两个坐标轴方向。X 轴方向的对刀采用试切法，考虑到螺纹的具体情况，Z 轴方向的对刀则采用目测法，使刀尖大致对齐工件端面(Z=0 处)，一般保证误差不超过一个螺距即可。

表 4-1　工序卡

数控车床加工工序卡			产品名称或代号		零件名称		零件图号		
					圆柱外螺纹零件		C-3-01		
单位名称			夹具名称		使用设备		车间		
			三爪自定心卡盘		FANUC 0i 系统的 CK6140 型数控车床		现代制造技术中心		
序　号	工艺内容	刀具号	刀具规格/mm	主轴转速 n/(r/min)	进给速度 F/(mm/r)	背吃刀量 a_p/mm	刀片材料	程序编号	量　具
1	手动车端面(含 Z 向对刀)	T01	93° 高速钢外圆正偏刀	350	0.2	0.5		O4001	
2	粗车外圆、右端面、倒角	T01	93° 高速钢外圆正偏刀	500	0.2	2			游标卡尺 (0～150　0.02)
3	精车外圆、右端面、倒角	T01	93° 高速钢外圆正偏刀	700	0.05	0.2			游标卡尺 (0～150　0.02)
4	切槽(4×ϕ17)	T02	宽 4mm	300	0.05	4			游标卡尺、千分尺
5	加工螺纹(M20×1)	T03	60° 三角形螺纹刀	300	1	0.8 0.4 0.1			螺纹环规 (M20×1-6g)
6	切断	T02	宽度 4mm	300	0.1	4			钢板尺 游标卡尺
编　制		审　核		批　准			第 1 页		共 1 页

表 4-2　加工程序单

加工程序	程序注释
O4001;	程序号
G54 S500 M03 T0101;	选 1 号外圆车刀
G00 X42. Z2.;	快速定位点(42.0，2.0)
G90 X34. Z-29.8 F0.2;	固定循环 G90 粗车螺纹外圆，留轴向单边 0.2mm 余量
X28.;	
X22.;	
G00 X20.2 Z2.;	快速定位点(20.2，2.0)
G01 X20.2 Z-29.8;	粗车螺纹外圆至 ϕ20.2，留径向单边 0.2mm 余量
G01 X36.4 R1;	粗车台阶面，倒圆角 $R1$
Z-46.;	粗车 ϕ36 外圆长 46mm
X40. ;	车出毛坯外圆
G00 X42. Z2.;	快速定位点(42.0，2.0)
X0;	
S700 M03;	设定精加工主轴转速 700r/min
G01 Z0. F0.05;	直线插补至右端面中心，进给量 0.05mm/r
X19.8 C1.5;	精车端面，倒角 $C1.5$
Z-30.;	精车螺纹外圆
X36. R1;	精车台阶面，倒圆角 $R1$
Z-46.;	精车 ϕ36 外圆长 46mm
G00 X50. Z100.;	快速移动点定位至换刀点
T0202 S300 M03;	换 2 号切槽刀
G00 X38.;	快速移动点定位，先定位 X 方向
Z-30.;	快速移动点定位，再定位 Z 方向
G01 X17. F0.05;	切槽至 ϕ17mm
G04 P2000;	槽底暂停 2s，确保加工质量
G01 X38. F0.4;	退切槽刀
G00 X50.;	快速移动点定位退刀，先定位 X 方向
Z100.;	快速移动点定位，再定位 Z 方向
T0303;	换 3 号 60° 螺纹车刀
G00 X19.2 Z6.;	
G32 X19.2 Z-28 F1;	第一刀车螺纹
G00 X30.;	
Z6.;	
X18.8;	
G32 Z-28. F1;	第二刀车螺纹
G00 X30.;	
Z6.;	
X18.72;	

续表

加工程序	程序注释
G32 Z-28 F1;	第三刀车螺纹
G00 X50;	
Z100;	
T0202;	
G00 X38.;	
Z-44;	
G01 X-1. F0.05;	切槽
G00 X50;	
Z100.;	
M05;	主轴停止
M30;	程序结束

3) 程序输入与调试

(1) 输入程序。

(2) 刀具补偿。

(3) 自动加工。

注意事项

(1) 在螺纹切削过程中，进给速度倍率无效。

(2) 在螺纹切削过程中，进给暂停功能无效，如果在螺纹切削过程中按“进给暂停”按钮，刀具将在执行非螺纹切削的程序段后停止。

(3) 在螺纹切削过程中，主轴速度倍率功能失效。

(4) 在螺纹切削过程中，不宜使用恒线速度控制功能，采用恒转速控制功能较为合适。

5. 加工工件质量检测

(1) 不拆除零件，用螺纹环规检查螺纹精度，并进行螺纹修整。

(2) 拆除工件，去毛刺、倒棱，并进行自检自查。

6. 清场处理

(1) 清除切屑、擦拭机床，使机床与环境保持清洁状态。

(2) 注意检查或更换磨损坏的机床导轨上的油擦板。

(3) 检查润滑油、冷却液的状态，及时添加或更换。

(4) 依次关掉机床操作面板上的电源和总电源。

(5) 将现场设备、设施恢复到初始状态。

知识链接

1. 螺纹的形成

用成形刀具沿螺旋线切深就形成了螺纹。螺纹的加工方法很多，车削加工无疑是最常

用的一种。采用形状不同的车刀刀头，即可得到各种不同截面形状(牙型)的螺纹，如三角形、梯形、矩形和锯齿形螺纹等，如图 4-3 所示。

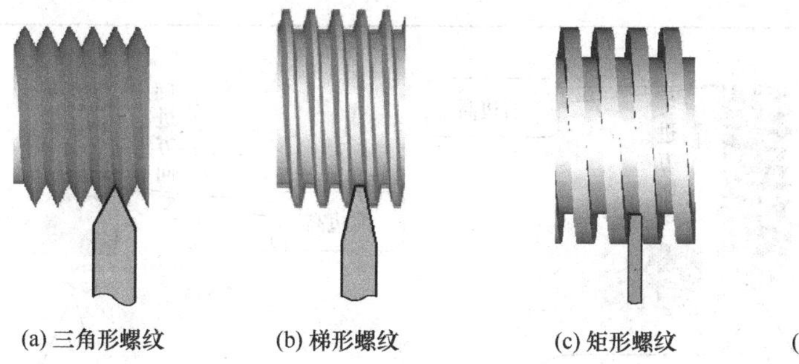

(a) 三角形螺纹　(b) 梯形螺纹　(c) 矩形螺纹　(d) 锯齿形螺纹

图 4-3　不同牙型的螺纹

2.　螺纹的种类

由于螺纹应用广泛，种类繁多，可以从用途、牙型(通过螺纹轴线剖面上的螺纹轮廓形状)、螺旋线方向、螺旋线线数、母体形状和螺纹形成表面位置等方面对其进行分类。螺纹的种类如表 4-3 所示。

表 4-3　螺纹的种类

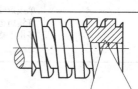

分类依据	种　类
螺纹牙型	三角形螺纹(普通螺纹)：牙型为三角形，粗牙螺纹应用最广。细牙螺纹适用于薄壁零件、受动载荷的连接和微调机构的调整。三角形螺纹广泛用于各种紧固连接。 矩形螺纹：牙型为矩形，传动效率高，用于螺旋传动。但牙根强度低，精加工困难，矩形螺纹未标准化，现在已经逐渐被梯形螺纹代替。 梯形螺纹：牙型为梯形，牙根强度较高，易于加工。梯形螺纹广泛用于机床设备的螺旋传动中。 锯齿形螺纹：牙型为锯齿形，牙根强度较高，用于单向螺旋传动。多用于起重机械或压力机械。

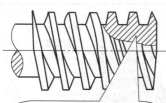

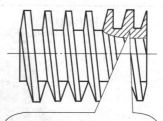

续表

<table>
<tr><th>分类依据</th><th>种类</th></tr>
<tr><td>螺旋线方向</td><td> 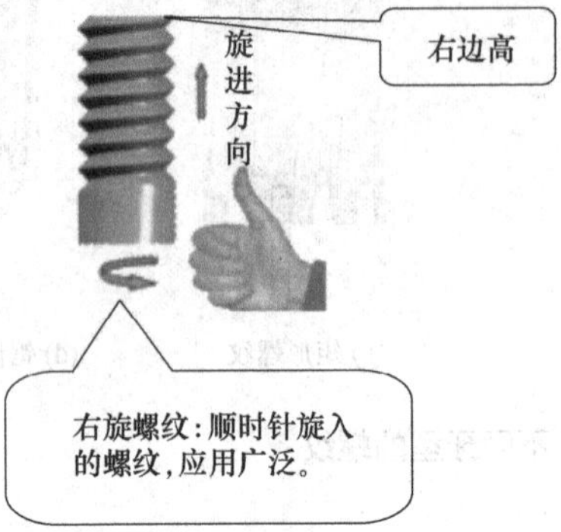右边高
旋进方向
右旋螺纹：顺时针旋入的螺纹，应用广泛。 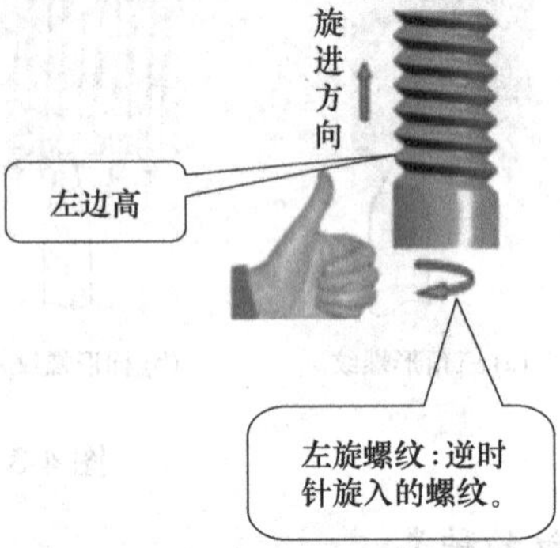
左边高
旋进方向
左旋螺纹：逆时针旋入的螺纹。</td></tr>
<tr><td>螺旋线线数</td><td> 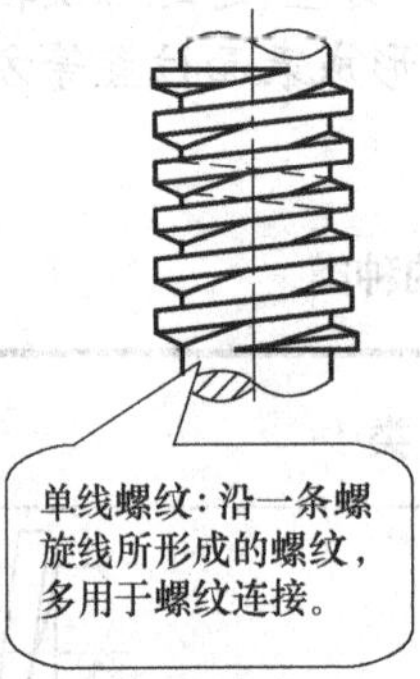单线螺纹：沿一条螺旋线所形成的螺纹，多用于螺纹连接。 
多线（双线）螺纹：沿两条或两条以上在轴向等距分布的螺旋线所形成的螺纹。多用于螺旋传动。</td></tr>
<tr><td>螺旋线形成表面</td><td> 内螺纹 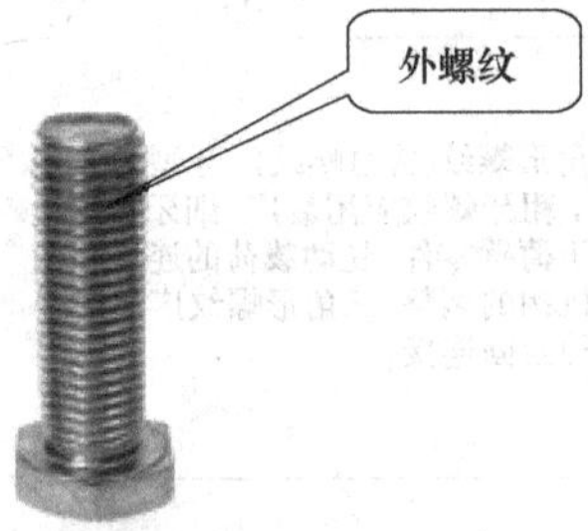
外螺纹</td></tr>
<tr><td>母体形状</td><td> 圆柱螺纹 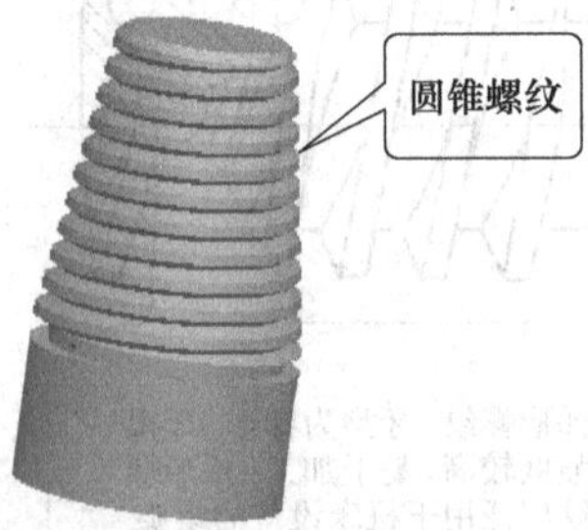
圆锥螺纹</td></tr>
</table>

3. 车螺纹的进刀方式及其特点与应用

车螺纹的进刀方式及其特点与应用如表 4-4 所示。

表 4-4　车螺纹的进刀方式及其特点与应用

进刀方式	图　形	特　点	应　用
径向进刀	f_r	(1) 所有刀刃同时工作，排屑困难，切削力大，易扎刀； (2) 切削用量低； (3) 刀尖易磨损； (4) 操作简单； (5) 牙型精度较高	(1) 高速切削 P<3mm 的三角形螺纹； (2) P≥3mm 三角形螺纹的精车； (3) P<16mm 梯形、方牙、平面、锯齿形螺纹的粗、精车； (4) 脆性材料的螺纹； (5) 硬质合金车刀高速切削螺纹
斜向进刀	f	(1) 单刃切削，排屑顺利，切削力小，不易扎刀； (2) 牙型精度差，螺纹表面粗糙度粗； (3) 切削用量较高	用于 P≥3mm 螺纹与塑性材料螺纹的粗车
轴向进刀	f_a	(1) 单刃切削，排屑顺利，切削力小，不易扎刀； (2) 切削用量较高； (3) 螺纹表面粗糙度较细	(1) P≥3mm 三角形螺纹精车； (2) P≥16mm 梯形、方牙、锯齿螺纹粗、精车； (3) 刚性较差的螺纹粗、精车

4. 常用公制螺纹切削时的进给次数与实际背吃刀量(直径量)参考表

常用普通螺纹切削的进给次数与背吃刀量如表 4-5 所示。

表 4-5　常用普通螺纹切削的进给次数与背吃刀量

螺距/mm		1.0	1.5	2.0	2.5	3.0
总切深量/mm		1.3	1.95	2.6	3.25	3.9
每次背吃刀量/mm	1 次	0.8	1.0	1.2	1.3	1.4
	2 次	0.4	0.6	0.7	0.8	0.9
	3 次	0.1	0.25	0.4	0.5	0.6
	4 次	—	0.1	0.2	0.3	0.4
	5 次	—	—	0.1	0.15	0.3
	6 次	—	—	—	0.1	0.2
	7 次	—	—	—	—	0.1

5. G32 指令的其他用途

G32 指令的用途如表 4-6 所示。

表 4-6　G32 指令的用途

用　途	一般用法
多线螺纹	编制加工多线螺纹的程序时，只要用地址指定主轴一转信号与螺纹切削起点的偏移角度即可
端面螺纹	执行端面螺纹的程序段时，刀具在指定螺纹切削距离内以每转 F 的速度沿 X 向进给，而 Z 向不做运动
连续螺纹切削	连续螺纹切削功能是为了保证程序段交界处的少量脉冲输出与下一个移动程序段的脉冲输出相互重叠(程序段重叠)。因此，执行连续程序段加工时，由运动中断而引起的断续加工被消除，故可以完成那些需要中途改变等螺距和形状(如从直螺纹变锥螺纹)的特殊螺纹的切削

4.1.3　拓展实训

编写如图 4-4 所示的零件加工程序，并在数控车床上加工出来。

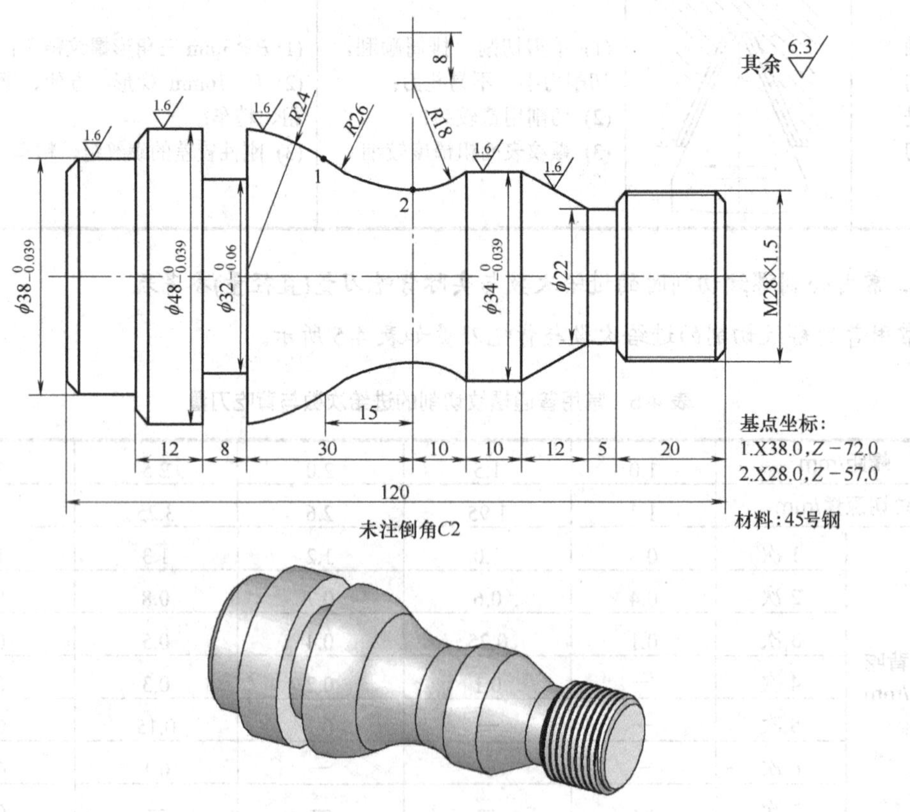

图 4-4　复杂轴类零件加工零件图

4.2　数控车削加工螺柱零件

知识目标

- 掌握 G54 对刀方法。
- 掌握加工零件的工艺规程制定内容。
- 掌握 G32、G34、G75 指令的应用。
- 掌握游标卡尺和螺纹环规的使用。

技能目标

- 能正确分析螺柱零件的工艺性。
- 能合理选择刀具并确定螺纹切削参数。
- 能正确进行普通外螺纹(左、右旋)零件的质量检测。

4.2.1　工作任务

1. 零件图样

螺柱零件图样如图 4-5 所示。

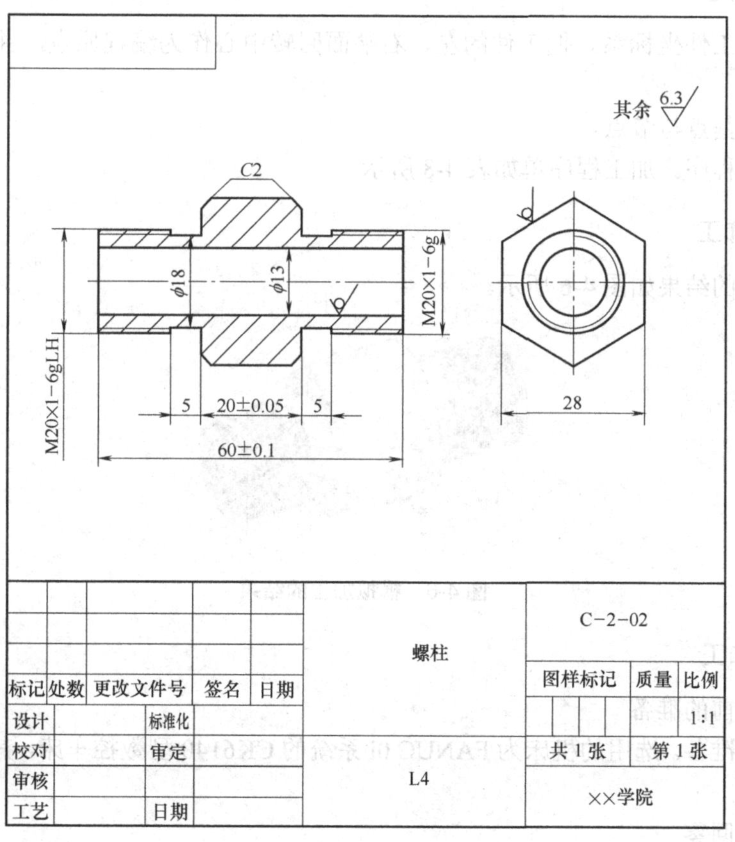

图 4-5　螺柱零件图样

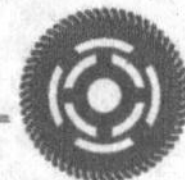

2. 工作条件

(1) 生产纲领：单件。

(2) 毛坯：六方形铝型材(内孔已成形)，长度为 62mm，材料为 L4。

(3) 选用机床为 FANUC 0i 系统的 CK6140 型数控车床，其刀架为四工位前置刀架。

(4) 时间定额：编程时间为 40min；实操时间为 40min。

3. 工作要求

(1) 工件经加工后，各尺寸符合图样要求。

(2) 工件经加工后，表面粗糙度符合图样要求。

(3) 正确执行安全技术操作规程。

(4) 按企业有关文明生产规定，做到保持工作地整洁，工件、工具摆放整齐。

4.2.2 工作过程

1. 工艺分析与工艺设计

制作如表 4-7 所示的工序卡。该件的主要加工内容是左、右端的 M20×1 外螺纹。

2. 数控编程

(1) 建立工件坐标系。把工件的左、右端面回转中心作为编程原点，并以此为工件坐标系编程。

(2) 计算基点与节点。

(3) 编制程序。加工程序单如表 4-8 所示。

3. 模拟加工

模拟加工的结果如图 4-6 所示。

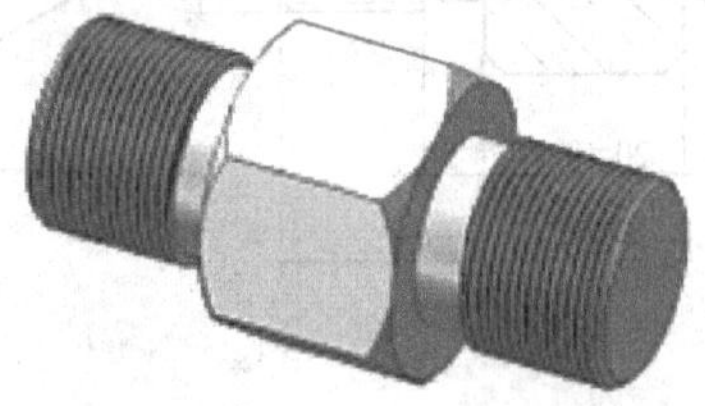

图 4-6 模拟加工的结果

4. 数控加工

1) 加工前的准备

(1) 机床准备。选用的机床为 FANUC 0i 系统的 CK6140 型数控车床，其刀架为四工位前置刀架。

(2) 机床回零。

(3) 零件加工过程中使用的工具、量具和刀具如表 4-9 所示。

表 4-7　工序卡

数控车床加工工序卡			产品名称或代号		零件名称		零件图号		
			螺柱		螺柱		C-3-02		
单位名称			夹具名称		使用设备		车间		
			三爪自定心卡盘		FANUC 0i 系统的 CK6140 型数控车床		现代制造技术中心		
序　号	工艺内容	刀具号	刀具规格/mm	主轴转速 n/(r/min)	进给速度 F/(mm/r)	背吃刀量 a_p/mm	刀片材料	程序编号	量　具
1	手动车削右端面(含 Z 向对刀)	T01	93° 高速钢外圆正偏刀	350	0.2	0.5	硬质合金	O4002	
2	粗车右端外圆轮廓	T01	93° 高速钢外圆正偏刀	800	0.2		硬质合金		
3	精车右端外圆轮廓、右端面、倒角	T01	93° 高速钢外圆正偏刀	1500	0.02	0.2	硬质合金		游标卡尺 (0～150　0.02)
4	加工右端螺纹退刀槽	T02	$\phi 20\times 5$ 机夹车刀 宽 5mm	600	0.1	4			游标卡尺 (0～150　0.02) 千分尺
5	加工右端螺纹(M20×1−6g)	T03	60° 三角形螺纹刀	600	1	0.8 0.4 0.1			螺纹环规 (M20×1−6g)
6	工件调头装夹、校正								
7	手动车削工件左端面，保证零件总长	T01	93° 高速钢外圆正偏刀	350			硬质合金	O4003	游标卡尺 (0～150　0.02)
8	粗加工左端外圆轮廓	T01	93° 高速钢外圆正偏刀	800	0.2				
9	精车左端外圆轮廓、左端面、倒角	T01	93° 高速钢外圆正偏刀	2000	0.02	0.2			游标卡尺 (0～150　0.02)
10	加工左端螺纹退刀槽	T02	$\phi 20\times 5$ 机夹车刀 宽 5mm	600	0.1	4			游标卡尺 (0～150　0.02) 千分尺
11	加工左端螺纹(M20×1−6gLH)	T03	60° 三角形螺纹刀	600	1	0.8 0.4 0.1			螺纹环规 (M20×1−6gLH)
编　制		审　核		批　准		第 1 页		共 1 页	

表 4-8 加工程序单

程 序	注 释
O4002；	右端加工程序：程序号
G99 G40 G21；	程序初始化
T0101；	换外圆车刀
G00 X100.0 Z100.0；	刀具移动至目测安全位置
M03 S800；	主轴正转，转速为 800r/min
G00 X34.0 Z2.0；	毛坯最大回转直径为 32.33mm
G71 U4.0 R0.5；	毛坯切削循环加工右端外圆轮廓
G71 P100 Q200 U0.5 W0 F0.2；	
N100 G00 X17.8 S2000；	精加工转速为 2000r/min
G01 Z0.0 F0.02；	精加工进给量为 0.05mm/r
X19.8 Z-1.0；	螺纹外圆车削 0.2mm
Z-20.0；	
X28.33；	
X32.33 Z-22.0；	*C*2 倒角
N200 X34.0；	
G70 P100 Q200；	精加工左端外圆
G00 X100.0 Z100.0；	
T0202 S600；	换外切槽刀，转速为 600r/min
G00 X22.0 Z-18.0；	外切槽刀定位
G75 R0.5；	固定循环加工螺纹退刀槽
G75 X18.0 Z-20.0 P1500 Q2000 F0.1；	
G00 X100.0 Z100.0；	
T0303；	换外螺纹车刀，转速为 600r/min
G00 X22.0 Z2.0；	外螺纹车刀定位，导入距离为 2mm
X19.2；	第 1 刀背吃刀量为 0.8mm
G32 Z-22.0 F1.0；	螺纹导出距离为 2mm
G00 X22.0；	刀具退出
Z2.0；	
X18.8；	第 2 刀背吃刀量为 0.4mm
G32 Z-22.0 F1.0；	第 2 次分层切削
G00 X22.0；	刀具退出
Z2.0；	
X18.7；	第 3 刀背吃刀量为 0.1mm
G32 Z-22.0 F1.0；	第 3 次分层切削
G00 X22.0；	刀具退出
X100.0 Z100.0；	
M30；	程序结束

续表

程　序	注　释
O4003；	左端加工程序：程序号
……	
T0303；	换外螺纹车刀，转速为 600r/min
G00 X22.0 Z-22.0；	左旋螺纹从左侧起刀
X19.2；	第 1 刀背吃刀量为 0.8mm
G32 Z2.0 F1.0；	螺纹导出距离为 2mm
G00 X22.0；	
Z-22.0；	
X18.8；	第 2 刀背吃刀量为 0.4mm
G32 Z2.0 F1.0；	第 2 次分层切削
G00 X22.0；	
Z-22.0；	
X18.7；	第 3 刀背吃刀量为 0.1mm
G32 Z2.0 F1.0；	第 3 次分层切削
G00 X22.0；	
X100.0 Z100.0；	
M30；	程序结束

表 4-9　工具、量具和刀具清单

序　号	名　称	规　格	数　量	备　注
1	游标卡尺	0～150　0.02	1	—
2	千分尺	0～25，25～50，50～75　0.01	1	—
3	螺纹环规	M20×1-6gLH	1	—
4	螺纹环规	M20×1-6g	1	—
5	百分表	0～10　0.01	1	—
6	磁性表座	—	1	—
7	外圆车刀	V 型刀片机夹车刀	1	—
8	外切槽刀	ϕ20×5 机夹车刀	1	刀宽 3mm
9	外螺纹车刀	三角形螺纹	1	自行刃磨
10	辅具	莫氏钻套、钻夹头、活络顶尖	各 1	
11	其他	铜棒、铜皮、毛刷等常用工具等	—	选用
12		计算机、计算器、编程用书等		

2)　工件与刀具装夹

(1)　工件装夹。使用三爪自定心卡盘，装夹时，右手拿工件，工件要水平安放，左手旋紧卡盘扳手。

(2) 刀具安装。选用数控车床的刀架为前置刀架，车削右端(右旋)螺纹，螺纹车刀应正向(即前刀面向上)安装，主轴用 M03 指令指定；车削左端(左旋)螺纹，螺纹车刀应从左侧起刀。

3) 程序输入与调试

(1) 输入程序。

(2) 刀具补偿。

(3) 自动加工。

5. 加工工件质量检测

用游标卡尺和螺纹环规检查相应加工工序中的各尺寸及螺纹精度，并进行螺纹修整，如表 4-7 所示。

6. 清场处理

(1) 清除切屑、擦拭机床，使机床与环境保持清洁状态。

(2) 注意检查或更换磨损坏的机床导轨上的油擦板。

(3) 检查润滑油、冷却液的状态，及时添加或更换。

(4) 依次关掉机床操作面板上的电源和总电源。

(5) 将现场设备、设施恢复到初始状态。

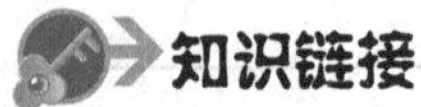

知识链接

机夹式螺纹车刀及其安装

1. 机夹式螺纹车刀

根据内、外螺纹的加工需要，螺纹车刀可分为外螺纹车刀和内螺纹车刀。根据机夹式螺纹车刀刀片的制造形式，又可分为带修光刃的螺纹车刀和不带修光刃的螺纹车刀，内、外螺纹车刀的刀片规格相同。图 4-7 所示为带修光刃的机夹式螺纹车刀，很显然，这种螺纹车刀的加工精度较高，但这类螺纹车刀用于加工左旋螺纹和右旋螺纹的刀片不是同一种，如图 4-8 所示。不带修光刃的机夹式螺纹车刀如图 4-9 所示，其左旋螺纹和右旋螺纹的加工刀片为同一种刀片。

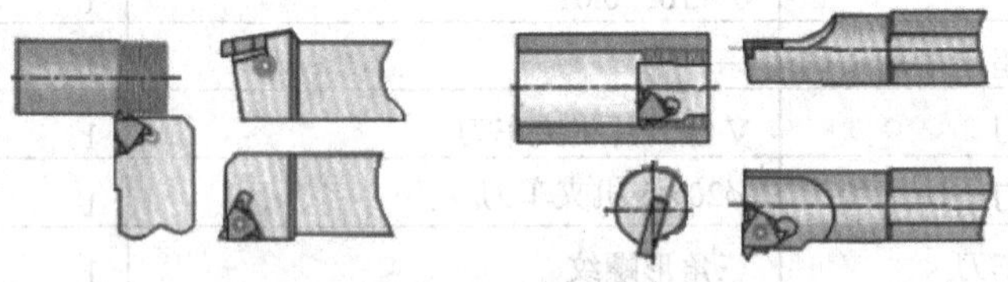

图 4-7 带修光刃的机夹式螺纹车刀

2. 螺纹车刀的安装

由于数控车床的刀架有前置刀架和后置刀架之分，在加工等螺距圆柱螺纹以及除端面螺纹之外的其他各种螺纹时，均需特别注意其螺纹车刀的安装方法(正、反向)和主轴的旋转方向应与车床刀架的配置方式(前置、后置)相适应。

若采用后置刀架车削右旋螺纹时，不仅螺纹车刀必须反向(即前刀面向下)安装，车床主轴也必须用 M04 指令设置其旋向。

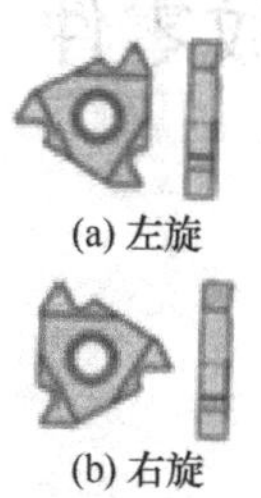

图 4-8　左旋和右旋螺纹刀片

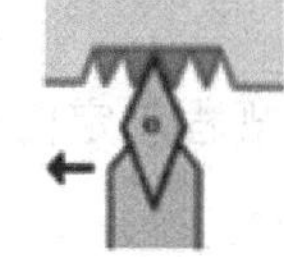
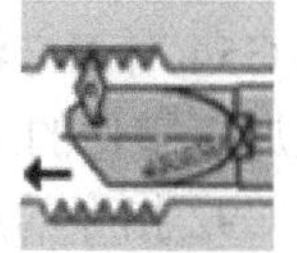

图 4-9　不带修光刃的机夹式螺纹车刀

4.2.3　拓展实训

本节应完成的任务如下。

(1)　在前置刀架式数控车床上，用 G92 指令编写图 4-10 所示的普通三角形双线螺纹的加工程序。在加工螺纹前，其螺纹外圆直径已加工至 $\phi 29.8$mm 。

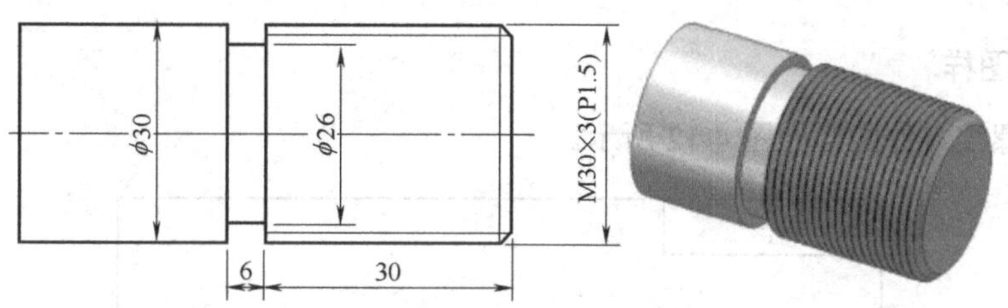

图 4-10　普通三角形双线螺纹加工

(2)　如图 4-11 所示的工件，毛坯为 $\phi 42\text{mm}\times 56\text{mm}$ ，试编写其数控车削加工程序并进行加工。

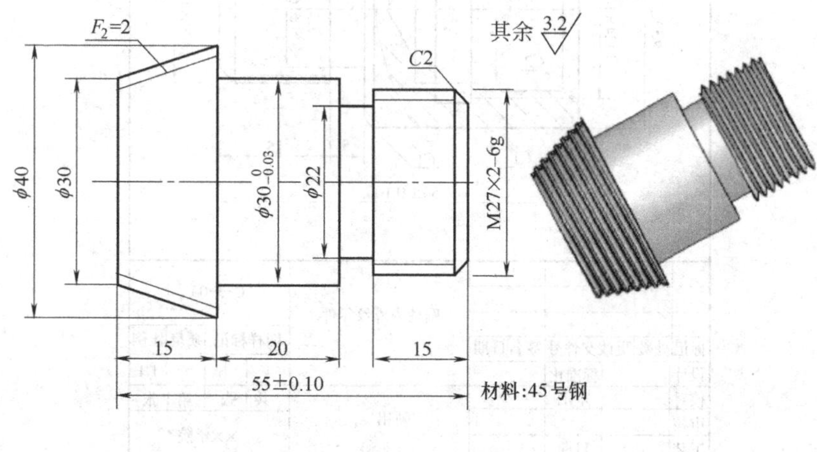

图 4-11　普通三角形锥螺纹加工

4.3 数控车削加工圆柱内螺纹零件

知识目标

- 掌握 G54 对刀方法。
- 掌握加工零件的工艺规程制定内容。
- 掌握 G92 指令的应用。
- 数控车削螺纹误差分析。
- 掌握游标卡尺、千分尺、螺纹塞规、螺纹环规和百分表的使用。

技能目标

- 能正确分析圆柱内螺纹零件的工艺性。
- 能合理选择刀具并确定螺纹切削参数。
- 能正确进行圆柱内螺纹零件的质量检测。

4.3.1 工作任务

1. 零件图样

圆柱内螺纹零件图样如图 4-12 所示。

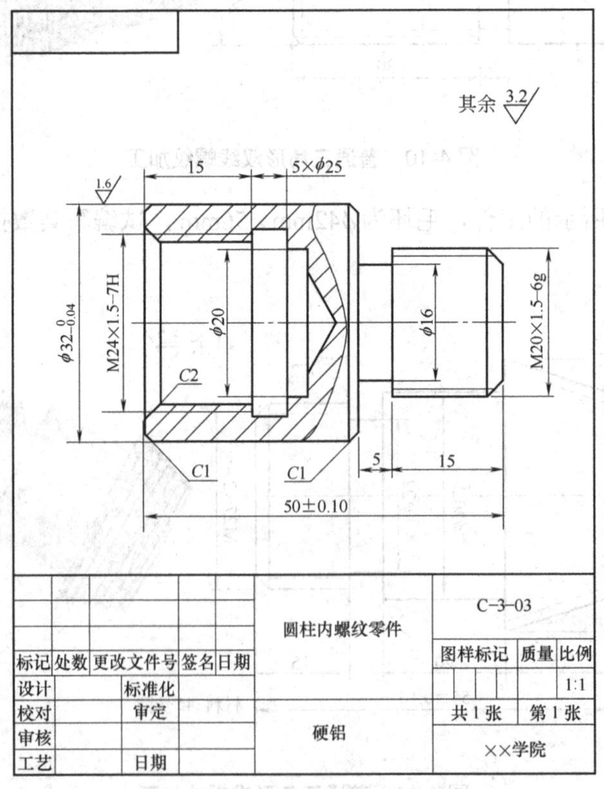

图 4-12 圆柱内螺纹零件图样

2. 工作条件

(1) 生产纲领：单件。

(2) 毛坯：ϕ35mm×52mm 的硬铝，加工前先钻出 ϕ20mm、深度为 28mm 的预孔。

(3) 选用机床为 FANUC 0i 系统的 CK6140 型数控车床，其刀架为四工位前置刀架。

(4) 时间定额：编程时间为 45min；实操时间为 45min。

3. 工作要求

(1) 工件经加工后，各尺寸符合图样要求。

(2) 工件经加工后，形位公差符合图样要求。

(3) 工件经加工后，表面粗糙度符合图样要求。

(4) 正确执行安全技术操作规程。

(5) 按企业有关文明生产规定，做到保持工作地整洁，工件、工具摆放整齐。

4.3.2 工作过程

1. 工艺分析与工艺设计

工序卡如表 4-10 所示。该件加工的主要内容是 M24×1.5 的内螺纹和 M20×1.5 的外螺纹，为提高编程效率，采用 G92 指令编程。

2. 数控编程

(1) 建立工件坐标系。把工件的左、右端面回转中心作为编程原点，并以此为工件坐标系编程。

(2) 计算基点与节点。

(3) 编制程序。加工程序单如表 4-11 所示。

3. 模拟加工

模拟加工的结果如图 4-13 所示。

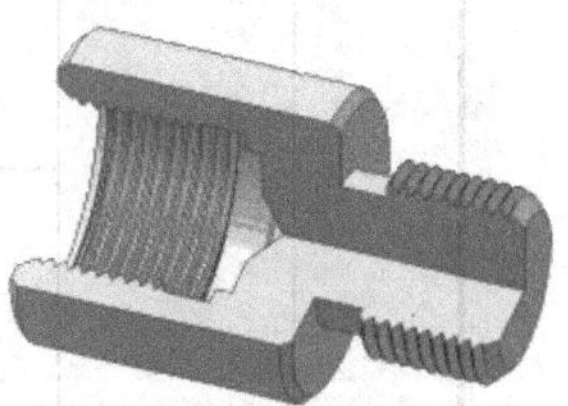

图 4-13　模拟加工的结果

4. 数控加工

1) 加工前的准备

(1) 机床准备。选用的机床为 FANUC 0i 系统的 CK6140 型数控车床，其刀架为四工位前置刀架。

(2) 机床回零。

(3) 加工过程中使用的工具、量具和刀具如表 4-12 所示。

表 4-10　工序卡

数控车床加工工序卡			产品名称或代号		零件名称		零件图号		
					圆柱内螺纹零件		C-3-03		
单位名称			夹具名称		使用设备		车　间		
			三爪自定心卡盘		FANUC 0i 系统的 CK6140 型数控车床		现代制造技术中心		
序　号	工艺内容	刀具号	刀具规格/mm	主轴转速 n/(r/min)	进给速度 F/(mm/r)	背吃刀量 a_p/mm	刀片材料	程序编号	量　具
1	手动车左端面(含 Z 向对刀)	T01	93° 高速钢外圆正偏刀	350	0.2	0.5		O4004	
2	粗车左端外圆轮廓	T01	93° 高速钢外圆正偏刀	800	0.2				
3	精车左端外圆轮廓、左端面、倒角	T01	93° 高速钢外圆正偏刀	1500	0.05	0.2			游标卡尺 (0～150　0.02)
4	粗加工内孔	T02	内孔车刀(盲孔机夹车刀)	600	0.2				
5	精加工内孔、倒角	T02	内孔车刀(盲孔机夹车刀)	1200	0.05				
6	加工左端内螺纹退刀槽	T03	$\phi20\times5$ 机夹车刀，刀宽 3mm	600	0.1	4			游标卡尺 (0～150　0.02) 千分尺
7	加工左端内螺纹	T04	60° 三角形螺纹车刀	600	0.9 0.5 0.15 0.1				螺纹塞规 M20×1.5-7H
8	手动车右端面，保证零件总长	T01	93° 高速钢外圆正偏刀	350	0.2	0.5		O4005	
9	粗车右端外圆轮廓	T01	93° 高速钢外圆正偏刀	800	0.2				
10	精车右端外圆轮廓、左端面、倒角	T01	93° 高速钢外圆正偏刀	1500	0.05	0.2			游标卡尺 (0～150　0.02)
编　制		审　核		批　准		第 1 页		第 2 页	

续表

数控车床加工工序卡			产品名称或代号		零件名称		零件图号		
					圆柱内螺纹零件		C-3-03		
单位名称			夹具名称		使用设备		车　间		
			三爪自定心卡盘		FANUC 0i 系统的 CK6140 型数控车床		现代制造技术中心		
序　号	工艺内容	刀具号	刀具规格/mm	主轴转速 n/(r/min)	进给速度 F/(mm/r)	背吃刀量 a_p/mm	刀片材料	程序编号	量　具
11	加工右端内螺纹退刀槽	T05	ϕ20×5 机夹车刀，刀宽 3mm	600	0.1	4			游标卡尺 (0～150　0.02) 千分尺 (0～25,25～50　0.01)
12	加工右端螺纹(M20×1.5-6g)	T06	60° 三角形螺纹刀	600	1	0.8 0.4 0.1			螺纹环规 (M20×1.5-6g)
编　制		审　核		批　准		第 2 页		共 2 页	

表 4-11　加工程序单

程　序	注　释
O4004;	左端加工程序：程序号
T0101;	换外圆车刀
G00 X100.0 Z100.0;	刀具移动至目测安全位置
M03 S800 M08;	主轴正转，转速为 800r/min
G00 X36.0 Z2.0;	刀具定位至循环起点
G71 U1.0 R0.5;	毛坯切削循环加工右端外圆轮廓
G71 P100 Q200 U0.5 W0 F0.2;	
N100 G00 X28.0 S1500;	精加工转速为 1500 r/min
G01 Z0.0 F0.05;	精加工进给量为 0.05mm/r
X30.0 Z-1.0;	外圆倒角
Z-31.0;	
N200 X36.0;	
G70 P100 Q200;	精加工左端外圆
G00 X100.0 Z100.0;	
T0202 S600;	换内孔车刀，转速为 600r/min
G00 X18.0 Z2.0;	
G71 U1.0 R0.5;	内孔精加工余量为负值
G71 P300 Q400 U-0.5 W0 F0.2;	
N300 G00 X26.5 S1200;	精加工转速为 1200r/min
G01 Z0.0 F0.05;	精加工进给量为 0.05mm/r
X22.5 Z-2.0;	内孔倒角
Z-21.0;	
N400 X18.0;	
G70 P300 Q400;	精加工左端内孔
G00 X100.0 Z100.0;	
T0303 S600;	换内切槽刀，转速为 600r/min
G00 X22.0 Z2.0;	
Z-18.0;	注意内切槽刀具的进退刀路线
G75 R0.5;	固定循环加工螺纹退刀槽
G75 X25.0 Z-20.0 P1500 Q2000 F0.1;	
G00 Z2.0;	
X100.0 Z100.0;	
T0404;	换内螺纹车刀，转速为 600r/min
G00 X21.0 Z3.0;	外螺纹车刀定位，导入距离为 3mm

续表

程　序	注　释
G92 X23.4 Z-17.0 F1.5;	第 1 刀背吃刀量为 0.9mm
X23.9;	第 2 刀背吃刀量为 0.5mm
X24.05;	第 3 刀背吃刀量为 0.15mm
X24.15;	第 4 刀背吃刀量为 0.1mm
G00 X100.0 Z100.0 M09;	
M30;	程序结束
O4005;	右端加工程序：程序号
…	
T0606;	换外螺纹车刀，转速为 600r/min
G00 X22.0 Z3.0;	右端螺纹从左侧起刀
G92 X19.0 Z-17.0 F1.5;	第 1 刀背吃刀量为 1.0mm
X18.4;	第 2 刀背吃刀量为 0.25mm
X18.15;	第 3 刀背吃刀量为 0.25mm
X18.05;	第 4 刀背吃刀量为 0.1mm
G00 X100.0 Z100.0;	
M30;	程序结束

表 4-12　工具、量具和刀具清单

序　号	名　称	规　格	数　量	备　注
1	游标卡尺	0～125　0.02	1	
2	千分尺	0～25，25～50　0.01	各 1	
3	螺纹环规	M20×1.5-6g	1	
4	螺纹塞规	M20×1.5-7H	1	
5	百分表	0～10　0.01	1	
6	磁性表座	—	1 套	
7	外圆车刀	V 型刀片机夹车刀	1	
8	外切槽刀	$\phi20\times5$ 机夹车刀	1	刀宽 3mm
9	外螺纹车刀	三角形螺纹	1	自行刃磨
10	内孔车刀	盲孔机夹车刀	1	
11	内切槽刀	$\phi20\times5$ 机夹车刀	1	刀宽 3mm
12	内螺纹车刀	三角形螺纹	1	自行刃磨
13	辅具	莫氏钻套、钻夹头、活络顶尖	各 1	
14	其他	铜棒、铜皮、毛刷等常用工具等		选用

2) 工件与刀具装夹

3) 程序输入与调试

(1) 输入程序。

(2) 刀具补偿。

(3) 自动加工。

5. 加工工件质量检测

数控车床加工螺纹过程中产生螺纹精度降低的原因是多方面的。需要指出的是，伺服系统滞后效应和加工程序不正确也是造成螺距误差的原因。对加工工件质量检测的方法如下。

(1) 不拆除零件，用螺纹环规检查螺纹精度，并进行螺纹修整。

(2) 用螺纹塞规检查螺纹精度。

(3) 拆除工件，去毛刺、倒棱，并进行自检自查。

6. 清场处理

(1) 清除切屑、擦拭机床，使机床与环境保持清洁状态。

(2) 注意检查或更换磨损坏的机床导轨上的油擦板。

(3) 检查润滑油、冷却液的状态，及时添加或更换。

(4) 依次关掉机床操作面板上的电源和总电源。

(5) 将现场设备、设施恢复到初始状态。

知识链接

螺纹加工操作中应注意的事项如下。

(1) 在螺纹切削过程中，按下循环暂停键时，刀具立即按斜线回退，然后先回到 X 轴的起点，再回到 Z 轴的起点。在回退期间，不能进行暂停。

(2) 如果在单段方式下执行 G92 指令循环，则每执行一次循环必须按 4 次“循环启动”按钮。

(3) G92 指令是模态指令，当 Z 轴移动量没有变化时，只需对 X 轴指定其移动指令即可重复执行固定循环动作。

(4) 在 G92 指令执行过程中，进给速度倍率和主轴速度倍率均无效。

(5) 执行 G92 指令循环时，在螺纹切削的退尾处，刀具沿接近 45° 的方向斜向退刀，Z 向退刀距离由系统参数设定。

4.3.3 拓展实训

编写图 4-14 所示的零件加工程序，分析其加工工艺，并在数控车床上加工出来。

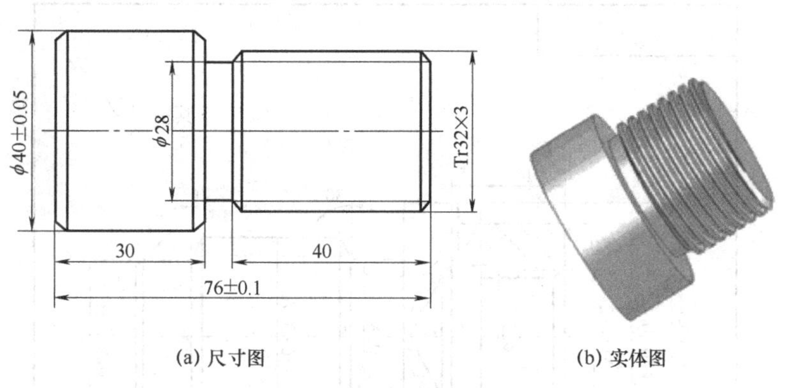

(a) 尺寸图　　(b) 实体图

图 4-14　梯形螺纹加工

4.4　数控车削加工梯形螺纹零件

知识目标

- 掌握 G54 对刀方法。
- 掌握数控机床车削梯形螺纹加工工艺。
- 掌握 G76 指令的应用。
- 数控车削螺纹误差分析。
- 掌握公法线千分尺的使用。

技能目标

- 能正确分析梯形螺纹零件的工艺性。
- 能合理选择刀具并确定螺纹切削参数。
- 能正确进行梯形螺纹零件的质量检测。

4.4.1　工作任务

1. 零件图样

梯形螺纹零件图样如图 4-15 所示。

2. 工作条件

(1) 生产纲领：单件。

(2) 毛坯：ϕ50mm×82mm 的 45 号钢棒料，加工前先钻出ϕ20mm、深度为 30mm 的预孔。

(3) 选用机床为 FANUC 0i 系统的 CK6140 型数控车床，其刀架为四工位前置刀架。

(4) 时间定额：编程时间为 40min；实操时间为 60min。

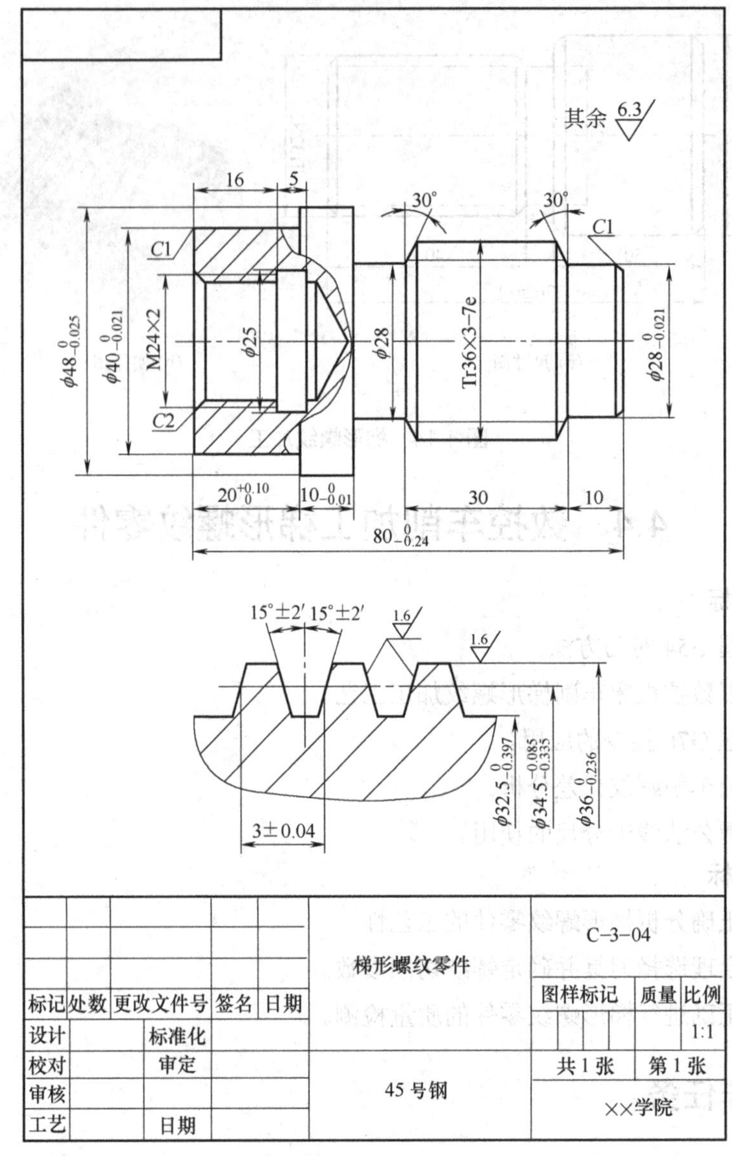

图 4-15 梯形螺纹零件图样

3. 工作要求

(1) 工件经加工后，各尺寸符合图样要求。

(2) 工件经加工后，形位公差符合图样要求。

(3) 工件经加工后，表面粗糙度符合图样要求。

(4) 正确执行安全技术操作规程。

(5) 按企业有关文明生产规定，做到保持工作地整洁，工件、工具摆放整齐。

4.4.2　工作过程

1. 工艺分析与工艺设计

制作如表 4-13 所示的工序卡。零件加工的主要内容是 M24×2 的内螺纹和梯形螺纹 Tr36×3-7e，为提高编程效率，采用 G76 指令编程。

2. 数控编程

(1) 建立工件坐标系。把工件的左、右端面回转中心作为编程原点，并以此为工件坐标系编程。

(2) 计算基点与节点。

(3) 编制程序。加工程序单如表 4-14 所示。

3. 模拟加工

模拟加工的结果如图 4-16 所示。

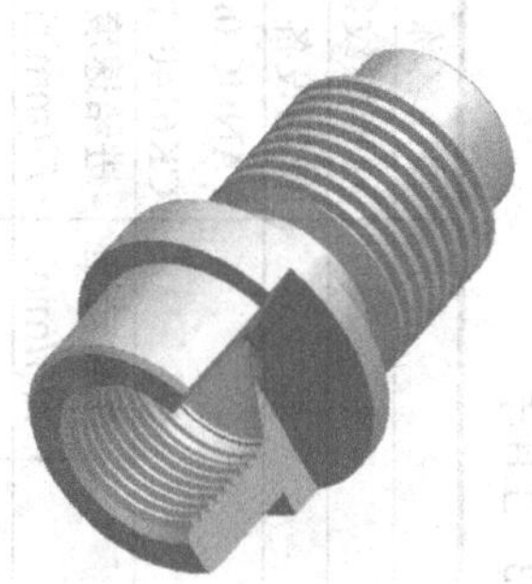

图 4-16　模拟加工的结果

4. 数控加工

1) 加工前准备

(1) 机床准备。选用的机床为 FANUC 0i 系统的 CK6140 型数控车床，其刀架为四工位前置刀架。

(2) 机床回零。

(3) 加工过程中使用的工具、量具和刃具如表 4-15 所示。

2) 工件与刀具装夹

(1) 工件装夹。

第一次装夹：三爪卡盘夹住工件右端，然后进行校正，加工左端面。

第二次装夹：工件调头装夹，然后进行校正，加工右端面。

(2) 刀具安装。

第一次：手动车削工件左端面，完成外圆车刀、内孔车刀、内切槽刀和内螺纹车刀的安装。

第二次：拆除内孔车刀、内螺纹车刀和内切槽刀，安装外切槽刀和梯形外螺纹车刀。

(3) 对刀与参数设置。

3) 程序输入与调试

(1) 输入程序。

(2) 刀具补偿。

(3) 自动加工。

表 4-13　工序卡

数控车床加工工序卡			产品名称或代号		零件名称			零件图号	
					梯形螺纹零件			C-3-04	
单位名称			夹具名称		使用设备			车　间	
			三爪自定心卡盘		FANUC 0i 系统的 CK6140 型数控车床			现代制造技术中心	
序　号	工艺内容	刀具号	刀具规格/mm	主轴转速 n/(r/min)	进给速度 F/(mm/r)	背吃刀量 a_p/mm	刀片材料	程序编号	量　具
1	手动车左端面	T01	93°高速钢外圆正偏刀	350	0.2	0.5		O4006	
2	粗车左端外圆轮廓	T01	93°高速钢外圆正偏刀	600	0.2				
3	精车左端外圆轮廓、左端面、倒角	T01	93°高速钢外圆正偏刀	1200	0.05	0.2			游标卡尺 (0～150　0.02)
4	粗加工内孔	T02	内孔车刀(盲孔机夹车刀)	800	0.1				
5	精加工内孔、倒角	T02	内孔车刀(盲孔机夹车刀)	1200	0.05				
6	内孔螺纹退刀槽	T03	ϕ20×5 机夹车刀，宽 3mm	400	0.1	4			游标卡尺 (0～150　0.02) 千分尺
7	加工内螺纹	T04	60°三角形螺纹焊接车刀	500	2.0				螺纹塞规 M20×1.5-7H
8	手动车右端面，保证零件总长	T01	93°高速钢外圆正偏刀	350	0.2	0.5		O4007	
9	粗车右端外圆轮廓	T01	93°高速钢外圆正偏刀	600	0.2				
10	精车右端外圆轮廓、右端面、倒角	T01	93°高速钢外圆正偏刀	1200	0.05	0.2			游标卡尺 (0～150　0.02)
11	加工外螺纹退刀槽	T05	ϕ36×5 机夹车刀，宽 3 mm	600	0.1	4			游标卡尺 (0～150　0.02) 千分尺
12	加工梯形螺纹	T06	梯形螺纹焊接车刀	400	3.0			O4008	
编　制		审　核		批　准		第 1 页		共 1 页	

表 4-14　加工程序单

O4006;	加工工件左端：程序号
G99 G40 G21;	
T0101;	换外圆车刀
M03 S600;	
G00 X52.0 Z2.0;	
G71 U1.5 R0.3;	粗车外圆
G71 P100 Q200 U0.3 W0.0 F0.2;	
N100 G00 X38.0 F0.05 S1200;	
G01 Z0.0;	
X40.0 Z-1.0;	
Z-20.0;	
X48.0;	
Z-35.0;	
N200 G01 X52.0;	
G70 P100 Q200;	精车外圆
G00 X100.0 Z100.0;	
T0202;	换内孔车刀
M03 S800;	
G00 X19.0 Z2.0;	
G90 X21.7 Z-23.0 F0.1;	
X22.1;	精车内孔
G00 X100.0 Z100.0;	
T0303;	内切槽刀
M03 S400;	
G00 X21.0 Z2.0;	
Z-19.0;	
G75 R0.3;	
G75 X25.0 Z-21.0 P1500 Q2000 F0.1;	
G00 Z2.0;	
G00 X100.0 Z100.0;	
T0404;	换内螺纹车刀
M03 S500;	
G00 X21.0 Z2.0;	
G76 P020560 Q50 R-0.08;	加工内螺纹，*R* 值为负
G76 X24.15 Z-18.0 P1300 Q500 F2.0;	
G00 X100.0 Z100.0;	
M30;	

续表

O4007;	加工工件右端：程序号
G99 G40 G21;	
T0101;	换外圆车刀
M03 S600;	
G00 X52.0 Z2.0;	
G71 U1.5 R0.3;	粗车外圆
G71 P100 Q200 U0.3 W0.0 F0.2;	
N100 G00 X26.0 F0.05 S1 200;	
G01 Z0;	
X28.0 Z-1.0;	
Z-10.0;	
X35.88 Z-12.275;	
Z-50.0;	
N200 G01 X52.0;	
G70 P100 Q200;	精车外圆
G00 X100.0 Z100.0;	
T0505;	换切槽刀
M03 S600;	
G00 X50.0 Z-43.0;	
G75 R0.3;	切槽加工
G75 X28.0 Z-50.0 P1500 Q2500 F0.1;	
G00 X36.0 Z-40.0;	
G01 X36.0 Z-40.69 F0.2;	倒角并精车槽底
X28.0 Z-43.0;	
Z-50.0;	
X50.0;	
G00 X100.0 Z100.0;	
M30;	
O4008;	加工梯形螺纹
G99 G40 G21;	
T0606;	换梯形螺纹车刀
M03 S400;	
G00 X37.0 Z-4.0;	
G76 P020530 Q50 R0.08;	
G76 X32.3 Z-43.5 P1750 Q500 F3.0;	
G00 X150.0 Z20.0;	有顶尖时的退刀方式
M30;	程序结束

表 4-15　工具、量具和刃具清单

序　号	名　称	规　格	数　量	备　注
1	游标卡尺	0～125　0.02	1	
2	千分尺	0～25，25～50，50～75　0.01	各 1	
3	公法线千分尺	25～50　0.01	1	
4	螺纹塞规	M20×1.5-7H	1	
5	百分表	0～10　0.01	1	
6	磁性表座	—	1 套	
7	外圆车刀	V 型刀片机夹车刀	1	
8	外切槽刀	ϕ36×5 机夹车刀	1	刀宽 3mm
9	外螺纹车刀	梯形螺纹焊接车刀	1	自行刃磨
10	内孔车刀	盲孔机夹车刀	1	
11	内切槽刀	ϕ20×5 机夹车刀	1	刀宽 3mm
12	内螺纹车刀	三角形螺纹焊接车刀	1	自行刃磨
13	辅具	莫氏钻套、钻夹头、活络顶尖	各 1	
14	其他	铜棒、铜皮、毛刷等常用工具等	—	选用

5. 加工工件质量检测

(1) 左端内螺纹用螺纹塞规检查其精度。

(2) 用三针测量法检查螺纹中径。

(3) 拆除工件，去毛刺、倒棱，并进行自检自查。

6. 清场处理

(1) 清除切屑、擦拭机床，使机床与环境保持清洁状态。

(2) 注意检查或更换磨损坏的机床导轨上的油擦板。

(3) 检查润滑油、冷却液的状态，及时添加或更换。

(4) 依次关掉机床操作面板上的电源和总电源。

(5) 将现场设备、设施恢复到初始状态。

知识链接

1. 使用 G76 指令注意事项

(1) 在执行 G76 指令循环时，如按下“循环暂停”按钮，则刀具在螺纹切削后的程序段暂停。

(2) G76 指令为非模态指令，所以每次必须指定。

(3) 在执行 G76 指令时，如要进行手动操作，刀具应返回到循环操作停止的位置。如果没有返回到循环停止位置就重新启动循环操作，手动操作的位移将叠加在该条程序段停止时的位置上，刀具轨迹就多移动了一个手动操作的位移量。

(4) G76 指令可以在 MDI 方式下使用。

2. 梯形螺纹

1) 计算 Z 向刀具偏置值

在梯形螺纹的实际加工中，由于刀尖宽度并不等于槽底宽，在经过一次 G76 指令切削循环后，仍无法正确控制螺纹中径等各项尺寸。为此，可经刀具 Z 向偏置后，再次进行 G76 指令循环加工，即可解决以上问题。为了提高加工效率，最好只进行一次偏置加工，故必须精确计算 Z 向的偏置量。Z 向偏置量的计算方法如图 4-17 所示，其计算过程如下：设 $M_{实测}-M_{理论}=2AO_1=\delta$，则 $AO_1=\delta/2$。

在图 4-17(b)中，O_1O_2CE 为平行四边形，则 $\triangle AO_1O_2 \cong \triangle BCE$，$AO_2=EB$；$\triangle CEF$ 为等腰三角形，则 $EF=2EB=2AO_2$，$AO_2=AO_1\times\tan(\angle AO_1O_2)=\tan15° \times\delta/2$，$Z$ 向偏置量 $EF=2AO_2=\delta\times\tan15° =0.268\delta$。

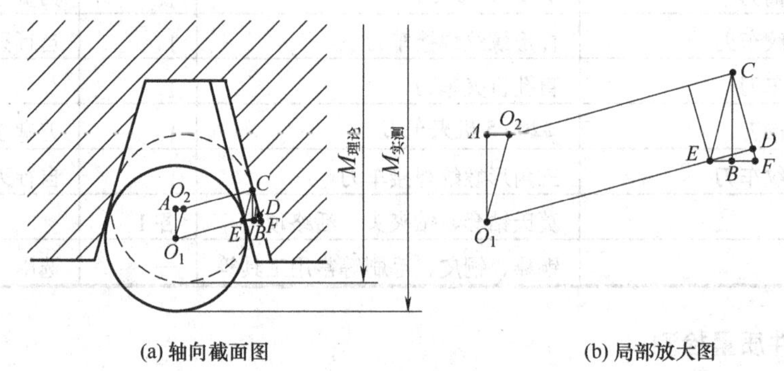

(a) 轴向截面图　　(b) 局部放大图

图 4-17　Z 向刀具偏置值的计算

实际加工时，在一次循环结束后，用三针测量实测 M 值，计算出刀具 Z 向偏置量，然后在刀长补偿或磨耗存储器中设置 Z 向刀偏量，再次用 G76 指令循环加工就能一次性精确控制中径等螺纹参数值。

2) 梯形螺纹公差简介

(1) 公差带位置与基本偏差。

梯形螺纹公差带位置由基本偏差确定。根据国家标准规定，外螺纹的上偏差(es)及内螺纹的下偏差(EI)为基本偏差。

对内螺纹大径(D_4)、中径(D_2)及小径(D_1)规定一种公差带位置 H，其基本偏差为零。

对外螺纹中径(d_2)规定了 3 种公差带位置 h、e 和 c。对大径(d)和小径(d_3)，只规定了一种公差带位置 h，h 的基本偏差为零。

内、外梯形螺纹中径的基本偏差数值见本节螺纹附表 8。

(2) 梯形螺纹公差带大小及公差等级。

螺纹公差带大小由公差值 T 确定，并按其大小分为若干等级。内、外螺纹各直径规定的公差等级如表 4-16 所示。

3) 梯形螺纹标记

梯形螺纹标记如表 4-17 所示。

表 4-16　梯形螺纹各直径的公差等级

螺纹直径	公差等级	螺纹直径	公差等级
内螺纹小径 D_1	4	外螺纹中径 d_2	6※、7、8、9
外螺纹大径 d	4	外螺纹小径 d_3	7、8、9
内螺纹中径 D_2	7、8、9		

注：(1) 6※表示 6 级公差仅为计算 7、8、9 级公差而列。

(2) 梯形螺纹公差的具体数值可查阅本节螺纹附表 9～附表 13。

表 4-17　梯形螺纹标记

特征代号	牙型角	标记示例	标记方法
Tr	30°	Tr36×12(P6)-7H 示例说明： Tr—梯形螺纹； 36—公称直径； 12—导程； P6—螺距； 7H—中径公差带代号； 右旋，双线，中等旋合长度	(1) 单线螺纹只标注螺距，多线螺纹应同时标注导程和螺距； (2) 右旋不标注旋向代号

3. 螺纹附表

螺纹加工常用参数如附表 1～附表 15 所示。

附表 1　普通螺纹基本尺寸

单位：mm

公称直径 D，d			螺距 P	中径 $D_2(d_2)$	小径 $D_1(d_1)$
第一系列	第二系列	第三系列			
1			**0.25**	0.838	0.729
			0.2	0.870	0.783
	1.1		**0.25**	0.938	0.829
			0.2	0.970	0.883
1.2			**0.25**	1.038	0.929
			0.2	1.070	0.983
	1.4		**0.3**	1.205	1.075
			0.2	1.270	1.183
1.6			**0.35**	1.373	1.221
			0.2	1.470	1.383

续表

公称直径 D，d			螺距 P	中径 $D_2(d_2)$	小径 $D_1(d_1)$
第一系列	第二系列	第三系列			
	1.8		**0.35**	1.573	1.421
			0.2	1.670	1.583
2			**0.4**	1.740	1.567
			0.25	1.838	1.729
	2.2		**0.45**	1.908	1.713
			0.25	2.038	1.929
2.5			**0.45**	2.208	2.013
			0.35	2.273	2.121
3			**0.5**	2.675	2.459
			0.35	2.773	2.621
	3.5		**(0.6)**	3.110	2.850
			0.35	3.273	3.121
4			**0.7**	3.545	3.242
			0.5	3.675	3.459
	4.5		**(0.75)**	4.013	3.688
			0.5	4.175	3.959
5			0.8	4.480	4.134
			0.5	4.675	4.459
		5.5	0.5	5.175	4.959
6			1	5.350	4.917
			0.75	5.513	5.188
			(0.5)	5.675	5.459
		7	**1**	6.350	5.917
			0.75	6.513	6.188
			0.5	6.675	6.459
8			**1.25**	7.188	6.647
			1	7.350	6.917
			0.75	7.513	7.188
			(0.5)	7.675	7.459
		9	**(1.25)**	8.188	7.647
			1	8.350	7.917
			0.75	8.513	8.188
			0.5	8.675	8.459

续表

公称直径 D，d			螺距 P	中径 $D_2(d_2)$	小径 $D_1(d_1)$
第一系列	第二系列	第三系列			
10			**1.5**	9.026	8.376
			1.25	9.188	8.647
			1	9.350	8.917
			0.75	9.513	9.188
			(0.5)	9.675	9.459
		11	**(1.5)**	10.026	9.376
			1	10.350	9.917
			0.75	10.513	10.188
			0.5	10.675	10.459
12			**1.75**	10.863	10.106
			1.5	11.026	10.376
			1.25	11.188	10.647
			1	11.350	10.917
			(0.75)	11.513	11.188
			(0.5)	11.675	11.459
	14		**2**	12.701	11.835
			1.5	13.026	12.376
			(1.25)①	13.188	12.647
			1	13.350	12.917
			(0.75)	13.513	13.188
		15	**1.5**	14.026	13.376
16			**2**	14.701	13.835
			1.5	15.026	14.376
			1	15.350	14.917
			(0.75)	15.513	15.188
			(0.5)	15.675	15.459
		17	**(1.5)**	16.026	15.376
			(1)	16.350	15.917
	18		**2.5**	16.376	15.294
			2	16.701	15.835
			1.5	17.026	16.376
			1	17.350	16.917
			(0.75)	17.513	17.188
			(0.5)	17.675	17.459

续表

公称直径 D，d			螺距 P	中径 $D_2(d_2)$	小径 $D_1(d_1)$
第一系列	第二系列	第三系列			
20			**2.5**	18.376	17.294
			2	18.701	17.835
			1.5	19.026	18.376
			1	19.350	18.917
			(0.75)	19.513	19.188
			(0.5)	19.675	19.459
	22		**2.5**	20.376	19.294
			2	20.701	19.835
			1.5	21.026	20.376
			1	21.350	20.917
			(0.75)	21.513	21.188
			(0.5)	21.675	21.459
24			3	22.051	20.752
			2	22.701	21.835
			1.5	23.026	22.376
			1	23.350	22.917
			(0.75)	23.513	23.188
		25	2	23.701	22.835
			1.5	24.026	23.376
			(1)	24.350	23.917
		26	1.5	25.026	24.376
	27		**3**	25.051	23.752
			2	25.701	24.835
			1.5	26.026	25.376
			1	26.350	25.917
			(0.75)	26.513	26.188
		28	**2**	26.701	25.835
			1.5	27.026	26.376
			1	27.350	26.917
30			**3.5**	27.727	26.211
			(3)	28.051	26.752
			2	28.701	26.835

续表

公称直径 D，d			螺距 P	中径 $D_2(d_2)$	小径 $D_1(d_1)$
第一系列	第二系列	第三系列			
30			1.5	29.026	28.376
			1	29.350	28.917
			(0.75)	29.513	29.188
		32	**2**	30.701	29.835
			1.5	31.026	30.376
	33		**3.5**	30.727	29.211
			(3)	31.051	29.752
			2	31.701	30.835
			1.5	32.026	31.376
			(1)	32.350	31.917
			(0.75)	32.513	32.188
		35[②]	**1.5**	34.026	33.376
36			4	33.402	31.670
			3	34.051	32.752
			2	34.701	33.835
			1.5	35.026	34.376
			(1)	35.350	34.917
		38	1.5	37.026	36.376
	39		4	36.402	34.670
			3	37.051	35.752
			2	37.701	36.835
			1.5	38.026	37.376
			(1)	38.350	37.917
		40	(3)	38.051	36.752
			(2)	38.701	37.835
			1.5	39.026	38.376
42			**4.5**	39.077	37.129
			(4)	39.402	37.670
			3	40.051	38.752
			2	40.701	39.835
			1.5	41.026	40.376
			(1)	41.350	40.917

续表

公称直径 D，d			螺距 P	中径 $D_2(d_2)$	小径 $D_1(d_1)$
第一系列	第二系列	第三系列			
	45		**4.5**	42.077	40.129
			(4)	42.402	40.670
			3	43.051	41.752
			2	43.701	42.835
			1.5	44.026	43.376
			(1)	44.350	43.917
48			**5**	44.752	42.587
			(4)	45.402	43.670
			3	46.051	44.752
			2	46.701	45.835
			1.5	47.026	46.376
			(1)	47.350	46.917
		50	(3)	48.051	46.752
			(2)	48.701	47.835
			1.5	49.036	48.376
	52		5	48.752	46.587
			(4)	49.402	47.670
			3	50.051	48.752
			2	50.701	49.835
			1.5	51.026	50.376
			(1)	51.350	50.917
		55	(4)	52.402	50.670
			(3)	53.051	51.752
			2	53.701	52.835
			1.5	54.026	53.376

注：(1) 直径优先选用第一系列，其次第二系列，尽可能不用第三系列。

(2) 括号内的螺距尽可能不用。

(3) 用黑体字表示的螺距为粗牙。

① M14×1.25 仅用于火花塞。

② M35×1.5 仅用于滚动轴承锁紧螺母。

附表 2　普通螺纹旋合长度

单位：mm

公称直径 D，d		螺距 P	旋合长度			
			S	N		L
＞	≤		≤	＞	≤	＞
0.99	1.4	0.2	0.5	0.5	1.4	1.4
		0.25	0.6	0.6	1.7	1.7
		0.3	0.7	0.7	2	2
1.4	2.8	0.2	0.5	0.5	1.5	1.5
		0.25	0.6	0.6	1.9	1.9
		0.35	0.8	0.8	2.6	2.6
		0.4	1	1	3	3
		0.45	1.3	1.3	3.8	3.8
2.8	5.6	0.35	1	1	3	3
		0.5	1.5	1.5	4.5	4.5
		0.6	1.7	1.7	5	5
		0.7	2	2	6	6
		0.75	2.2	2.2	6.7	6.7
		0.8	2.5	2.5	7.5	7.5
5.6	11.2	0.5	1.6	1.6	4.7	4.7
		0.75	2.4	2.4	7.1	7.1
		1	3	3	9	9
		1.25	4	4	12	12
		1.5	5	5	15	15
11.2	22.4	0.5	1.8	1.8	5.4	5.4
		0.75	2.7	2.7	8.1	8.1
		1	3.8	3.8	11	11
		1.25	4.5	4.5	13	13
		1.5	5.6	5.6	16	16
		1.75	6	6	18	18
		2	8	8	24	24
		2.5	10	10	30	30
22.4	45	0.75	3.1	3.1	9.4	9.4
		1	4	4	12	12
		1.5	6.3	6.3	19	19
		2	8.5	8.5	25	25
		3	12	12	36	36
		3.5	15	15	45	45
		4	18	18	53	53
		4.5	21	21	63	63

续表

公称直径 D，d		螺距 P	旋合长度			
			S	N		L
>	≤		≤	>	≤	>
45	90	1	4.8	4.8	14	14
		1.5	7.5	7.5	22	22
		2	9.5	9.5	28	28
		3	15	15	45	45
		4	19	19	56	56
		5	24	24	71	71
		5.5	28	28	85	85
		6	32	32	95	95
90	180	1.5	8.3	8.3	25	25
		2	12	12	36	36
		3	18	18	53	53
		4	24	24	71	71
		6	36	36	106	106
180	355	2	13	13	38	38
		3	20	20	60	60
		4	26	26	80	80
		6	40	40	118	118

附表 3　普通内、外螺纹的基本偏差

单位：μm

螺距 P/mm	基本偏差					
	内螺纹 D_2，D_1		外螺纹 d，d_2			
	G EI	H EI	e es	f es	g es	h es
0.2	+17	0	—	—	−17	0
0.25	+18	0	—	—	−18	0
0.3	+18	0	—	—	−18	0
0.35	+19	0	—	−34	−19	0
0.4	+19	0	—	−34	−19	0
0.45	+20	0	—	−35	−20	0
0.5	+20	0	−50	−36	−20	0
0.6	+21	0	−53	−36	−21	0
0.7	+22	0	−56	−38	−22	0

续表

螺距 P/mm	基本偏差					
	内螺纹 D_2，D_1		外螺纹 d，d_2			
	G EI	H EI	e es	f es	g es	h es
0.75	+22	0	-56	-38	-22	0
0.8	+24	0	-60	-38	-24	0
1	+26	0	-60	-40	-26	0
1.25	+28	0	-63	-42	-28	0
1.5	+32	0	-67	-45	-32	0
1.75	+34	0	-71	-48	-34	0
2	+38	0	-71	-52	-38	0
2.5	+42	0	-80	-58	-42	0
3	+48	0	-85	-63	-48	0
3.5	+53	0	-90	-70	-53	0
4	+60	0	-95	-75	-60	0
4.5	+63	0	-100	-80	-63	0
5	+71	0	-106	-85	-71	0
5.5	+75	0	-112	-90	-75	0
6	+80	0	-118	-95	-80	0

附表 4　普通内螺纹小径公差(T_{D1})

单位：μm

螺距 P/mm	公差等级				
	4	5	6	7	8
0.2	38	48	—	—	—
0.25	45	56	71	—	—
0.3	53	67	85	—	—
0.35	63	80	100	—	—
0.4	71	90	112	—	—
0.45	80	100	125	—	—
0.5	90	112	140	180	—
0.6	100	125	160	200	—
0.7	112	140	180	224	—
0.75	118	150	190	236	—
0.8	125	160	200	250	315
1	150	190	236	300	375

续表

螺距 P/mm	公差等级				
	4	5	6	7	8
1.25	170	212	265	335	425
1.5	190	236	300	375	475
1.75	212	265	335	425	530
2	236	300	375	475	600
2.5	280	355	450	560	710
3	315	400	500	630	800
3.5	355	450	560	710	900
4	375	475	600	750	950
4.5	425	530	670	850	1060
5	450	560	710	900	1120
5.5	475	600	750	950	1180
6	500	630	800	1000	1250

附表 5　普通外螺纹大径公差(T_d)

单位：μm

螺距 P/mm	公差等级		
	4	6	8
0.2	36	56	—
0.25	42	67	—
0.3	48	75	—
0.35	53	85	—
0.4	60	95	—
0.45	63	100	—
0.5	67	106	—
0.6	80	125	—
0.7	90	140	—
0.75	90	140	—
0.8	95	150	236
1	112	180	280
1.25	132	212	335
1.5	150	236	375
1.75	170	265	425
2	180	280	450
2.5	212	335	530
3	236	375	600

续表

螺距 P/mm	公差等级		
	4	6	8
3.5	265	425	670
4	300	475	750
4.5	315	500	800
5	335	530	850
5.5	355	560	900
6	375	600	950

附表 6　普通内螺纹中径公差(T_{D2})

单位：μm

公称直径 D/mm		螺距 P/mm	公差等级				
>	≤		4	5	6	7	8
0.99	1.4	0.2	40	—	—	—	—
		0.25	45	56	—	—	—
		0.3	48	60	75	—	—
1.4	2.8	0.2	42	—	—	—	—
		0.25	48	60	—	—	—
		0.35	53	67	85	—	—
		0.4	56	71	90	—	—
		0.45	60	75	95	—	—
2.8	5.6	0.35	56	71	90	—	—
		0.5	63	80	100	125	—
		0.6	71	90	112	140	—
		0.7	75	95	118	150	—
		0.75	75	95	118	150	—
		0.8	80	100	125	160	200
5.6	11.2	0.5	71	90	112	140	—
		0.75	85	106	132	170	—
		1	95	118	150	190	236
		1.25	100	125	160	200	250
		1.5	112	140	180	224	280

续表

公称直径 D/mm		螺距	公差等级				
>	≤	P/mm	4	5	6	7	8
11.2	22.4	0.5	75	95	118	150	—
		0.75	90	112	140	180	—
		1	100	125	160	200	250
		1.25	112	140	180	224	280
		1.5	118	150	190	236	300
		1.75	125	160	200	250	315
		2	132	170	212	265	335
		2.5	140	180	224	280	355
22.4	45	0.75	95	118	150	190	—
		1	106	132	170	212	—
		1.5	125	160	200	250	315
		2	140	180	224	280	355
		3	170	212	265	335	425
		3.5	180	224	280	355	450
		4	190	236	300	375	475
		4.5	200	250	315	400	500
45	90	1	118	150	180	236	—
		1.5	132	170	212	265	335
		2	150	190	236	300	375
		3	180	224	280	355	450
		4	200	250	315	400	500
		5	212	265	335	425	530
		5.5	224	280	355	450	560
		6	236	300	375	475	600
90	180	1.5	140	180	224	280	355
		2	160	200	250	315	400
		3	190	236	300	375	475
		4	212	265	335	425	530
		6	250	315	400	500	630
180	355	2	180	224	280	355	450
		3	212	265	335	425	530
		4	236	300	375	475	600
		6	265	335	425	530	670

附表 7　普通外螺纹中径公差(T_{d2})

单位：μm

公称直径 *d*/mm		螺距	公差等级						
>	≤	*P*/mm	3	4	5	6	7	8	9
0.99	1.4	0.2	24	30	38	48	—	—	—
		0.25	26	34	42	53	—	—	—
		0.3	28	36	45	56	—	—	—
1.4	2.8	0.2	25	32	40	50	—	—	—
		0.25	28	36	45	56	—	—	—
		0.35	32	40	50	63	80	—	—
		0.4	3	42	53	67	85	—	—
		0.45	36	45	56	71	90	—	—
2.8	5.6	0.35	34	42	53	67	85	—	—
		0.5	38	48	60	75	95	—	—
		0.6	42	53	67	85	106	—	—
		0.7	45	56	71	90	112	—	—
		0.75	45	56	71	90	112	—	—
		0.8	48	60	75	95	118	150	190
5.6	11.2	0.5	42	53	67	85	106	—	—
		0.75	50	63	80	100	125	—	—
		1	56	71	90	112	140	180	224
		1.25	60	75	95	118	150	190	236
		1.5	67	85	106	132	170	212	265
11.2	22.4	0.5	45	56	71	90	112	—	—
		0.75	53	67	85	106	132	—	—
		1	60	75	95	118	150	190	236
		1.25	67	85	106	132	170	212	265
		1.5	71	90	112	140	180	224	280
		1.75	75	95	118	150	190	236	300
		2	80	100	125	160	200	250	315
		2.5	85	106	132	170	212	265	335
22.4	45	0.75	56	71	90	112	140	—	—
		1	63	80	100	125	160	200	250
		1.5	75	95	118	150	190	236	300
		2	85	106	132	170	212	265	335
		3	100	125	160	200	250	315	400
		3.5	106	132	170	212	265	335	425
		4	112	140	180	224	280	355	450
		4.5	118	150	190	236	300	375	475

续表

公称直径 d/mm		螺距	公差等级						
>	≤	P/mm	3	4	5	6	7	8	9
45	90	1	71	90	112	140	180	224	—
		1.5	80	100	125	160	200	250	315
		2	90	112	140	180	224	280	355
		3	106	132	170	212	265	335	425
		4	118	150	190	236	300	375	475
		5	125	160	200	250	315	400	500
		5.5	132	170	212	265	335	425	530
		6	140	180	224	280	355	450	560
90	180	1.5	85	106	132	170	212	265	335
		2	95	118	150	190	236	300	375
		3	112	140	180	224	280	355	450
		4	125	160	200	250	315	400	500
		6	150	190	236	300	375	475	600
180	355	2	106	132	170	212	265	335	425
		3	125	160	200	250	315	400	500
		4	140	180	224	280	355	450	560
		6	160	200	250	315	400	500	630

附表 8 内、外梯形螺纹中径基本偏差

螺距 P/mm	基本偏差			
	内螺纹	外螺纹		
	D_2/μm	d_2/μm		
	H EI	c es	e es	h es
1.5	0	−140	−67	0
2	0	−150	−71	0
3	0	−170	−85	0
4	0	−190	−95	0
5	0	−212	−106	0
6	0	−236	−118	0
7	0	−250	−125	0
8	0	−265	−132	0
9	0	−280	−140	0
10	0	−300	−150	0
12	0	−335	−160	0
14	0	−355	−180	0

续表

螺距 P/mm	基本偏差			
	内螺纹	外螺纹		
	D_2/μm	d_2/μm		
	H EI	c es	e es	h es
16	0	−375	−190	0
18	0	−400	−200	0
20	0	−425	−212	0
22	0	−450	−224	0
24	0	−475	−236	0
28	0	−500	−250	0
32	0	−530	−265	0
36	0	−560	−280	0
40	0	−600	−300	0
44	0	−630	−315	0

附表 9　梯形内螺纹小径公差(T_{D1})

螺距 P/mm	4 级公差/μm
1.5	190
2	236
3	315
4	375
5	45
6	500
7	560
8	630
9	670
10	710
12	800
14	900
16	1000
18	1120
20	1180
22	1250
24	1320
28	1500
32	1600
36	1800
40	1900
44	2000

附表 10　梯形外螺纹大径公差(T_d)

螺距 P/mm	4 级公差/μm
1.5	150
2	180
3	236
4	300
5	335
6	375
7	425
8	450
9	500
10	530
12	600
14	670
16	710
18	800
20	850
22	900
24	950
28	1060
32	1120
36	1250
40	1320
44	1400

附表 11　梯形内螺纹中径公差(T_{D2})

公称直径 d/mm		螺距	公差等级/μm		
＞	≤	P/mm	7	8	9
5.6	11.2	1.5	224	280	355
		2	250	315	400
		3	280	355	450
11.2	22.4	2	265	335	425
		3	300	375	475
		4	355	450	560
		5	375	475	600
		8	475	600	750

续表

公称直径 d/mm		螺距	公差等级/μm		
>	≤	P/mm	7	8	9
22.4	45	3	335	425	530
		5	400	500	630
		6	450	560	710
		7	475	600	750
		8	500	630	800
		10	530	670	850
		12	560	710	900
45	90	3	355	450	560
		4	400	500	630
		8	530	670	850
		9	560	710	900
		10	560	710	900
		12	630	800	1000
		14	670	850	1060
		16	710	900	1120
		18	750	950	1180

附表 12　梯形外螺纹中径公差(T_{d2})

公称直径 d/mm		螺距	公差等级/μm			
>	≤	P/mm	6	7	8	9
5.6	11.2	1.5	132	170	212	265
		2	150	190	236	300
		3	170	212	265	335
11.2	22.4	2	160	200	250	315
		3	180	224	280	355
		4	212	265	335	425
		5	224	280	355	450
		8	280	355	450	560
22.4	45	3	200	250	315	400
		5	236	300	375	475
		6	265	335	425	530
		7	280	355	450	560
		8	300	375	475	600
		10	315	400	500	630
		12	335	425	530	670

续表

公称直径 d/mm		螺距	公差等级/μm			
>	≤	P/mm	6	7	8	9
45	90	3	212	265	335	425
		4	236	300	375	475
		8	315	400	500	630
45	90	9	335	425	530	670
		10	335	425	530	670
		12	375	475	600	750
		14	400	500	630	800
		16	425	530	670	850
		18	450	560	710	900

附表 13　梯形外螺纹小径公差(T_{d3})

公称直径 d/mm		螺距	中径公差带位置 c/μm			中径公差带位置 e/μm			中径公差带位置 h/μm		
>	≤	P/mm	7	8	9	7	8	9	7	8	9
5.6	11.2	1.5	352	405	471	279	332	398	212	265	331
		2	388	445	525	309	366	446	238	295	375
		3	435	501	589	350	416	504	265	331	419
11.2	22.4	2	400	462	544	321	383	465	250	312	394
		3	450	520	614	365	435	529	280	350	444
		4	521	609	690	426	514	595	331	419	531
		5	562	656	775	456	550	669	350	444	562
		8	709	828	965	576	695	832	444	562	700
22.4	45	3	482	564	670	397	479	585	312	394	500
		5	587	681	806	481	575	700	375	469	594
		6	655	767	899	537	649	781	419	531	662
		7	694	813	950	569	688	825	444	562	700
		8	734	859	1015	601	726	882	469	594	750
		10	800	925	1087	650	775	937	500	625	788
		12	866	998	1223	691	823	1048	531	662	838
45	90	3	501	589	701	416	504	616	331	419	531
		4	565	659	784	470	564	689	375	469	594
		8	765	890	1052	632	757	919	500	625	788
		9	811	943	1118	671	803	978	531	662	838
		10	831	963	1138	681	813	988	531	662	838
		12	929	1085	1273	754	910	1098	594	750	938
		14	970	1142	1355	805	967	1180	625	788	1000
		16	1038	1213	1438	853	1028	1253	662	838	1062
		18	1100	1288	1525	900	1088	1320	700	888	1125

附表 14　圆柱蜗杆的基本尺寸和参数

模数 m/mm	轴向齿距 P_x/mm	分度圆直径 d_1/mm	头数 Z_1	直径系数 q	齿顶圆直径 d_a/mm	齿根圆直径 d_f/mm	导程角 γ
1	3.141	18	1	18.000	20	15.6	3° 10′ 47″
1.25	3.927	20	1	16.000	22.5	17	3° 34′ 35″
		2.4	1	17.920	24.9	19.4	3° 11′ 38″
1.6	5.027	20	1	12.500	23.2	16.16	4° 34′ 26″
			2				9° 05′ 25″
			4				17° 44′ 41″
		28	1	17.500	31.2	24.16	3° 16′ 14″
2	6.283	22.4	1	11.200	26.4	17.6	5° 06′ 08″
			2				10° 07′ 29″
			4				19° 39′ 14″
			6				28° 10′ 43″
		35.5	1	17.750	39.5	30.7	3° 13′ 28″
2.5	7.854	28	1	11.200	33	22	5° 06′ 08″
			2				10° 07′ 29″
			4				19° 39′ 14″
			6				28° 10′ 43″
		45	1	18.000	50	39	3° 10′ 47″
3.15	9.896	35.5	1	11.270	41.8	27.9	5° 04′ 15″
			2				10° 03′ 48″
			4				19° 32′ 29″
			6				28° 01′ 50″
		56	1	17.778	62.3	48.4	3° 13′ 10″
4	12.566	40	1	10.000	48	30.4	5° 42′ 38″
			2				11° 18′ 36″
			4				21° 48′ 05″
			6				30° 57′ 50″
		71	1	17.750	79	61.4	3° 13′ 28″
5	15.708	50	1	10.000	60	38	5° 42′ 38″
			2				11° 18′ 36″
			4				21° 48′ 05″
			6				30° 57′ 50″
		90	1	18.000	100	78	3° 10′ 47″
6.3	19.792	63	1	10.000	75.6	47.9	5° 42′ 38″
			2				11° 18′ 36″
			4				21° 48′ 05″
			6				30° 57′ 50″
		12	1	17.778	124.6	96.9	3° 13′ 10″

续表

模数 m/mm	轴向齿距 P_x/mm	分度圆直径 d_1/mm	头数 Z_1	直径系数 q	齿顶圆直径 d_a/mm	齿根圆直径 d_f/mm	导程角 γ
8	25.133	80	1	10.000	96	60.08	5° 42′ 38″
			2				11° 18′ 36″
			4				21° 48′ 05″
			6				30° 57′ 50″
		140	1	17.500	156	120.8	3° 16′ 14″
10	31.416	90	1	9.000	110	66	6° 20′ 25″
			2				12° 31′ 44″
			4				23° 57′ 45″
			6				33° 41′ 24″
		160	1	16.000	180	136	3° 34′ 35″
12.5	39.270	112	1	8.960	137	82	6° 22′ 06″
			2				12° 34′ 59″
			4				24° 03′ 26″
		200	1	16.000	225	170	3° 34′ 35″
16	50.265	140	1	8.75	172	101.6	6° 31′ 11″
			2				12° 52′ 30″
			4				24° 34′ 02″
		250	1	15.625	282	211.6	3° 39′ 43″

附表 15　梯形螺纹基本尺寸

单位：mm

公称直径		螺距 P	中径 $D_2=d_2$	大径 D_4	小　径	
第一系列	第二系列				d_3	D_1
16		2	15.000	16.500	13.500	14.000
		4	14.000	16.500	11.500	12.000
	18	2	17.000	18.500	15.500	16.000
		4	16.000	18.500	13.500	14.000
20		2	19.000	20.500	17.500	18.000
		4	18.000	20.500	15.500	16.000
	22	3	20.500	22.500	18.500	19.000
		5	19.500	22.500	16.500	17.000
		8	18.000	23.000	13.000	14.000
24		3	22.500	24.500	20.500	21.000
		5	21.500	24.500	18.500	19.000
		8	20.000	25.000	15.000	16.000

续表

公称直径		螺距 P	中径 $D_2=d_2$	大径 D_4	小　径	
第一系列	第二系列				d_3	D_1
	26	3	24.500	26.500	22.500	23.000
		5	23.500	26.500	20.500	21.000
		8	22.000	27.000	17.000	18.000
28		3	26.500	28.500	24.500	25.000
		5	25.500	28.500	22.500	23.000
		8	24.000	29.000	19.000	20.000
	30	3	28.500	30.500	26.500	27.000
		6	27.000	31.000	23.000	24.000
		10	25.000	31.000	19.000	20.000
32		3	30.500	32.500	28.500	29.000
		6	29.000	33.000	25.000	26.000
		10	27.000	33.000	21.000	22.000
	34	3	32.500	34.500	30.500	31.000
		6	31.000	35.000	27.000	28.000
		10	29.000	35.000	23.000	24.000
36		3	34.500	36.500	32.500	33.000
		6	33.000	37.000	29.000	30.000
		10	31.000	37.000	25.000	26.000
	38	3	36.500	38.500	34.500	35.000
		7	34.500	39.000	30.000	31.000
		10	33.000	39.000	27.000	28.000
40		3	38.500	40.500	36.500	37.000
		7	36.500	41.000	32.000	33.000
		10	35.000	41.000	29.000	30.000
	42	3	40.500	42.500	38.500	39.000
		7	38.500	43.000	34.000	35.000
		10	37.000	43.000	31.000	32.000
44		3	42.500	44.500	40.500	41.000
		7	40.500	45.000	36.000	37.000
		12	38.000	45.000	31.000	32.000
	46	3	44.500	46.500	42.500	43.000
		8	42.000	47.000	37.000	38.000
		12	40.000	47.000	33.000	34.000
48		3	46.500	48.500	44.500	45.000
		8	44.000	49.000	39.000	40.000
		12	42.000	49.000	35.000	36.000

续表

公称直径		螺距 P	中径 $D_2=d_2$	大径 D_4	小径	
第一系列	第二系列				d_3	D_1
	50	3	48.500	50.500	46.500	47.000
		8	46.000	51.000	41.000	42.000
		12	44.000	51.000	37.000	38.000
52		3	50.500	52.500	48.500	49.000
		8	48.000	53.000	43.000	44.000
		12	46.000	53.000	39.000	40.000
	55	3	53.500	55.500	51.500	52.000
		9	50.500	56.000	45.000	46.000
		14	48.000	57.000	39.000	41.000
60		3	58.500	60.500	56.500	57.000
		9	55.500	61.000	50.000	51.000
		14	53.000	62.000	44.000	46.000
	65	4	63.000	65.500	60.500	61.000
		10	60.000	66.000	54.000	55.000
		16	57.000	67.000	47.000	49.000
70		4	68.000	70.500	65.500	66.000
		10	65.000	71.000	59.000	60.000
		16	62.000	72.000	62.000	54.000

4.4.3 拓展实训

本节应完成的任务如下。

(1) 图 4-18 所示为双头螺纹加工实例，分析螺纹车削的工艺及加工注意事项。

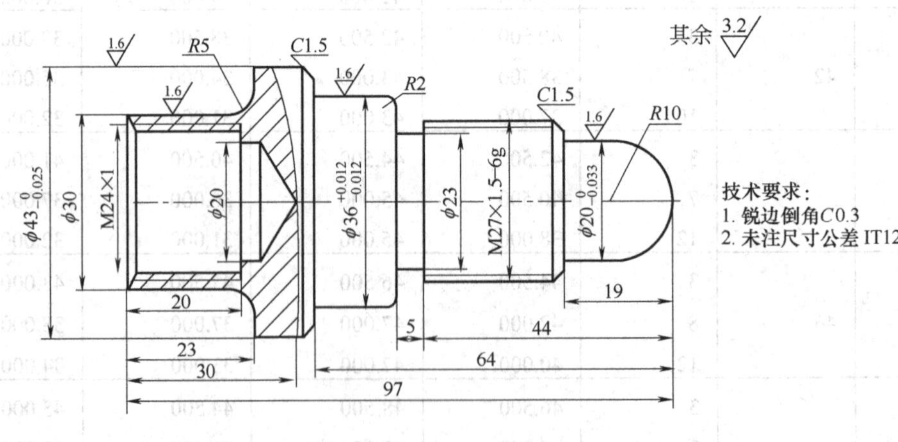

图 4-18 双头螺纹加工

(2) 编写图 4-19 所示的综合零件加工程序，并在数控车床上加工出来。

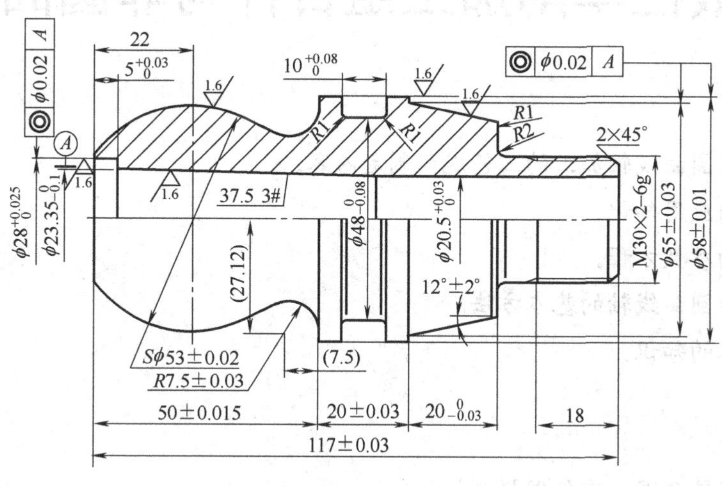

图 4-19　综合零件加工 Ⅰ

(3) 编写图 4-20 所示的综合零件加工程序，并在数控车床上加工出来。

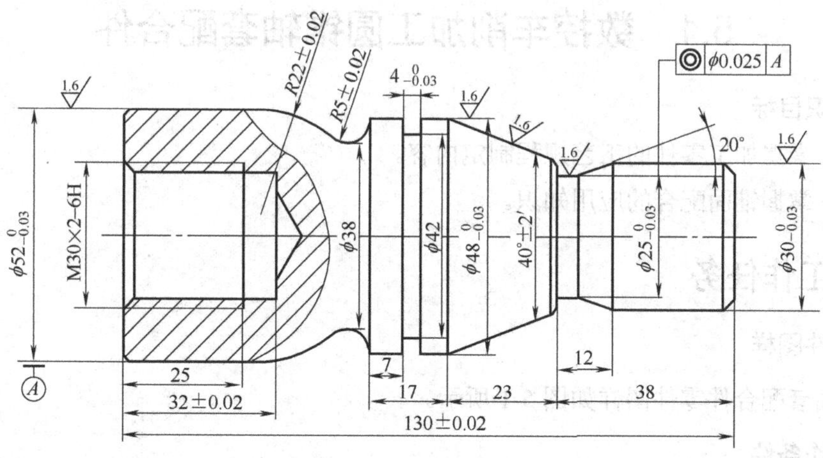

材料：45号钢
坯料：ϕ55mm×135

图 4-20　综合零件加工 Ⅱ

第5章 数控车削加工组合件与非圆曲线轴

本章要点

- 组合件与非圆曲线轴加工的工艺规程制定内容。
- 锥面配合的应用知识。
- 非圆曲线的参数方程。
- 数控车削非圆曲线轴的基本方法。
- 淬火钢加工的知识。

技能目标

- 能正确完成装配图、零件图样分析。
- 能进行组合件的加工步骤分析，提高复杂零件工艺分析的能力。
- 能在实际编程中运用非圆曲线方程。
- 提高复杂及曲面零件数控编程的能力。
- 能合理给定相关宏程序编程的数值，提高非圆曲线轴的加工精度。
- 能合理选择刀具并确定切削参数。
- 能正确选用和使用通用工艺装备。

5.1 数控车削加工圆锥轴套配合件

知识目标

- 掌握加工零件的工艺规程制定内容。
- 掌握锥面配合的应用知识。

5.1.1 工作任务

1. 零件图样

圆锥轴套配合件零件图样如图 5-1 所示。

2. 工作条件

(1) 生产纲领：单件。

(2) 毛坯：材料为 Q235A 棒料，尺寸为ϕ55mm×166mm、ϕ65mm×111mm。

(3) 选用机床为 FANUC 0i 系统的 CK6136 型数控车床。

(4) 时间定额：编程时间为 90min；实操时间为 240min。

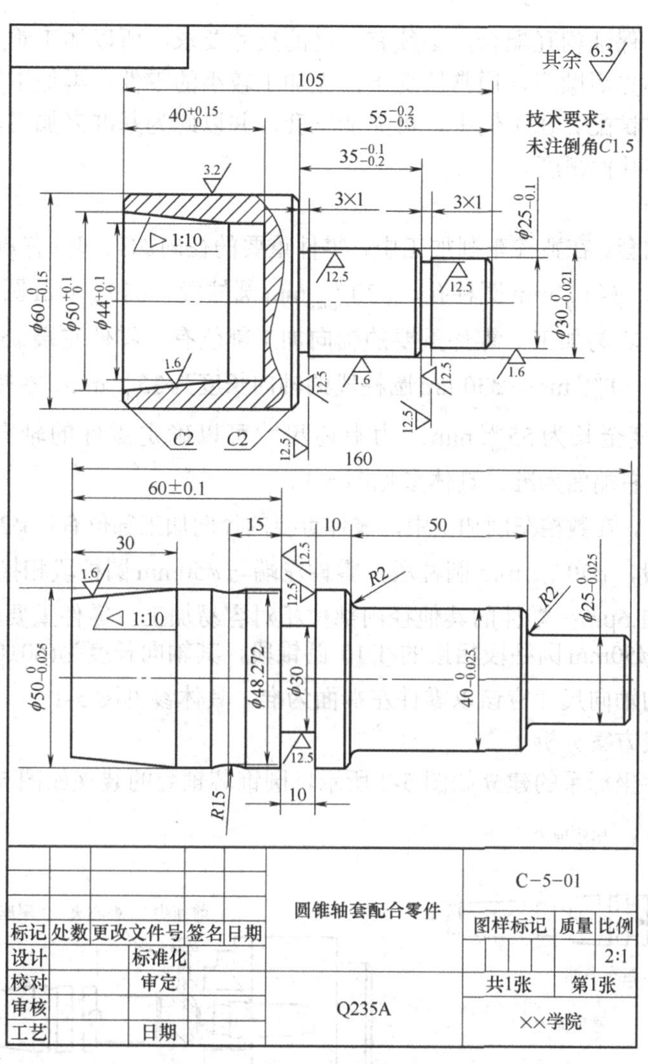

图 5-1　圆锥轴套配合件零件

3. 工作要求

(1)　工件经加工后，各尺寸符合图样要求。

(2)　工件经加工后，配合件符合图样要求。

(3)　工件经加工后，表面粗糙度符合图样要求。

(4)　正确执行安全技术操作规程。

(5)　按企业有关文明生产规定，做到工作场地整洁，工件、工具摆放整齐。

5.1.2　工作过程

1. 工艺分析与工艺设计

1)　结构分析

本例工件是一个两件组合件，属于典型的轴套配合零件加工。零件形状的轨迹虽然并不复杂，但是为了保证相互配合，必须有严格的尺寸要求，所以加工难度大。在加工中应该注意配合工件的先后顺序，通常情况下，先加工较小的零件，再加工较大的零件，以便在加工过程中及时试配。在本例中，可先加工套，并以此为基准来加工轴，必须保证轴套零件的尺寸精度和几何精度。

2) 精度分析

(1) 圆锥芯轴套。在数控车削加工中，零件重要的径向加工部位有$\phi60_{-0.15}^{0}$mm 圆柱段、$\phi50_{0}^{+0.1}$mm 圆锥孔、$\phi44_{0}^{+0.1}$mm 圆柱孔、$\phi30_{-0.021}^{0}$mm 圆柱段、$\phi25_{-0.1}^{0}$mm 圆柱段，零件的其他径向加工部位相对容易加工。零件重要的轴向加工部位有：零件左端$\phi50$mm、$\phi44$mm 圆柱孔的轴向长度为$40_{0}^{+0.15}$ mm，$\phi30$mm 圆柱段的轴向长度为$35_{-0.2}^{-0.1}$mm，零件$\phi30$mm、$\phi25$mm 圆柱段的轴向长度全长为$55_{-0.3}^{-0.2}$mm。由上述尺寸可以确定零件的轴向尺寸应该以零件$\phi60_{-0.15}^{0}$mm 圆柱段右端面为准。具体参见图 5-1。

(2) 圆锥芯轴。在数控车削加工中，零件重要的径向加工部位有：$\phi25_{-0.025}^{0}$mm 圆柱段，$\phi40_{-0.025}^{0}$mm 圆柱段，$\phi50_{-0.025}^{0}$mm 圆柱段，零件左端与$\phi50$mm 圆柱段相接的 1:10 圆锥段表面粗糙度 Ra 为 1.6μm；零件的其他径向部位相对容易加工。零件重要的轴向加工部位为$\phi50$mm 圆柱段和$\phi50$mm 圆柱段相接的 1:10 圆锥段，其轴向长度为(60±0.1)mm。由上述尺寸可以确定零件的轴向尺寸应该以零件左端面为准。具体参见图 5-1。

3) 零件装夹方案分析

圆锥芯轴工件坐标系的建立如图 5-2 所示，圆锥芯轴套的装夹如图 5-3 所示。

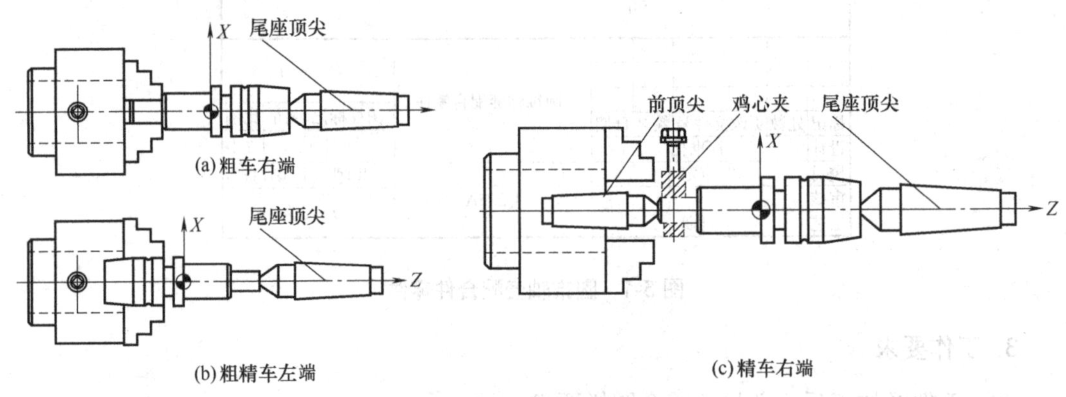

图 5-2 圆锥芯轴工件坐标系的建立

4) 加工刀具分析

刀具选择如下。

T01：外圆精车车刀(主偏角 K_r=93°，刀尖圆弧半径 R1.2)1 把。

T02：内孔精车车刀(主偏角 K_r=93°、K_r'=3°，刀尖圆弧半径 R1)1 把。

T03：切槽车刀(刀刃宽 B=3mm)1 把。

T04：中心钻(B2.5)1 把。

T05：$\phi8$mm 钻头 1 把。

T06：$\phi30$mm 扩孔钻头 1 把。

制作如表 5-1 和表 5-2 所示的工序卡。

表 5-1　工序卡(圆锥芯轴套)

数控车床加工工序卡			产品名称或代号		零件名称		零件图号		
					圆锥芯轴套		C-5-01		
单位名称			夹具名称		使用设备		车间		
			粗车：三爪自动定心卡盘 精车：双顶尖—鸡心夹		FANUC 0i 系统的 CK6136 型数控车床		现代制造技术中心		
序　号	工艺内容	刀具号	刀具规格/mm	主轴转速 n/(r/min)	进给速度 F/(mm/r)	背吃刀量 a_p/mm	刀片材料	程序编号	量　具
1	零件右端打 B 型中心孔	T04	中心钻(B2.5)	600					
2	粗车加工零件右端外形轨迹	T01	K_r=93°	600	0.2			O5001	游标卡尺 (0～200　0.02)
3	零件右端钻孔ϕ8mm、扩至ϕ30mm，深至 39mm	T05 T06	ϕ8 钻头 ϕ30 扩孔钻	600					游标卡尺 (0～200　0.02)
4	粗加工零件左端内、外形	T01 T02	K_r=93° K_r=93°、K_r'=3°	600	0.2			O5002	游标卡尺 (0～200　0.02)
5	精加工零件左端内、外形	T01 T02	K_r=93° K_r=93°、K_r'=3°	1200	0.1	0.2		O5002	游标卡尺 (0～200　0.02) 千分尺 (0～25，25～50，50～75，0.01)
6	精车、研磨 B 型中心孔	T04	中心钻(B2.5)	450					
7	精车加工零件右端外形、切槽	T01 T03	K_r=93° 宽度 3mm	1200 400	0.1 0.1	0.2 3		O5003	钢板尺 游标卡尺(0～200　0.02) 千分尺 (0～25，25～50，50～75，0.01)
8	去毛刺								
9	检验								
编　制		审　核		批　准		第 1 页		共 1 页	

表 5-2　工序卡(圆锥芯轴)

数控车床加工工序卡			产品名称或代号		零件名称		零件图号		
					圆锥芯轴		C-5-01		
单位名称			夹具名称		使用设备		车　间		
			粗车：三爪自动定心卡盘 精车：双顶尖—鸡心夹		FANUC 0i 系统的 CK6136 型数控车床		现代制造技术中心		
序　号	工艺内容	刀具号	刀具规格/mm	主轴转速 n/(r/min)	进给速度 F/(mm/r)	背吃刀量 a_p/mm	刀片材料	程序编号	量　具
1	零件两端打 B 型中心孔	T04	中心钻(B2.5)	600					
2	粗车加工零件右端外形轨迹	T01	K_r=93°	600	0.2	1.0		O5004	游标卡尺 (0～200　0.02)
3	粗加工零件左端外形	T01	K_r=93°	600	0.2	1.0		O5005	游标卡尺 (0～200　0.02)
4	精加工零件左端外形	T01	K_r=93°	1000	0.1	0.2		O5005	游标卡尺 (0～200 0.02) 千分尺 (0～25，25～50 0.01)
5	精车、研磨 B 型中心孔	T04	中心钻(B2.5)	450					
6	精车加工零件右端外形、切槽	T01 T03	K_r=93° 宽度 3mm	1200 450	0.1 0.1	0.2 3		O5006	钢板尺、 游标卡尺
7	去毛刺								
8	检验								
编　制		审　核		批　准		第 1 页		共 1 页	

2. 数控编程

1)　建立工件坐标系

(1)　圆锥芯轴：工件坐标系的建立如图 5-2 所示。

(2)　圆锥芯轴套：工件坐标系的建立如图 5-3 所示。

以设定的工件坐标系编程。

2)　计算基点与节点

(1)　带有极限偏差的尺寸，要换算为中值尺寸进行编程。

(2)　锥度的有关基点坐标值，如大端尺寸、小端尺寸和长度，需换算后编程。

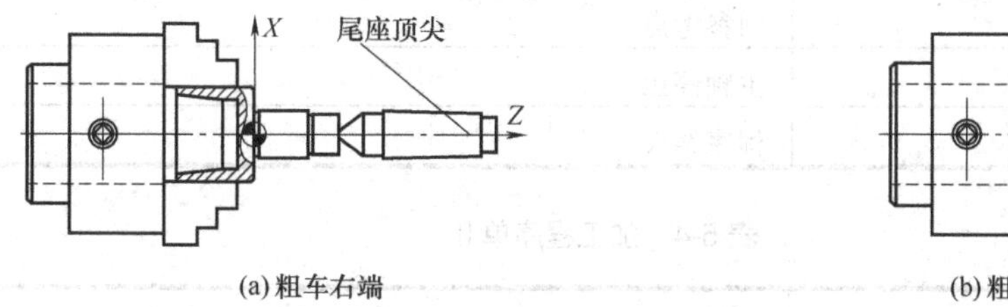

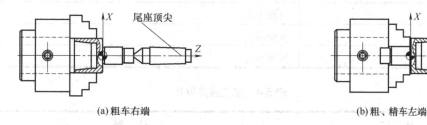

(a) 粗车右端　　(b) 粗、精车左端

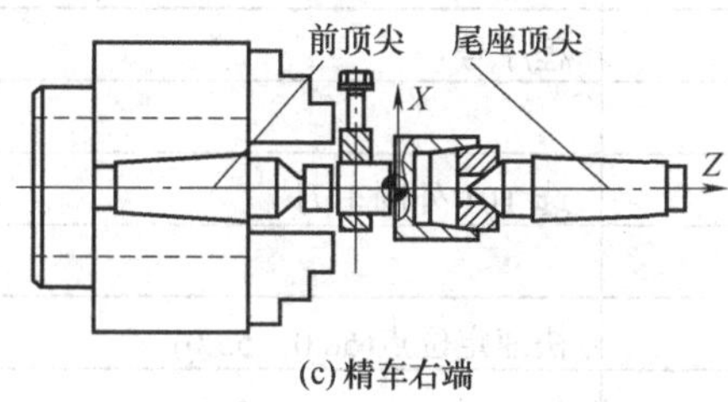

(c) 精车右端

图 5-3　圆锥芯轴套工件坐标系的建立

3)　编制程序

加工程序单如表 5-3～表 5-8 所示。

表 5-3　加工程序单Ⅰ

程　序	注　释
O5001;	程序号
G54;	
T0101;	选 T01 外圆车刀
S600 M03;	
G00 X68.0 Z60.0;	快速定位点(68.0，60.0)
G71 U1.0 R2.0;	右端粗加工循环
G71 P10 Q20 U2.0 W2.0 F0.2;	
N10 G00 X19.955 S1200;	
G42 G01 Z55.75 F0.1;	
X24.95 Z53.25;	

续表

程　序	注　释
Z34.85;	
X26.933;	
X29.99 Z33.35;	
Z0;	
X55.926;	
X65.926 Z-5.;	
N20 G40 G00 X68.0;	右端粗加工循环结束
G28 U0. W0.;	回参考点
M05;	主轴停止
M30;	程序结束

表 5-4　加工程序单 II

程　序	注　释
O5002;	程序号
G54;	
T0101;	选 T01 外圆车刀
S600 M03;	
G00 X68.0 Z55.0;	快速定位点(68.0，55.0)
G94X-1.Z52.0 F0.3;	
X-1. Z51.;	
X-1. Z50.25 S1200 F0.1;	左端精加工端面
G28 U0. W0.;	回参考点
G00 X14.0 Z100.0;	
T0202 M08;	T02 内孔车刀，切削液开
X14.0 Z55.0;	快速定位点(14.0，55.0)
S600 M3;	
G71 U1. R1.;	左端内孔粗加工循环
G71 P30 Q40 U-0.1 W0.1 F0.2;	
N30 G00 X50.05 S1200;	
G01 G41 Z50.25 F0.1;	
X44.05 Z20.25;	
Z10.1;	
N40 G40 X14.;	左端内孔粗加工循环结束
G28 U0. W0.;	
T0101;	T01 外圆车刀

续表

程　序	注　释
G00 X68.0 Z55.0;	快速定位点(68.0，55.0)
G71 U1.0 R2.0;	左端外圆粗加工循环
G71 P10 Q20 U0.2 W0.2 F0.2;	
N10 G00 X53.931 S1000;	
G42 G01 Z51.25 F0.1;	
X59.926 Z48.25;	
Z-10.;	
N20 G40 G00 X68.0;	左端外圆粗加工循环结束
G28 U0. W0.;	回参考点
T0202;	T02 内孔车刀
G00 X14.0 Z55.0 ;	
G70 P30 Q40;	左端内孔精加工
G28 U0. W0. T0200;	回参考点
T0101;	T01 外圆车刀
G00 X68.0 Z55.0 ;	
G70 P10 Q20;	左端外圆精加工
G28 U0. W0.;	回参考点
M09;	切削液关
M05;	主轴停止
M30;	程序结束

表 5-5　加工程序单Ⅲ

程　序	注　释
O5003;	程序号
G54;	
T0101;	选 T01 外圆车刀
S600 M03;	
G00 X68.0 Z60.0;	快速定位点(68.0，60.0)
G73 U1. W0.5 R2;	右端外圆粗加工循环
G73 P30 Q40 U0.4 W0.1 F0.2;	
N30 G00 X19.955 S1200;	
G42 G01 Z55.75 F0.1;	
X24.95 Z53.25;	
Z34.85;	
X26.933;	

续表

程　序	注　释
X29.99 Z33.35;	
Z0;	
X55.926;	
X65.926 Z-5.;	
N40 G40 G00 X68.0;	右端粗加工循环结束
G70 P30 Q40;	右端精加工循环
G28 U0 W0;	回参考点
T0303;	换 T03 切槽刀
S400 M03;	
G00 Z34.85;	*Z* 方向定位
X35.;	*X* 方向定位
G01 X22.95 F0.1;	切槽至 ϕ22.95mm
G04 P2000;	槽底暂停 2s
G01 X35. F0.4;	退切槽刀
Z0.;	*Z* 方向定位
X27.99 F0.1;	切槽至 ϕ27.99mm
G04 P2000;	槽底暂停 2s
G01 X45. F0.4;	切槽完毕
G28 U0. W0.;	回参考点
M05;	主轴停止
M30;	程序结束

表 5-6　加工程序单Ⅳ

程　序	注　释
O5004;	程序号
G54;	
T0101;	选 T01 外圆车刀
S600 M03;	
G00 X58.0 Z85.0;	快速定位点(58.0，85.0)
G71 U1.0 R2.0;	右端粗加工循环
G71 P10 Q20 U2.0 W2.0 F0.2;	
N10 G00 X43.988 S1000;	
G42 G01Z80.F0.1;	
X49.988 Z50.;	
Z-5.0;	

续表

程　序	注　释
N20 G40 G00 X58.0;	右端粗加工循环结束
G28 U0. W0.;	回参考点
M05;	主轴停止
M30;	程序结束

表 5-7　加工程序单Ⅴ

程　序	注　释
O5005;	程序号
G54;	
T0101;	选 T01 外圆车刀
S600 M03;	
G00 X58.0 Z82.0;	快速定位点(58.0，82.0)
G71 U1.0 R2.0;	左端粗加工循环
G71 P10 Q20 U0.2 W0.2 F0.2;	
N10 G00 G42 X19.99 S1000;	
G01 Z81. F0.1;	
X24.99 Z78.5;	
Z50.;	
X36.988;	
X39.988 Z48.5;	
Z0;	
X46.988;	
X52.988 Z-3.;	
N20 G40 G00 X58.0;	左端粗加工循环结束
G70 P10 Q20;	左端精加工
G28 U0. W0.;	回参考点
M05;	主轴停止
M30;	程序结束

表 5-8　加工程序单Ⅵ

程　序	注　释
O5006;	程序号
G54;	
T0101;	选 T01 外圆车刀
G00 X100. Z100.;	

续表

程 序	注 释
S600 M03;	
G00 X52. Z85.;	快速定位点(52.0，85.0)
G73 U1. W0.5 R3;	
G73 P30 Q40 U0.4 W0.1 F0.2;	左端粗加工循环
N30 G00 X43.988 S1200;	
G42 G01 Z80. F0.1;	
X49.988 Z50.;	
Z40.;	
G02 X49.988 Z30. R15.;	
G01Z-5.0;	
N40 G40 G00 X60.0;	左端粗加工循环结束
G70 P30 Q40;	左端精加工循环
G28 U0 W0;	回参考点
T0303;	换 T03 切槽刀
S400 M03;	
G00 x55. Z17.;	快速移动点定位
G01 X30. F0.1;	切槽至 ϕ30mm
G04 P2000;	槽底暂停 2s
G01 X55. F0.4;	退切槽刀
W-2.;	Z 方向定位
X30. F0.1;	切槽至 ϕ30mm
G04 P2000;	槽底暂停 2s
G01 X55. F0.4;	退切槽刀
W-2.;	Z 方向定位
X30. F0.1;	切槽至 ϕ30mm
G04 P2000;	槽底暂停 2s
G01 X55. F0.4;	退切槽刀
W-2.;	Z 方向定位
X30. F0.1;	切槽至 ϕ30mm
G04 P2000;	槽底暂停 2s
G01 X55. F0.4;	切槽完毕
G00 X150.Z150.;	
M05;	主轴停止
M30;	程序结束

3. 模拟加工

模拟加工的结果如图 5-4 所示。

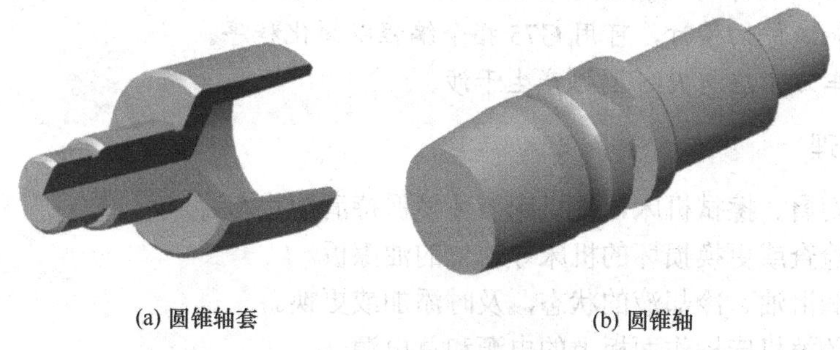

(a) 圆锥轴套　　(b) 圆锥轴

图 5-4　模拟加工的结果

4. 数控加工

1)　加工前的准备

(1) 机床准备。选用的机床为 FANUC 0i 系统的 CKI6136 型数控车床。

(2) 机床回零。

(3) 工具、量具和刀具的准备如表 5-1 和表 5-2 所示的工序卡。

2)　工件与刀具装夹

(1) 工件装夹并校正。工件装夹方式如图 5-2 和图 5-3 所示。

(2) 刀具安装。将加工零件的刀具依次装夹到相应的刀位上。

(3) 对刀与参数设置。首次对刀包括 X 和 Z 两个坐标轴方向。调头后，X 轴方向的对刀值不变，仅进行 Z 轴方向的对刀即可。因工件右端粗加工外圆及端面均留 2mm 加工余量，故在 Z 轴方向对刀时，要注意留出余量值。

3)　程序输入与调试

(1) 输入程序。

(2) 刀具补偿。

(3) 自动加工。

5. 加工工件质量检测

(1) 不拆除圆锥芯轴零件，用圆锥芯轴套配合检查圆锥芯轴的锥度尺寸，并进行修整。

(2) 拆除工件，去毛刺、倒棱，并进行自检自查。

注意事项

(1) 当工件是批量生产时，圆锥配合的质量可用圆锥环规和圆锥塞规进行检测。本例中，工件为单件生产，用配作的方式，保证其配合精度。若要准确地检查锥度和内表面的加工情况，可采用涂色法。

(2) 工件需调头加工，注意工件的装夹部位和程序零点设置的位置。

(3) 组合零件编程时，注意编程技巧。

(4) 合理安排零件粗、精加工，保证零件尺寸的精度。

(5) 配作件应注意零件的加工次序，保证尺寸精度。

(6) 本例形状较简单，编程时不使用循环指令 G71、G73、G70 也可以。

(7) 应用 G04 指令时，槽底暂停 2s，确保加工质量。

(8) 圆锥轴工件切槽时，可用 G75 指令编程以简化程序。

(9) 外圆车刀不应与 *R*15 圆弧产生干涉。

6. 清场处理

(1) 清除切屑、擦拭机床，使机床与环境保持清洁状态。

(2) 注意检查或更换损坏的机床导轨上的油擦板。

(3) 检查润滑油、冷却液的状态，及时添加或更换。

(4) 依次关掉机床操作面板上的电源和总电源。

(5) 将现场设备、设施恢复到初始状态。

知识链接

圆锥结合是各种机械中常用的联结与配合形式。圆锥结合的极限与配合分别由《锥度与锥角系列》(GB/T 157—2001)、《圆锥公差》(GB/T 11334—1989)和《圆锥配合》(GB/T 12360—1990)作出规定，圆锥的检测相应地有国家标准《圆锥量规公差与技术条件》(GB/T 11852—1989)。

1. 圆锥结合的特点

与圆柱配合比较，圆锥配合有以下特点。

(1) 对中性好。圆柱间隙配合中，孔与轴的轴线不重合。圆锥配合中，内、外圆锥在轴向力的作用下能自动对中，以保证内、外圆锥体的轴线具有较高精度的同轴度，且能快速装拆。

(2) 配合的间隙或过盈可以调整。圆柱配合中，间隙或过盈的大小不能调整；而圆锥配合中，间隙或过盈的大小可以通过内、外圆锥的轴向相对移动来调整，且装拆方便。

(3) 密封性好。内、外圆锥的表面经过配对研磨后，配合起来具有良好的自锁性和密封性。

圆锥配合虽然有以上优点，但它与圆柱配合相比，结构比较复杂，影响互换性参数比较多，加工和检测也较困难，故其应用不如圆柱配合广泛。

2. 圆锥结合的种类

在不同的使用中，圆锥配合可分为以下 3 种类型。

(1) 间隙配合。这类配合具有间隙，而且间隙大小可以调整。常用于有相对运动的机构中，例如车床主轴的圆锥轴颈与圆锥轴承衬套的配合。

(2) 紧密配合(也称过渡配合)。这类配合很紧密，间隙为 0 或略小于 0。主要用于定心或密封场合，例如锥形旋塞、内燃机中阀门与阀门座的配合等。通常要将内、外圆锥成对研磨，故这类配合一般没有互换性。

(3) 过盈配合。这类配合具有过盈量，它能借助相互配合的圆锥面间的自锁产生较大的摩擦力来传递扭矩。例如，铣床主轴锥孔与锥柄的配合。

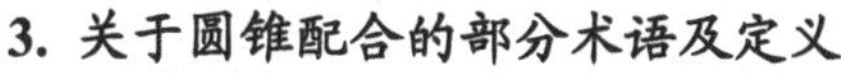

3. 关于圆锥配合的部分术语及定义

(1) 圆锥配合长度：是指内、外圆锥配合面的轴向距离，用符号 H 表示。

(2) 锥度 C: 两个垂直于圆锥轴线截面的圆锥直径之差与该两截面的轴向距离之比，如图 5-5 所示。D_e、d_e 和 L_e 分别为外圆锥的大端直径、小端直径和圆锥长度；D_i、d_i 和 L_i 分别为内圆锥的大端直径、小端直径和圆锥长度。

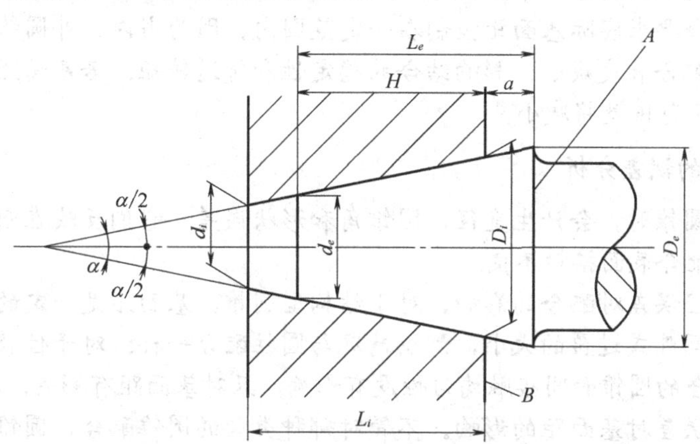

图 5-5　圆锥配合的基本参数

A—外圆锥基准面；B—内圆锥基准面

例如：最大圆锥直径 D 与最小圆锥直径 d 之差与圆锥长度 L 之比即为锥度 C。

$$C=\frac{D-d}{L}=2\tan\frac{\alpha}{2}=1:\frac{1}{2}\cot\frac{\alpha}{2}$$

锥度常用比例或分数表示，例如 C=1:20 或 C=1/20 等。

为了减少加工圆锥工件所用的专用刀具、量具的种类和规格，国标规定了一般用途圆锥的锥度和锥角系列以及特殊用途圆锥的锥度和锥角系列，使用时可查有关标准。

(3) 基面距：是指相互结合的内、外圆锥基准面间的距离，用符号 a 表示。

(4) 轴向位移：是指相互结合的内、外圆锥，从实际初始位置(P_a)到终止位置(P_f)移动的距离，用符号 E_a 表示，如图 5-6 所示。

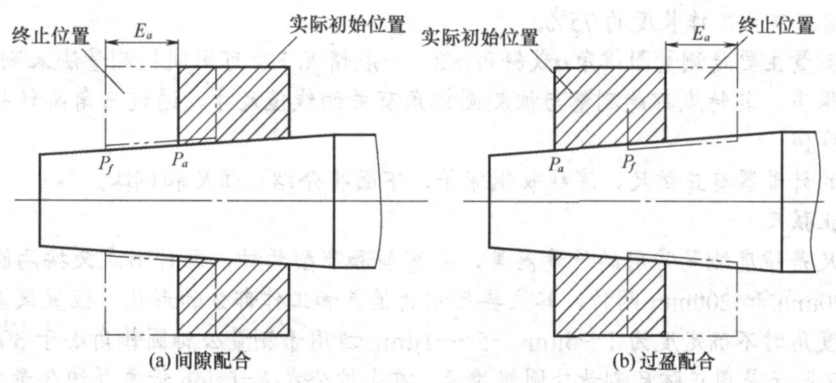

(a) 间隙配合　　(b) 过盈配合

图 5-6　位移型圆锥配合

4. 圆锥配合的基本要求

(1) 圆锥配合应根据使用要求有适当的间隙或过盈。间隙或过盈在垂直于圆锥表面方向起作用，但按垂直于圆锥轴线方向给定并测量，对于锥度小于或等于 1∶3 的圆锥，两个方向的数值差异很小，可忽略不计。

(2) 间隙或过盈应均匀，即接触均匀性。为此应控制内、外锥角偏差和形状误差。

有些圆锥配合要求实际基面距控制在一定范围内。因为当内、外圆锥长度一定时，基面距太大，会使配合长度减小，影响结合的稳定性和传递转矩；若基面距太小，则补偿圆锥表面磨损的调节范围就将减小。

5. 圆锥结合的误差分析

加工内、外圆锥时，会产生直径、圆锥角和形状误差，它们反映在圆锥配合中，将造成基面距误差和配合表面接触不良。

(1) 圆锥直径误差对配合的影响。对于结构型圆锥，基面距是一定的，直径误差影响圆锥配合的实际间隙或过盈的大小，影响情况与圆柱配合一样；对于位移性圆锥，圆锥直径误差对相互配合的圆锥面间接触均匀性没有影响，只对基面距有影响。

(2) 圆锥角误差对基面距的影响。不管对哪种类型的圆锥配合，圆锥角有误差都会影响接触均匀性。对于位移性圆锥，圆锥角有误差有时还会影响基面距。

(3) 圆锥形状误差对配合的影响。圆锥形状误差，是指在任一轴向截面内圆锥素线直线度误差和任一横向截面内的圆度误差。它们主要影响配合表面的接触精度，对间隙配合，使其配合间隙大小不均匀；对过盈配合，由于接触面积减少，使传递扭矩减小，连接不可靠；对紧密配合，影响其密封性。

6. 锥角的测量

大批量生产条件下，圆锥的检验多用圆锥量规。圆锥量规可以检验内、外锥体工件锥度和基面距偏差。检验内锥体用锥度塞规，检验外锥体用锥度套规，它的规格尺寸和公差在圆锥量规国家标准《圆锥量规公差与技术条件》(GB 11852—1989)中有详细规定，可供选用。

圆锥结合时，一般对锥度要求比对直径的要求严，所以用圆锥量规检验工件时，首先应采用涂色法检验工件锥度。用涂色法检验锥度时，要求工件锥体表面接触靠近大端，接触长度不低于国家标准的规定：高精度工件为工作长度的 85%；精密工件为工作长度的 80%；普通工件为工作长度的 75%。

圆锥测量主要是测量圆锥角α或斜角$\alpha/2$。一般情况下，可用间接测量法来测量圆锥角，具体方法很多，其特点都是测量与被测圆锥角有关的线值尺寸，通过三角函数关系，计算出被测角度值。

常用的计量器有正弦尺、滚柱或钢球等，下面将介绍正弦尺和钢球。

1) 正弦尺

正弦尺是锥度测量常用的计量器具，分宽型和窄型两种，每种形式又按两圆柱中心距 L分为 100mm 和 200mm 两种，其主要尺寸的偏差和工作部分的形状、位置误差都很小。在检验锥度角时不确定度为 1～5μm、-5～-1μm，适用于测量公称圆锥角小于 30° 的锥度。

图 5-7 所示是用正弦尺测量外圆锥锥角。首先按公式 $h=L\sin\alpha$ 计算并组合量块组，式中α为公称圆锥角，L为正弦尺两圆柱中心距。然后按图 5-7 所示进行测量。如果被测的圆锥角正好等于公称值，则指示表在 a、b 两点指示值 h_a、h_b 相同，即锥角上母线平行于平板工作

面；如果被测锥角有误差，则工件的锥角偏差$\Delta\alpha=(h_a-h_b)/l$，式中 h_a、h_b分别为指示表在 a、b 两点的读数，l 为 a、b 两点间的距离。

2)　钢球

图 5-8 所示为利用标准钢球测量内圆锥锥角的示意图，把两个直径分别为 d_0、D_0 的一小、一大钢球先后放入被测零件的内圆锥面，以被测零件的大头端面作为测量基准面，分别测出钢球顶点到该基准面的距离 H、h，则被测参数内圆锥半角$\alpha/2$ 的计算公式为

$$\sin\frac{\alpha}{2}=\frac{D_0-d_0}{2(H-h)+d_0-D_0}$$

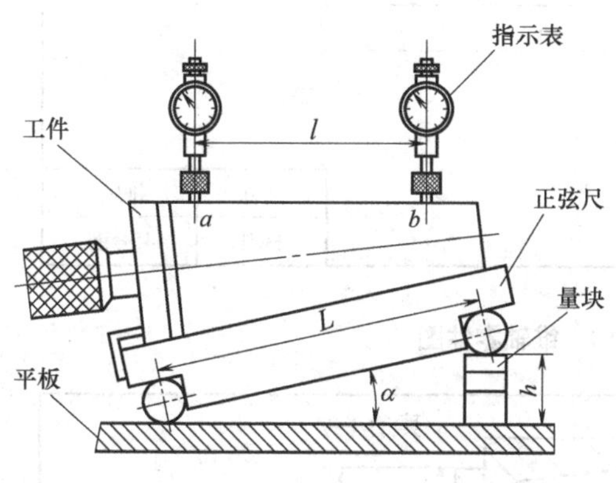

图 5-7　使用正弦尺测量外圆锥锥角

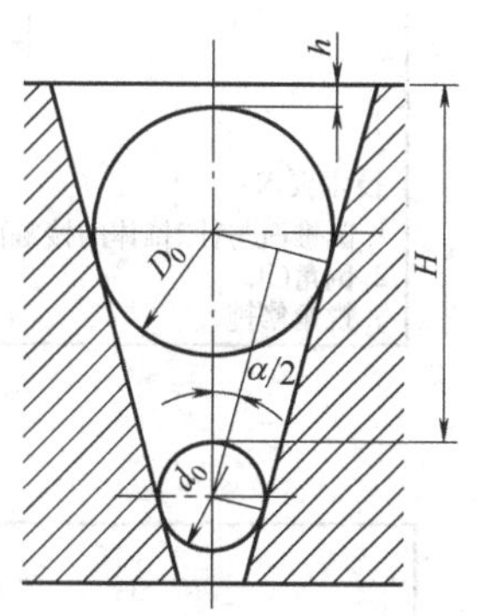

图 5-8　使用标准钢球测量内圆锥锥角

5.1.3　拓展实训

本节应完成的任务如下。

(1)　请记录机床操作流程。

(2)　进行如图 5-9～图 5-12 所示零件的加工并组装。

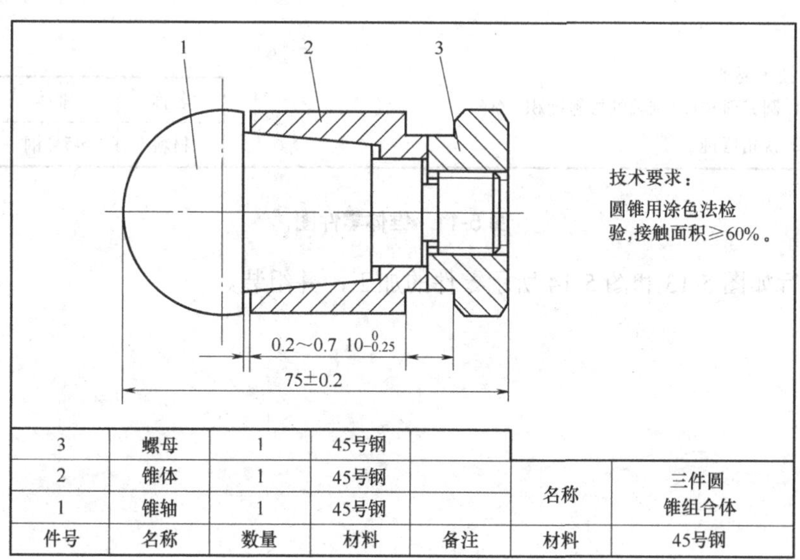

3	螺母	1	45号钢			
2	锥体	1	45号钢		名称	三件圆锥组合体
1	锥轴	1	45号钢			
件号	名称	数量	材料	备注	材料	45号钢

图 5-9　装配图

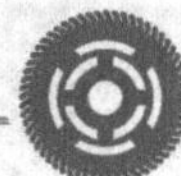

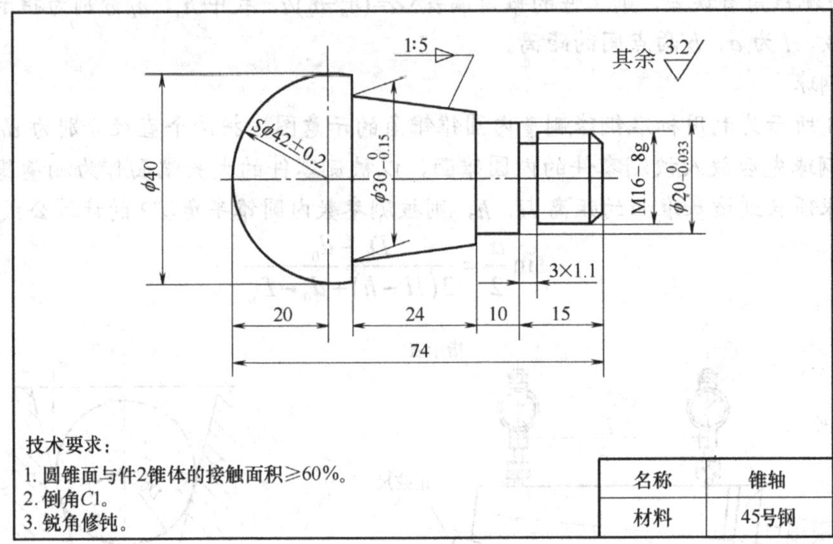

图 5-10　锥轴零件图

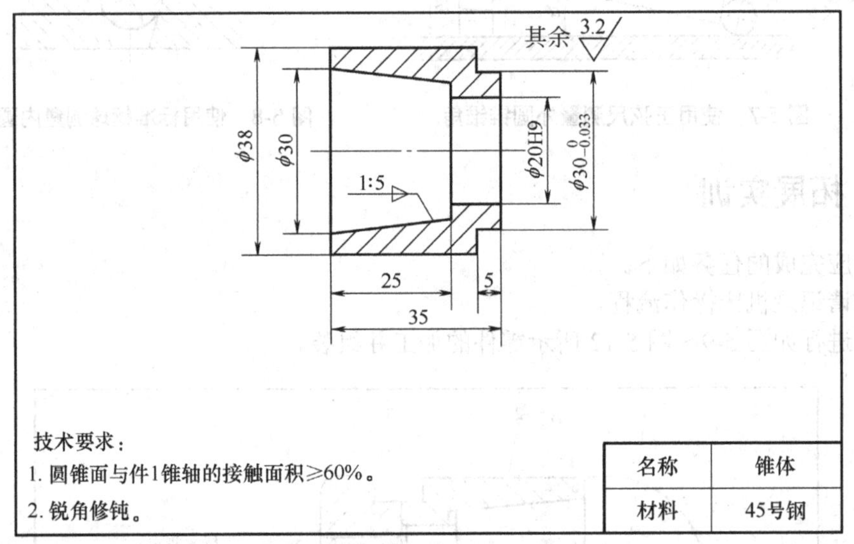

图 5-11　锥体零件图

(3) 进行如图 5-13 和图 5-14 所示零件的加工，并组装。

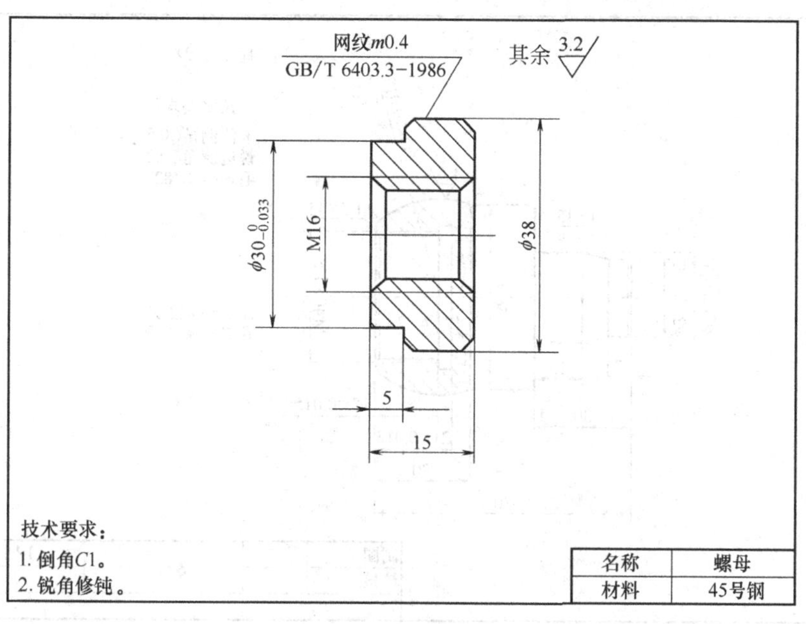

图 5-12 螺母零件图

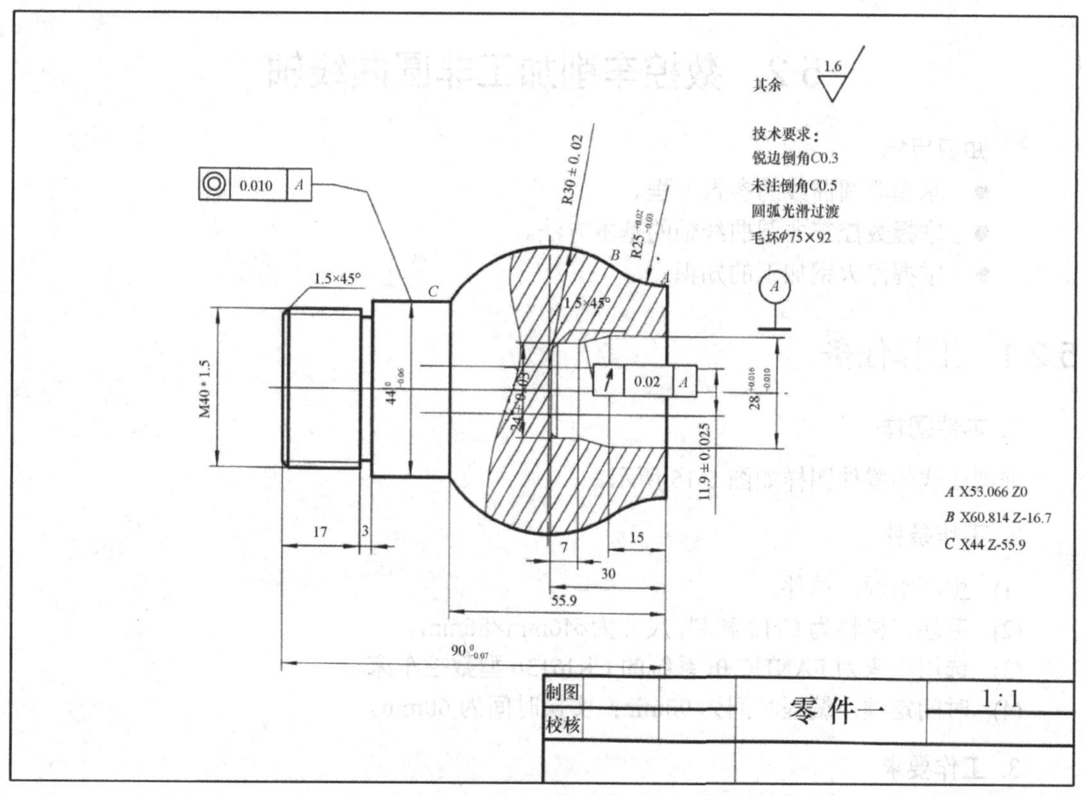

图 5-13 轴零件图

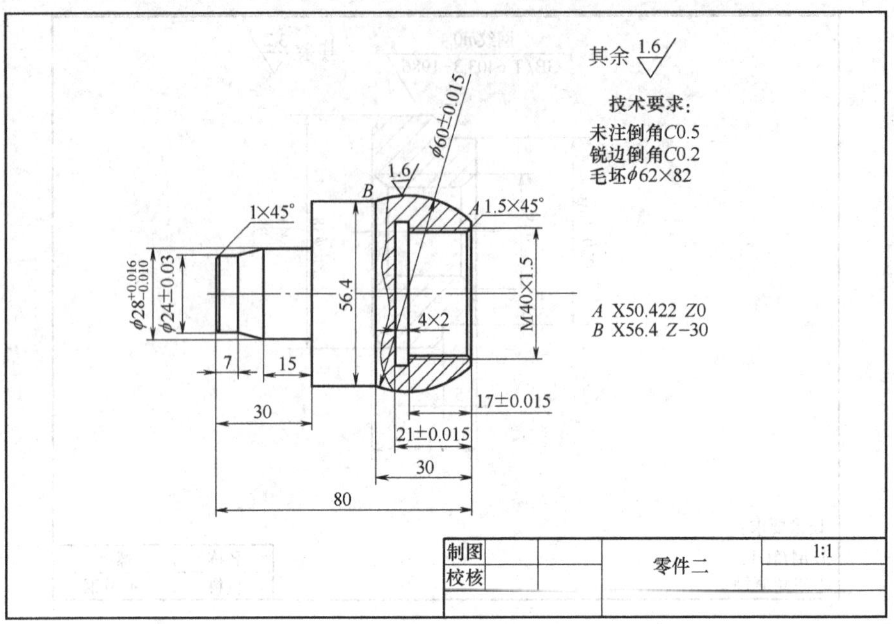

图 5-14　套零件图

5.2　数控车削加工非圆曲线轴

知识目标

- 掌握非圆曲线的参数方程。
- 掌握数控车非圆曲线轴的基本方法。
- 掌握淬火钢加工的知识。

5.2.1　工作任务

1. 零件图样

非圆曲线轴零件图样如图 5-15 所示。

2. 工作条件

(1) 生产纲领：单件。

(2) 毛坯：材料为 Cr12 棒料，尺寸为ϕ46mm×86mm。

(3) 选用机床为 FANUC 0i 系统的 CKI6136 型数控车床。

(4) 时间定额：编程时间为 90min；实操时间为 60min。

3. 工作要求

(1) 工件经加工后，各尺寸符合图样要求。

(2) 工件经加工后，表面粗糙度符合图样要求。

(3) 正确执行安全技术操作规程。

(4) 按企业有关文明生产规定，做到保持工作场地整洁，工件、工具摆放整齐。

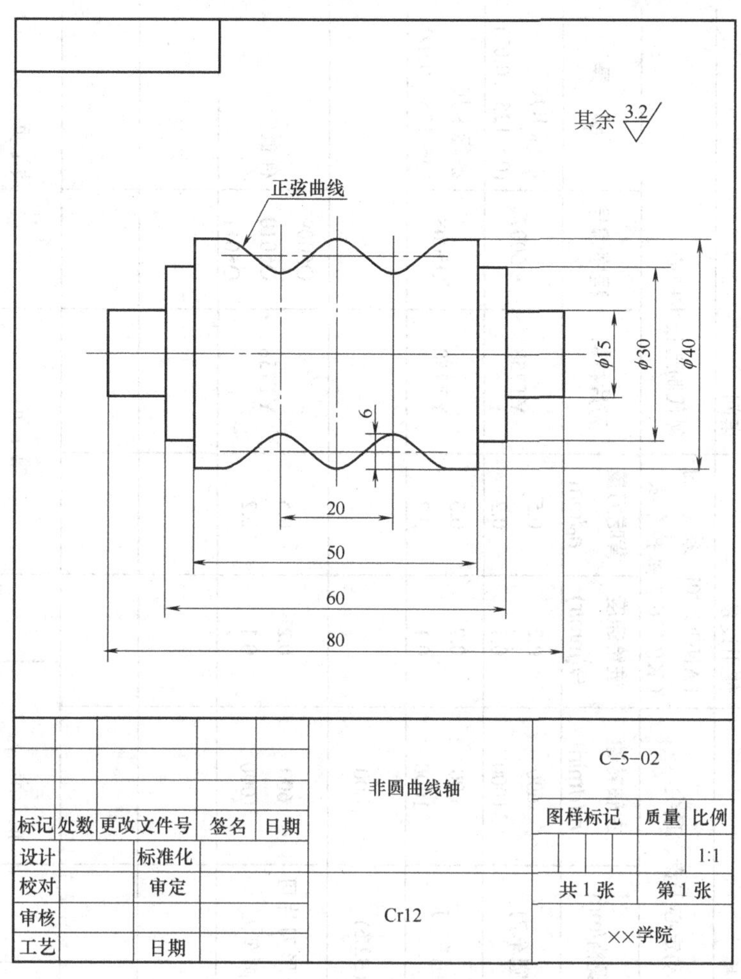

图 5-15　非圆曲线轴零件图样

5.2.2　工作过程

1. 工艺分析与工艺设计

(1)　工艺结构及精度分析。

本例工件中间轮廓由非圆曲线-正弦曲线构成，其余部分分别由 ϕ15mm 圆柱段、ϕ30mm 圆柱段组成。工件的尺寸精度不高，但表面粗糙度较高：*Ra*3.2。

(2)　零件装夹方案分析。

工件两端外圆加工好后，采用一夹一顶的装夹方法。

(3)　加工刀具分析。

刀具选择如下。

T01：淬火钢 90° 外圆车刀(刀具材料：YT758)1 把。

T02：淬火钢菱形刀片可转位外圆车刀(刀具材料：YT758)1 把。

T03：中心钻(*B*2.5)1 把。

制作如表 5-9 所示的工序卡。

表 5-9　工序卡

数控车床加工工序卡			产品名称或代号		零件名称		零件图号		
					非圆曲线轴		C-5-02		
单位名称			夹具名称		使用设备		车间		
			三爪自动定心卡盘、顶尖		FANUC 0i 系统的CKI6136 型数控车床		现代制造技术中心		
序号	工艺内容	刀具号	刀具规格/mm	主轴转速 n/(r/min)	进给速度 F/(mm/r)	背吃刀量 a_p/mm	刀片材料	程序编号	量具
1	粗、精车零件右端外形	T01	90° 外圆车刀	600 1000	0.2 0.1	0.5 0.2	YT758	O5007	游标卡尺 (0～125 0.02)
2	粗、精车零件左端外形	T01 T02	90° 外圆车刀	600 1000	0.2 0.1	0.5 0.2	YT758	O5008	游标卡尺 (0～125 0.02)
3	打 B 型中心孔	T03	中心钻(B2.5)	600					
4	粗、精加工零件正弦曲线外形	T01 T02	35° 菱形刀片可转位外圆车刀	600 1000	0.2 0.1	0.5 0.2	YT758	O5009 O5010 O5011	样板
5									
6									
编制		审核		批准			第 1 页		共 1 页

2. 数控编程

1)　建立工件坐标系

粗、精加工 ϕ15mm 圆柱段、ϕ30mm 圆柱段时，分别在 ϕ15mm 圆柱段的外端面中心建立工件坐标系原点。

粗、精加工正弦曲线轮廓时，以右端 ϕ15mm 圆柱段的外端面中心作为工件坐标系原点。

以设定的工件坐标系编程。

2)　计算基点与节点

确定编程零点后，注意非圆曲线相关点的坐标计算。

(1)　工件两端外圆加工好后，采用一夹一顶的加工方式加工正弦曲线。精加工正弦曲线前，先用 G73 指令进行粗加工去除余量。去除余量时采用 R10 圆弧拟合，每个节点处留单边 0.5mm 的精加工余量。R10 圆弧拟合的各节点值如表 5-10 所示，各节点位置如图 5-16 所示。

表 5-10　节点值

节　点	X	Z
1	41.0	-20.0
2	35.0	-25.0
3	29.0	-30.0
4	35.0	-35.0
5	41.0	-40.0
6	35.0	-45.0
7	29.0	-50.0
8	35.0	-55.0
9	41.0	-60.0

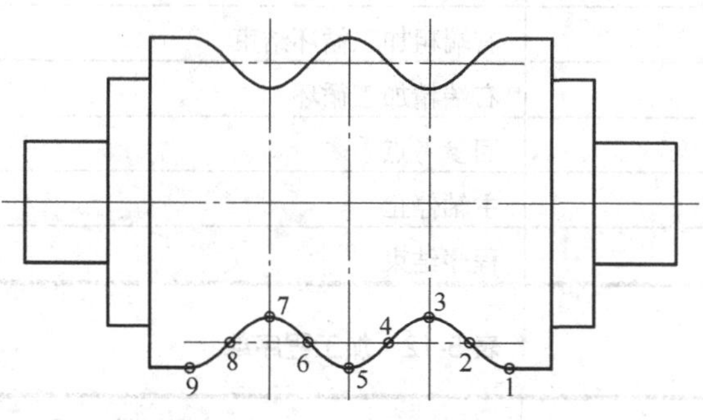

图 5-16　节点位置示意图

(2)　该正弦曲线由两个周期组成，总角度为 720°（-630°～90°）。将该曲线分成 1000 条线段后，用直线进行拟合，每段直线在 Z 轴方向的间距为 40/1000=0.04(mm)，对应其正弦曲线的角度增加 720°/1000。根据公式，计算出曲线上每一线段终点的 X 坐标值：

$$X=34+6\sin\alpha$$

(3) 使用以下变量进行运算。

#100 正弦曲线起始角。

#101 正弦曲线终止角。

#102 正弦曲线各点 X 坐标。

#102 正弦曲线各点 Z 坐标。

3) 编制程序

合理编制程序，力求在保证质量的同时，计算方便，程序简单。

加工程序单如表 5-11～表 5-15 所示。

表 5-11 加工程序单 I

程 序	注 释
O5007;	程序号
G54;	
T0101;	选 T01 外圆车刀
S600 M03;	
G00 X48.0 Z5.0;	快速定位点(48.0，5.0)
G71 U0.5 R2.0;	右端粗加工循环
G71 P10 Q20 U0.1 W0.1 F0.2;	
N10 G00 X15. S1000;	
G42 G01 Z-10. F0.1;	
X20.;	
Z-15.;	
X40. ;	
Z-50.;	
N20 G40 G00 X48.0;	右端粗加工循环结束
G70 P10 Q20;	右端精加工循环
G28 U0. W0.;	回参考点
M05;	主轴停止
M30;	程序结束

表 5-12 加工程序单 II

程 序	注 释
O5008;	程序号
G54;	
T0101;	选 T01 外圆车刀
S600 M03;	

续表

程　序	注　释
G00 X48.0 Z6.0;	快速定位点(48.0，6.0)
G94 X-1. Z4. F0.2;	去端面余量
G94 X-1. Z3. F0.2;	
G94 X-1. Z2. F0.2;	
G94 X-1. Z1. F0.2;	
G94 X-1. Z0.8　F0.2;	粗车端面
G94 X-1. Z0. F0.1 S1000;	
G00 X48.0 Z6.0;	
S600 M03;	
G71 U0.5 R2.0;	右端粗加工循环
G71 P10 Q20 U0.1 W0.1 F0.2;	
N10 G00 X15. S1000;	
G42 G01 Z-10. F0.1;	
X20.;	
Z-15.;	
X40. ;	
Z-50.;	
N20 G40 G00 X48.0;	右端粗加工循环结束
G70 P10 Q20;	右端精加工循环
G0X200.Z200.;	
M05;	主轴停止
M30;	程序结束

表 5-13　加工程序单Ⅲ

程　序	注　释
O5009;	程序号
G54;	
T0202;	选 T02 外圆车刀
S600 M03 F0.2;	
M98 P6004;	去除曲线部分较多余量的子程序
G0 z100.;	
G0 X100.;	
M03 S1000 F0.1;	
M98 P6005;	精加工正弦曲线的子程序
M05;	主轴停止
M30;	程序结束

表 5-14　加工程序单Ⅳ

程　序	注　释
O5010;	程序号
G00 X42.0 Z-13.0;	快速定位点(42.0，−13.0)
G73 U1.0 W0 R6;	粗加工循环，去除曲线部分较多余量
G73 P100 Q200 U0.2 W0 F0.2;	
N100 G00 G42 X41.0 F0.1 S1000;	
G01 Z-20.0;	
G03 X35.0 Z-25.0 R10.0;	
G02 X29.0 Z-30.0 R10.0;	
G02 X35.0 Z-35.0 R10.0;	
G03 X41.0 Z-40.0 R10.0;	
G03 X35.0 Z-45.0 R10.0;	
G02 X29.0 Z-50.0 R10.0;	
G02 X35.0 Z-55.0 R10.0;	
G03 X41.0 Z-60.0 R10.0;	
G01 Z-66.0;	
N200 G00 G40 X42.0;	右端粗加工循环结束
G70 P100 Q200;	精车循环
M99;	返回主程序

表 5-15　加工程序单Ⅴ

程　序	注　释
O5011;	程序号
#100=90.;	#100 正弦曲线起始角初值
#101=−630.;	#101 正弦曲线终止角
#103=−20.0;	#103 正弦曲线各点 *Z* 坐标初值
N300 #102=34+6*SIN[#100];	#102 正弦曲线各点 *X* 坐标
G42 G01 X#102 Z#103 F0.2;	
#100=#100-0.72;	
#103=#103-0.04;	
IF[#100GE#101]GOTO300;	条件判断
G01 Z-66.0;	精加工正弦曲线结束
G40 G00 X150.0;	*X* 轴方向退刀
Z100.;	*Z* 轴方向退刀
M99;	返回主程序

3. 模拟加工

模拟加工的结果如图 5-17 所示。

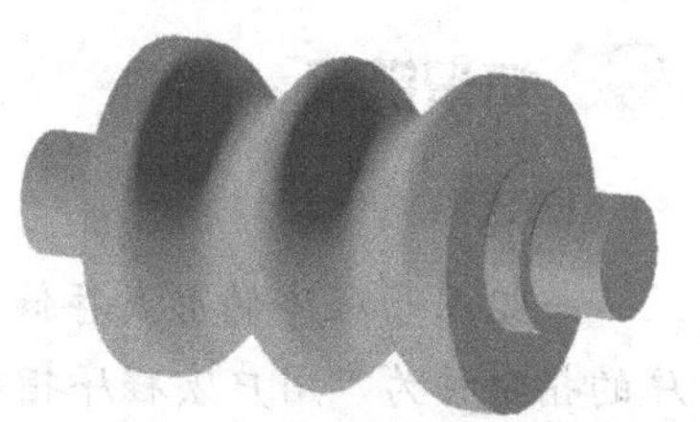

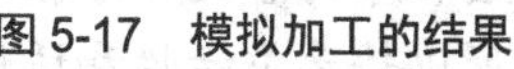

图 5-17　模拟加工的结果

4. 数控加工

1)　加工前的准备

(1)　机床准备。选用的机床为 FANUC 0i 系统的 CKI6136 型数控车床。

(2)　机床回零。

(3)　工具、量具和刃具的准备见表 5-9 所示的工序卡。

2)　工件与刀具装夹

(1)　工件装夹并校正。装夹工件棒料时应使用三爪自定心卡盘夹紧工件，并有一定的夹持长度，棒料的伸出长度应考虑到零件的加工长度及必要的安全距离等。棒料中心线尽量与主轴中心线重合，以防打刀。工件两端外圆加工好后，采用一夹一顶的装夹方法。

(2)　刀具安装。车刀不能伸出过长，刀尖应与主轴中心等高。

(3)　对刀与参数设置。首次对刀包括 X 和 Z 两个坐标轴方向。调头后，X 轴方向的对刀值不变，仅进行 Z 轴方向的对刀即可。

3)　程序输入与调试

(1)　输入程序。

(2)　刀具补偿。

(3)　自动加工。

5. 加工工件质量检测

拆除工件，去毛刺、倒棱，并进行自检自查。

注意事项

(1)　工件需调头加工时，注意工件的装夹部位和程序零点设置的位置。

(2)　合理安排零件粗、精加工，保证零件的精度要求。

(3)　外圆车刀不应与正弦曲面产生干涉。

(4)　合理选用淬火钢外圆车刀的切削用量。精加工时最好选用带高精度刀垫的可转位刀体。刀尖宜低于工件中心 0.02～0.03mm。

6. 清场处理

(1)　清除切屑、擦拭机床，使机床与环境保持清洁状态。

(2)　注意检查或更换磨损坏的机床导轨上的油擦板。

(3)　检查润滑油、冷却液的状态，及时添加或更换。

(4)　依次关掉机床操作面板上的电源和总电源。

(5)　将现场设备、设施恢复到初始状态。

知识链接

1. 宏程序

一组以子程序的形式存储并带有变量的程序称为用户宏程序，简称宏程序。调用宏程序的指令称为“用户宏程序指令”，或宏程序调用指令，简称宏指令。

宏程序与普通程序相比较，普通程序的程序字为常量，一个程序只能描述一个几何形状，所以缺乏灵活性和适用性。而在用户宏程序的本体中，可以使用变量进行编程，还可以用宏指令对这些变量进行赋值、运算等处理。通过使用宏程序能执行一些有规律变化(如非圆二次曲线轮廓)的动作。

用户宏程序分为A、B两种。一般情况下，在一些较老的FANUC 0i系统(如FANUC 0TD系统)中采用A类宏程序，而在较为先进的系统(如FANUC 0i系统)中则采用B类宏程序。

B类宏程序：在FANUC 0MT等老型号的系统面板上没有“+”“-”“*”“/”“=”“[]”等符号，故不能输入这些符号，也不能用这些符号进行赋值及数学运算。所以，在这类系统中只能按A类宏程序进行编程。而在FANUC 0i及其后(如FANUC 18i等)的系统中，则可以输入这些符号并运用这些符号进行赋值及数学运算，即按B类宏程序进行编程。

1) 变量

B类宏程序除可采用A类宏程序的变量表示方法外，还可以用表达式进行表示，但其表达式必须全部写入“[ ]”。程序中的“()”仅用于注释。

2) 变量的赋值

(1) 直接赋值。

(2) 引数赋值。

3) 运算指令

B类宏程序与A类宏程序运算指令有很大的区别，它的运算相当于数学运算。

2. 切削淬火钢条件

1) 淬火钢的切削特点

淬火钢的组织为马氏体，硬度可达HRC50。它在难切削材料中占有相当大的比重。

加工淬火钢的传统方法是磨削。但为了提高加工效率，解决工件形状复杂而不能磨削和淬火后产生形状和位置误差的问题，往往就需要采用车削、铣削、镗削、钻削和铰削等切削加工方法。淬火钢在切削时有以下特点。

(1) 硬度高、强度高，几乎没有塑性：这是淬火钢的主要切削特点。当淬火钢的硬度达到HRC50～60时，其强度可达σ_b=2100～2600MPa，按照被加工材料的加工性分级规定，淬火钢的硬度和强度均为9a级，属于最难切削的材料。

(2) 切削力大、切削温度高：要从高硬度和高强度的工件上切下切屑，其单位切削力可达4500MPa。为了改善切削条件，增大散热面积，刀具选择较小的主偏角和副偏角。这时会引起振动，要求有较好的工艺系统刚性。

(3) 不易产生积屑瘤：淬火钢的硬度高、脆性大，切削时不易产生积屑瘤，被加工表面可以获得较低的表面粗糙度。

(4) 刀刃易崩碎、磨损：由于淬火钢的脆性大，切削时切屑与刀刃接触面，切削力和

切削热集中在刀具刃口附近，易使刀刃崩碎和磨损。

(5) 导热系数低：一般淬火钢的导热系数为 7.12 W/(m·K)，约为 45 号钢的 1/7。材料的切削加工性等级是 9a 级，属于很难切削的材料。由于淬火钢的导热系数低，切削热很难通过切屑带走，切削温度很高，加快了刀具磨损。

2) 合理选择切削淬火钢的刀具材料

合理选择刀具材料，是切削加工淬火钢的重要条件。根据淬火钢的切削特点，刀具材料不仅要有高的硬度、耐磨性、耐热性，而且要有一定的强度和导热性。

(1) 硬质合金：为了改善硬质合金的性能，在选择硬质合金时，应优先选择加入适量 TaC 或 NbC 的超细微粒的硬质合金。因为在 WC-Co 类硬质合金中，加入 TaC 以后，可将其原来的 800℃高温强度提高 150～300MPa，常温硬度提高 HV40～100；加入 NbC 以后，高温强度提高 150～300MPa，常温硬度提高 HV70～150。而且 TaC 和 NbC 可以细化晶粒，提高硬质合金抗月牙洼磨损的能力。TaC 还可以降低摩擦系数，降低切削温度，增强硬质合金抗热裂和热塑性变形的能力，同时也将 WC 的晶粒细化到 0.5～1μm，硬度提高 HRA1.5～2，抗弯强度提高 600～800MPa，高温硬度比一般硬质合金高。

常用来切削淬火钢的硬质合金牌号有 YM051、YM052、YN05、YN10、600、610、726、758、767、813 等。

(2) 热压复合陶瓷和热压氮化硅陶瓷：在 Al_2O_3(三氧化二铝)中加入 TiC 等金属元素并采用热压工艺，改善了陶瓷的致密性，提高了氧化铝基陶瓷的性能，使它的硬度提高到 HRA95.5，抗弯强度可达到 800～1200MPa，耐热性可达 1200～1300℃，在使用中可减少黏结和扩散磨损。其主要牌号有 AG2、AG3、AG4、LT35、LT55、AT6 等。氮化硅基陶瓷是在 Si_3N_4 中加入 TiC 等金属元素，其硬度为 HRA93～94，抗弯强度为 700～1100MPa，主要牌号有 HS73、HS80、F85、ST4、TP4、SM、HDM1、HDM2、HDM3。这两种陶瓷适用于车、铣、镗、刨削淬火钢。

(3) 立方氮化硼复合片(PCBN)刀具：它的硬度为 HV8000～9000，复合抗弯强度为 900～1300MPa，导热性比较高，耐热性为 1400～1500℃，是刀具材料中最高的。它非常适合用于淬火钢的半精加工和精加工。

综上所述，切削淬火钢最好的刀具材料是立方氮化硼，其次是复合陶瓷，再次是新牌号硬质合金。

3) 合理选择切削淬火钢刀具的几何参数

切削淬火钢时，光有好的刀具材料，而没有合理的刀具几何参数，也不能达到满意的效果。所以要根据具体的刀具材料、工件材料和切削条件，合理地选择刀具几何参数，才能有效地发挥刀具材料应有的切削性能。

(1) 前角：前角的大小对切削淬火钢影响很大。由于淬火钢的硬度和强度高，切削力大，而且集中在刀具刃口附近。为了避免崩刃和打刀，前角应选零度和负值，一般 γ_0=-10°～0°。工件材料硬度高、断续切削时，应选较大的负前角，γ_0 = -10°～-30°。如果采用正前角可转位刀片时，应磨出较大的负倒棱，以增强刀刃强度。

(2) 后角：切削淬火钢刀具的后角应比一般刀具的后角大一些，以减小后刀面的摩擦，一般 α_0 = 8°～10° 为好。

(3) 主偏角和副偏角：为了增强刀尖强度和改善散热条件，主偏角 K_r = 30°～60°，

副偏角 $K_r' = 6° \sim 15°$ 。

(4) 刃倾角：刃倾角为负值时，可以增大刀尖强度。但负值太大时，会使 F_p 力增大，在工艺系统刚性差时，会引起振动。所以在一般情况下，$\lambda_s = -5° \sim 0°$；断续切削时，$\lambda_s = -10° \sim -20°$；硬齿面刮削滚刀，它的刃倾角 $\lambda_s = -30°$ 。

(5) 刀尖圆弧半径：它的大小影响刀尖强度和已加工表面的粗糙度。因工艺系统刚性的影响，刀尖圆弧半径取0.5～2mm为宜。

切削淬火钢刀具，在合理选好几何参数的基础上，必须经过仔细刃磨与研磨，提高刀具各表面的刃磨质量，使刀具耐用度得到提高。

4) 合理选择切削淬火钢时的切削用量

切削加工淬火钢的切削用量，主要根据刀具材料、工件材料的物理力学性能、工件形状、工艺系统刚性和加工余量来选择。在选择切削用量三要素时，首先考虑选择合理的切削速度，其次是切削深度，再次是进给量。

(1) 切削速度：一般的淬火钢耐热性在200～600℃，而硬质合金的耐热性为800～1000℃，陶瓷刀具的耐热性为1100～1200℃，立方氮化硼的耐热性为1400～1500℃。除高速钢外，一般淬火钢达到400℃左右时，它的硬度开始下降，而上述刀具材料仍保持它原有的硬度。所以在切削淬火钢时，充分利用上述这一特性，切削速度不宜选择太低或太高，以保持刀具有一定的耐用度。从目前的经验来看，不同的刀具材料切削淬火钢的切削速度也不同，硬质合金刀具 V_c=30～75m/min，陶瓷刀具 V_c=60～120m/min，立方氮化硼刀具 V_c=100～200m/min。在断续切削和工件材料硬度太高时，应降低切削速度，一般约为上面最低切削速度的1/2。在连续切削时的最佳切削速度以切下的切屑呈暗红色为宜。

(2) 切削深度：一般根据加工余量和工艺系统刚性选择，一般情况下，α_p=0.1～3mm。

(3) 进给量：一般为0.05～0.4mm/r。在工件材料硬度高或断续切削时，为了减小单位切削力，应当减小进给量，以防崩刃和打刀。

5.2.3 拓展实训

本节应完成的任务如下。

(1) 请记录机床操作流程。

(2) 使用尺寸为ϕ30mm×86mm的棒料进行如图5-18所示手柄零件的加工。

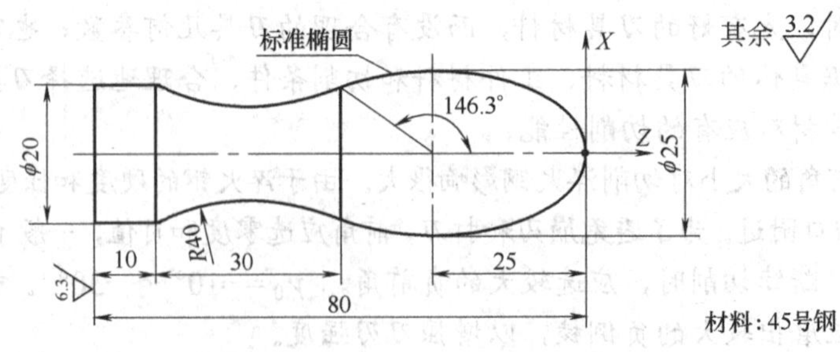

图5-18 手柄零件图

(3) 使用尺寸为ϕ110mm×70mm的坯料进行如图5-19所示灯罩零件的加工。

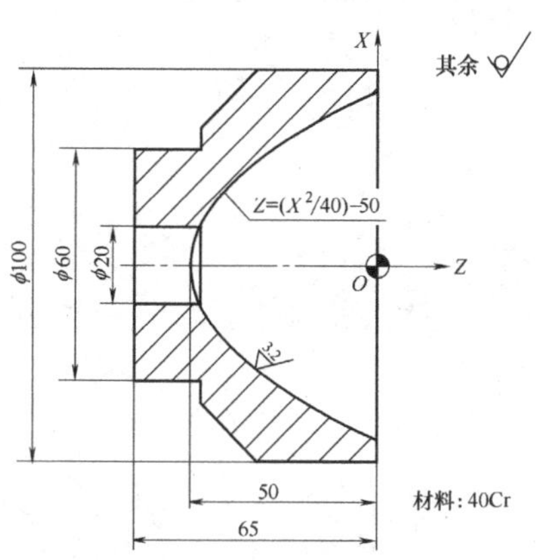

图 5-19　灯罩零件图

(4) 进行如图 5-20 所示零件的加工，并组装。

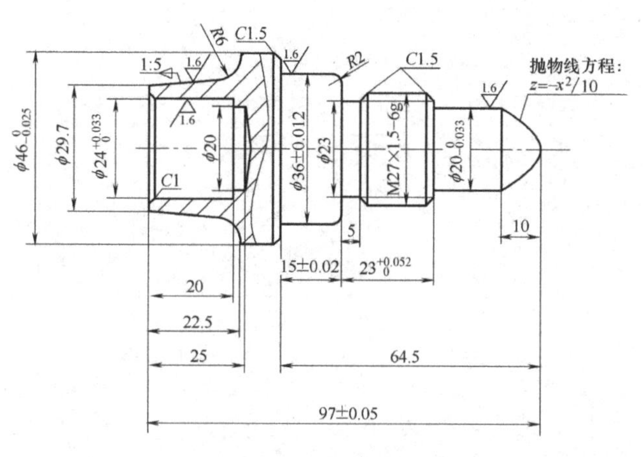

其余 3.2

未注倒角 0.5×45°

(a) 零件Ⅰ

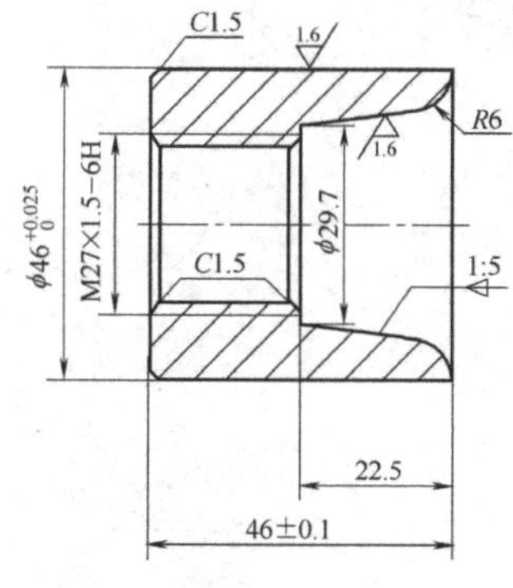

(b) 零件Ⅱ

材料：45号钢

技术要求：

1. 锐边倒角 C0.3。
2. 涂色锥面接触面不小于 50%。
3. 圆锥与圆弧过渡光滑。
4. 未注公差尺寸按 IT12 加工和检验。

图 5-20　轴、套零件图

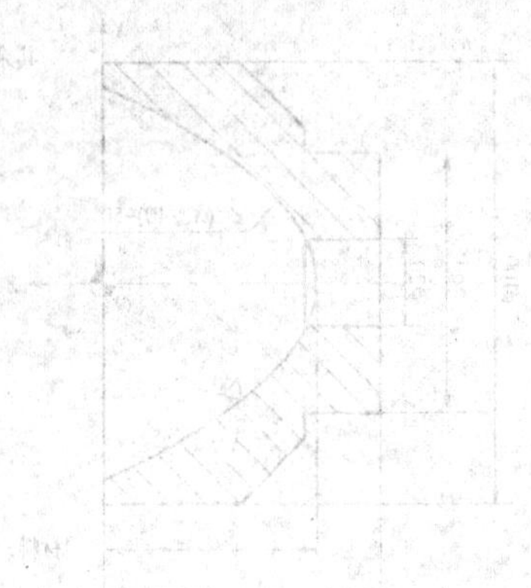

图5-19 灯罩零件图

(4) 试分析图5-20所示零件的加工，并编程。

图5-20 轴、套零件图

第二篇

数控铣削加工编程与应用

第 6 章　数控铣床及加工中心操作基础

本章要点

- 数控铣床及加工中心的基本组成部分及其作用。
- 数控铣床及加工中心的安全操作规程。
- 数控铣床及加工中心的基本操作方法。
- 数控铣床及加工中心的日常维护与保养。

6.1　数控铣床概述

6.1.1　数控铣床的基本结构

数控铣床一般由数控系统、主传动系统、进给伺服系统和辅助装置(冷却润滑系统、排屑装置)等几大部分组成。

1. 主传动系统

数控铣床主传动系统，是指将主轴电动机的原动力通过该传动系统变成可供切削加工用的切削力矩和切削速度。为了适应各种不同材料的加工及各种不同的加工方法，要求数控铣床的主传动系统要有较大的转速范围及相应的输出转矩。

2. 主轴部件

数控铣床的主轴部件是铣床的重要组成部分之一。主轴部件将直接装夹刀具对工件进行切削，因而对加工质量(包括加工粗糙度)及刀具寿命有很大的影响。

3. 进给伺服系统

进给伺服系统由进给电动机和进给执行机构组成，是按照程序设定的进给速度实现刀具和工件之间的相对运动，包括直线进给运动和旋转运动。

4. 控制系统

控制系统是数控铣床运动控制的中心，执行数控加工程序控制机床进行加工。

5 辅助装置

辅助装置包括液压、气动、润滑、冷却系统和排屑、防护等装置。

6. 机床基础件

机床基础件通常是指床身、底座、立柱、横梁、滑座、工作台等，它是整个机床的基础和框架。

6.1.2 机床参数

数控铣床的主要技术参数有：工作台外形尺寸，工作台行程(*X*、*Y*轴行程)，主轴行程(*Z*轴行程)，主轴端面至工作台面距离，主轴锥孔，主轴定向，刀具最大尺寸，主轴最高转速，进给速度，快速移动速度，主电动机功率，主轴最大输出扭矩，定位精度，重复定位精度，机床外形尺寸(长×宽×高)等。

6.1.3 工艺范围

数控铣床主要用于复杂轮廓曲面零件的铣削加工，可完成平面、斜面、孔、槽内廓、螺旋面以及任意空间型面的切削成型。

6.2 加工中心概述

6.2.1 加工中心的基本结构

加工中心机床也称为多工序自动换刀数控机床，一般由主轴箱、数控系统、主传动系统、进给伺服系统、刀库驱动系统、自动刀具交换装置、气液控制系统等几大部分组成。

1. 主轴箱

加工中心主轴箱主要由四个功能部件组成，分别是主轴部件、刀具自动夹紧机构、切屑清除装置和主轴准停装置。

2. 进给伺服系统

加工中心有三套(*X*、*Y*、*Z* 轴)相同的伺服进给系统。工作台的进给(*X* 向与 *Y* 向)和主轴(*Z* 向)进给运动分别由三台脉宽调速直流伺服电机直接带动滚珠丝杠旋转来实现，其中任意两个坐标轴可以联动。

3. 自动刀具交换装置(ATC)

自动刀具交换装置是加工中心机床的典型特征，由刀库和机械手两部分组成，是多工序加工的必要条件。自动换刀装置的功能对整机的加工效率有很大影响。

4. 气液控制系统

加工中心机床刀具交换系统中的机械手动作、刀套运动及主轴松刀等动作，都是依靠气液转换系统来实现的。

5. 机床基础件

机床基础件通常是指立柱、床身、工作台等，它是整个加工中心机床的基础和框架。

6.2.2　机床参数

加工中心机床的主要技术参数有：工作台外形尺寸，工作台行程(X、Y 轴行程)，主轴行程(Z 轴行程)，主轴转速，主轴锥孔，主轴驱动电动机功率，进给速度，刀库容量，定位精度，重复定位精度，机床外形尺寸(长×宽×高) 等。

6.2.3　工艺范围

加工中心机床能对需要做镗孔、铰孔、攻螺纹、铣削等作业的工件进行多工序的自动加工。车削中心是以回转体零件为加工对象，大多数加工中心机床是以非回转体零件为加工对象，其中较为常见且具有代表性的是自动换刀卧式数控镗铣床。

6.3　数控铣床及加工中心的文明生产和安全操作规程

6.3.1　数控铣床及加工中心的文明生产

数控铣床及加工中心机床自动化程度高，采用了高性能的主轴部件传动系统和高效传动部件(滚珠丝杠、静压导轨)，机械结构具有较高的刚度和耐磨性，热变形小且具有自动换刀装置，加工工序集中。操作者除了要掌握数控铣床及加工中心机床的性能和精心操作外，一方面要管好、用好和维护好数控铣床及加工中心机床；另一方面还必须养成文明生产的良好工作习惯和严谨的工作作风，应具有较好的职业素质、责任心和良好的合作精神。

6.3.2　数控铣床及加工中心的安全操作规程

数控铣床及加工中心的操作规程如下。

(1) 机床通电后，检查各开关、按钮和按键是否正常、灵活，机床有无异常现象。

(2) 检查电压、气压、油压是否正常，有手动润滑的部位要先进行手动润滑。

(3) 各坐标轴手动回零(机床参考点)，若某轴在回零前已在零位，必须先将该轴移动离开零点一段距离后，再手动回零。

(4) 机床空运转达 15min 以上，使机床达到热平衡状态。

(5) 程序输入后，应认真核对，保证无误，其中包括对代码、指令、地址、数值、正负号、小数点及语法的核对。

(6) 按工艺规程找正夹具。

(7) 正确测量和计算工件坐标系，并对所得结果进行验证和演算。

(8) 将工件坐标系输入偏置页面，并对坐标、坐标值、正负号、小数点进行认真核对。

(9) 未安装工件之前，空运行一次程序，看程序能否顺利运行，刀具长度的选取和夹具安装是否合理，有无超程现象。

(10) 刀具补偿值(刀长、半径)输入偏置页面后，要对刀具补偿号、补偿值、正负号、小数点认真进行核对。

(11) 装夹工具时要注意螺钉压板是否妨碍刀具运动，检查零件毛坯和尺寸超长现象。

(12) 检查各刀头的安装方向及各刀具旋转方向是否合乎程序要求。

(13) 查看刀杆前后部位的形状和尺寸是否合乎程序要求。

(14) 无论是首次加工的零件，还是周期性重复加工的零件，首件都必须对照图样工艺、程序和刀具调整卡，进行逐段程序的试切。

(15) 单段试切时，快速倍率开关必须打到最低挡。

(16) 每把刀首次使用时，必须先验证它的实际长度与所给刀具补偿值是否相符。

(17) 在程序运行中，要观察数控系统上的坐标显示，可了解目前刀具运动点在机床坐标系及工件坐标系中的位置。了解程序段的位移量以及还剩余多少位移量等。

(18) 程序运行中也要观察数控系统上的工作寄存器和缓冲寄存器显示，查看正在执行的程序段各状态指令和下一个程序段的内容。

(19) 在程序运行过程中，要重点观察数控系统上的主程序和子程序的运行情况，了解正在执行的程序段的具体内容。

(20) 试切进刀时，在刀具运行至距离工件表面 30～50mm 处时，必须在进给保持下，验证剩余坐标值和 X、Y 轴坐标值与图样是否一致。

(21) 对一些有试刀要求的刀具，采用“渐近”方法。如镗削一小段长度，检测合格后，再镗削整个长度。对刀具半径补偿等的刀具参数，可由小到大，边试边修改。

(22) 试切和加工中，刃磨刀具和更换刀具后，一定要重新测量刀长并修改相应的刀具补偿值和刀具补偿号。

(23) 程序检索时应注意光标所指位置是否合理、准确，并观察刀具和机床的运动方向坐标是否正确。

(24) 程序修改后，对修改部分一定要仔细计算和认真核对。

(25) 手摇进给和手动连续进给操作时，必须检查各种开关所选择的位置是否正确，弄清楚正、负方向和倍率，然后再进行操作，

(26) 整批零件加工完成后，应核对刀具号、刀具补偿值，使程序、偏置页面、调整卡及工序卡中的刀具号、刀具补偿值完全一致。

(27) 从刀库中卸下刀具，按调整卡或程序清理，编号入库。

(28) 卸下夹具，某些夹具应记录安装位置及方位，并做出记录、存档。

(29) 清扫机床并将各坐标轴停在中间位置。

(30) 检查润滑油、冷却液的状态，及时添加或更换。

6.4　数控铣床及加工中心的日常维护与保养

6.4.1　日常维护与保养的基本要求

1. 日常维护与保养的意义

数控铣床及加工中心机床使用寿命的长短和故障的多少，不仅取决于机床的精度和性能，在很大程度上也取决于它的正确使用和维护。正确地使用能防止设备非正常磨损，避免突发故障，精心地维护可使设备保持良好的状态，及时发现和消除隐患，从而保障安全

运行，保证企业的经济效益，实现企业的经营目标。因此，机床的正确使用与精心维护是贯彻设备管理预防事故的重要环节。

2. 日常维护保养的目的

对数控机床进行日常维护保养可以延长器件的使用寿命和机械部件的变换周期，防止发生意外的恶性事故，能够使机床始终保持良好的状态，并保持长时间的稳定工作。不同型号的数控机床日常保养的内容和要求不完全一样，机床说明书中已有明确的规定，但总的来说主要包括以下几个方面。

(1) 良好的润滑状态。定期检查、清洗自动润滑系统，及时添加或更换油脂、油液，使丝杠导轨等各运动部位始终保持良好的润滑状态，以降低机械的磨损速度。

(2) 机械精度的检查调整。用以减少各运动部件之间的形状和位置偏差，包括换刀系统、工作台交换系统、丝杠、反向间隙等的检查调整。

(3) 经常清扫。如果机床周围环境太脏，粉尘太多，将会影响机床的正常运行；电路板上太脏，可能产生短路现象；油水过滤器、安全过滤网等太脏，会发生压力不够，散热不好，造成故障，所以必须定期进行清扫。

3. 日常维护保养必备的基本知识

数控铣床及加工中心具有集机、电、液于一体以及技术密集和知识密集的特点。因此，机床的维护人员不仅应具有机械加工工艺及液压、气动方面的知识，还应具备电子计算机、自动控制驱动及测量技术等知识，这样才能做好机床的维护保养工作。维护人员在维修前应详细阅读数控铣床的有关说明书，了解机床的结构特点、工作原理以及电缆的连接。

6.4.2　数控系统的日常维护

数控系统使用一定时间之后，某些元器件或机械部件就会损坏。数控系统进行日常维护的目的是为了延长元器件的寿命和零部件的磨损周期，防止各种故障，特别是恶性事故的发生，延长整台数控系统的使用寿命。具体的日常维护要求在数控系统的使用、维修说明书中一般都有明确的规定。总体来说，要注意以下几点。

1. 制定数控系统日常维护的规章制度

根据各种部件的特点，确定各自的保养条例。例如，明文规定哪些地方需要天天清理，哪些部件需要定期加油或更换等。

2. 应尽量少开数控柜和强电柜的门

机械加工车间空气中一般都含有油雾、漂浮的灰尘甚至金属粉末，一旦它们落在数控装置内的印刷线路板或电子器件上，极易引起元器件间绝缘电阻下降，并导致元器件及印刷线路板的损坏。因此，除非进行必要的调整和维修，否则不允许在加工时打开柜门。

3. 定时清理数控装置的散热通风系统

应每天检查数控装置上的各个冷却风扇工作是否正常。视环境的状况，每年或每季度检查一次风道过滤器是否堵塞，如果过滤网上灰尘积聚过多，则需要及时清理，否则将会引起数控装置内温度过高(一般不允许超过 55℃)，致使数控系统不能正常工作，甚至发生过热报警现象。

4. 定期检查和更换直流电动机电刷

虽然在现代数控机床上有交流伺服电机和交流主轴电机取代直流伺服电机和直流主轴电动机的倾向，但广大用户所用的大多数还是直流电动机，而电动机电刷的过度磨损将会影响电动机的性能，甚至造成电机损坏。因此，应对电动机电刷进行定期检查和更换。检查周期随机床使用频繁度而定，一般为每半年或一年检查一次。

5. 经常监视数控装置用的电网电压

数控装置通常允许电网电压在额定值的-15%～+10%的范围内波动，如果超出此范围系统将不能正常工作，甚至会引起数控系统内的电子部件损坏。因此，需要经常监视数控装置的电网电压。

6. 存储器用的电池需要定期更换

存储器如采用 CMOSRAM 器件，为了在数控系统不通电期间能保持存储的内容，则设有可充电电池维持电路。在正常电源供电时，由+5V 电源经一个二极管向 CMOSRAM 供电，同时对可充电电池进行充电，当电源停电时，则改由电池供电维持 CMOSRAM 信息。在一般情况下，即使电池仍未失效，也应每年更换一次，以便确保系统能正常工作。电池的更换应在 CNC 装置通电状态下进行。

7. 数控系统长期不用时的维护

为提高系统的利用率和减少系统的故障率，数控机床长期闲置不用是不可取的。若数控系统处在长期闲置的情况下，需注意两点：一是要经常给系统通电，特别是在环境湿度较高的梅雨季节更是如此。在机床锁住不动的情况下，系统空运行，利用电气元件本身产生的热量来驱散数控装置内的潮气，保证电子元器件及部件性能的稳定可靠。实践证明，在空气湿度较大的地区，经常通电是降低故障的一个有效措施。二是将电刷从直流电动机中取出，防止化学腐蚀作用使换向器表面腐蚀，造成换向性能变差，使整台电机损坏。

8. 备用印刷线路板的维护

由于印刷线路板长期不用就容易出现故障，因此，对于已购置的备用印刷线路板应定期装到数控装置上通电运行一段时间，以防损坏。

6.5 数控铣床的基本操作

6.5.1 SINUMERIK 802S/C 系统数控铣床面板介绍

1. MDI 和 CRT 面板

MDI 和 CRT 面板的界面如图 6-1 所示，MDI 软键的功能如表 6-1 所示。

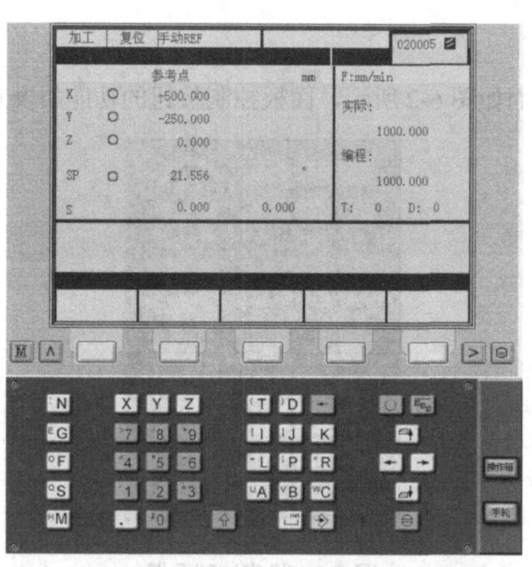

图 6-1　MDI 和 CRT 面板的界面

表 6-1　MDI 软键的功能

MDI 软键	功　能
加工显示	按下，进入机床操作区域
返回键	返回上一级菜单
菜单扩展键	进入同一级的其他菜单界面
区域转换键	不管现在处于哪个界面，按此键后可立即返回主界面
删除键(退格键)	自右向左删除字符
选择/转换键	一般用于单选按钮和复选框
垂直菜单键	在某些特殊画面，按此键可以垂直显示可选项
光标向上键	向上翻页键，用于向上移动光标，加上挡键用于向上翻页
光标向下键	向下翻页键，用于向下移动光标，加上挡键用于向下翻页
光标向左键	用于向左移动光标
光标向右键	用于向右移动光标
报警应答键	报警出现时，按此键可以消除报警
回车/输入键	(1) 接受一个编辑值； (2) 打开、关闭一个文件目录； (3) 打开文件
空格键(插入键)	空格键
上挡键	对键上的两种功能进行转换。使用上挡键，当按下字符键时，该键上行的字符(除了光标键)就被输出

2. 机床控制面板

机床控制面板的界面如图 6-2 所示，面板控制按钮的功能如表 6-2 所示。

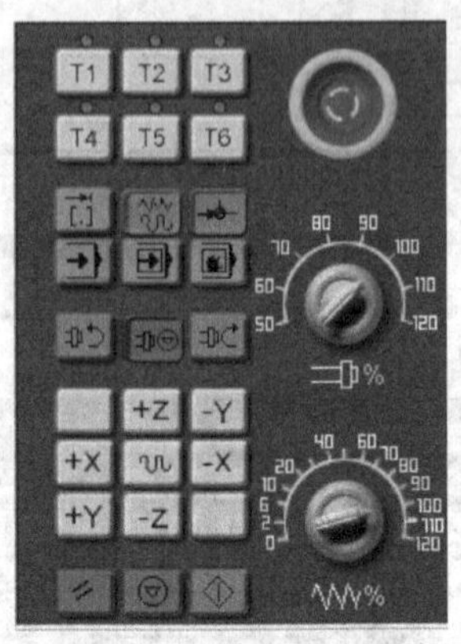

图 6-2　机床控制面板

表 6-2　机床控制面板中控制按钮的功能

按　钮	名　称	功能简介
	急停	按下“急停”按钮，使机床移动立即停止，并且所有的输出(如主轴的转动等)都会关闭
	点动距离选择	在单步或手轮方式下，用于选择移动距离
	手动方式	手动方式，连续移动
	回零方式	机床回零；机床必须首先执行回零操作，然后才可以运行
	自动模式	进入自动加工模式
	单段	当按下该按钮时，运行程序时每次执行一条数控指令
	手动数据输入(MDA)	单程序段执行模式
	主轴正转	按下该按钮，主轴开始正转
	主轴停止	按下该按钮，主轴停止转动
	主轴反转	按下该按钮，主轴开始反转
	快速	在手动方式下，按下该按钮后，再按下“移动”按钮则可以快速移动机床
+Z -Z +Y -Y +X -X	移动	在手动方式下，按下其中任一按钮后，则可以移动机床
	复位	按下该按钮，复位 CNC 系统，包括取消报警、主轴故障复位、中途退出自动操作循环和输入/输出过程等

续表

按 钮	名 称	功能简介
	循环保持	程序运行暂停，在程序运行过程中，按下该按钮运行暂停。按“运行开始”按钮恢复运行
	运行开始	程序开始运行
	主轴倍率修调	调节主轴倍率
	进给倍率修调	调节数控程序自动运行时的进给速度倍率，调节范围为0～120%

6.5.2　有关基本操作的警告及注意

1. 紧急停止

若按机床操作面板上的“急停”按钮，机床移动会瞬间停止。

2. 超程

刀具(或工作台)超越机床限位开关限定的行程范围时，显示报警，同时减速停止。此时手动将刀具(或工作台)移向安全方向，然后按“复位”按钮解除报警。

3. 系统参数

系统参数是数控铣床得以正常工作的基本保证，它决定了机床的各项工作性能，一般由生产厂家予以设定，不允许用户轻易修改。为了防止误操作而导致系统参数丢失，用户可以记录原始参数值备查。

4. 刀具磨损

刀具磨损会引起零件尺寸的变化，尤其当零件批量大、刀具磨损严重时，有可能导致零件尺寸变化超出公差的允许范围，造成零件报废。因此，要经常注意刀具磨损对零件尺寸精度的影响。

5. 更换刀具

更换刀具时要注意操作安全。在更换刀具时，要把刀柄擦干净才能装入弹性筒夹。在装上刀具组前，必须把锥柄擦干净。

6. 报警处理

铣床出现报警时，要根据报警信号查找原因，及时解除报警。不可关机了事，否则开机后仍处于报警状态。

6.6 FANUC 0i 系统加工中心基本操作注意事项

6.6.1 安全操作的警告和注意事项

1. 警告

(1) 在实际加工工件时，不能立刻就运转机床，而是要通过试运行来确认机床的动作状态。确认项目包括：使用单程序段、进给速度倍率、机械锁住功能，或没有安装刀具和工件时的空载运转。如果不能肯定机床运转是否正常，就会因为预想不到的机床运转而损坏工件或者机床，或导致操作人员受伤。

(2) 机床运转之前应认真检查是否已经正确输入想要输入的数据。如果使用不正确的数据运转机床，也会因为机床预想不到的运转而损坏工件和机床，或导致操作人员受伤。

(3) 要确保进给速度与将要进行的操作相适应。一般来讲，每台机床的最大进给速度均会受到限制。根据运转内容的不同，最佳速度也不同，须依照机床说明书执行。如果机床运转的速度不正确，会给机床带来预想不到的负荷，从而损坏工件和机床，或导致操作人员受伤。

(4) 当使用刀具补偿功能时，应充分确认补偿方向和补偿量。如果使用不正确的数据运转机床，也会因为机床预想不到的运转而损坏工件和机床，或导致操作人员受伤。

(5) 制造商已经设置了 CNC 和 PMC 参数的最佳值，一般情况下不必改变。然而，在迫不得已必须改变参数时，在改变前，必须弄清楚该参数的功能。

2. 注意事项

(1) 接通电源后，在位置显示界面或报警界面显示在 CNC 装置的界面上之前，不要触摸 MDI 面板上的任何按键。因为 MDI 面板上的某些键是为维修或其他的特殊操作而设置的，按压这些键中的任何一个，都会使 CNC 处于预想不到的状态，在这种状态下启动机床有可能导致机床预想不到的运转。

(2) 用户手册说明了 CNC 装置具备的全部功能，其中包括选项功能。应注意的是，所选的选项功能将随着机床型号的不同而不同。因此，说明书中所介绍的有些功能不能使用，用户应事先确认机床的规格。

(3) 某些功能可能是按机床制造商的要求提供的。当使用这些功能时，关于使用方法和注意事项要参阅机床制造商提供的说明书。

(4) 液晶显示屏是使用非常精密的加工技术制作而成的，但是由于其特性，有时会存在像素缺陷和经常点亮的像素，但这并非故障。

6.6.2 有关操作中的警告和注意事项

1. 警告

(1) 手动运行。手动运行机床时，要把握刀具和工件的当前位置，还要充分确认移动轴、移动方向和进给速度的选择没有错误。

(2) 手动返回参考点。对于需要进行手动返回参考点的机床，在接通电源后，务必进行手动返回参考点。如果不首先进行手动返回参考点的操作，就会导致机床预想不到的运转。另外，在进行手动返回参考点之前，行程检测会失效。

(3) 手轮进给。手轮进给时，若选择 100 倍等较大的倍率旋转手轮，会使刀具和转台的移动速度加快。因此，运转时如果不加注意，就会损坏刀具、机床和工件，或导致操作人员受伤。

(4) 倍率的失效。在螺纹切削、刚性攻丝或其他攻丝期间，当指定宏变量倍率失效或取消倍率而使倍率失效时，将成为预想不到的速度，从而损坏刀具、机床和工件，或导致操作人员受伤。

(5) 原点/预置操作。当机床处于程序执行中时，原则上不要进行原点/预置操作。若在程序执行中进行原点/预置操作，在之后的程序执行过程中，机床将执行预想不到的动作。

(6) 工件坐标系偏移。手动干预、机械锁住或镜像都会导致工件坐标系偏移。因此，在执行程序之前，必须认真确认坐标系。

(7) 软式操作面板和菜单开关。利用软式操作面板和菜单开关，可以从 MDI 面板指定机床面板不支持的操作，如改变方式、改变倍率值、指定 JOG 进给指令等。

(8) 复位键。按下复位键时，执行中的程序停止，伺服轴也会随之停止。但是，由于 MDI 面板的故障等原因，复位键有可能不起作用，为了确保安全，在需要停止电机时，不要按下复位键，而应使用“急停”按钮。

2. 注意事项

(1) 手动干预。如果在程序执行过程中进行手动干预，根据不同的状态，在重新启动机床时，移动路径会有所不同。因此，手动干预之后，在重新启动机床之前，应确认手动绝对开关、参数和绝对/增量指令方式等的状态。

(2) 进给保持、倍率和单程序段。使用用户宏程序系统变量#3004，可使进给保持、进给速度倍率和单程序段功能失效。这时，由操作人员进行的这些操作将会失效，操作机床时必须格外小心。

(3) 空运行。空运行时机床以空运行速度运转，该速度不同于用程序指定的进给速度。有时机床会在快速移动下运动。

(4) 在 MDI 方式下的刀具半径补偿、刀尖半径补偿。对于 MDI 方式下的指令，刀具半径补偿或者刀尖半径补偿都不会执行，请注意移动路径。特别是在刀具半径补偿方式或者刀尖半径补偿方式下，若在自动运行中从 MDI 输入一个指令来中断，之后在重新启动自动运行时，必须格外留意其移动路径。

(5) 编辑程序。如果机床暂停加工，之后对加工中的程序进行修改、插入或删除，然后继续执行该程序，就会导致机床预想不到的运转。对正在使用的加工程序进行修改、插入或删除是十分危险的，原则上不要擅自进行上述操作。

6.6.3 有关编程的警告和注意事项

1. 警告

(1) 坐标系设定。如果坐标系的设定不正确，即使程序的移动指令正确，也会导致机床预想不到的运转。

(2) 用非直线插补法定位。当用非直线插补法定位时(即在起点和终点之间采用非线性运动定位方式)，在进行编程之前，必须仔细确认刀具的路径。

(3) 旋转轴动作的功能。在执行法线方向控制等程序时，应格外注意旋转轴的速度。程序编得不合适，会使旋转轴的速度变得过快，或由于工件的安装方法不当，工件因离心力而脱落。

(4) 英制/公制转换。由英制输入转为公制输入，或由公制输入转为英制输入，并不转换工件原点偏置量、各类参数和当前位置等单位。因此，在运行机床之前，必须充分确认这类数据的单位。

(5) 周速恒定控制。在周速恒定控制中，周速恒定控制轴的工件坐标系的当前位置接近原点时，主轴的速度会变得过快，因此，必须正确指定最大转速。

(6) 行程检测。对于需要进行手动返回参考点的机床，在接通电源后，务必进行手动返回参考点。在手动返回参考点之前，行程检测失效。注意，在行程检测失效的状态下，即使行程超出限制，也不会有报警发出，从而会损坏刀具、机床和工件，或导致操作人员受伤。

2. 注意事项

(1) 绝对/增量方式。如果用绝对值编写的程序在增量方式下执行，或者用增量值编写的程序在绝对方式下执行，都会导致机床预想不到的运转。

(2) 平面选择。对于圆弧插补/螺旋插补/固定循环，如果指定的平面不正确，会导致机床预想不到的运转。

(3) 扭矩极限跳过。在试图进行扭矩极限跳过之前，务必将扭矩极限设为有效。如果在扭矩极限失效的状态下指定扭矩极限跳过，将执行移动指令而不产生跳过动作。

(4) 可编程镜像。当可编程镜像被设为有效时，之后的程序动作将会发生很大的变化。

(5) 补偿功能。如果在补偿功能方式下指定机械坐标系的指令或与返回参考点相关的指令，则会暂时取消补偿，从而导致机床预想不到的运转。因此，在发出上述任何指令之前，先取消补偿功能方式。

知识链接

数控铣床和加工中心中级操作工标准如表 6-3 所示。

表 6-3 数控铣床和加工中心中级操作工标准

职业功能	工作内容	技能要求	相关知识
工艺准备	读图	(1) 能够读懂机械制图中的各种线形和尺寸标注； (2) 能够读懂标准件和常用件的表示法； (3) 能够读懂一般零件的三视图、局部视图和剖视图； (4) 能够读懂零件的材料、加工部位、尺寸公差和技术要求	(1) 机械制图国家标准； (2) 标准件和常用件的规定画法； (3) 零件的三视图、局部视图和剖视图的表达方法； (4) 公差配合的基本概念； (5) 形状、位置公差与表面粗糙度的基本概念； (6) 金属材料的性质

续表

职业功能	工作内容	技能要求	相关知识
工艺准备	编制简单加工工艺	(1) 能够制定简单加工工艺； (2) 能够合理选择切削用量	(1) 加工工艺的基本概念； (2) 各种切削加工方法的工艺特点； (3) 切削用量的选择原则； (4) 加工余量的选择方法
	装夹和定位工件	(1) 能够正确使用台钳、压板等常用的通用夹具； (2) 能够正确选择工件的定位基准； (3) 能够正确使用量表等找正工件； (4) 能够正确夹紧工件	(1) 定位夹紧原理； (2) 台钳、压板等常用的通用夹具的调整使用方法； (3) 量表的使用方法
	准备刀具	(1) 能够根据工艺卡选取刀具； (2) 能够在主轴和刀库上正确装卸刀具； (3) 能够用刀具预调仪或在机床上测量刀具尺寸； (4) 能够准确输入刀具参数	(1) 刀具的种类与用途； (2) 刀具系统的类别与结构； (3) 刀具预调仪的使用； (4) 自动换刀装置及刀库的使用方法； (5) 刀具号、补偿值等参数的输入方法
程序编制	编制孔加工程序	(1) 能够手工编制钻、扩、铰、镗等孔加工程序； (2) 能够使用固定循环与子程序	(1) 常用数控指令的含义； (2) 数控指令的结构与格式； (3) 固定循环指令的含义； (4) 子程序的应用
	编制二维轮廓程序	(1) 能够手工编制平面铣削程序； (2) 能够手工编制含直线插补、圆弧插补的二维轮廓加工程序	(1) 几何图形中直线与直线、直线与圆弧、圆弧与圆弧交点的计算方法； (2) 刀具半径补偿的作用
基本操作及日常维护	日常维护	(1) 能够进行加工前电、气、液、开关等的常规检查； (2) 能够在加工完毕后，清理机床及周围环境	(1) 加工中心操作规程； (2) 日常保养内容
	基本操作	(1) 能够按照操作规程启动及停止机床； (2) 能够正确使用操作面板上的各种功能键； (3) 能够通过操作面板、纸带机、磁盘机和计算机等输入加工程序； (4) 能够进行程序的编辑、修改； (5) 能够设定工件坐标系； (6) 能够正确调入调出所选工具； (7) 能够正确进行对刀； (8) 能够进行程序的单步运行、空运行； (9) 能够进行加工程序的试切并作出正确判断； (10) 能够正确使用交换工作台	(1) 加工中心操作； (2) 操作面板的使用方法； (3) 各种输入装置的使用； (4) 机床坐标系与工件坐标系的含义及关系； (5) 相对坐标、绝对坐标的含义； (6) 找正器的使用方法； (7) 对刀方法； (8) 程序试运行的操作方法

续表

职业功能	工作内容	技能要求	相关知识
零件加工	孔加工	能够对单孔进行钻、扩、铰、镗等孔加工	对应刀具的功用
	平面铣削	能够铣平面、垂直面、斜面、阶梯面等，尺寸公差等级 IT9、表面粗糙度 *Ra* 6.3	(1) 铣刀的种类与功用； (2) 加工精度的影响因素； (3) 常用金属材料的切削性能
	平面内外轮廓铣削	能够铣削二维直线、圆弧轮廓的工件，尺寸公差等级 IT9，表面粗糙度 *Ra* 6.3	
	运行给定程序	能够检查、运行给定的三维加工程序	(1) 三维坐标的概念； (2) 程序检查方法
精度检验	内外径检查	(1) 能够使用游标卡尺测量工件的内外径； (2) 能够使用内径百(千)分表测量工件内径； (3) 能够使用外径千分尺测量工件外径	(1) 游标卡尺的使用方法； (2) 内径百(千)分表的使用方法； (3) 外径千分尺的使用方法
	长度检查	(1) 能够使用游标卡尺测量工件长度； (2) 能够使用外径千分尺测量工件长度	(1) 游标卡尺的使用方法； (2) 外径千分尺的使用方法
	深(高)度检查	能够使用游标卡尺或深(高)度尺测量工件深(高)度	(1) 深度尺的使用方法； (2) 高度尺的使用方法
	角度检查	能够使用角度尺检验工作角度	角度尺的使用方法
	机内检测	能够利用机床的位置显示功能自检工件尺寸	机床坐标的位置显示功能

6.6.4 拓展实训

(1) 数控铣床 SINUMERIK 802S/C 操作系统的菜单结构与基本操作步骤的操作练习。

(2) 加工中心 FANUC 0i 操作系统的菜单结构与基本操作步骤的操作练习。

第7章　数控铣削加工平面类零件

本章要点

- 平面类零件工艺规程的制定。
- 平面类零件加工程序的编写。
- 平面类零件的数控铣削加工。
- 平面类零件的质量检测。

技能目标

- 能正确分析平面类零件的工艺性。
- 能合理选择刀具并确定切削参数。
- 能正确选用和使用通用工艺装备。
- 能正确制定平面类零件的数控铣削加工工序。
- 能正确编制平面类零件的数控铣削加工程序。
- 能熟练操作数控铣床并完成平面类零件的数控铣削加工。
- 能正确使用通用量具。
- 能建立质量、安全、环保及现场管理的理念。
- 树立正确的工作态度，培养合作、沟通、协调能力。

7.1　数控铣削加工六面体零件

知识目标

- 掌握铣削加工六面体零件的工艺规程制定内容。
- 掌握 G00/G01/G54/G90/G91/M3/M5/M8/M9/M2 基本编程指令的应用。
- 机床原点与参考点、机床坐标系确定原则、工件坐标系及其设定。
- 平面铣削工艺知识。

技能目标

- 能正确完成零件图样分析。
- 能正确使用平口钳。
- 能具备加工过程中工件装夹的能力。
- 能正确装夹和使用面铣刀。
- 能使用刚性靠棒和塞尺正确对刀。
- 能在操作面板上正确完成一把刀具、刀沿的建立。

- 能在操作面板上正确建立新的程序并手工输入。
- 具备安全操作数控铣床的能力。
- 培养数控铣削加工的基本能力。
- 培养查阅资料及相关应用手册的能力。

7.1.1 工作任务

1. 零件图样

六面体零件图样如图 7-1 所示。

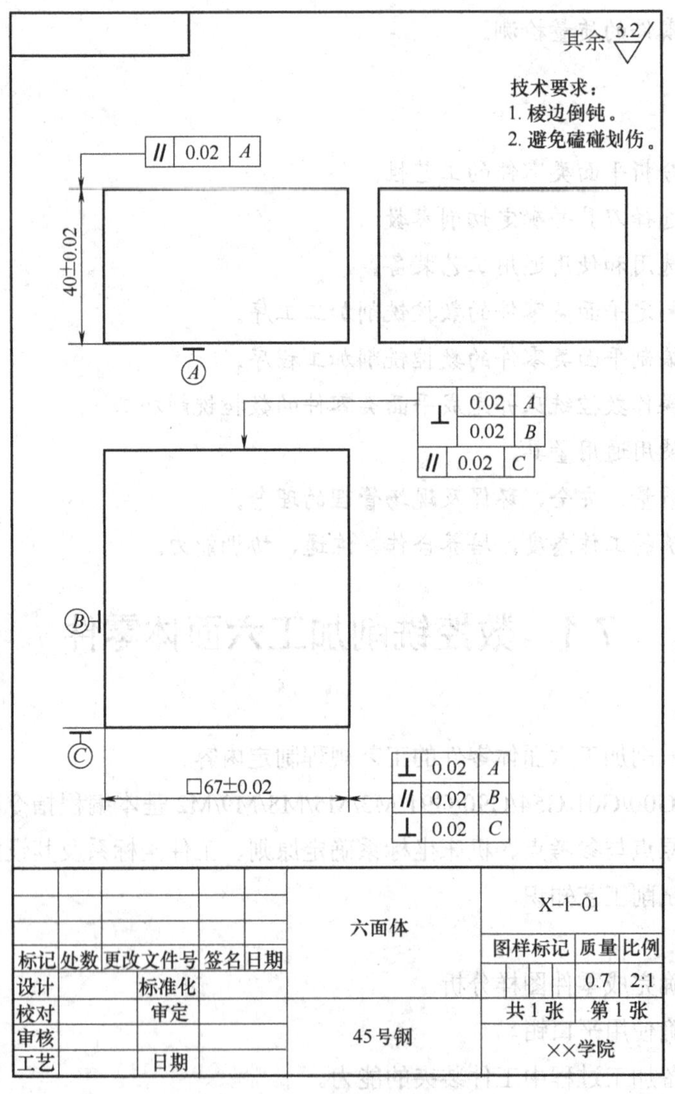

图 7-1 六面体零件图样

2. 工作条件

(1) 生产纲领：单件。

(2) 毛坯：材料为 45 号钢，尺寸为 72mm×72mm×45mm。

(3) 选用机床为 SINUMERIK 802S/C 系统的 XK7125B 型数控铣床。

(4) 时间定额：编程时间为 20min，实操时间为 120min。

3. 工作要求

(1) 工件经加工后，各尺寸符合图样要求。

(2) 工件经加工后，表面粗糙度符合图样要求。

(3) 工件经加工后，形位公差符合图样要求。

(4) 正确执行安全技术操作规程。

(5) 按企业有关文明生产规定，做到工作地整洁，工件、工具摆放整齐。

7.1.2 工作过程

1. 工艺分析与工艺设计

1) 结构分析

六面体由 6 个两两相互垂直的平面组成。

2) 精度分析

(40±0.02)mm、(67±0.02)mm 尺寸在公差等级 8 级左右，表面粗糙度为 3.2μm，各平面间平行度及垂直度的要求在 6 级以内。

3) 零件装夹方案分析

端铣加工六面体装夹方案如图 7-2 所示。先铣削加工 *abcd* 面(*A*)，使其达到规定的精度要求。将 *abcd* 面作为垂直方向的定位基准贴在固定钳口上，再加工 *adhe* 面(*B*)。同时，为保证 *abcd* 面(*A*)与钳口紧密贴合，应在工件与活动钳口之间加一个圆柱棒装夹，这样加工可以保证 *adhe* 面(*B*)与 *abcd* 面(*A*)垂直。在加工 *bcgf*(*C*)面时，同样以 *abcd*(*A*)面紧贴在固定钳口上作为垂直方向的定位基准，*adhe* 面(*B*)向下作为高度方向的定位基准。敲击 *bcgf* 面(*C*)，使 *adhe* 面(*B*)与平口钳水平导轨贴合，加工 *bcgf* 面(*C*)。这样加工的 *bcgf* 面(*C*)与 *adhe* 面(*B*)可以保证平行度要求，与 *abcd* 面(*A*)可保证垂直度要求。再将工件 *adhe* 面(*B*)紧贴在固定钳口上作为垂直方向的定位基准，*abcd* 面(*A*)向下作为高度方向的定位基准。敲击 *efgh* 面(*D*)，使 *abcd* 面(*A*)与平口钳水平导轨贴合，加工 *efgh* 面(*D*)。这样加工的 *efgh* 面(*D*)与 *abcd* 面(*A*)可以保证平行度要求，*adhe* 面(*B*)和 *bcgf* 面(*C*)可保证垂直度要求。

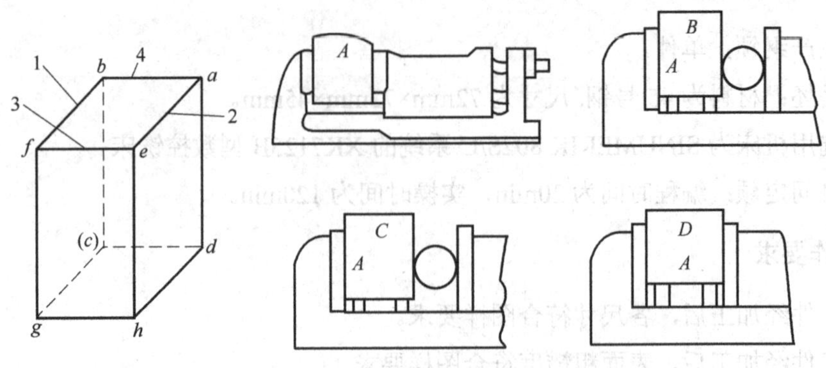

图 7-2　端铣加工六面体装夹方案

1—铣削 A 面；2—铣削 B 面；3—铣削 C 面；4—铣削 D 面

4)　加工刀具分析

铣刀的类型应与工件的表面形状和尺寸相适应。加工较大的平面应选择面铣刀；当连续铣削平面时，粗铣刀的直径要小一些，精铣刀的直径要大一些，最好能包容待加工表面的整个宽度；加工凹槽、较小的台阶面及平面轮廓应选择立铣刀；加工空间曲面、模具型腔或凸模成形表面等多选用模具铣刀；加工封闭的键槽选择键槽铣刀；加工变斜角零件的变斜角面应选用鼓形铣刀；加工各种直的或圆弧形的凹槽、斜角面、特殊孔等应选用成形铣刀，数控铣床上使用最多的是可转位面铣刀和立铣刀。

本例采用面铣刀加工。面铣刀主要参数的选择有以下几种情况。

(1) 标准可转位面铣刀直径为$\phi16\sim\phi30$mm，应根据侧吃刀量 a_e，选择适当的铣刀直径，尽量包容工件的整个加工宽度，以提高加工精度和效率，减少相邻两次进给之间的接刀痕迹和保证铣刀的耐用度。

(2) 可转位面铣刀有粗齿、细齿和密齿之分：粗齿铣刀容屑空间大，常用于粗铣钢件；粗铣带断续表面的铸件以及在平稳条件下铣削钢件时，可选用细齿铣刀；密齿铣刀的每次进给量较小，主要用于加工薄壁铸件。

(3) 面铣刀几何角度的标注如图 7-3 所示。前角的选择原则与车刀基本相同，只是由于铣削时有冲击，故前角数值一般比车刀略小。尤其是硬质合金面铣刀，前角数值减小得更多。铣削强度和硬度都高的材料可选用负前角，前角的数值主要根据工件材料和刀具材料来选择。

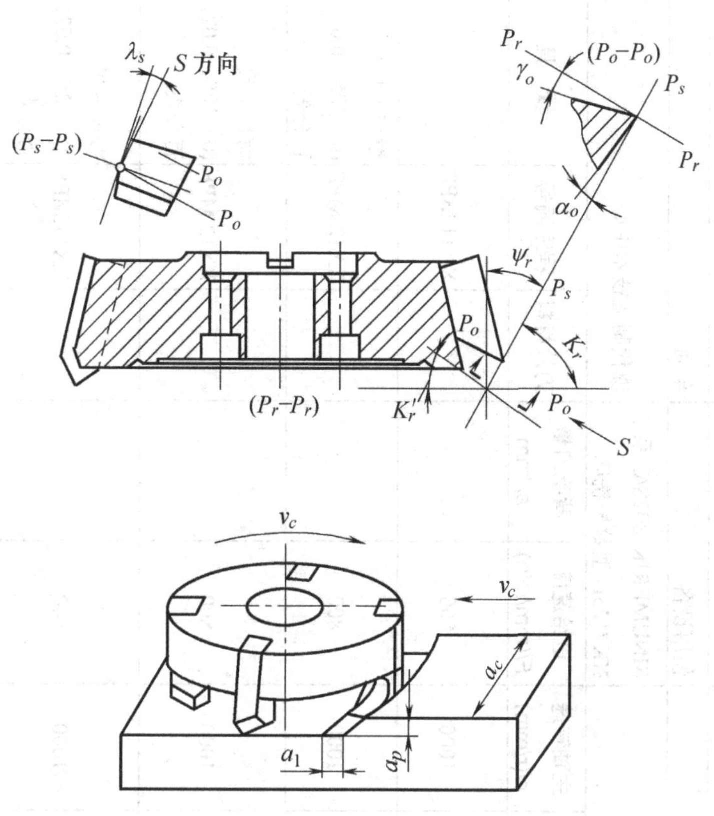

图 7-3 面铣刀的有关参数

(4) 铣刀的磨损主要发生在后刀面上，因此适当加大后角可减少铣刀磨损，一般取 α=5°～10°。工件材料较硬时取小值，工件材料较软时取大值；粗齿铣刀取小值，细齿铣刀取大值。

(5) 主偏角 K_r，在 45°～90°范围内选取，铣削铸铁时常用 45°，铣削一般钢材时常用 75°，铣削带凸肩的平面或薄壁零件时要用 90°。

本例中刀具的选择为 T1：面铣刀 ϕ30mm，1 把。

5) 制作工序卡如表 7-1 所示

2. 数控编程

(1) 建立工件坐标系。以工件上表面的左下角交点为工件坐标系原点，以设定的工件坐标系编程。

(2) 计算基点与节点。以行切方式进行走刀，计算相应基点坐标值。

(3) 编制程序。加工程序单如表 7-2 和表 7-3 所示。

表 7-1　工序卡

数控铣床加工工序卡				产品名称或代号		零件名称		零件图号		
						六面体		X-1-01		
单位名称				夹具名称		使用设备		车间		
				平口钳		SINUMERIK 802S/C 系统 XK7125B 型数控铣床		现代制造技术中心		
序　号	工艺内容	刀具号	刀补号	刀具规格/mm	主轴转速 n/(r/min)	进给速度 F/(mm/min)	背吃刀量 a_p/mm	刀片材料	程序编号	量　具
1	以工件的一个大面为粗基准，铣削另一个面，为基准 *A* 留 0.5mm 的加工余量	T1	D1	面铣刀(ϕ30)	1000	800			XX11.MPF	
2	以已加工面为基准 *A*，靠紧固定钳口，铣一个大的垂直面 *B*，留 0.5mm 的加工余量	T1	D1	面铣刀(ϕ30)	1000	800			XX12.MPF	游标卡尺(0～125　0.02) 百分表
3	以 *A* 为基准，靠紧固定钳口，将 *B* 面压紧平垫铁，铣 *B* 面的平行面 *C* 面，使宽度按图样要求留 1mm 的加工余量	T1	D1	面铣刀(ϕ30)	1000	800			XX12.MPF	游标卡尺(0～125　0.02) 百分表
4	以基准 *A* 压紧垫铁，*B*、*C* 面为装夹面加在钳口中，铣削 *A* 的平行面 *D* 面，使厚度按图样要求留 1mm 的加工余量	T1	D1	面铣刀(ϕ30)	1000	800			XX11.MPF	游标卡尺(0～125　0.02) 百分表
编　制		审　核			批　准		第 1 页		共 2 页	

续表

数控铣床加工工序卡				产品名称或代号		零件名称		零件图号		
						六面体		X-1-01		
单位名称				夹具名称		使用设备		车　间		
				平口钳		SINUMERIK 802S/C 系统的 XK7125B 型数控铣床		现代制造技术中心		
序　号	工艺内容	刀具号	刀补号	刀具规格/mm	主轴转速 n/(r/min)	进给速度 F/(mm/min)	背吃刀量 a_p/mm	刀片材料	程序编号	量　具
5	以 A 为基准，靠紧固定钳口，铣削 A、B 垂直面，使该面留 0.5 mm 的加工余量	T1	D1	面铣刀(ϕ30)	1000	800			XX12.MPF	游标卡尺 (0～125　0.02) 百分表
6	调头，加工对面，使长度按图纸要求留 1mm 的加工余量	T1	D1	面铣刀(ϕ30)	1000	800			XX12.MPF	游标卡尺 (0～125　0.02) 百分表
7	分别按以上 6 步进行精加工	T1	D1	面铣刀(ϕ30)	1200	720				游标卡尺 (0～125　0.02) 百分表
8	去尖棱、毛刺									
9	检验工件									
编　制		审　核		批　准		第 2 页		共 2 页		

表 7-2　加工程序单 I

程　序	注　释
XX11. MPF	程序名称
G54 G0 G17 G90;	机床初始状态及工件坐标系
T1 D1;	给定刀具及刀具补偿
S1000 M03;	刀具起转
G00 Z5;	移到工件上表面 5mm
G00 X-40 Y-40;	移到下刀位置
M08;	切削液开
G01 Z0 F800;	移到工件的切削深度
X0 Y-25;	移到进刀位置
G91 X120;	开始进刀
Y15;	
X-120;	
Y15;	
X120;	
Y15;	
X-120;	
Y15;	
X120;	
Y15;	
X-120;	
Y10;	
X120;	
G90 G0 Z150;	提刀
M09;	切削液关
M05;	转速停止
M02;	程序停止

表 7-3　加工程序单 II

程　序	注　释
XX12. MPF	程序名称
G54 G00 G17 G90 F200;	机床初始状态及工件坐标系
T1 D1;	给定刀具及刀具补偿
S1000 M03	刀具起转
G00 Z5;	移到工件上表面 5mm
G00 X-40 Y-40;	移到下刀位置

续表

程　序	注　释
M08;	切削液开
G01 Z0 F800 ;	移到工件的切削深度
X0 Y-25;	移到进刀位置
G91 X120;	开始进刀
Y15;	
X-120;	
Y15;	
X120;	
Y10;	
X120;	
G90 G0 Z150;	提刀
M09;	切削液关
M05;	转速停止
M02;	程序停止

3. 模拟加工

模拟加工的结果如图 7-4 所示。

图 7-4　模拟加工的结果

4. 数控加工

1)　加工前准备

(1)　机床准备，开机。

选用的机床为 SINUMERIK 802S/C 系统的 XK7125B 型数控铣床。

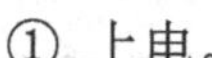

① 上电。

第一步，检查机床状态是否正常。

第二步，检查电源电压是否符合要求，接线是否正确。

第三步，按下“急停”按钮。

第四步，机床上电。

第五步，数控上电，将机床控制箱上的电源开关拨至 ON 位置。

第六步，检查风扇电动机运转是否正常。

第七步，检查面板上的指示灯是否正常。

第八步，系统进行自检后进入“加工”操作区 JOG 运行方式，出现回参考点窗口，如图 7-5(a)所示。

② 复位。

第一步，松开“急停”按钮。

第二步，按“复位”按钮。

(2) 机床回零。

① 检查操作面板上的“手动”和“回原点”按钮是否处于按下状态，否则按下这两个按钮，使其呈按下状态，此时机床进入回零模式，CRT 界面的状态栏上显示“手动 REF”。

② 按坐标轴方向键“+Z”“+X”“+Y”，手动使每个坐标轴逐一回参考点，CRT 界面上的各轴回零灯亮，如图 7-5(b)所示。如果选错了回参考点方向，则不会产生运动。

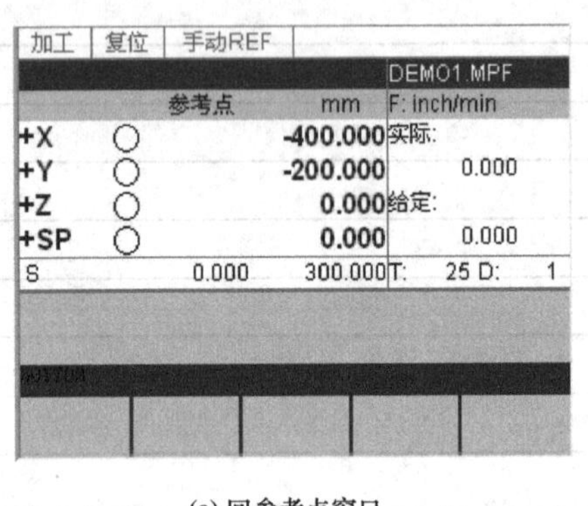

(a) 回参考点窗口

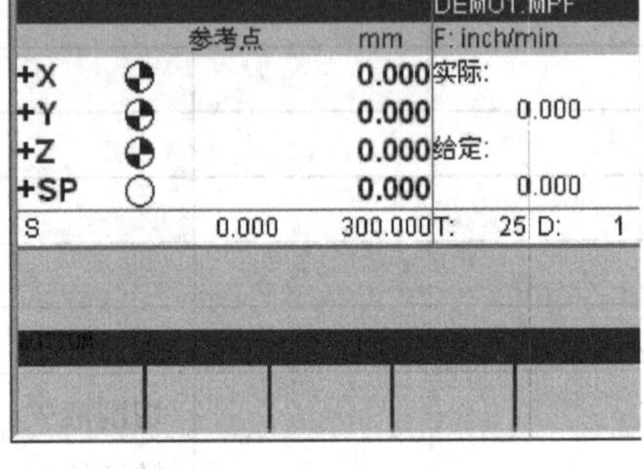

(b) 各轴回零灯亮

图 7-5 回参考点

③ 通过选择另一种运行方式(MDA、AUTO 或 JOG)可以结束该功能。

注意：在坐标轴回零的过程中，若还未到达零点时按钮已松开，则机床不能再运动，CRT 界面上将出现警告框 020005，此时再按操作面板上的“复位”按钮，警告被取消，可继续进行回零操作。

(3) 工具、量具和刃具准备如表 7-1 所示的工序卡。

2) 工件与刀具装夹

(1) 工件装夹并校正。

工件装夹方式如图 7-2 所示。在铣削两个端面时，为保证端面、基准面及侧面垂直，需用百分表校正侧面，如图 7-6 所示。

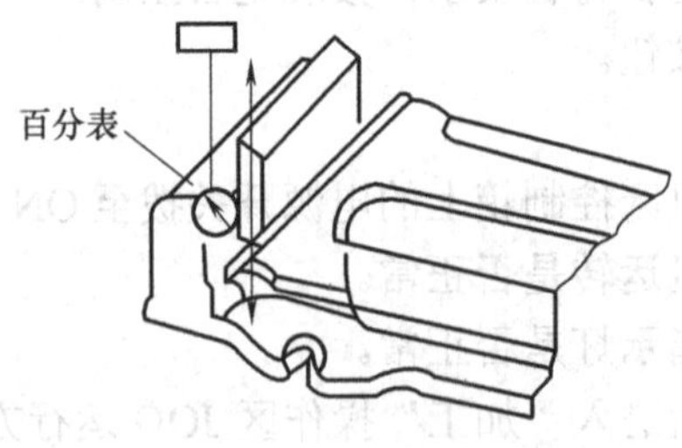

图 7-6 用百分表校正侧面

(2) 刀具安装。

将所用刀具安装在主轴上，装夹时注意刀具被夹紧后才可松手，以防刀具落下伤及工件或工作台。

(3) 输入刀具参数。

① 建立新刀具。

第一步，按操作面板上的菜单按钮，CRT 界面下方显示软键菜单栏。按软键“参数”，在弹出的下级子菜单中按软键“刀具补偿”，在弹出的下级子菜单中按扩展键，在子菜单中按软键“新刀具”，CRT 界面弹出已有刀具表和新刀具界面，如图 7-7 所示。

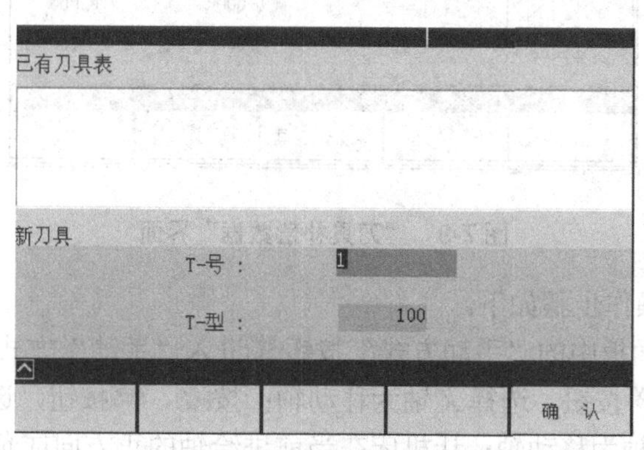

图 7-7　已有刀具表和新刀具界面

第二步，按数字键，在“T-号”文本框中输入刀号，如“1”，在“T-型”文本框中输入刀具类型号(如铣刀 1××，钻头 2××)。设置完成后，按软键“确认”。

如果输入的“T-号”或“T-型”不正确，系统将弹出如图 7-8 所示的“错误报告”提示框，按软键“确认”，可重新进行输入。

图 7-8　“错误报告”提示框

注意：若输入的“T-号”与已有的刀具号重复，则系统认为错误，将弹出提示框警告。

② 设置刀具补偿参数。

如果输入的“T-号”或“T-型”都正确，系统将弹出如图 7-9 所示的“刀具补偿数据”界面。

进入“刀具补偿数据”界面后，按面板上的向上翻页键、向下翻页键、光标向左键、光标向右键，将光标移动到“几何尺寸”项上，输入刀具的长度、半径补偿参数，按回车键确认，完成刀具补偿数据设置。

3) 对刀与参数设置

(1) X、Y 方向对刀。

铣床在 X、Y 方向对刀时一般使用基准工具。基准工具包括刚性靠棒和寻边器两种。下面将介绍使用刚性靠棒以及采用检查塞尺松紧的对刀方法(注：以下操作过程中，以零件的 X 负方向侧边为基准边)。

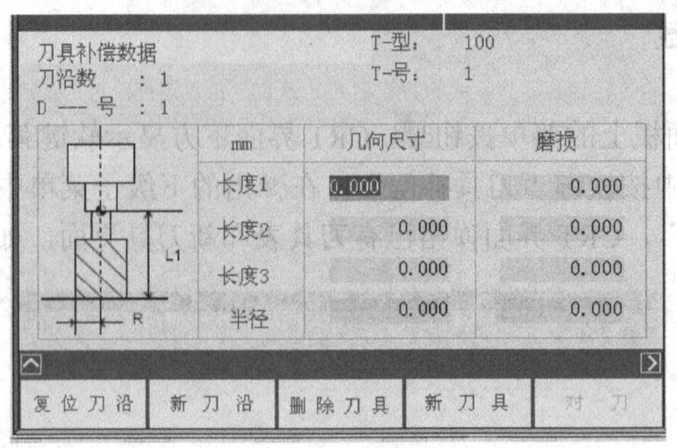

图 7-9 “刀具补偿数据”界面

X 轴方向对刀的操作步骤如下。

第一步，按操作面板中的“手动方式”按钮进入“手动”方式。

第二步，按 +X 、 -X 按钮，选择 X 轴为移动轴；按 +Y 、 -Y 按钮，选择 Y 轴为移动轴；按 +Z 、 -Z 按钮，选择 Z 轴为移动轴；让机床在当前进给轴的正方向或负方向连续进给。

适当按上述按钮，将机床移动到如图 7-10 所示的大致位置。

第三步，移动到如图 7-11 所示的大致位置后，可以采用点动方式移动机床，在基准工具和零件之间插入 1mm 厚度的塞尺，在机床下方显示如图 7-11 所示的局部放大图。

图 7-10 X 轴方向对刀

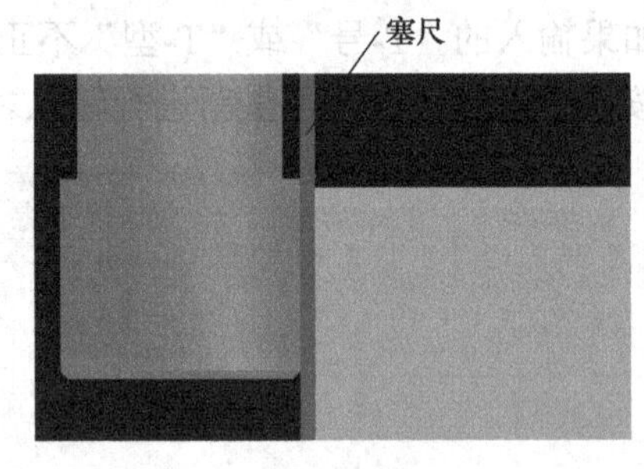

图 7-11 塞尺检查的结果：合适

第四步，按操作面板中的“点动距离”按钮 1 、 10 、 100 、 1000 、 10000 ，调节点动距离（ 1 、 10 、 100 、 1000 、 10000 表示点动的倍率，分别代表 0.001mm、0.01mm、0.1mm、1mm、10mm）。选择好点动距离后，使用 X 、 - 和 + 按钮移动机床，并调整点动距离，直到塞尺检查的结果为合适，如图 7-11 所示。

记下塞尺检查结果为“合适”时机床坐标系下的 X 坐标，此为基准工具中心的 X 坐标，记为 X_1；将工件坐标系原点到 X 方向基准边的距离记为 X_2（此时为零）；将塞尺厚度记为 X_3（此处为 1mm）；将基准工件直径记为 X_4，则工件坐标系原点的 X 坐标为 $X_1+X_2+X_3+X_4/2$，结果记为 X。

注意：在塞尺检查的过程中，可随时根据需要调节点动距离。

Y 方向对刀采用同样的方法，得到工件坐标系原点的 Y 坐标，记为 Y。

完成 X、Y 方向对刀后，需将塞尺和基准工具收回。

(2) Z 轴对刀。

铣床在 Z 轴方向对基准时采用的是实际加工时所要使用的刀具。进入手动模式，把界面切换到机械坐标显示状态；在工件上放塞尺或对刀块，将机床移动到零件上表面的大致位置。然后使用塞尺或对刀块与刀具端面或刀尖进行试塞。通过主轴 Z 向的反复调整，使得塞尺或对刀块与刀具端面或刀尖接触，即 Z 方向程序原点找正完毕。在主轴 Z 向移动时，应避免塞尺或对刀块在刀具的正下方，以免刀具与对刀块发生碰撞。

记录机械坐标系中的 Z 坐标值，记为 Z_1，如图 7-12 所示。如果工件坐标系原点在工件上表面，工件坐标系原点的 Z 坐标值= Z_1−塞尺厚度，记为 Z。

图 7-12　塞尺检查的结果：合适

通过测量得到的坐标值(X，Y，Z)即为工件坐标系原点在机床坐标系中的坐标值。测量得到的数据需要输入对应的参数中。

(3) 设置工件坐标系 G54～G57 参数。

按操作面板上的菜单按钮，CRT 界面下方显示软键菜单条。按软键“参数”，在弹出的子菜单中按软键“零点偏移”，显示如图 7-13 所示的“可设置零点偏移”界面。

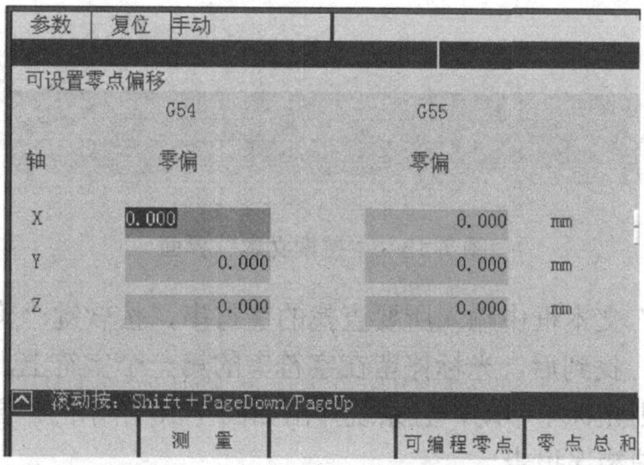

参数　复位　手动

可设置零点偏移

轴	G54 零偏	G55 零偏	
X	0.000	0.000	mm
Y	0.000	0.000	mm
Z	0.000	0.000	mm

滚动按：Shift＋PageDown/PageUp

测　量　　可编程零点　零点总和

图 7-13　“可设置零点偏移”界面

直接输入零点偏移值：在操作面板上按 Shift 键+向上翻页键或 Shift 键+向下翻页键，选择所需的工件坐标系 G54～G57。按操作面板上的向上翻页键、向下翻页键、光标向左键、光标向右键，选择需要设置的零点偏移坐标轴。按操作面板上的数字键输入零点偏移值，按按钮确认。

4) 程序手动输入与调试

(1) 输入程序。

按操作面板上的菜单按钮，CRT 界面下方显示软键菜单条。按软键“程序”，在弹出的子菜单中按扩展键>，在子菜单中按软键“新程序”，弹出如图 7-14 所示的“新程序”界面。

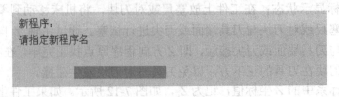

图 7-14 “新程序”界面

按操作面板上的数字/字母键，在“请指定新程序名”文本框中输入新建的数控程序的程序名，按软键“确认”，完成数控程序的新建，此时 CRT 界面上显示一个空的程序编辑界面。既可通过操作面板上的数字键输入程序内容，也可利用以下方法对输入的程序进行编辑。

① 移动光标：在数控程序编辑界面中，按操作面板上的向上翻页键、向下翻页键、光标向左键、光标向右键，使光标移动到所需位置。

② 插入字符：将光标移动到所需插入字符的位置，按光标输入所需插入的字符，字符被插在光标前面。

③ 删除字符：将光标移动到所需删除字符的右侧，按面板上的光标向左键，可将字符删除。

④ 搜索：在数控程序编辑界面中，按软键“搜索”，将弹出如图 7-15 所示的“搜索文本”界面。

图 7-15 “搜索文本”界面

在“搜索关键字”文本框中输入所要查找的字符串，按软键“确认”，则系统从光标停留的位置开始查找，找到后，光标停留在字符串的第一个字符上，且“搜索文本”界面消失；若没有找到，则光标不移动，且系统弹出如图 7-16 所示的“错误报告”提示框，按软键“确认”可以取消错误报告。

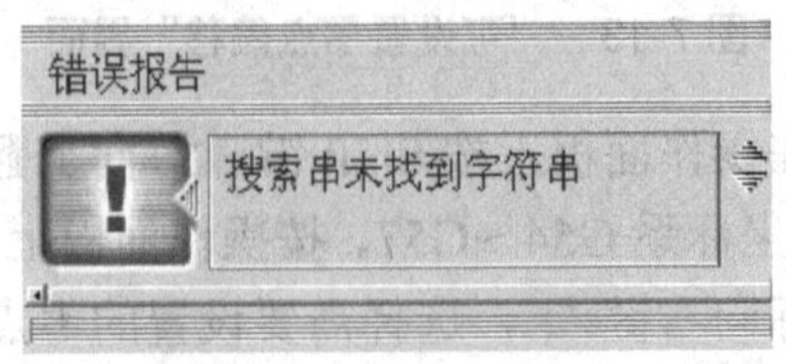

图 7-16 “错误报告”提示框

若需要继续查找同一字符时，按软键“继续搜索”，则系统从光标停留的位置继续开始查找。

⑤ 定义块：在数控程序编辑界面中，将光标移动到需要设置成块的开头或结尾处，按软键“编辑”，再按软键“标记”，光标由红色变为黑色，按向下翻页键或光标向右键，将光标向后移动，则起始的字符定义为块头，结束处的字符定义为块尾；按向上翻页键或光标向左键，将光标向前移动，则起始的字符定义为块尾，结束处的字符定义为块头。块头和块尾之间的部分被定义为块，可进行整体的块操作。

⑥ 块复制：块定义完成后，按软键“拷贝”，复制整个块。

⑦ 块粘贴：块复制完成后，将光标移动到需要粘贴块的位置，按软键“粘贴”，则整个块被粘贴在光标处。

⑧ 删除块：块定义完成后，按软键“删除”，则整个块被删除。

(2) 检查刀具补偿参数。

(3) 调试程序。

5) 自动加工

(1) 自动加工流程：检查机床是否回零，若未回零，先将机床回零。

选择一个供自动加工的数控程序，按操作面板上的“自动模式”按钮，使其呈按下状态，机床进入自动加工模式，按操作面板上的“运行开始”按钮。

中断运行：数控程序在运行过程中可根据需要暂停、停止、急停和重新运行。

数控程序在运行过程中，按“循环保持”按钮，程序暂停运行，机床保持暂停运行时的状态。再次按“运行开始”按钮，程序从暂停行开始继续运行。

数控程序在运行过程中，按“复位”按钮，程序停止运行，机床停止，再次按“运行开始”按钮，程序从暂停行开始继续运行。

数控程序在运行过程中，按“急停”按钮，数控程序中断运行；继续运行时，先将“急停”按钮松开，再按“运行开始”按钮，余下的数控程序从中断行开始作为一个独立的程序执行。

注意：在自动加工时，如果按“手动方式”按钮切换机床进入手动模式，将出现警告框 016913 ，按操作面板上的报警应答键可取消警告，继续操作。

(2) 自动/单段方式：检查机床是否回零，若未回零，先将机床回零。

选择一个供自动加工的数控程序，按操作面板上的“自动模式”按钮，使其呈按下状态，机床进入自动加工模式。按操作面板上的“单段”按钮，使其呈按下状态。每按一次“运行开始”按钮，数控程序执行一行。

注意：若执行完数控程序后想回到程序开头，可按操作面板上的“复位”按钮。

注意事项

(1) 数控机床属于精密设备，未经许可严禁尝试性操作。观察操作时必须戴护目镜且站在安全位置，并关闭防护挡板。

(2) 工件必须装夹稳固。

(3) 刀具必须装夹稳固方可进行加工。

(4) 严格按照教师给定的切削值范围加工。

(5) 切削加工中禁止用手触摸工件。

(6) 加工中应注意把最不平整的一面作为第一个面铣出。

(7) 尽量不改变基准面，其顺序可按图 7-2 所示从 A 面到 D 面，并一直以 A 面作为基准；可在活动钳口加圆棒卡紧。

5. 加工工件质量检测

(1) 去毛刺倒棱。

(2) 用游标卡尺检查相应工序中的各面尺寸。

(3) 用百分表检测各形位公差。

(4) 用表面粗糙度样块比对各加工面的表面质量。

6. 清场处理

(1) 清除切屑、擦拭机床，使机床与环境保持清洁状态。

(2) 注意检查或更换磨损坏的机床导轨上的油擦板。

(3) 检查润滑油、冷却液的状态，及时添加或更换。

(4) 依次关掉机床操作面板上的电源和总电源。

(5) 将现场设备、设施恢复到初始状态。

知识链接

1. 使用平口钳的注意事项

在铣床与加工中心上加工中、小型工件时，一般都采用平口虎钳装夹；对中型和大型工件，则很多采用压板装夹：在成批大量生产时，采用专用夹具装夹。当然还有利用分度头和回转工作台(简称“转台”)装夹等。不论用哪种夹具和哪种方法，其共同目的是使工件装夹稳固；不产生工件变形和损坏已加工好的表面，以免影响加工质量、发生损坏刀具与机床和人身事故等。

平口虎钳又称机用虎钳(俗称“虎钳”)。常用的平口虎钳有回转式和非回转式两种。对于回转式平口虎钳，当需要将装夹的工件回转角度时，可按回转底盘上的刻度线和虎钳体上的零位刻度线直接读出所需的角度值。非回转式平口虎钳没有下部的回转盘。回转式虎钳在使用时虽然方便，但由于多了一层结构，其高度增加，刚性较差，所以在铣削平面、垂直面和平行面时，一般都采用非回转式的平口虎钳。

机用平口虎钳安装在铣床工作台台面上时，首先应该注意仔细地清除工作台台面及平口虎钳底面上的污物和毛刺，钳口与主轴的方向应根据工件长度来决定，对于长的工件，钳口与主轴垂直，在立式铣床上应与进给方向一致。对于短的工件，钳口与进给方向垂直较好。在粗铣和半精铣时，希望铣削力指向固定钳口，因为固定钳口比较牢固，在铣平面时，对钳口与主轴的平行度和垂直度的要求不高，一般目测就可以。若要求有较高的平行度或垂直度，如铣削沟槽等工件时，校正方法如下。

1) 利用百分表或划针来校正

用百分表校正的步骤是：夹具虎钳的四个螺母先不拧紧，先把带有百分表的弯杆用固定环压紧在刀轴上，或者用磁性表座将百分表吸附在悬梁(横梁)导轨或垂直导轨上，并使虎钳的固定钳口接触百分表测量头(简称“测头”或“触头”)，然后使机床进入手动模式，在操作面板上按“手动模式”按钮，并调整虎钳位置使百分表上指针的摆差在允许范围内。找正完成后拧紧螺母，再校核一次百分表，如图 7-17(a)、(b)所示。对钳口方向的准确度要

求不高时，也可用划针或大头针代替百分表校正。

2)　利用定位键安装机用虎钳

在机用虎钳的底面上一般都做有键槽，有的只在一个方向上做有分成两段的键槽，键槽的两端可装上两个键；有的虎钳底面有两条互相垂直的键槽，也都非常准确，如图 7-17(c)所示。

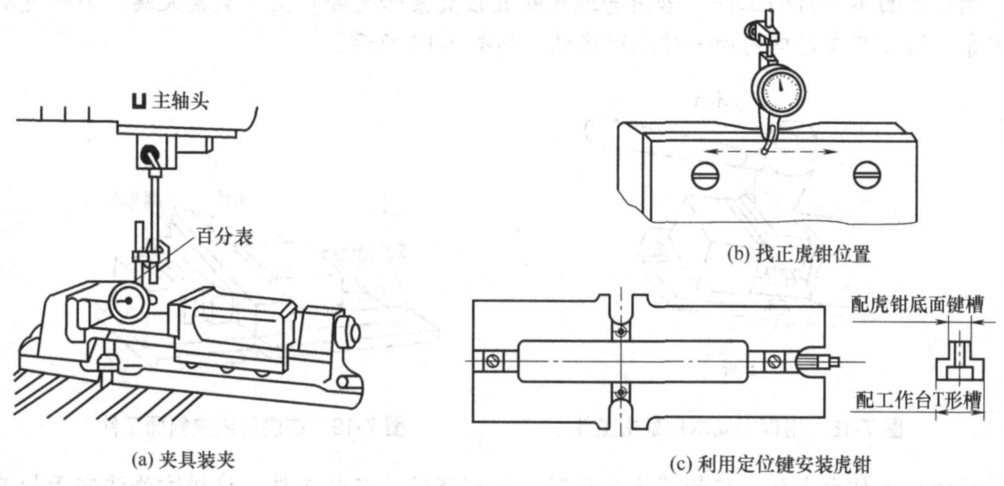

(a) 夹具装夹　　(c) 利用定位键安装虎钳

图 7-17　校正虎钳位置

在安装时，若要求钳口与工作台纵向垂直，只要把键装在与钳口垂直的键槽内，再使键嵌入工作台的槽中，不需再作任何校正。若要求钳口与工作台纵向平行，则只要把两个键装在与钳口平行的键槽内，再装到工作台上就可以了。

3)　把工件装夹在平口钳内

工件在平口虎钳上装夹时，应注意下列事项。

(1)　装夹工件时，必须将工件的基准面紧贴固定钳口或导轨面；在钳口平行于刀杆的情况下，承受铣削力的钳口必须是固定钳口。

(2)　在把工件毛坯装到虎钳内时，必须注意毛坯表面的状况，若是粗糙不平或有硬皮的表面，就必须在两钳口上垫紫铜皮。对粗糙度值小的平面在夹到钳口内时，垫薄的铜皮。工件的铣削加工余量层必须高出钳口，以免铣刀触及钳口，以致铣坏钳口和损坏铣刀。如果工件低于钳口平面，可以在工件下面垫放适当厚度的平行垫铁，垫铁应具有合适的尺寸和较小的表面粗糙度值。高出的尺寸以能把加工余量全部切完而不致切到钳门为宜。

(3)　工件在平口虎钳上装夹的位置应适当，使工件装夹后稳固可靠，不致在铣削力的作用下产生移动。

(4)　不允许直接用工件的粗糙表面作为定位基准。已经有粗加工表面的工件，用工件的粗加工表面作为定位基准，用平口钳装夹，并使基准面靠向固定钳口时，在工件和活动钳口之间必须放置一根圆棒，通过圆棒将工件夹紧，以保证工件基准面与固定钳口紧密贴合，切忌不通过圆棒直接将工件夹紧。

(5)　使用平口钳夹紧工件时，夹紧力不能任意加大。铣工使用平口钳时，夹紧力不得随意施加，也不允许随意加长平口钳的手柄，更不允许敲击平口钳的手柄，应根据工件的材料、结构和形状来确定适当大小的夹紧力。

(6) 装夹工件时，禁止用铁锤敲击工件。如果将工件的基准面靠向钳体导轨面时，应在工件和导轨之间垫一对平行垫铁，为了使工件的基准面与导轨面保持平行并贴紧，在稍微夹紧后应用铜锤或木槌轻轻地敲击工件，使工件贴紧垫铁，切忌用铁锤敲击，如图 7-18 所示。

4) 斜面工件在平口虎钳内安装

两个平面不平行的工件，若用普通虎钳直接夹紧必定会产生只夹紧大端、小端夹不牢的现象，因此可在钳口内加一对弧形垫铁，如图 7-19 所示。

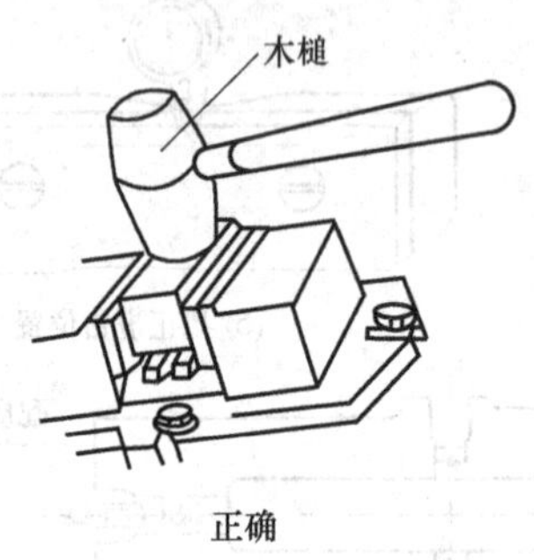

图 7-18 用铜锤或木槌敲击工件

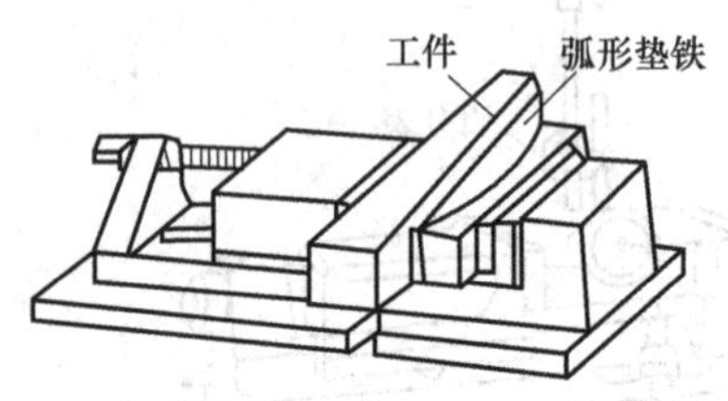

图 7-19 在虎钳内夹斜面工件

用铣床工作台上的平口钳装夹工件时，按划线校正安装工件。这种方法适宜于加工较小型的工件，装夹时要切记注意装夹方向，必须使钳口与进给方向垂直，切忌钳口与进给方向平行，以免由于铣削力的作用使工件移动，如图 7-20 所示。

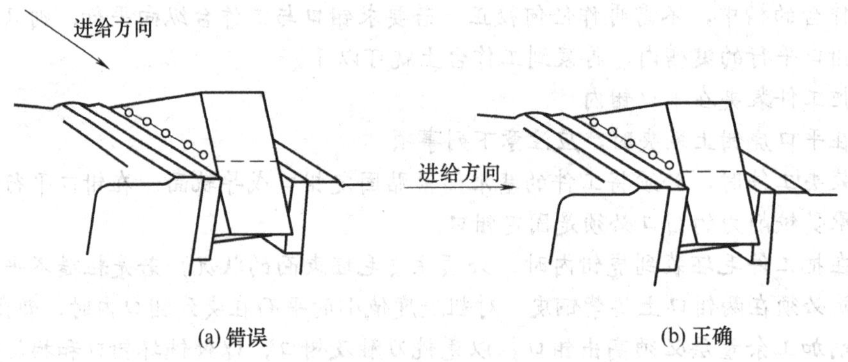

(a) 错误　　(b) 正确

图 7-20 铣削进给方向与工件装夹方向

5) 立式铣床上铣平面时，平口钳不应平行于纵向工作台安装

平口钳平行于纵向工作台安装，操作者装卸工件和松紧平口钳手柄时，需在铣刀左、右两侧来回活动，这样很不安全，特别是不停车操作时，更易产生铣刀伤害事故。因此，平口钳应垂直于纵向工作台安装，操作者可在铣刀左侧进行操作，既方便又安全，如图 7-21 所示。

2. 平口虎钳的维护和保养

(1) 铣床用平口虎钳的夹紧机构是丝杆螺母传动，通常丝杆是用结构钢制造的，螺母是用铜合金制造的。因此，虎钳的夹紧机构能传递的夹紧力必须在一定的范围内。正确的使用方法应使用定制的机床用平口虎钳扳手，在限定的力臂范围内用扳手施加夹紧力。不能用自制的加长手柄扳手，或加套管接长力臂，或用重物敲击手柄，这样可能造成虎钳传

动部分的损坏。例如，丝杆弯曲、螺母过早地磨损或损坏，甚至会使螺母内螺纹崩牙、丝杆固定板产生裂纹等，严重时还会损坏虎钳的活动座和虎钳体。

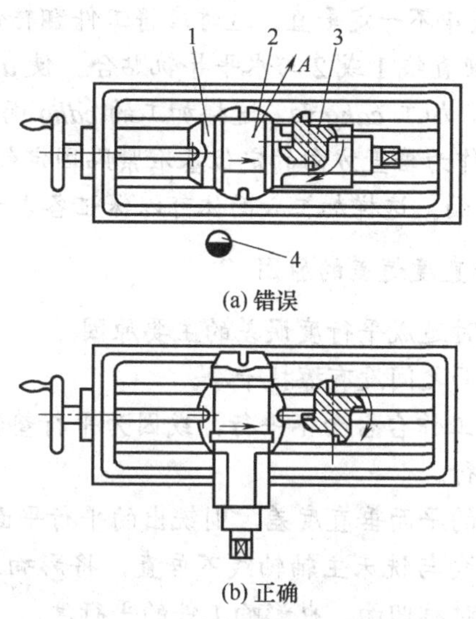

(a) 错误

(b) 正确

图 7-21　平口钳应垂直于纵向工作台安装

1—平口钳；2—工件；3—铣刀；4—操作者位置

(2) 铣床用平口虎钳的定位面由虎钳体上的固定钳口侧平面和导轨上的平面组成。因此，在使用虎钳时，应注意定位侧面与工作台台面的垂直度以及导轨平面与工作台台面的平行度。固定钳口和活动钳口都是用淬火钢制造的，当其表面产生凸起的毛刺时，不仅会影响定位精度，还会夹伤工件的已加工表面。

(3) 铣床用平口虎钳的虎钳体与回转底盘都是用铸铁制造的。使用回转底盘时，各贴合面之间应保持洁净，否则会影响虎钳的定位精度。在使用回转底盘上的刻度前，应首先找正固定钳口与工作台某一进给方向平行，然后在调整中使用回转刻度。使用回转底盘时，由于虎钳体底面定位面积较小，夹紧力要适当，不应过大，否则虎钳体会产生弹性变形，影响定位精度。

(4) 由于铣削振动等因素的影响，铣床用平口虎钳各个紧固螺钉会产生松动现象，因此应经常注意检查和及时紧固螺钉。例如，固定钳口和活动钳口的紧固螺钉、活动底盘的压板紧固螺钉、丝杆的固定板和螺母的紧固螺钉以及定位键的紧固螺钉等。

(5) 铣床用平口虎钳的钳口可以制作成多种形状，更换不同形状的钳口，可以扩大铣床用平口虎钳的使用范围。

3. 六面体的加工技巧

(1) 加工端面时，如果批量较大，可使用定位块，使加工好的一端紧贴定位块。在铣削第一个工件时仔细调整好尺寸，加工到图纸所要求的标准，以后依次铣削，不需再作调整，可以大大提高生产效率。

(2) 通常情况下，在加工图 7-2 所示的 *abfe* 面时，应用百分表或直角尺校正已加工的一个表面来保证 *abfe* 面与已加工面的垂直度，但此方法较烦琐，且辅助时间过长。新的方法是：可以将 *abcd* 面作为垂直方向的定位基准紧贴固定钳口，*cdhg* 面向下，将 *abfe* 面向上先铣去一层(留有足够的余量)，这时铣出的 *abfe* 面上的直线 1 或 2 是与 *abcd* 面垂直的，但 *adhe* 面或 *bcgf* 面与直线 3 或 4 不一定垂直。这时应将工件翻转使 *abfe* 面向下，同时水平转动 90°，并敲打 *cdhg* 面，使直线 1 或 2 与水平导轨贴合。使 *adhe* 面或 *bcgf* 面作为垂直方向的定位基准紧贴固定钳口，加工 *cdhg* 面。这样加工的 *cdhg* 面与各平面均垂直。而后再重新加工 *abfe* 面，将 *abcd* 面作为垂直方向的定位基准紧贴固定钳口，将 *cdhg* 面向下作为高度方向的定位基准加工 *abfe* 面。这样加工六面体可以保证各表面相互垂直。

4. 平行度、平面度和垂直度超差的原因

1) 铣削加工平行平面时造成平行度误差的主要原因

(1) 基准面与工作台台面之间没有擦拭干净。

(2) 由于虎钳导轨面与工作台台面不平行，或因为平行垫铁精度较差等因素，使工件基准面无法与工作台台面平行。

(3) 若与固定钳口贴合的平面垂直度差，则铣出的平行平面也会产生误差。

(4) 端铣时，若进给方向与铣床主轴轴线不垂直，将影响工件平面度。当进行不对称铣削时，因两相对平面呈不对称凹面，也影响工件的平行度。

(5) 周铣时，铣刀圆柱度差，会影响铣削加工平面时对基准面的平行度。

2) 加工面垂直度超差的主要原因

(1) 铣床用平口虎钳的固定钳口与工作台台面不垂直。产生这种情况除了因为虎钳的安装和校正不好外，若夹紧力过大，也可能使虎钳变形，从而使固定钳口外倾。夹紧时，不应接长虎钳夹紧手柄，也不得用手锤猛敲手柄。因为过度地施力夹紧，会使固定钳口外倾，而不能回复到正确的位置，使虎钳定位精度下降，尤其在精铣时，夹紧力更不宜过大，以夹紧为准。

(2) 工件基准面与固定钳口贴合不好。除了应修去工件毛刺，擦净工件基准面和固定钳口污物外，还应在活动钳口处放置一根圆棒或一条窄而长且稍厚的铜皮。

(3) 卧式铣床主轴垂直于钳口时，圆柱铣刀或立铣刀有锥度，进行周铣垂直面时应重新磨准铣刀，以保证圆柱铣刀和立铣刀的圆柱度要求。

(4) 基准面质量差。当基准面粗糙和平面度较差时，将在装夹过程中造成误差，致使铣出的垂直面无法达到要求。

3) 铣削加工平面时平面度不合要求的主要原因

平面度超差的主要原因是铣削中工件变形，工件在夹紧中产生变形，铣刀轴线与工件不垂直等。

(1) 如果铣削用量选用不当，则产生较大的铣削力、铣削热而使工件变形，往往造成平面度不合要求。应合理选择铣削用量，如采用小余量、低速度、大进给铣削，会降低工件温度，必要时可等工件冷却一定时间后再精铣。

(2) 如果工件装夹不当，夹紧时则产生弹性变形，铣削后平面度容易超差，故装夹时应将工件垫实，夹紧力应作用在工件不易变形的位置。在加工过程中，应增加辅助支承，提高工件刚度，减小夹紧力，精铣前放松工件后再夹紧，并注意定位基面是否有毛刺、杂物，是否接触良好。

(3) 校准铣刀轴线与工件平面的垂直度，避免工件表面铣削时下凹。

(4) 薄板件直接装夹在工作台上铣削时，不宜用螺钉压板夹压。

狭长的薄板件直接在工作台上装夹时，可用图 7-22(a)所示的斜口挡板侧挤夹紧。挡板在工件侧面水平向下倾斜 8°～12°，压紧螺钉的伸出量为螺钉直径的 1～2 倍。螺栓应均匀地逐个对称扳紧。

薄而大的工件在工作台装夹时，也可用图 7-22(b)所示楔铁侧挤夹紧工件。粗加工时，考虑热变形的影响，必须将纵向楔铁适当放松一些。

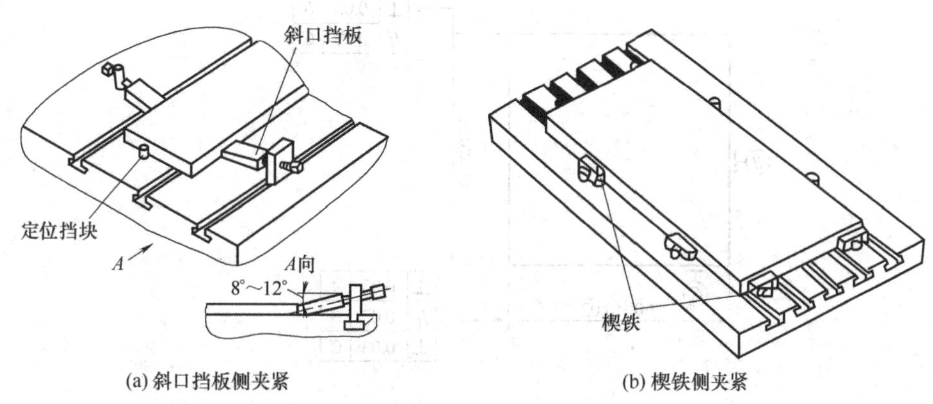

图 7-22　薄板件直接装夹

7.1.3　拓展实训

本节完成的任务如下。

(1) 请记录机床操作流程。

(2) 使用尺寸为 80mm×80mm×44mm 的方料(45 号钢)进行如图 7-23 所示零件的加工。

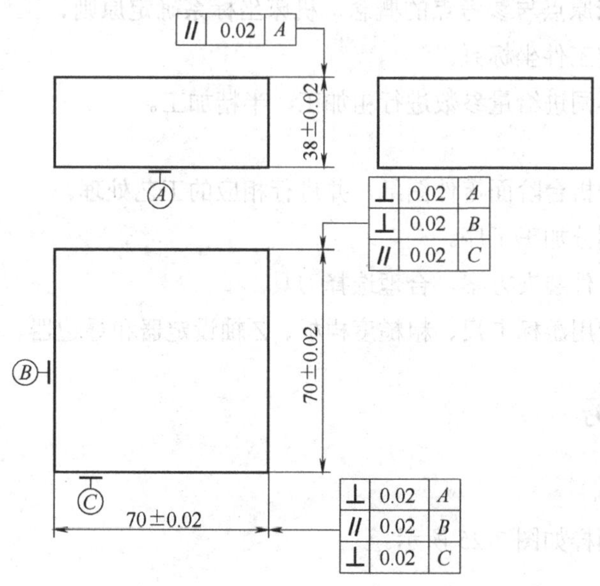

图 7-23　方块零件

(3) 使用尺寸为 70mm×70mm×34mm 的方料(铝块)进行如图 7-24 所示零件的加工。

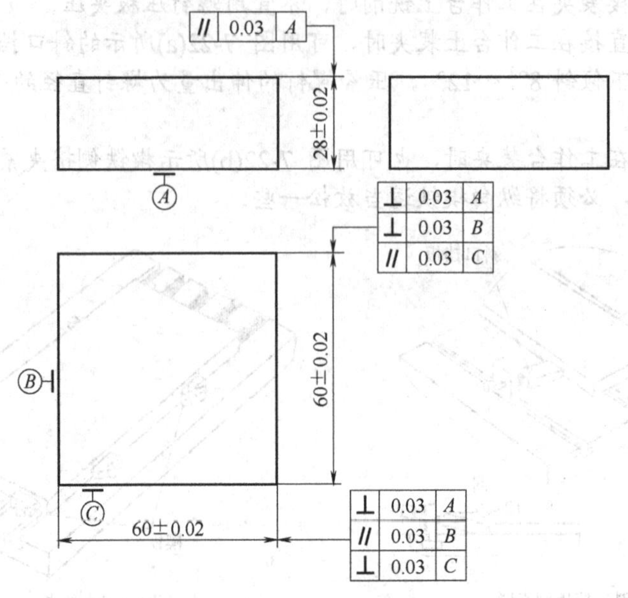

图 7-24　方块零件

7.2　数控铣削加工台阶垫块零件

知识目标

- 掌握铣削加工台阶面零件的工艺规程制定内容。
- 掌握铣削加工台阶面零件的加工程序编制。
- 掌握机床原点与参考点的概念、机床坐标系确定原则、工件坐标系设定原则并正确设定工件坐标系。
- 会选用不同进给量参数进行粗加工、半精加工。

技能目标

- 能正确分析台阶面零件图纸，并进行相应的工艺处理。
- 能正确划分加工工序。
- 能确定零件装夹方案，合理选择刀具。
- 能正确使用游标卡尺、粗糙度样板、Z 轴设定器和寻边器。

7.2.1　工作任务

1. 零件图样

台阶垫块零件图样如图 7-25 所示。

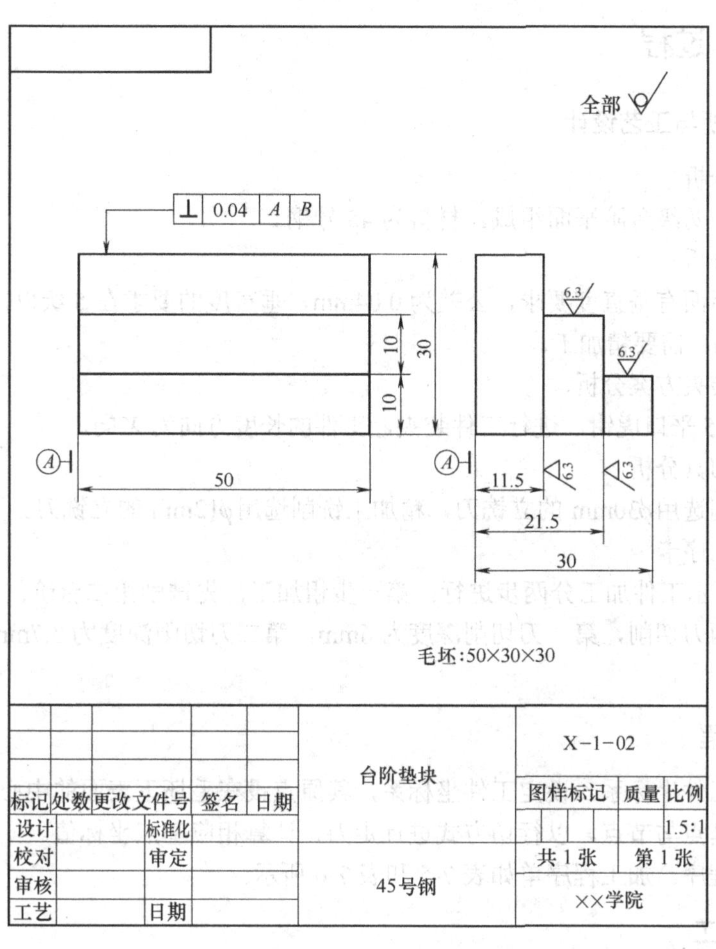

图 7-25　台阶垫块零件图样

2. 工作条件

(1) 生产纲领：单件。

(2) 毛坯：材料为 45 号钢，尺寸为 50mm×30mm×30mm。

(3) 选用机床为 SINUMERIK 802S/C 系统的 XK7125B 型数控铣床。

(4) 时间定额：编程时间为 30min；实操时间为 100min。

3. 工作要求

(1) 工件经加工后，各尺寸符合图样要求。

(2) 工件经加工后，表面粗糙度符合图样要求。

(3) 工件经加工后，形位公差符合图样要求。

(4) 正确执行安全技术操作规程。

(5) 按企业有关文明生产规定，做到工作场地整洁，工件、工具摆放整齐。

7.2.2 工作过程

1. 工艺分析与工艺设计

1) 结构分析

台阶垫块由两级台阶平面组成。材料为45号钢。

2) 精度分析

块侧面与后面有垂直度要求，公差为0.04mm，垂直度的要求在5级以内，两台阶表面粗糙度为6.3μm，需要精加工。

3) 零件装夹方案分析

采用QH125平口虎钳，进行工件装夹，工件的长度方向为X向。

4) 加工刀具分析

粗加工铣削选用ϕ30mm的立铣刀，精加工铣削选用ϕ12mm的立铣刀。

5) 制作工序卡

如表7-4所示工件加工分两步进行：第一步粗加工，先铣削第二台阶；第二步精加工。每个台阶面分两刀切削，第一刀切削深度为6mm，第二刀切削深度为3.7mm，预留0.3mm精加工余量。

2. 数控编程

(1) 建立工件坐标系。设定工件坐标系，其原点设在毛坯下表面的中心位置。

(2) 计算基点与节点。以行切方式进行走刀，计算相应基点坐标值。

(3) 编制程序。加工程序单如表7-5和表7-6所示。

3. 模拟加工

模拟加工的结果如图7-26所示。

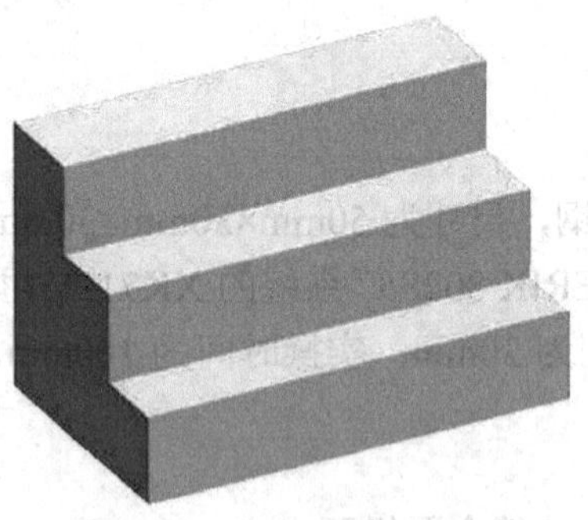

图7-26 模拟加工的结果

表 7-4　工序卡

数控铣床加工工序卡				产品名称或代号		零件名称		零件图号		
						台阶垫块		X-1-02		
单位名称				夹具名称		使用设备		车间		
				平口虎钳		SINUMERIK 802S/C 系统 XK7125B 型数控铣床		现代制造技术中心		
序　号	工艺内容	刀具号	刀补号	刀具规格/mm	主轴转速 n/(r/min)	进给速度 F/(mm/min)	背吃刀量 a_p/mm	刀片材料	程序编号	量　具
1	粗加工铣削第二台阶面，分两刀切削，留 0.3mm 的加工余量	T1	D1	立铣刀(ϕ32)	600	200	6 3.7		SS13.MPF	游标卡尺 (1～150　0.02)
2	粗加工铣削第一台阶面，分两刀切削，留 0.3mm 的加工余量	T1	D1	立铣刀(ϕ32)	600	200	6 3.7		SS13.MPF	游标卡尺 (1～150　0.02)
3	精加工铣削第二台阶面，去除 0.3mm 的加工余量达到精度要求	T2	D2	立铣刀(ϕ12)	1500	80	0.3		SS14.MPF	游标卡尺 (1～150　0.02) 粗糙度样板 N0-N1
4	精加工铣削第一台阶面，去除 0.3mm 的加工余量达到精度要求	T2	D2	立铣刀(ϕ12)	1500	80	0.3		SS14.MPF	游标卡尺 (1～150　0.02) 粗糙度样板 N0-N1
5	去尖棱、毛刺									
6	检验工件									
编　制			审　核		批　准		第 1 页		共 1 页	

表 7-5　粗加工程序单 I

程　序	注　释
SS13. MPF	程序名称
G40 G80 G49 G17;	机床初始状态
G90 G54 G00 X-60.0 Y-60.0;	建立工件坐标系(−60.0，−60.0)
T01M03 S600;	刀具起转
Z50 H01;	给定刀具及刀具补偿移到工件上方 20mm 处
G01 Y-12.8 F200;	移刀加工第一台阶面
Z24.0;	下刀移到工件的切削深度，第一次切削深度为 6mm
X60.0;	第一刀完成后返回
Z20.2;	进行第二刀粗加工，预留 0.3mm 精加工余量
X-60.0;	
Y-22.8;	粗加工第二台阶面
Z14.0;	下刀移到工件的切削深度
X60.0;	
Z10.2;	预留 0.3mm 精加工余量
X-60.0;	
G00 X-60.0;	
Z50.0;	提刀返回
M05;	程序停止

表 7-6　精加工程序单 II

程　序	注　释
SS14. MPF	程序名称
G54 G00 X-40.0 Y-40.0;	建立工件坐标系(−40.0，−40.0)
M03 S1500;	精加工主轴转速 1500r/min
T02H02 Z50.0;	给定刀具及刀具补偿
G00 Z35.0;	
G01 Y-2.5 F80;	移刀
G01 Z20.0;	移到下刀位置
X40.0;	精加工台阶面
Y-12.5;	
Z10.0;	
X-40.0;	
G00 Y40.0;	
Z50.0;	返回
M05;	主轴停止
M30;	程序结束

4. 数控加工

1)　加工前准备

(1)　机床准备。选用的机床为 SINUMERIK 802S/C 系统的 XK7125B 型数控铣床。

(2)　机床回零。

(3)　工具、量具和刃具准备。零件加工过程中使用的工具、量具和刃具如表 7-7 所示。

表 7-7　工具、量具和刃具清单

序　号	名　称	规　格	数　量	备　注
1	寻边器	ϕ10mm	1	
2	Z 轴设定器	50	1	
3	游标卡尺	1～50	1	
4	塑胶榔头	按需要	1	
5	平行垫铁	按需要	1	
6	平口虎钳	QH125	1	
7	固定扳手	按需要	1	
8	粗糙度样板	N0～N1	1	
9	立铣刀	ϕ32mm	1	
10	立铣刀	ϕ12mm	1	

2)　工件与刀具装夹

(1)　工件装夹并校正。使用平口虎钳时，按需要使用平行垫铁保证侧面、顶面垂直度，可用百分表校正。

(2)　刀具安装。将所用刀具安装在主轴上，装夹时注意刀具被夹紧后才可松手，以防刀具落下伤及工件或工作台。

(3)　对刀与输入刀具参数。用寻边器在 X、Y、Z 方向寻边，碰边时采用碰双边的方式。正确输入刀具参数。

3)　程序输入与调试

(1)　输入程序。

(2)　检查刀具补偿参数。

(3)　自动加工。

5. 加工工件质量检测

(1)　粗糙度样板检查表面 *Ra* 6.3 两处。

(2)　游标卡尺检验尺寸，主要项目为尺寸 10mm 两处。一般项目为尺寸 11.5mm 和 21.5mm。

6. 清场处理

(1)　清除切屑、擦拭机床，使机床与环境保持清洁状态。

(2)　注意检查或更换磨损坏的机床导轨上的油擦板。

(3) 检查润滑油、冷却液的状态，及时添加或更换。

(4) 依次关掉机床操作面板上的电源和总电源。

(5) 将现场设备、设施恢复到初始状态。

知识链接

1. 铣刀的种类及选择

数控铣削加工的刀具主要有平底立铣刀、面铣刀、球头刀、环形刀、鼓形刀和锥形刀等。选择刀具类型的主要依据是被加工零件的几何形状。

1) 加工曲面类零件

一般采用球头刀，粗加工用两刃铣刀，半精加工和精加工用四刃铣刀。柄部有直柄、削平型直柄和莫氏锥柄。它的结构特点是球头或端面上布满了切削刃，圆周刃与球头刃圆弧连接，可以作径向和轴向进给。铣刀工作部分用高速钢或硬质合金制造。国家标准规定直径 d=4～63mm。

2) 铣较大平面

一般采用刀片镶嵌式盘形面铣刀。

3) 铣小平面或台阶面

一般采用通用铣刀，立铣刀的圆柱表面和端面上都有切削刃，圆柱表面的切削刃为主切削刃，端面上的切削刃为副切削刃。主切削刃一般为螺旋齿，这样可以增加切削平稳性，提高加工精度。由于普通立铣刀端面中心处无切削刃，所以立铣刀不能作轴向进给，端面刃主要用来加工与侧面相垂直的底平面。

为了改善切屑卷曲情况，增大容屑空间，防止切屑堵塞，刀齿数比较少，容屑槽圆弧半径则较大。一般粗齿立铣刀齿数 Z=3～4，细齿立铣刀齿数 Z=5～8，套式结构 Z=10～20，容屑槽圆弧半径 r=2～5mm。当立铣刀直径较大时，还可制成不等齿距结构，以增强抗震作用，使切削过程平稳。

标准立铣刀的螺旋角 β 为 40°～45°(粗齿)和 30°～35°(细齿)，套式结构立铣刀的 β 为 15°～25°。

直径较小的立铣刀一般制成带柄形式。ϕ2～ϕ71mm 的立铣刀为直柄；ϕ6～ϕ63mm 的立铣刀为莫氏推柄；ϕ25～ϕ80mm 的立铣刀为带有螺孔的 7：24 锥柄，螺孔用来拉紧刀具。直径大于 ϕ40～ϕ160mm 的立铣刀可做成套式结构。

4) 铣键槽

一般用两刃键槽铣刀，圆柱面和端面都有切削刃，端面刃延至中心，既像立铣刀又像钻头。加工时先轴向进给达到槽深，然后沿键槽方向铣出键槽全长。

国家标准规定，直柄键槽铣刀直径 d=2～22mm，锥柄键精铣刀直径 d=14～50mm。键槽铣刀直径的偏差有 e8 和 d8 两种。键槽铣刀的圆周切削刃仅在靠近端面的一小段长度内发生磨损，重磨时，只需刃磨端面切削刃，因此重磨后铣刀直径不变。

2. 粗糙度测量仪的应用

1) 标准应用

标准应用如图 7-27 所示，用于检测平面和外圆，直径不小于 80mm 的内孔以及曲轴等。

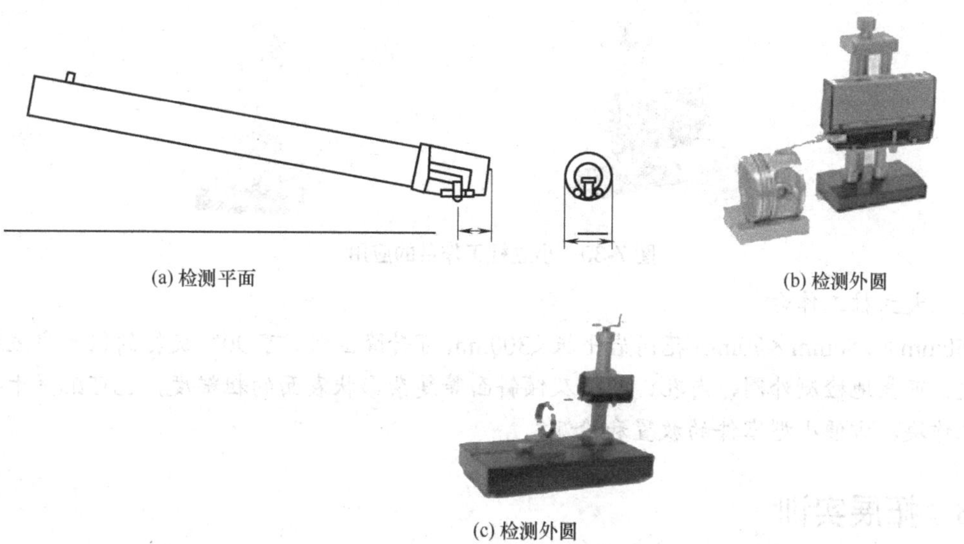

(a) 检测平面　　(b) 检测外圆

(c) 检测外圆

图 7-27　标准应用

2)　测量内孔表面的粗糙度

测量内孔表面的粗糙度如图 7-28 所示，最小内孔孔径为 6.0mm，最深长度为 15.0mm，孔径大于 10mm 时，最深长度为 55.0mm。

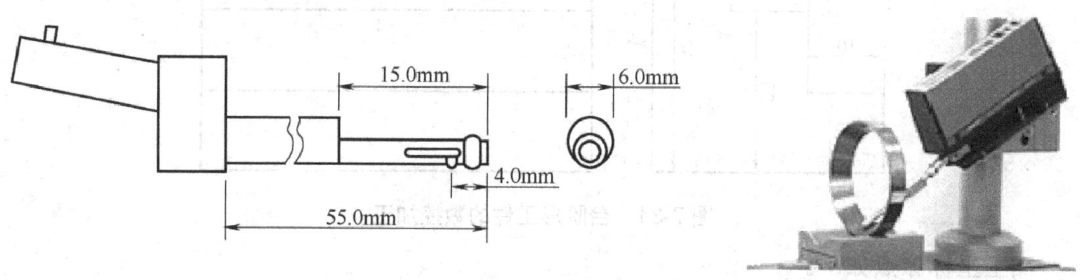

图 7-28　测量内孔表面的粗糙度

3)　测量凹槽或盲孔底部的粗糙度

测量凹槽或盲孔底部的粗糙度如图 7-29 所示，最大深度为 8mm。

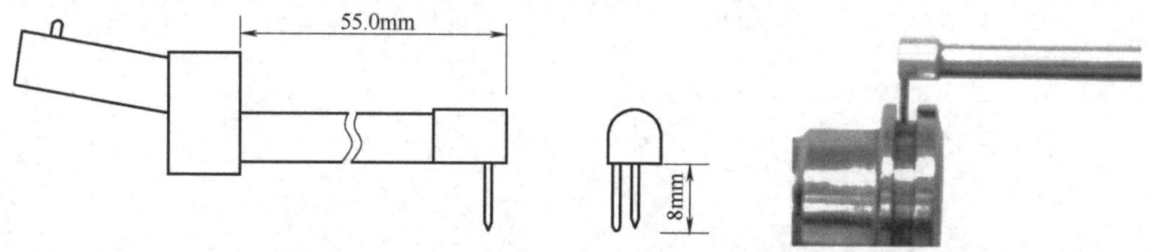

图 7-29　测量凹槽或盲孔底部的粗糙度

4)　小立柱工作台

配套使用小立柱，可使测量更方便、更稳定，尤其适用于检测内孔、凹槽等较难测量的表面。小立柱工作台如图 7-30 所示。

图 7-30　小立柱工作台的应用

5)　大立柱工作台

450mm × 250mm × 70mm 花岗岩平板，300mm 可升降立柱，可 90° 旋转的仪器安装板，可方便、可靠地检测外圆、内孔、凹槽及倾斜面等复杂形状表面的粗糙度，也可配置十字、倾斜工作块，方便小型零件的放置和检测。

7.2.3　拓展实训

如图 7-31 所示零件由几个台阶组成，本例将做此台阶平面及侧面的精加工。其材料为 45 号钢。该零件的台阶面加工选用直径为 ϕ20mm 的立铣刀，每一个台阶做一刀加工。

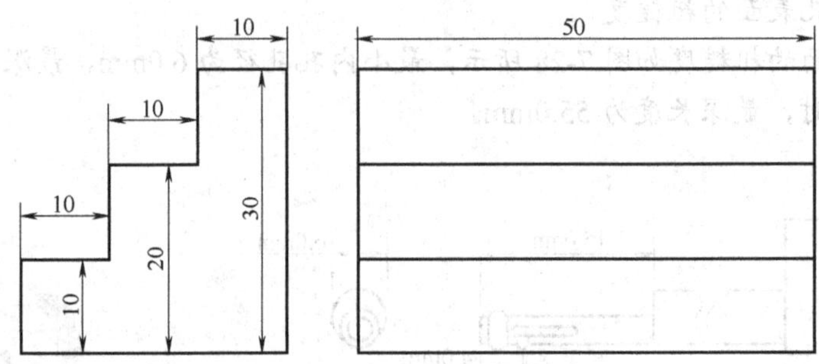

图 7-31　台阶形工件的数控加工

加工坐标原点如下。

X：取该零件长度方向的中心。

Y：取该零件高度的一方的侧边。

Z：零件底面。

第 8 章　数控铣削加工轮廓及孔类零件

本章要点

- 轮廓及孔类零件加工工艺规程的制定。
- 轮廓及孔类零件加工程序的编写。
- 轮廓及孔类零件的数控铣削加工。
- 轮廓及孔类零件的质量检测。

技能目标

- 能正确分析轮廓及孔类零件的工艺性。
- 能合理选择刀具并确定切削参数。
- 能正确选用和使用通用工艺装备。
- 能正确制定轮廓及孔类零件的数控铣削加工工序。
- 能正确编制轮廓及孔类零件的数控铣削加工程序。
- 能熟练操作数控铣床并完成零件的数控铣削加工。
- 能正确使用量具。

8.1　数控铣削加工简单轮廓

知识目标

- 数控加工中走刀路线的确定。
- 应用 G02/G03/G41/M42/G40/G158 指令完成编程。
- 逆铣与顺铣的应用。
- 切削参数的选择。

技能目标

- 能正确完成零件图样分析。
- 能在操作面板上正确完成多把刀具、多个刀沿的建立、查找、编辑和删除。
- 能使用试切方法正确对刀，并通过测量输入工件坐标系的偏置参数。
- 能利用数据线完成程序的导入及导出。
- 能正确应用刀具半径补偿进行外轮廓加工。
- 能灵活应用工件坐标系移动指令加工零件。
- 具备安全操作数控铣床的能力。

8.1.1 工作任务

1. 零件图样

块零件图样如图 8-1 所示。

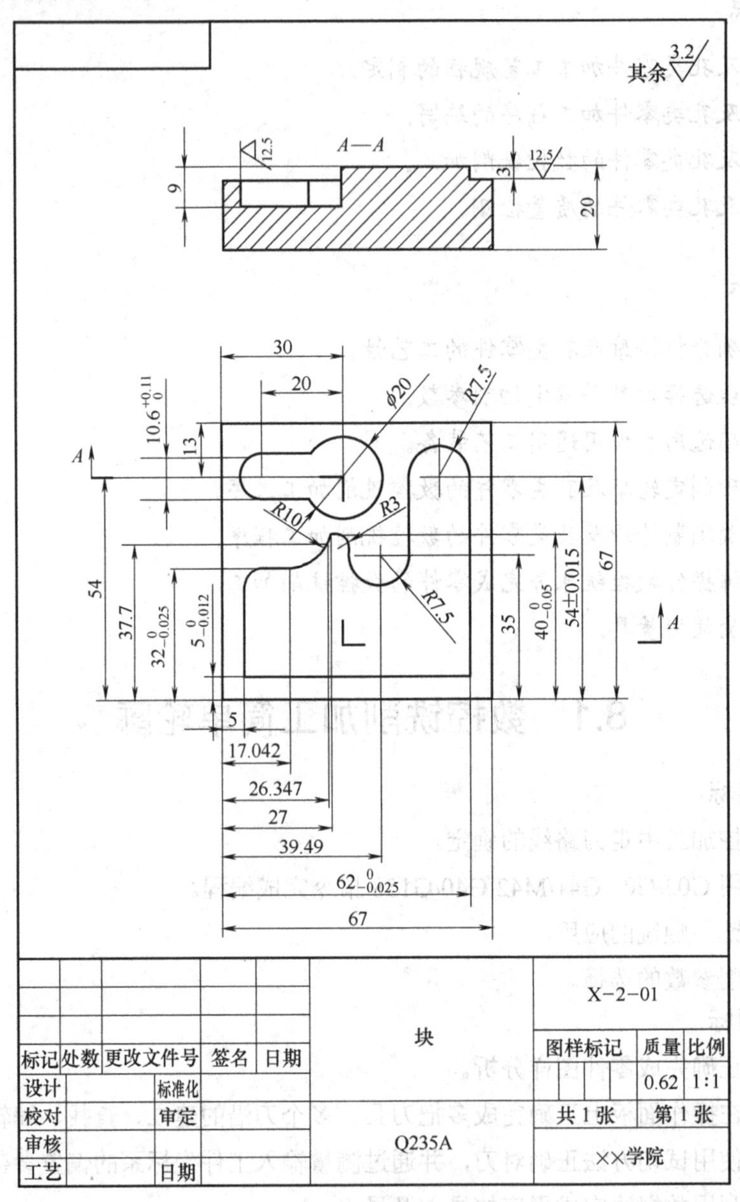

图 8-1　块零件图样

2. 工作条件

(1) 生产纲领：单件。

(2) 毛坯：材料为 Q235A，尺寸为 67mm×67mm×20mm。

(3) 选用机床为 SINUMERIK 802S/C 系统的 XK7125B 型数控铣床。

(4) 时间定额：编程时间为 20min；实操时间为 150min。

3. 工作要求

(1) 工件经加工后，各尺寸符合图样要求。

(2) 工件经加工后，表面粗糙度符合图样要求。

(3) 正确执行安全技术操作规程。

(4) 按企业有关文明生产规定，做到工作地整洁，工件、工具摆放整齐。

8.1.2 工作过程

1. 工艺分析与工艺设计

1) 结构分析

工件毛坯已加工成型。工件加工部位包括凸台、封闭凹槽，其几何形状为二维平面。工件主体可分为两个基本形状构成。材料为 Q235A，加工性能好。

2) 精度分析

凸台形状尺寸中，尺寸 $\phi62_{-0.025}^{0}$ 在公差等级 6 级左右，尺寸 $5_{-0.012}^{0}$ 为公差等级 7 级，表面粗糙度 Ra 为 3.2μm，其余尺寸比较宽松。

封闭凹槽尺寸中，尺寸 $10.6_{0}^{+0.11}$mm 为公差等级 11 级，表面粗糙度 Ra 为 12.5μm，精度较低。

3) 零件装夹方案分析

零件毛坯已加工成型，为六面体，适合采用平口钳装夹。为正确加工，在实际加工前，必须对固定钳口、平口钳导轨及垫铁进行调整。以工件的底面及侧面作为定位基准及找正基准，采用底面及固定钳口定位、侧面夹紧的方式装夹工件。

4) 加工刀具分析

工件凸台左上方部位平面加工余量大，能够采用大直径刀具：ϕ40mm 机夹面铣刀集中去除。ϕ40mm 机夹面铣刀不仅可以进行端面铣削，也可以进行侧刃铣削。ϕ40mm 机夹刀片材料为硬质合金，能承受较大的切削速度，有效地提高了加工效率。

凸台轮廓精度较高，需要用刀具半径补偿的方法进行调整，才能达到图样要求。由于凸台具有内凹圆弧，且空间较小，在进行半径补偿时，非常容易过切，可以选择 ϕ10mm 机夹硬质合金立铣刀加工凸台。

封闭凹槽的加工选用 ϕ8mm 硬质合金键槽铣刀。

本例中刀具的选择如下。

T1：ϕ40mm 面铣刀 1 把。

T2：ϕ10mm 立铣刀 1 把。

T3：ϕ8mm 键槽铣刀 1 把。

5) 制作工序卡

工序卡如表 8-1 所示。

表 8-1　工序卡

数控铣床加工工序卡				产品名称或代号		零件名称		零件图号		
						块		X-2-01		
单位名称				夹具名称		使用设备		车间		
				平口钳		SINUMERIK 802S/C 系统 XK7125B 型数控铣床		现代制造技术中心		
序　号	工艺内容	刀具号	刀补号	刀具规格/mm	主轴转速 n/(r/min)	进给速度 F/(mm/min)	背吃刀量 a_p/mm	刀片材料	程序编号	量　具
1	检测毛坯各面平行度和平面度，确认是否满足装夹定位要求，如果不满足，增加修正工序。正确安装平口钳，装夹工件并找正。建立工件坐标系									游标卡尺(0～125　0.02) 百分表
2	粗铣凸台左上方部位平面加工余量	T1	D1	面铣刀(ϕ40)	1000	600			XX31.MPF	游标卡尺(0～125　0.02)
3	粗铣凸台外廓	T2	D1	立铣刀(ϕ10)	2800	580			XX32.MPF	游标卡尺(0～125　0.02)
4	精铣凸台外廓	T2	D2	立铣刀(ϕ10)	3000	360				外径千分尺(25～50　0.01) (50～75　0.01) 游标卡尺(0～125　0.02)
5	铣削封闭凹槽	T3	D1	键槽铣刀(ϕ8)	3000	450			XX33.MPF	游标卡尺(0～125　0.02)
编　制		审　核			批　准			第 1 页		共 2 页

续表

数控铣床加工工序卡				产品名称或代号		零件名称		零件图号		
						块		X-2-01		
单位名称				夹具名称		使用设备		车　间		
				平口钳		SINUMERIK 802S/C 系统 XK7125B 型数控铣床		现代制造技术中心		
序　号	工艺内容	刀具号	刀补号	刀具规格/mm	主轴转速 n/(r/min)	进给速度 F/(mm/min)	背吃刀量 a_p/mm	刀片材料	程序编号	量　具
6	去尖棱、毛刺									
7	检验工件									
编　制			审　核			批　准		第 1 页		共 2 页

2. 数控编程

(1) 建立工件坐标系。以工件上表面的左下角交点为工件坐标系原点，以设定的工件坐标系编程。

(2) 计算基点与节点。计算凸台、封闭凹槽相应基点坐标值。

(3) 编制程序。凸台轮廓的铣削要运用刀具半径补偿进行编程，加工时分粗加工、半精加工及精加工。进刀、退刀时沿凸台轮廓的切线方向进行。

封闭凹槽的精度要求较低，可粗铣完成。铣削时采用刀心位置进行编程，加工时深度方向分两次下刀。为了简化编程，可利用可编程的零点偏置 G158 指令进行编程，如图 8-2 所示，可实现工件坐标系从 O 点到 O_1 点的偏置。

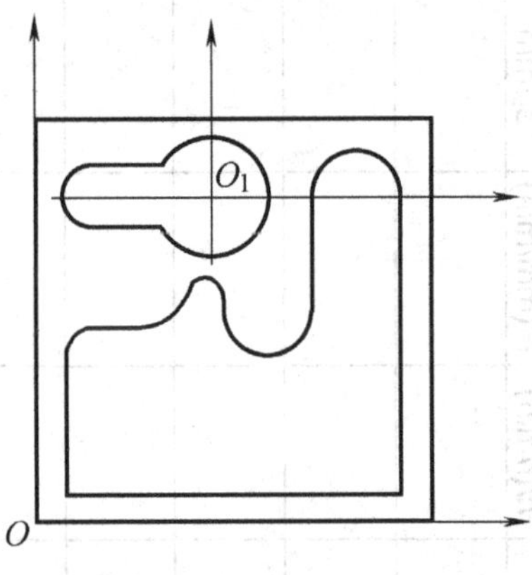

图 8-2 可编程的零点偏置

如果工件上在不同的位置有重复出现的形状或结构，或者选用了一个新的参考点，就可以使用可编程的零点偏置，产生一个当前工件坐标系，新输入的尺寸均是在该坐标系中的数据尺寸。用 G158 指令可以对所有坐标轴编程零点偏移。如果在程序段中仅输入 G158 指令而后面不跟坐标轴名称，表示取消当前的可编程零点偏移。这些指令都要求一个独立的程序段。

加工程序单如表 8-2～表 8-4 所示。

表 8-2 加工程序单 I

程 序	注 释
% N_XX31_MPF;	传输程序头
;$PATH=/_N_MPF_DIR;	
G54 G00 G17 G90 ;	机床初始状态及工件坐标系
T1 D1;	给定刀具及刀具补偿
S1000 M3;	刀具起转
G00 Z5;	移到工件上表面 5mm
G00 X0 Y-40;	移到下刀位置
M08;	切削液开

续表

程　序	注　释
G01 Z-3 F600;	移到工件的切削深度
G41 X5 Y-20;	移到进刀位置并建立刀具半径补偿
Y26.9875;	开始进刀
G02 X10 Y31.9875 CR=5;	
G01 X17.042;	
G03 X26.374 Y37.7 CR=10;	
G01 X27 Y39.985;	
X46.99;	
G01 Y54;	
G02 X61.99 I7.5;	
G01 Y5;	
X-30;	
G40 X-50;	取消刀具半径补偿
G90 G00 Z150;	提刀
M09;	切削液关
M05;	转速停止
M02;	程序停止

表 8-3　加工程序单 II

程　序	注　释
%_N_XX32_MPF;	传输程序头
;$PATH=/_N_MPF_DIR;	
G54 G00 G17 G90;	机床初始状态及工件坐标系
T1 D1;	给定刀具及刀具补偿
S1000 M3;	刀具起转
G00 Z5;	移到工件上表面 5mm
G00 X0 Y-40;	移到下刀位置
M08;	切削液开
G01 Z-3 F600;	移到工件的切削深度
G41 X5 Y-20;	移到进刀位置并建立刀具半径补偿
Y26.9875;	开始进刀
G02 X10 Y31.9875 CR=5;	粗铣轮廓
G01 X17.042;	
X26.374 Y37.7;	
G01 X27 Y39.985;	
X28.99;	

续表

程 序	注 释
G02 X31.99 Y36.985 CR=3;	
G01 Y35;	
G03 X46.99 I7.5;	
G01 Y54;	
G02 X61.99 I7.5;	
G01 Y5;	
X-30;	
G40 X-50;	取消刀具半径补偿
X0 Y-40;	
G41 G1 X5 Y-20 D2 F450 S3000;	移到进刀位置并建立刀具半径补偿
Y26.9875;	精铣轮廓
G02 X10 Y31.9875 CR=5;	
G01 X17.042;	
X26.374 Y37.7;	
G01 X27 Y39.985;	
X28.99;	
G02 X31.99 Y36.985 CR=3;	
G01 Y35;	
G03 X46.99 I7.5;	
G01 Y54;	
G02 X61.99 I7.5;	
G01 Y5;	
X-30;	
G40 X-50;	取消刀具半径补偿
G90 G0 Z150;	提刀
M09;	切削液关
M05;	转速停止
M02;	程序停止

表 8-4 加工程序单Ⅲ

程 序	注 释
% N_XX33_MPF;	传输程序头
;$PATH=/_N_MPF_DIR;	
G158;	
G54 G17 G71 G90;	机床初始状态及工件坐标系
T3 D1;	给定刀具及刀具补偿

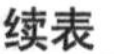

续表

程　序	注　释
S3000 M3;	刀具起转
M08;	切削液开
G158 X30 Y54;	可编程的零点偏置
G01 Z2;	移到工件上表面 2mm
G00 X-20 Y0;	移到下刀位置
G01 X0 Z-3 F450;	第一次 *Z* 向下刀
Y1.3275;	铣削封闭凹槽
X-20;	
G03 Y-1.3275J-1.3275;	
G01 X-5.8513 Y-1.3275;	
G03 X-5.8513 Y0 CR=-6;	
G01 Z2;	提刀
G00 X-20 Y0;	
G01 X0 Z-6 F450;	第二次 *Z* 向下刀
Y1.3275;	铣削封闭凹槽
X-20;	
G03 Y-1.3275J-1.3275;	
G01 X-5.8513 Y-1.3275;	
G03 X-5.8513 Y0 CR=-6;	
G01 Z2;	提刀
G90 G0 Z150;	提刀
G158;	取消可编程的零点偏置
M09;	切削液关
M05;	转速停止
M02;	程序停止

3．模拟加工

模拟加工的结果如图 8-3 所示。

图 8-3　模拟加工的结果

4．数控加工

1)　加工前准备

(1)　机床准备，开机。

选用的机床为 SINUMERIK 802S/C 系统的 XK7125B 型数控铣床，检查机床状态、电源电压、接线是否正确；按下“急停”按钮，机床上电、检查数控上电、检查风扇电动机运转、检查面板上的指示灯是否正常，松开“急停”按钮，按“复位”按钮。

(2) 机床回零。

(3) 工具、量具和刃具准备如表 8-1 所示。

2) 工件与刀具装夹

(1) 工件装夹并校正。测量工件两侧边平行度和底面的平面度，确认是否满足装夹定位要求，如果不满足，增加修正工序。正确安装平口钳，装夹工件并找正。

(2) 刀具安装。将所用刀具安装在主轴上，装夹时注意刀具被夹紧后才可松手，以防刀具落下伤及工件或工作台。

(3) 输入刀具参数。

第一，建立新刀具 T1，输入 D1 刀具补偿值。

第二，建立新刀具 T3，输入 D1 刀具补偿值。

第三，建立新刀具 T2，输入 D1 刀具补偿值；建立新刀沿 D2，输入 D2 刀具补偿值。

① 新刀沿的建立方法。

按下操作面板上的菜单按钮，CRT 界面下方显示软键菜单。

按软键“参数”，在弹出的子菜单中按软键“刀具补偿”，然后在弹出的子菜单中按扩展键>，在子菜单中按软键“新刀沿”，CRT 界面弹出“已有刀具表”和“新刀沿”界面，如图 8-4 所示。

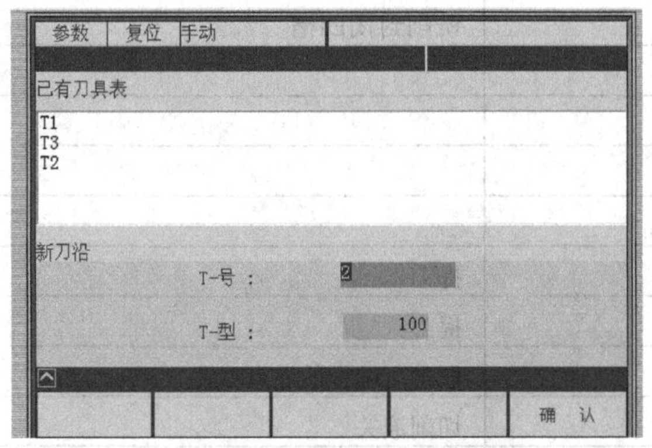

图 8-4　“已有刀具表”和“新刀沿”界面

新刀沿的“T-号”文本框中只能是“已有刀具表”中的信息。设置完成后，按软键“确认”，进入“刀具补偿数据”界面。

按操作面板上的“向上翻页”键、“向下翻页”键、“光标向左”键、“光标向右”键，将光标移动到“几何尺寸”栏上，输入刀具的长度、半径补偿参数，按回车键确认，完成刀沿数据设置，如图 8-5 所示。

将光标移动到“磨损”栏上，输入刀具的长度磨损参数和半径磨损参数。

② 复位刀沿。

按操作面板上的菜单按钮，CRT 界面下方显示软键菜单。

按软键“参数”，在弹出的子菜单中按软键“刀具补偿”，在弹出的子菜单中按扩展键>，在子菜单中按软键“复位刀沿”，输入的刀沿参数被还原，均归零。

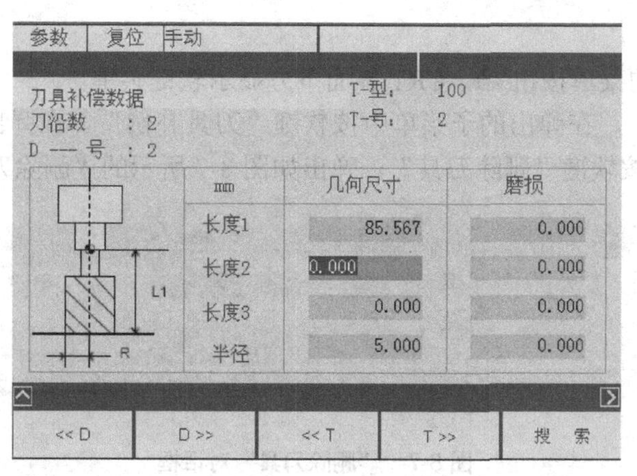

图 8-5　刀沿数据设置

③ 移到相邻的刀具/刀沿。

进入“参数”“刀具补偿”界面。新建一个以上的刀具时，按软键“T>>”，即可进入当前刀具的下一个刀具；按软键“<<T”，可进入当前刀具的上一个刀具。

当一个刀具有两个以上的刀沿时，按软键“<<D”“D>>”可以在不同刀沿间切换。

④ 搜索刀具。

如果刀具号太多，使用“<<T”或“T>>”软键太慢，则可以用“搜索”命令直接选择所需的刀具。

按操作面板上的菜单按钮，CRT 界面下方显示软键菜单。

按软键“参数”，在弹出的子菜单中按软键“刀具补偿”，在弹出的子菜单中按扩展键，在子菜单中按软键“搜索”。CRT 界面弹出如图 8-6 所示的“已有刀具表”和“搜索刀具”界面。

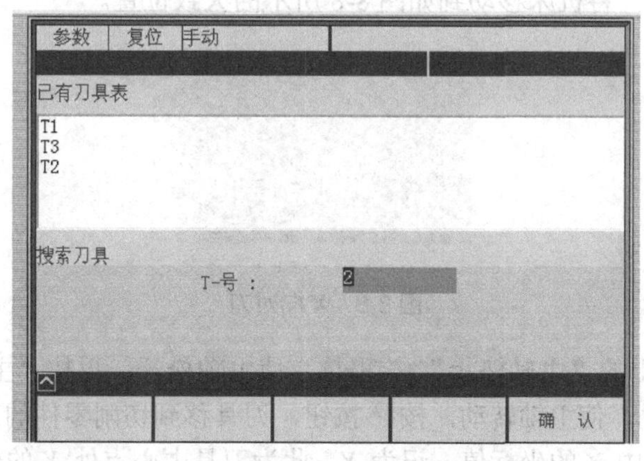

图 8-6　“已有刀具表”和“搜索刀具”界面

按面板上的数字键，在“T-号”文本框中输入需要搜索的刀具号，按软键“确认”，进入“刀具补偿数据”界面，可对已设置的刀具信息进行修改。

注意：要搜索的刀具号需是在“已有刀具表”中显示的刀具。

⑤ 删除刀具。

按操作面板上的菜单按钮，CRT 界面下方显示软键菜单。

按软键“参数”，在弹出的子菜单中按软键“刀具补偿”，在弹出的子菜单中按扩展键>，在子菜单中按软键“删除刀具”，弹出如图 8-7 所示的“删除刀具”对话框。

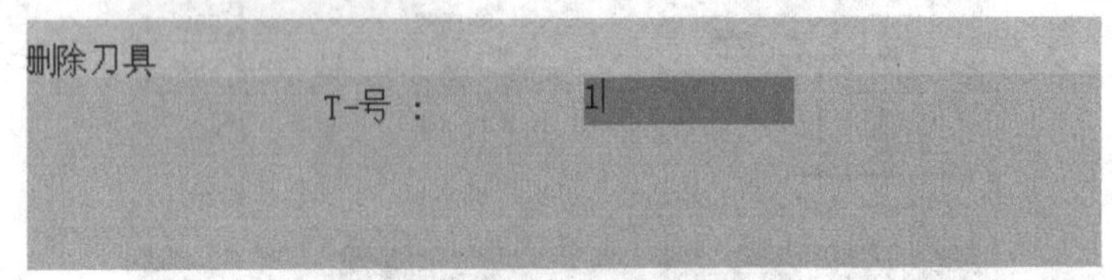

图 8-7 “删除刀具”对话框

按面板上的数字键，在“T-号”文本框中输入需要删除的刀具号，按软键“确认”。选中的刀具被删除，其下一个刀具则自动变为当前刀具。

用户也可以用“T>>”“<<T”或“搜索”命令选择需要删除的刀具号，则此刀具为当前刀具。执行“删除”命令，当前刀具即被删除，其下一个刀具则自动变为当前刀具。继续按“删除”按钮，则可以连续删除。

3) 采用试切法对刀并完成工件坐标系参数的设置

(1) *X*、*Y* 向试切法对刀。

X 轴方向对刀的方法如下。

① 装夹刀具 T2。

② 按操作面板中的“手动方式”按钮进入手动方式。

③ 按+X、-X按钮，选择 *X* 轴为移动轴；按+Y、-Y按钮，选择 *Y* 轴为移动轴；按+Z、-Z按钮，选择 *Z* 轴为移动轴；让机床在当前进给轴的正方向或负方向连续进给。

适当按上述按钮，将机床移动到如图 8-8 所示的大致位置。

图 8-8 *X* 向对刀

④ 按操作面板上的“主轴停止”按钮，使主轴松开，再按“主轴正转”按钮或“主轴反转”按钮，使主轴转动，按+X按钮，刀具移到切削零件的声音刚响起时停止。记下此时机床坐标系中 *X* 的坐标值，记为 *X*，此为刀具中心点处 *X* 的坐标值。如果要使对刀更精确，则应使用点动，并且点动距离为 0.001mm。

Y 轴方向对刀方法同 *X* 轴方向对刀。

(2) *Z* 向试切法对刀。

将机床移动到零件上表面的大致位置。

按操作面板上的“主轴停止”按钮，使主轴松开，再按“主轴正转”按钮或“主轴反转”按钮，使主轴转动，按-Z按钮，刀具下降到切削零件的声音刚响起时停止。记下此时机床坐标系中 Z 的坐标值，记为 Z，此为工件表面一点处 Z 的坐标值。如果要使对刀更精确，则应使用点动，并且点动距离为 0.001mm。

(3) 设置工件坐标系 G54 参数。

进入“可设置零点偏移”界面后，按软键“测量”，弹出“选择刀具!”界面，如图 8-9 所示。

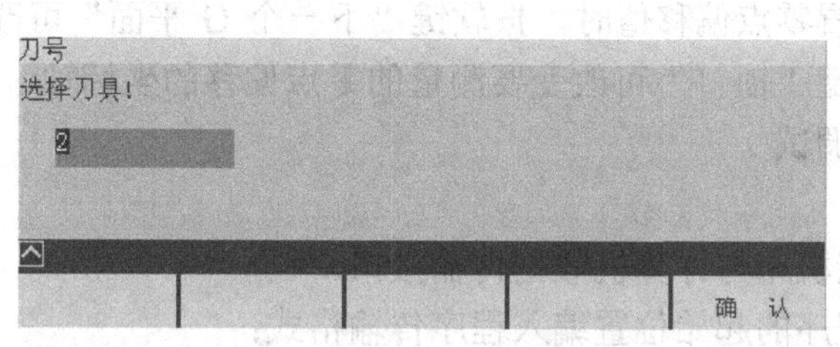

图 8-9　“选择刀具!”界面

在“选择刀具！”文本框中输入所需的刀号，按软键“确认”。若输入的刀号错误，则弹出如图 8-10 所示的“错误报告”提示框，按软键“确认”，回到初始的“可设置零点偏移”界面，可重新进行操作。若输入的刀位号正确，则弹出如图 8-11 所示的“零点偏移测定”界面，界面中“偏移”栏内直接显示工件坐标系的偏移值；轴 Z“位置”栏中显示当前坐标轴的位置；界面下半部分是可通过测量设置的零点偏移。

图 8-10　“错误报告”提示框

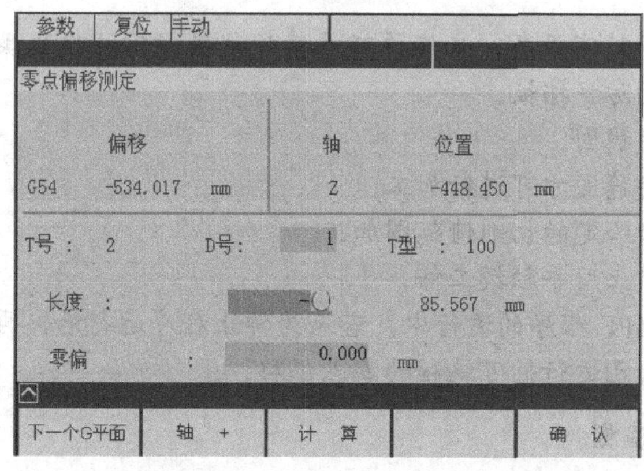

图 8-11　“零点偏移测定”界面

“零点偏移测定”界面中，“D 号”默认为“1”，可通过操作面板来修改。完成“D 号”设置后，按向下翻页键，将光标移到“长度”文本框中，按操作面板上的复选按钮，选择长度补偿的设定方式(选择“无”表示无长度补偿；选择“+”表示正方向进行长度补偿；选择“-”表示负方向进行长度补偿)完成刀具补偿方式设定后，按向下翻页键，将光标移到“零偏”文本框中，按操作面板上的数字键输入所需的零偏值。

完成设置后，按软键“计算”，计算结果(轴位置刀具长度或半径+零偏)将填入偏移值内，按软键“确认”后保存结果返回上级菜单，结果将自动填入相应的位置。

通过“测量”设置零点偏移值时，按软键“下一个 G 平面”可改变要测量的零点偏移的工件坐标系，按软键“轴 +”可改变要测量的零点偏移的坐标轴。

4) 程序导入与调试

(1) 输入程序。

① 用数据线连接机床与计算机数据传输接口。

② 编程时，在程序的起始位置编入程序传输格式：

```
%_N_XX1_MPF
;$PATH=/_N_MPF_DIR
```

③ 在计算机上安装 winpcin 传输程序。运行需要导入的数控程序。

④ 导入程序。

按软键“通讯”，在目录列表中按键盘上的向上翻页键和向下翻页键，将光标停留在“零件程序和子程序”上，按软键“输入启动”。此时选中的数控程序已被导入。

按软键“程序”，在数控程序目录中按键盘上的向上翻页键和向下翻页键，就能找到导入的数控程序。

(2) 检查刀具补偿参数。

(3) 调试程序。

5) 自动加工

按 7.1 节所述方法完成自动加工。

注意事项

(1) 数控机床属于精密设备，未经许可严禁尝试性操作。观察操作时必须戴护目镜且站在安全位置，并关闭防护挡板。

(2) 工件必须装夹稳固。

(3) 刀具必须装夹稳固方可进行加工。

(4) 严格按照教师给定的切削值范围加工。

(5) 切削加工中禁止用手触摸工件。

(6) 如在 XX33.MPF 程序的运行中，若人为停止程序运行后，再次启动程序运行前，一定要注意要取消前面已运行的可编程的零点偏移。

5. 加工工件质量检测

(1) 去尖棱、毛刺。

(2) 用游标卡尺、外径千分尺检测各加工面尺寸。

(3) 用类比目测法检测表面粗糙度。

6. 清场处理

(1) 清除切屑、擦拭机床，使机床与环境保持清洁状态。

(2) 注意检查或更换磨损坏的机床导轨上的油擦板。

(3) 检查润滑油、冷却液的状态，及时添加或更换。

(4) 依次关掉机床操作面板上的电源和总电源。

(5) 将现场设备、设施恢复到初始状态。

知识链接

1. 顺铣与逆铣的比较

1) 周铣时，顺铣与逆铣不容忽视

在周铣时，因为工件与铣刀的相对运动不同，就会有顺铣和逆铣。

周铣时的顺铣与逆铣如图 8-12 所示。

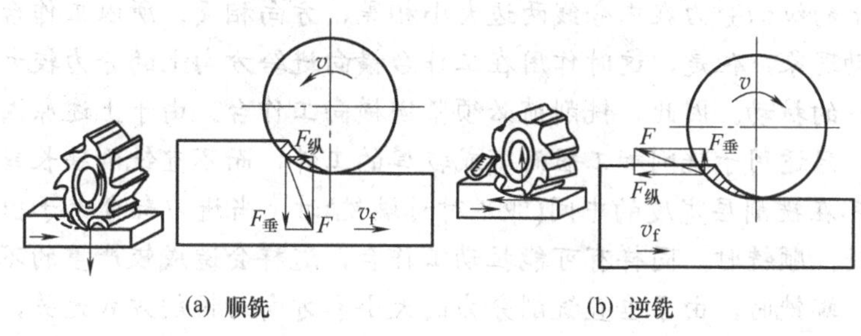

图 8-12　周铣时的顺铣和逆铣

顺铣与逆铣的比较如下。

(1) 逆铣时，作用在工件上的力在进给方向上的分力与进给方向相反，它不会把工作台向进给方向拉动一个距离，因此，丝杠轴向间隙的大小对逆铣无明显的影响。而顺铣时，由于作用在工件上的力在进给方向的分力与进给方向相同，所以就有可能会把工作台拉动一个距离，从而造成每齿进给量突然增加，严重时还会损坏铣刀，造成工件报废或更严重的设备事故。因此，在周铣时，通常都是采用逆铣。尤其是在铣床没有调整好丝杠轴向间隙时，或水平分力较大时，均不使用顺铣加工。

(2) 逆铣时，作用在工件上的垂直铣削力在铣削开始时是向上的，有把工件从夹具中拉起来的趋势，所以对铣削加工薄而长的工件和不易夹紧的工件是极为不利的。另外，在铣削过程的中途，刀齿切到工件时，还要滑动一小段距离才能切入，此时的垂直铣削力是向下的，而在将要切离工件的一段时间内，垂直铣削力又是向上的，因而工件和铣刀会产生周期性振动，影响铣削加工的表面粗糙度。顺铣时，作用在工件上的垂直铣削力始终是向下的，能起到压住工件的作用，对铣削加工有利，而且垂直铣削力的变化较小，故产生的振动也小，能使铣削加工工件的表面粗糙度值较小。

(3) 逆铣时，由于铣刀刀刃在加工表面上要滑动一小段距离，刀刃容易磨损。顺铣时，铣刀刀刃一开始就切入工件，故铣刀刀刃比逆铣时磨损小一些，铣刀的使用寿命也就长一些。

(4) 逆铣时，消耗在工件进给运动上的动力较大，而顺铣时则较小。此外，顺铣时切削厚度比逆铣大，切屑短而厚，而且变形小，所以可以节省铣床功率的消耗。

(5) 逆铣时，铣削加工表面上有前一刀齿加工时形成的硬化层，因而不易切削。顺铣时，铣削加工表面上没有硬化层，所以容易切削。

(6) 对于表面有硬皮的毛坯工件，顺铣时铣刀刀齿一开始就切削到硬皮，切削刃容易损坏，而逆铣时则无此问题。

综上所述，尽管顺铣与逆铣相比有较多的优点，但由于逆铣时不会拉动工作台，所以一般情况下都采用逆铣进行加工。但是，当工件不易夹紧或工件薄而长时宜采用顺铣。此外，当铣削余量较小，铣削力在进给方向的分力小于工作台和导轨之间的摩擦力时，可采用顺铣。有时为了改善铣削质量而采用顺铣时，必须调整工作台与丝杠之间的轴向间隙(使间隙为 0.01～0.04mm)。总之，要视具体情况作具体处理。

2) 端铣时，顺铣与逆铣不容忽视

端铣时，由于铣刀和工件之间的相对运动不同，也会有顺铣和逆铣，二者之间也有差异。端铣时，若用纵向工作台进给作对称铣削，工件铣削层宽度在铣刀轴线两边各占一半。使作用在工件上的纵向分力在中分线两边大小相等、方向相反。所以工作台进给方向不会产生突然的拉动现象。但是，这时作用在工作台横向进给方向上的分力较大，会使工作台沿横向产生突然的拉动。因此，铣削前必须紧固横向工作台。由于上述原因，用面铣刀进行对称铣削时，只适用于铣削加工短而宽或较厚的工件，而不宜铣削狭长或较薄的工件。若铣刀的轴线不在铣削层宽度的中间(即不对称端铣)时，当进刀部分大于出刀部分时为逆铣，反之为顺铣。顺铣时，同样有可能拉动工作台，这样会造成较严重的不良后果，故一般不采用顺铣。端铣时，由于垂直铣削分力的大小和方向与铣削方式无关，另外，端铣法作逆铣时，刀齿开始切入工件时，切屑厚度较薄，切削刃受到的冲击较小，并且切削刃开始切入时，无滑动阶段，所以可以提高铣刀的使用寿命。用端铣法作顺铣的优点是：切屑在切离工件时较薄，所以切屑较容易排除；切削刃切入时切屑较厚，不至于在冷硬层上挤刮，尤其对于容易产生冷硬现象的工件材料，如不锈钢等，这一优点则更为显著。总之，要视具体情况作具体处理。

2. 走刀路线的确定

在数控加工中，刀具刀位点相对于工件运动的轨迹称为加工路线，它是编程的依据，直接影响加工质量和效率。在确定加工路线时要考虑下面几点。

(1) 保证零件的加工精度和表面质量，且效率要高。

(2) 尽可能使加工路线最短，减少空行程时间和换刀次数，提高生产率。

(3) 减少零件的变形。

(4) 尽量使数值点计算方便，缩短编程工作时间。

(5) 合理选择铣削方式，以提高零件的加工质量。

(6) 合理选取刀具的起刀点、切入和切出点及刀具的切入和切出方式，保证刀具切入和切出的平稳性。

对于铣削加工，刀具切入工件的方式不仅影响加工质量，同时直接关系到加工的安全。对于二维轮廓加工，一般要求从侧向进刀或沿切线方向进刀，尽量避免垂直进刀。退刀方式也应从侧向或切向退刀，如图 8-13 所示。刀具从安全面高度下降到切削高度时，应离开工件毛坯边缘一段距离，不能直接贴着加工零件理论轮廓直接下刀，以免发生危险。下刀运动过程最好不用快速(G00)运动，而用直线插补(G01)运动。

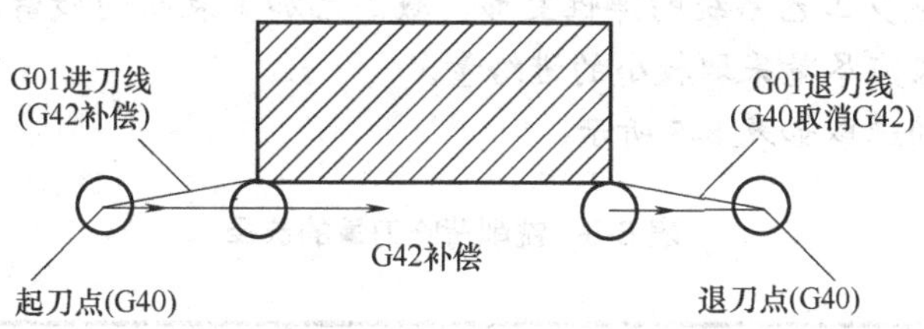

图 8-13　正确进刀及退刀

对于型腔的粗铣加工，一般应先钻一个工艺孔至型腔底面(留一定精加工余量)，并扩孔以便所使用的立铣刀能从工艺孔进刀，进行型腔粗加工。

型腔粗加工方式一般采用从中心向四周扩展的方式。

(7) 安全高度的确定。对于铣削加工，起刀点和退刀点必须离加工零件上表面有一个安全高度，保证刀具在停止状态时，不与加工零件和夹具发生碰撞。

(8) 位置精度要求高的孔系零件的加工应避免机床反向间隙的带入，以免影响孔的位置精度。

(9) 复杂曲面零件的加工应根据零件的实际形状、精度要求、加工效率等多种因素来确定是行切还是环切，是等距切削还是等高切削等。

(10) 保证加工过程的安全性，避免刀具与非加工面的干涉。

(11) 零件轮廓的最终加工应尽量保证一次连续完成。

3. 切削参数的选择原则和顺序

1) 铣削用量的选择原则

(1) 要保证铣刀有合理的使用寿命、较高的生产效率以及较低的制造成本。

(2) 要保证加工质量，主要是保证加工表面的精度和表面粗糙度达到工件图样的要求。

(3) 不应超过铣床允许的动力和转矩的范围，不应超过工艺系统(铣床、刀具、工件)的刚度和强度范围，同时又能充分发挥它们的潜力。

以上 3 条要根据具体情况有所侧重。一般在粗加工时，应尽可能地发挥铣刀、铣床的潜力以及保证合理的铣刀使用寿命；精加工时，则应首先要保证铣削加工精度和表面粗糙度，同时兼顾合理的铣刀使用寿命。

2) 铣削用量的选择顺序

在铣削过程中，如果能在一定的时间内切除较多的金属，就会有较高的生产效率。显然，提高背吃刀量、铣削速度和进给量均能增加金属的切除量。但是，影响铣刀使用寿命最显著的因素是铣削速度，其次是进给量，而背吃刀量的影响最小。所以，为了保证铣刀合理的使用寿命，应当优先采用较大的吃刀量，其次是选择较大的进给量，最后才是根据铣刀使用寿命的要求选择适宜的铣削速度。

3) 铣削用量的选择

(1) 背吃刀量的选择：在铣削加工中，一般应根据工件切削层的尺寸来选择铣刀。若用端面铣刀铣削平面时，铣刀直径应大于切削层宽度。若用圆柱铣刀铣削平面时，铣刀宽度一般应大于工件切削层宽度。若加工余量不大时，应尽量一次进给铣去全部加工余量。只有当工件的加工精度要求较高时，才分粗铣、精铣。

精铣时，为了减少工艺系统的弹性变形，减小已加工表面的残留面积高度，不宜选用大进给量加工，一般应尽量采取较小的进给量。

具体背吃刀量的选取如表 8-5 所示。

表 8-5　铣削背吃刀量的选择

单位：mm

工件材料	高速钢铣刀		硬质合金铣刀	
	粗　铣	精　铣	粗　铣	精　铣
铸铁	5～7		10～18	
软钢	<5	0.5～1	<12	1～2
中硬钢	<4		<7	
硬钢	<3		<4	

(2) 每齿进给量的选择。粗铣时，限制进给量提高的主要因素是切削力，进给量主要是根据铣床进给机构的强度、刀杆的刚度、刀齿的强度及铣床、夹具、工件的工艺系统刚度来确定。在强度和刚度许可的条件下，进给量可以尽量选取得大一些。精加工时，限制进给量提高的主要因素是表面粗糙度。为了减少工艺系统的振动，减小已加工表面的残留面积高度，一般选取较小的进给量。

① 一般情况下，粗铣取大值，精铣取小值。

② 对刚性较差的工件，或使用的铣刀强度较低时，铣刀每齿进给量应适当减小。

③ 在铣削加工不锈钢等冷硬倾向较大的材料时，应适当增大铣刀每齿进给量，以免刀刃在冷硬层上切削，以致加速刀刃的磨损。

④ 精铣时，铣刀安装后的径向及轴向圆跳动量越大，则铣刀每齿进给量应相应适当地减小。

⑤ 用带修光刃的硬质合金铣刀进行精铣时，只要工艺系统的刚性好，铣刀每齿进给量可适当增大，但修光刃必须平直，并与进给方向保持较高的平行度，这就是所谓的大进给量强力铣削，可以充分发挥铣床和铣刀的加工潜力，提高铣削加工效率。

其具体选取如表 8-6 所示。

表 8-6　铣削进给量的选择

单位：mm

刀具名称	高速钢铣刀		硬质合金铣刀	
	铸　铁	钢　材	铸　铁	钢　材
圆柱铣刀	0.12～0.2	0.1～0.15		
立铣刀	0.08～0.15	0.03～0.06		0.08～0.20
套式面铣刀	0.15～0.2	0.06～0.10	0.2～0.5	
三面刃铣刀	0.15～0.25	0.06～0.08		

(3) 铣削速度的选择。在背吃刀量和每齿进给量确定以后，可以在保证铣刀合理的使用寿命的前提下确定铣削速度。

① 粗铣时，确定铣削速度必须考虑到铣床的许用功率。如果超过铣床的许用功率，则应降低铣削速度。精铣时，一方面应考虑到合理的铣削速度以抑制积屑瘤的产生，提高表面质量；另一方面，由于刀尖磨损往往会影响加工精度，因此应选用耐磨性能比较好的刀具材料，并尽可能选取在最佳铣削速度的范围内工作。总之，粗铣时，切削负载大，铣削速度应取较小值；精铣时，为了降低表面粗糙度，铣削速度应取较大值。

② 采用机夹式铣刀或不重磨式铣刀铣削加工时，铣削速度可取较大值。

③ 在铣削过程中，如发现铣刀寿命较短时，应适当减小铣削速度。

④ 铣刀结构及几何角度改进后，铣削速度可以允许适当增大。

铣削速度可参考表 8-7 选取，并根据铣削的实际情况进行试铣后加以调整。

表 8-7　铣削速度的选择

单位：mm

工件材料	铣削速度		注　明
	高速钢铣刀	硬质合金铣刀	
20 号钢	20～45	150～190	(1) 粗铣时，取小值；精铣时，取大值； (2) 工件材料强度和硬度较高时，取小值，反之取大值； (3) 铣刀材料耐热性好时，取大值，反之取小值
45 号钢	20～35	120～150	
40Cr	15～25	60～90	
HT150	14～22	70～100	
黄铜	30～60	120～200	
铝合金	112～300	400～600	
不锈钢	16～25	50～100	

8.1.3 拓展实训

本节应完成的任务如下。

(1) 记录机床操作流程。

(2) 使用尺寸为 74mm×74mm×40mm 的方料进行如图 8-14 所示零件的加工。

(3) 使用尺寸为 80mm×80mm×30mm 的方料进行如图 8-15 所示零件的加工，表面粗糙度 *Ra*3.2。

(4) 使用尺寸为 80mm×80mm×25mm 的方料进行如图 8-16 所示零件的加工，表面粗糙度 *Ra*3.2。

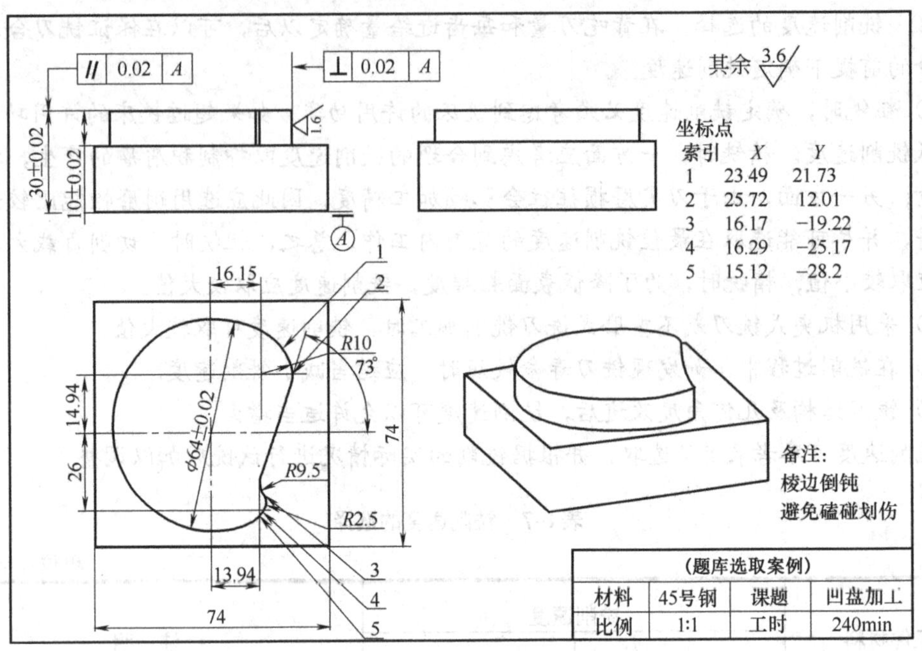

图 8-14 凹盘加工图样

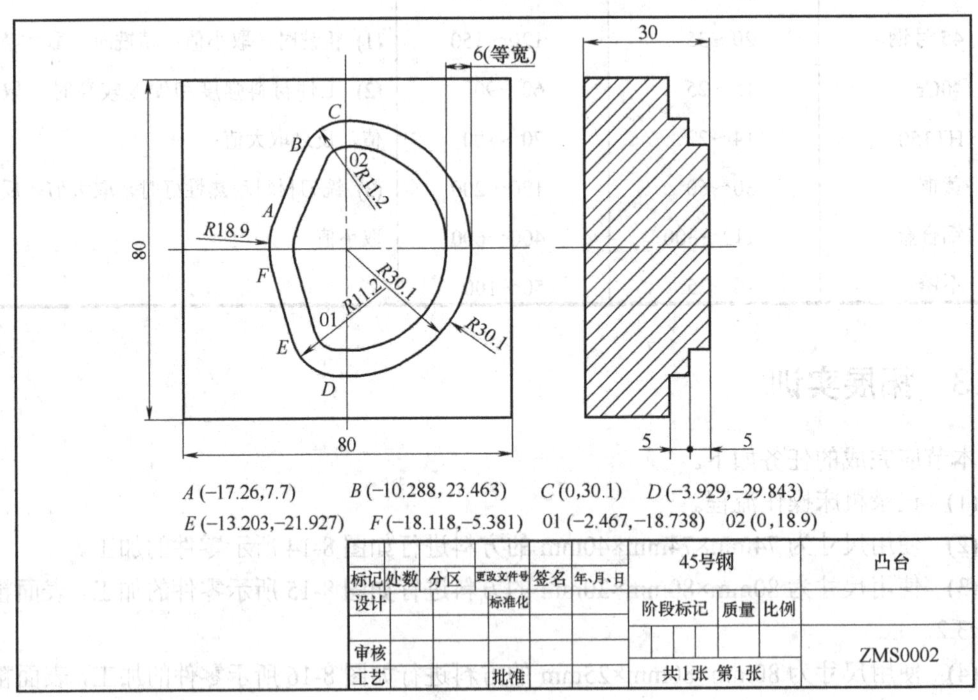

图 8-15 凸台加工图样

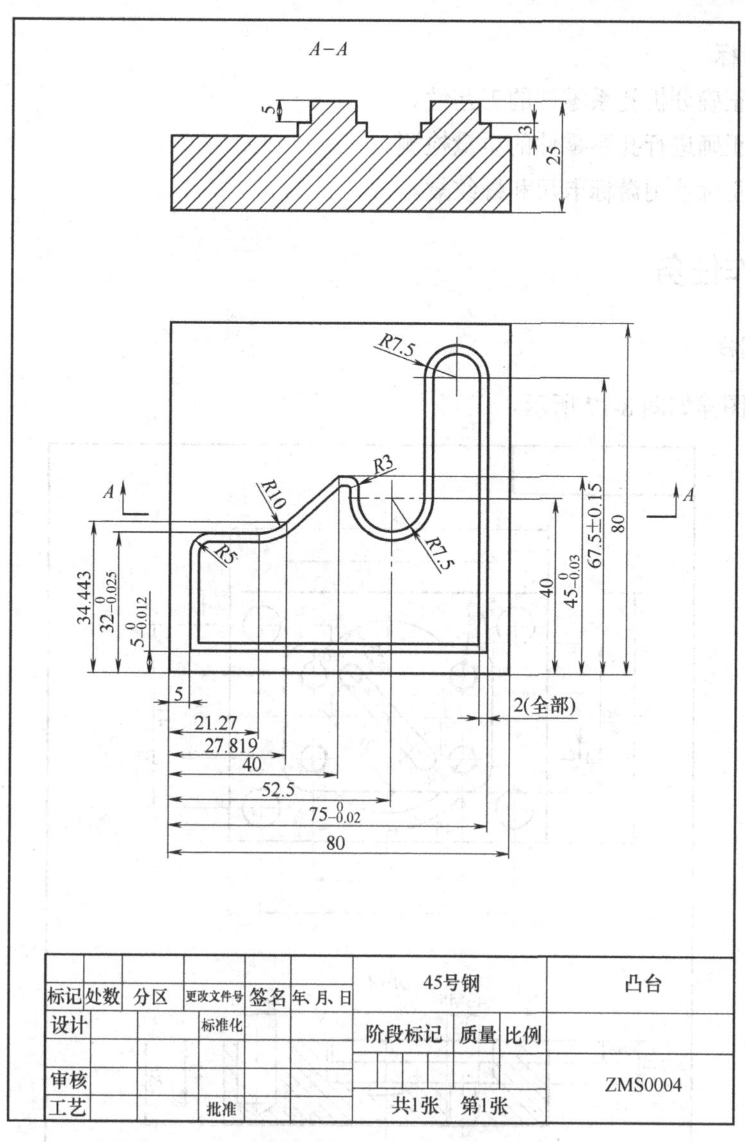

图 8-16　二层凸台加工图样

8.2　数控铣削加工孔系零件

知识目标

- 掌握 G54 对刀方法。
- 掌握加工零件的工艺规程制定内容。
- 掌握孔加工循环指令。
- 掌握 G41、G42、G40 指令的应用。
- 掌握 G68、G69 指令的应用。
- 掌握分层切削的方法。

技能目标

- 能正确分析孔系零件的工艺性。
- 能正确进行孔系零件的质量检测。
- 能正确使用游标卡尺和螺纹规。

8.2.1 工作任务

1. 零件图样

孔系零件图样如图 8-17 所示。

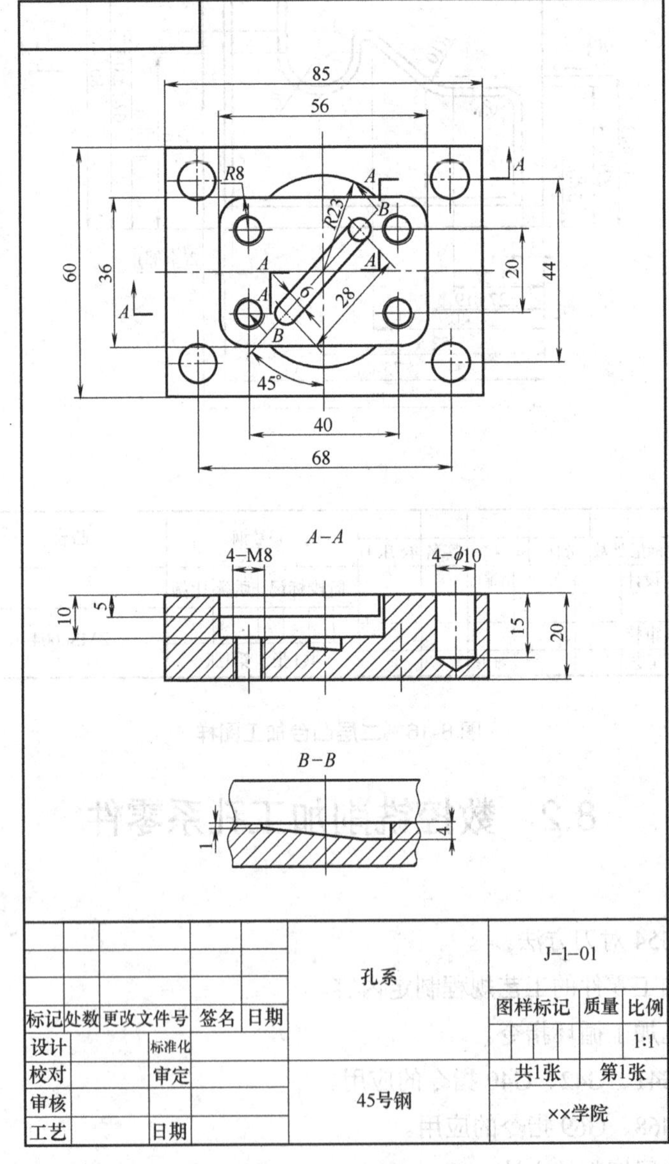

图 8-17 孔系零件图样

2. 工作条件

(1) 生产纲领：单件。

(2) 毛坯：材料为 45 号钢，尺寸为 85mm×60mm×20mm。

(3) 选用机床为 FANUC 0i 系统的 VC1055 型数控加工中心。

(4) 时间定额：编程时间为 120min；实操时间为 180min。

3. 工作要求

(1) 工件经加工后，各尺寸符合图样要求。

(2) 工件经加工后，形位公差符合图样要求。

(3) 工件经加工后，表面粗糙度符合图样要求。

(4) 正确执行安全技术操作规程。

(5) 按企业有关文明生产规定，做到工作场地整洁，工件、工具摆放整齐。

8.2.2 工作过程

1. 工艺分析与工艺设计

1) 结构分析

工件毛坯已加工成形。工件加工部位包括 1 个斜向斜底长圆槽、4 个 ϕ10mm 盲孔、4 个 M8mm 螺孔、带圆角的矩形型腔及弓形槽。材料为 45 号钢，加工性能好。

2) 精度分析

所有尺寸为自由公差等级，零件精度低。

3) 零件装夹方案分析

零件毛坯已加工成形，为六面体，适合采用平口钳装夹。

4) 加工刀具分析

用 ϕ6mm 的硬质合金直柄键槽铣刀铣槽，加工 1 个斜向斜底长圆槽。

用 ϕ10mm 的高速钢钻头加工 4×ϕ10mm 的盲孔。

对于 4×M8mm 螺孔，先用 ϕ6.7mm 的高速钢钻头钻底孔，再用 M8mm 的丝锥攻丝。

型腔先用 ϕ10mm 的高速钢钻头钻预制孔，再用 ϕ12mm 平头立铣刀铣削成形。

弓形槽用 ϕ12mm 平头立铣刀。

本例中刀具的选择如下。

T01：ϕ10mm 的麻花钻头 1 把。

T02：ϕ12mm 平头立铣刀 1 把。

T03：ϕ6.7mm 的麻花钻头 1 把。

T04：ϕ6mm 的直柄键槽铣刀 1 把。

T05：M8mm 的丝锥。

5) 制作工序卡

工序卡如表 8-8 所示。

表 8-8 工序卡

加工中心加工工序卡			产品名称或代号		零件名称		零件图号		
					孔系		J-1-01		
单位名称			夹具名称		使用设备		车间		
			平口钳		FANUC 0i 系统 VC1055 型数控加工中心		现代制造技术中心		
序　号	工艺内容	刀具号	刀具规格/mm	主轴转速 n/(r/min)	进给速度 F/(mm/min)	背吃刀量 a_p/mm	刀片材料	程序编号	量　具
1	钻型腔预制孔	T01	ϕ10 麻花钻	300	70	5		O5100	
2	钻孔ϕ10mm	T01	ϕ10 麻花钻	300	70	5		O5101	游标卡尺
3	铣矩形型腔	T02	ϕ12 平头立铣刀	400	50	3		O5102	游标卡尺
4	铣弓形槽	T02	ϕ12 平头立铣刀	400	50	2.5		O5103	游标卡尺
5	钻 M8mm 螺纹底孔	T03	ϕ6.7 麻花钻	500	60	3.75		O5104	游标卡尺
6	铣斜槽	T04	ϕ6 直柄键槽铣刀	500	60	2		O5105	游标卡尺
7	攻丝	T05	M8mm 丝锥	160	200	0.65		O5106	螺纹塞规
编　制		审　核		批　准		第 1 页		共 1 页	

2. 数控编程

(1) 建立工件坐标系。把工件顶面的中心作为工件原点，并以此为工件坐标系编程。

(2) 计算基点与节点。

(3) 编制程序。加工程序单如表 8-9～表 8-15 所示。

表 8-9　加工程序单 Ⅰ

程　序	注　释
O5100;	主程序：程序号 5100
G54 G90 G17 G40 G80 G21;	机床初始状态及建立工件坐标系
M08;	
M05;	
G91 G28 Z0;	
M06 T01;	主轴换上 T01 号刀
M03 S300;	主轴正转
G90 G00 X0Y0;	
G43 Z100. H01;	建立刀具长度补偿，至安全高度
M98P5101;	调用 5101 号子程序钻孔
M05;	
G91 G28 Z0;	
M06 T02;	主轴换上 T02 号刀
M03 S500;	主轴正转
G90 G00 X-21.5 Y-11.5;	对准预制孔
G43 Z100. H02;	建立刀具长度补偿，至安全高度
G00Z5.;	
G01 Z2. F50;	刀具定位至切削点
M98 P45102;	调用 5102 号子程序铣矩形型腔 4 次
G90 G01 Z0 F50;	
X0Y0;	刀具定位至下一个切削点
M98 P25103;	调用 5103 号子程序铣拱形型腔两次
G01 Z5.;	
M05;	
G91 G28 Z0;	
M06 T03;	主轴换上 T03 号刀
M03 S500;	主轴正转
G90 G00 X0Y0;	
G43 Z100. H03;	建立刀具长度补偿，至安全高度
M98 P5104;	调用 5104 号子程序钻螺纹底孔

续表

程　序	注　释
M05;	
G91 G28 Z0;	
M06 T04;	主轴换上 T04 号刀
M03 S500;	主轴正转
G90 G00 X0Y0;	
G43 Z100. H04;	建立刀具长度补偿，至安全高度
G00 Z2.;	
G01 Z-8. F60;	
M98 P5105;	调用 5105 号子程序铣斜槽
G01 Z5.;	
M05;	
G91 G28 Z0;	
M06 T05;	主轴换上 T05 号刀
M03 S160;	主轴正转
G90 G00 X0Y0;	
G43 Z100. H05;	建立刀具长度补偿，至安全高度
M98P5106;	调用 5106 号子程序攻螺纹
M09;	
M05;	主轴停止
M30;	程序结束

表 8-10　加工程序单 II

程　序	注　释
O5101;	钻孔子程序：程序号
G99 G81 X-21.5 Y-11.5 Z-10. R5. F70;	钻型腔预制孔
X-34. Y-22. Z-17.887;	依次钻 4 个 ϕ10mm 孔
Y22.;	
X34.	
G98 Y-22.;	
G80;	取消孔加工循环
M99;	子程序结束并返回主程序

表 8-11　加工程序单 III

程　序	注　释
O5102;	铣矩形型腔子程序：程序号
G91 Z-3.;	每次下刀 3mm

续表

程　序	注　释
X43.;	行切
Y8.;	
X-43.;	
Y8.;	
X43.;	
Y7.5;	
X-43.;	
G03 X-0.5 Y-0.5 R0.5;	环切
G01Y-23.;	
G03 X0.5 Y-0.5 R0.5;	
G01 X43.;	
G03 X0.5 Y0.5 R0.5;	
G01Y23.;	
G03 X-0.5 Y0.5 R0.5;	
G90 G01X-21.5 Y-11.5;	对准预制孔的位置，准备下一次切削
M99;	子程序结束并返回主程序

表 8-12　加工程序单Ⅳ

程　序	注　释
O5103;	铣弓形槽子程序：程序号
G91 G01 Z-2.5;	每次下刀 2.5mm
G90 G41 X23. Y0 D01;	建立刀具半径补偿
G03 I-23.;	铣削整圆
G01 G40 X0Y0;	取消刀具半径补偿
M99;	子程序结束并返回主程序

表 8-13　加工程序单Ⅴ

程　序	注　释
O5104;	钻螺纹底孔子程序：程序号
G99 G81 X20. Y10. Z-25. R1. F60;	返回到 *R* 点(前 3 个孔)
X-20.;	
Y-10.;	
G98 X20.;	返回到起始点(最后 1 个孔)
G80;	取消孔加工循环
M99;	子程序结束并返回主程序

表 8-14　加工程序单Ⅵ

程　序	注　释
O5105;	铣斜槽子程序：程序号
G68 X0Y0 R45.;	坐标旋转 45°
G01 X-4.56 Y0;	刀具定位在第 1 层铣削位置
Z-10.;	
X14.Y0 Z-12.;	第 1 次铣斜槽
Z-8.;	
X-14.;	刀具定位在第 1 层铣削位置
Z-11.;	
X14. Z-14.;	第 2 次铣斜槽
Z2.;	
G69;	取消坐标旋转
M99;	子程序结束并返回主程序

表 8-15　加工程序单Ⅶ

程　序	注　释
O5106;	攻螺纹子程序：程序号
G99 G84 X20. Y10. Z-25. R2. F200;	返回到 R 点(前三个孔)
X-20.;	
Y-10.;	
G98 X20.;	返回到起始点(最后一个孔)
G80;	取消孔加工循环
M99;	子程序结束并返回主程序

3．模拟加工

模拟加工的结果如图 8-18 所示。

图 8-18　模拟加工的结果

4．数控加工

1)　加工前准备

(1)　电源接通。

(2)　机床回零。

(3)　刀辅具准备和毛坯准备。

2)　工件与刀具装夹

(1)　工件装夹。工件装夹在平口钳上。

(2)　刀具安装。将加工零件的刀具依次插到刀库的相应刀套内。

3)　对刀与参数设置

按试切法完成对刀并正常输入各刀具半径及长度补偿参数。

4)　程序调入与调试

(1) 调入程序。

(2) 刀具补偿。

(3) 调试程序。

(4) 自动加工。

5. 加工工件质量检测

(1) 去尖棱、毛刺。

(2) 用游标卡尺检测各加工尺寸；用螺纹塞规检测 M8 螺纹。

(3) 用类比目测法检测表面粗糙度。

6. 清场处理

(1) 清除切屑、擦拭机床，使机床与环境保持清洁状态。

(2) 注意检查或更换磨损坏的机床导轨上的油擦板。

(3) 检查润滑油、冷却液的状态，及时添加或更换。

(4) 依次关掉机床操作面板上的电源和总电源。

(5) 将现场设备、设施恢复到初始状态。

知识链接

1. 二维型腔的加工要点

型腔的切削分两步：第一步切内腔，第二步切轮廓。切轮廓通常又分为粗加工和精加工两步。粗加工时的刀具轨迹是从内槽轮廓线向里平移铣刀半径，并且留出精加工余量而形成，它是计算内腔走刀路线的依据。

1)　封闭凹槽的走刀路线

铣削封闭的凹轮廓，走刀路线如图 8-19 所示。图 8-19(a)为行切方式加工内腔的走刀路线，这种走刀路线较短，但行切法将在两次进给的起点与终点间留下残余面积，而达不到所要求的表面粗糙度。图 8-19(b)为环切方式加工内腔的走刀路线，这种走刀路线获得的表面粗糙度要好于行切法，但环切法需要逐次向外扩展轮廓线，刀位计算较为复杂，但在加工小面积内槽时，环切的程序量要比行切小。图 8-19(c)为行切+环切方式加工内腔的走刀路线，这种走刀既能使总的进给路线较短，又能获得较好的表面粗糙度。

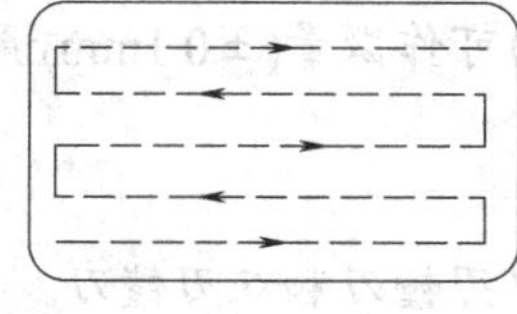

(a) 行切法

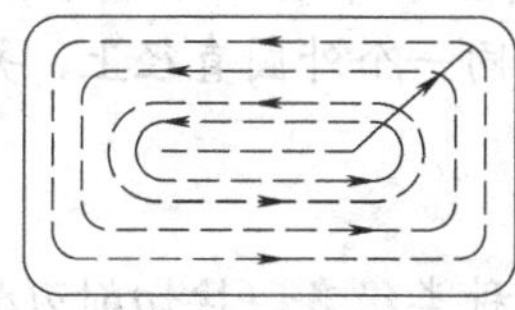

(b) 环切法

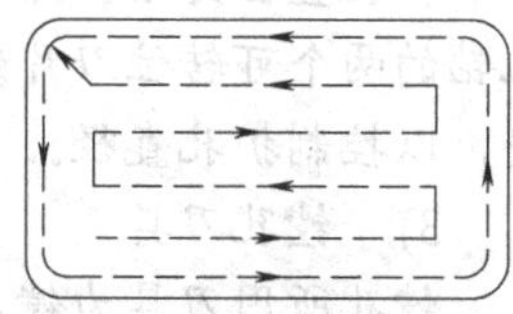

(c) 行切+环切法

图 8-19　封闭凹槽的走刀路线

2) 加工型腔角落的方法

第一种方法：采用刀具半径小于朝内侧弯曲的最小曲率半径，用圆弧插补加工角落。这种加工方法通过刀具的运动产生了光滑和连续的过渡，大大地降低了产生振动的可能性。

第二种方法：通过圆插补产生比图样上的规定稍大些的圆角半径。这是很有利的，这样，有时就可在粗加工中使用较大的刀具，以保持高生产率。在角落处余下的加工余量可以采用较小的刀具进行固定铣削或圆弧插补切削。

2. 孔加工刀具的选择

钻孔刀具较多，有普通麻花钻、可转位浅孔钻及扁钻等。应根据工件材料、加工尺寸及加工质量要求等合理选用。

1) 麻花钻

在加工中心上钻孔，大多是采用普通麻花钻。麻花钻有高速钢和硬质合金两种。

麻花钻的切削部分有两个主切削刃、两个副切削刃和一个横刃。两个螺旋槽是切屑流经的表面，为前刀面；与工件过渡表面(即孔底)相对的端部两曲面为主后刀面；与工件已加工表面(即孔壁)相对的两条刃带为副后刀面。前刀面与主后刀面的交线为主切削刃，前刀面与副后刀面的交线为副切削刃，两个主后刀面的交线为横刃。横刃与主切削刃在端面上投影之间的夹角称为横刃斜角，横刃斜角 ϕ = 50° ～55° ；主切削刃上各点的前角和后角是变化的；通常麻花钻的前角在外缘为+30° ，愈往中心愈小，至中心处为−54° ～−60° 。后角在边缘处最小，愈靠近中心愈大。两条主切削刃在与其平行的平面内的投影之间的夹角为顶角，标准麻花钻的顶角 2ϕ=118° 。

根据柄部不同，麻花钻有莫氏锥柄和圆柱柄两种。直径为 8～80mm 的麻花钻多为莫氏锥柄，可直接装在带有莫氏锥孔的刀柄内，刀具长度不能调节。直径为 0.1～20mm 的麻花钻多为圆柱柄，可装在钻夹头刀柄上。对于中等尺寸麻花钻来说，两种形式均可选用。

在加工中心上钻孔时，因无夹具钻模导向，受两切削刃上切削力不对称的影响，容易引起钻孔偏斜，故要求钻头的两切削刃必须有较高的刃磨精度。

2) 扩孔刀具

标准扩孔钻一般有 3～4 条主切削刃，切削部分的材料为高速钢或硬质合金，结构形式有直柄式、锥柄式和套式等。

扩孔直径较小时，可选用直柄式扩孔钻；扩孔直径中等时，可选用锥柄式扩孔钻；扩孔直径较大时，可选用套式扩孔钻。

扩孔钻的加工余量较小，主切削刃较短，因而容屑槽浅、刀体的强度和刚度较好。它无麻花钻的横刃，加之刀齿多，所以导向性好，切削平稳，加工质量和生产率都比麻花钻高。

扩孔直径为 20～60mm 时，并且机床刚性好、功率大，可选用可转位扩孔钻。这种扩孔钻的两个可转位刀片的外刃位于同一个外圆直径上，并且刀片径向可作微量(±0.1mm)调整，以控制扩孔直径。

3) 镗孔刀具

镗孔所用刀具为镗刀。镗刀的种类很多，按切削刃数量可分为单刃镗刀和双刃镗刀。

单刃镗刀刚性差，切削时易引起振动，所以镗刀的主偏角选得较大，以减小径向力。镗铸铁孔或精镗时，一般取 K_r = 90° ；粗镗钢件孔时，取 K_r = 60° ～75° ，以提高刀具的耐用度。

镗孔径的大小要靠调整镗刀头部的悬伸长度来保证，调整麻烦，效率低，只能用于单件小批生产。但单刃镗刀结构简单，适应性较广，粗、精加工都适用。

在孔的精镗中，目前较多地选用精镗微调镗刀。这种镗刀的径向尺寸可以在一定范围内进行微调，调节方便，且精度高。

镗削大直径的孔可选用双刃镗刀。这种镗刀头部可以在较大范围内进行调整，且调整方便。

双刃镗刀的两端有一对对称的切削刃同时参加切削，与单刃镗刀相比，每转进给量可提高一倍左右，生产效率高。同时，可以消除切削力对镗杆的影响。

4)　铰孔刀具

加工中心上使用的铰刀多是通用标准铰刀。此外，还有机夹硬质合金刀片单刃铰刀和浮动铰刀等。

加工精度为 IT7～IT10 级、表面粗糙度 *Ra* 为 0.8～1.6μm 的孔时，多选用通用标准铰刀。

通用标准铰刀如图 8-20 所示，有直柄、锥柄和套式三种。直柄铰刀直径为 6～20mm，小孔直柄铰刀直径为 1～6mm，锥柄铰刀直径为 10～32mm，套式铰刀直径为 25～80mm。

铰刀的工作部分包括切削部分与校准部分。切削部分为锥形，担负主要切削工作。切削部分的主偏角为 5°～15°，前角一般为 0°，后角一般为 5°～8°。校准部分的作用是校正孔径、修光孔壁和导向，为此，这部分带有很窄的刃带($\gamma_o=0°$，$\alpha_o=0°$)。校准部分包括圆柱部分和倒锥部分。圆柱部分保证铰刀直径和便于测量，倒锥部分可减少铰刀与孔壁的摩擦以及减小孔径扩大量。

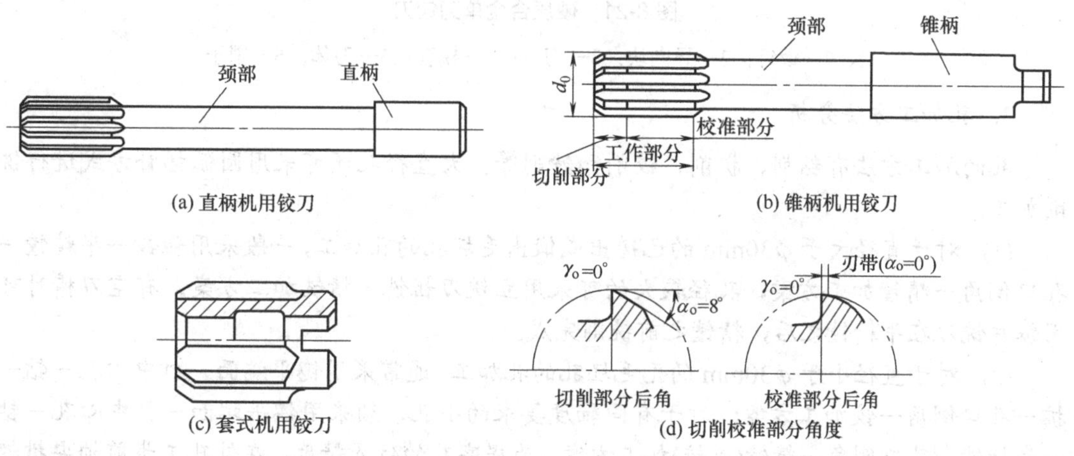

图 8-20　机用铰刀

标准铰刀有 4～12 齿。铰刀的齿数除与铰刀直径有关外，主要根据加工精度的要求选择。齿数过多，刀具的制造和重磨都比较麻烦，而且会因齿间容屑槽减小，而造成切屑堵塞和划伤孔壁以致使铰刀折断的后果；齿数过少，则铰削时的稳定性差，刀齿的切削负荷增大，且容易产生几何形状误差。铰刀齿数可参照表 8-16 进行选择。

加工 IT5～IT7 级、表面粗糙度 *Ra* 为 0.7μm 的孔时，可采用机夹硬质合金刀片的单刃铰刀，这种铰刀的结构如图 8-21 所示。刀片 3 通过楔套 4 用螺钉 1 固定在刀体上，通过螺钉 7、销子 6 可调节铰刀尺寸。导向块 2 可采用黏结和铜焊固定。机夹单刃铰刀应有很高的刃磨质量。因为精密铰削时，半径上的铰削余量是在 10μm 以下的，所以刀片的切削刃口要磨得异常锋利。

表 8-16 铰刀齿数的选择

铰刀直径/ mm		1.5～3	3～14	14～40	>40
齿数	一般加工精度	4	4	6	8
	高加工精度	4	6	8	10～12

铰削精度为 IT6～IT7 级、表面粗糙度 *Ra* 为 0.8～1.6μm 的大直径通孔时，可选用专为加工中心设计的浮动铰刀。

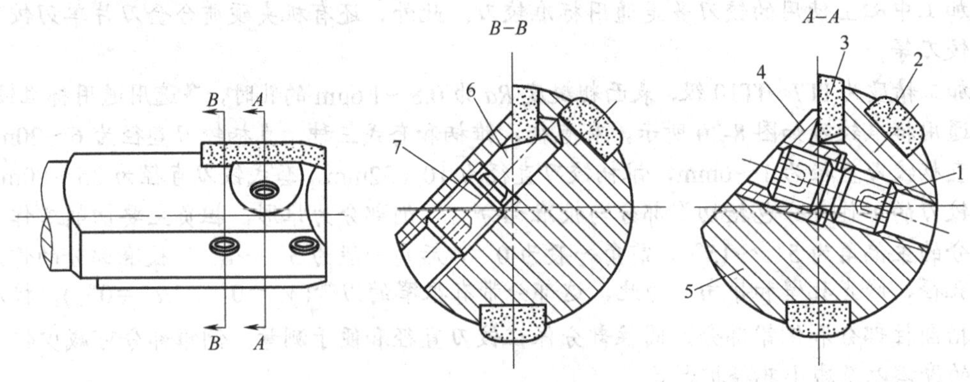

图 8-21 硬质合金单刃铰刀

1、7—螺钉；2—导向块；3—刀片；4—楔套；5—刀体；6—销子

3. 孔加工方法分析

孔的加工方法有钻削、扩削、铰削和镗削等。大直径孔还可采用圆弧插补方式进行铣削加工。

(1) 对于直径大于 ϕ30mm 的已铸出或锻出毛坯孔的孔加工，一般采用粗镗—半精镗—孔口倒角—精镗加工方案，孔径较大的可采用立铣刀粗铣—精铣加工方案。有空刀槽时可用锯片铣刀在半精镗之后、精镗之前铣削完成。

(2) 对于直径小于 ϕ30mm 的无毛坯孔的孔加工，通常采用锪平端面—打中心孔—钻—扩—孔口倒角—铰加工方案；对于有同轴度要求的小孔，须采用锪平端面—打中心孔—钻—半精镗—孔口倒角—精镗(或铰)加工方案。为提高孔的位置精度，在钻孔工步前须安排锪平端面和打中心孔工步。孔口倒角安排在半精加工之后、精加工之前，以防孔内产生毛刺。

(3) 螺纹的加工根据孔径大小采用不同的方法，一般情况下，直径为 M6 ~ M20mm 的螺纹，通常采用攻螺纹方法加工。直径在 M6mm 以下的螺纹，在加工中心上完成底孔加工，通过其他手段攻螺纹，因为在加工中心上攻小直径丝锥容易折断。直径在 M20mm 以上的螺纹，可采用镗刀片镗削加工。

8.2.3 拓展实训

按图 8-22 和图 8-23 所示的工件图样完成加工操作。

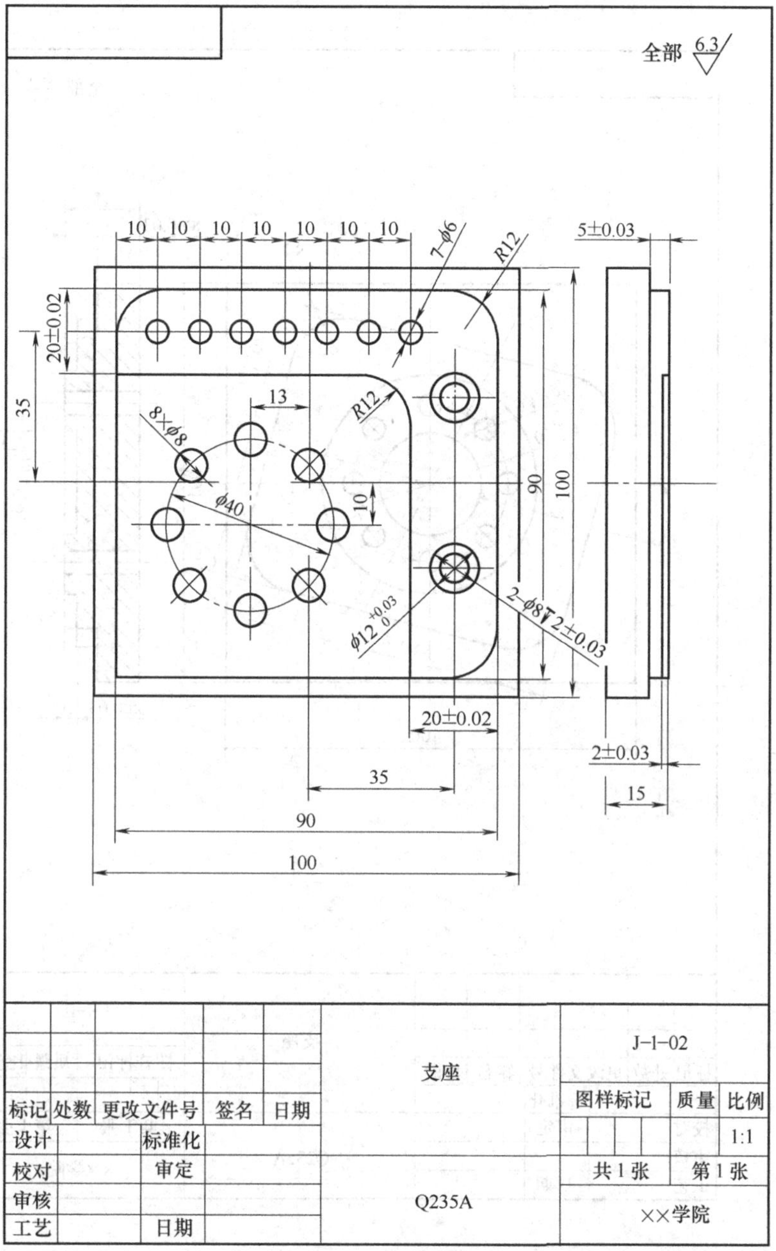

全部 6.3

10 10 10 10 10 10 10
7−ϕ6
R12
5±0.03
20±0.02
35
13
R12
8×ϕ8
ϕ40
10
90
100
$\phi 12^{+0.03}_{0}$
2−ϕ8▼2±0.03
20±0.02
2±0.03
35
15
90
100

					支座	J-1-02		
标记	处数	更改文件号	签名	日期		图样标记	质量	比例
设计		标准化						1:1
校对		审定				共 1 张		第 1 张
审核					Q235A	××学院		
工艺		日期						

图 8-22　孔系零件 I

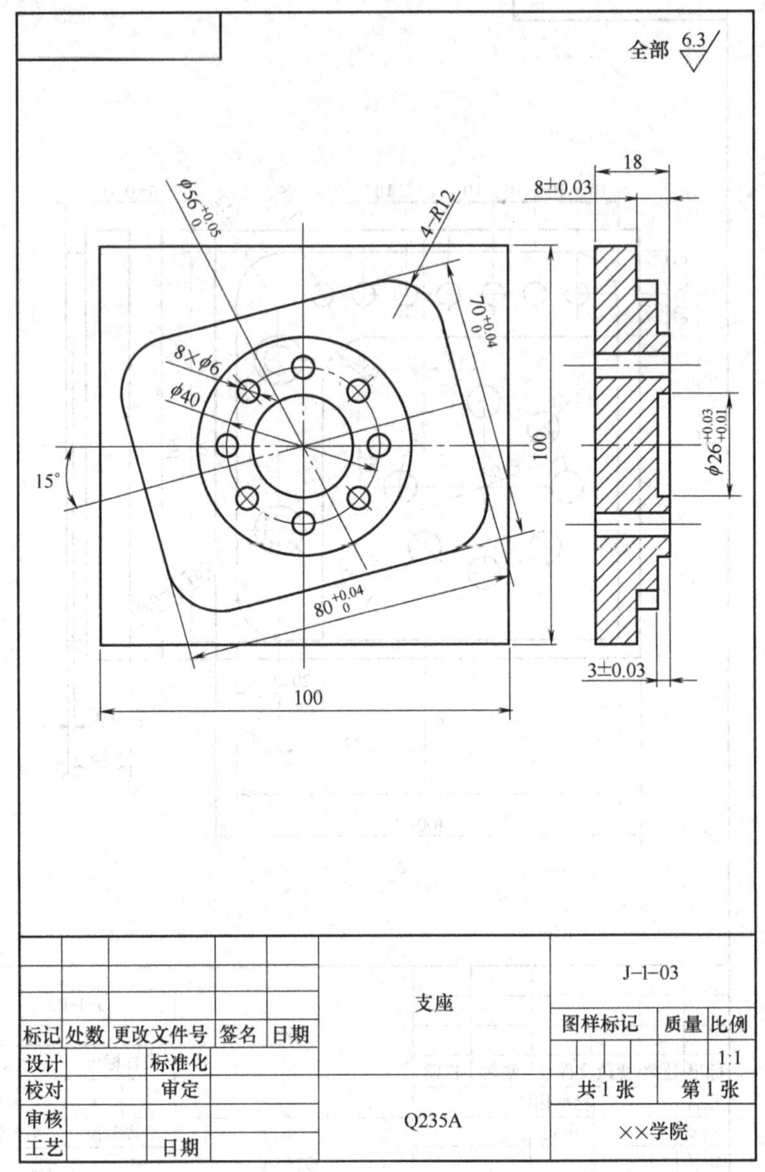

全部 6.3
18
8±0.03
φ56 +0.05 0
4–R12
70 +0.04 0
8×φ6
φ40
15°
100
φ26 +0.03 +0.01
80 +0.04 0
3±0.03
100
标记 处数 更改文件号 签名 日期
设计 标准化
校对 审定
审核
工艺 日期
支座
Q235A
J–1–03
图样标记 质量 比例
1:1
共 1 张 第 1 张
××学院

图 8-23　孔系零件 II

第9章　数控铣削加工槽与型腔类零件

本章要点

- 槽与型腔类零件加工工艺规程的制定。
- 槽与型腔类零件加工程序的编写。
- 槽与型腔类零件的数控铣削加工。
- 槽与型腔类零件的质量检测。

技能目标

- 能正确分析槽与型腔类零件的工艺性。
- 能合理选择刀具并确定切削参数。
- 能正确选用和使用通用工艺装备。
- 能正确制定槽与型腔类零件的数控铣削加工工序。
- 能正确编制槽与型腔类零件的数控铣削加工程序。
- 能熟练操作数控铣床并完成零件的数控铣削加工。
- 能正确使用量具。

9.1　数控铣削加工对称槽零件

知识目标

- 掌握编程指令(LCYC75)的应用。
- 掌握杠杆百分表的使用。
- 掌握变量编程及程序跳转指令的简单应用。

技能目标

- 能正确完成零件工艺分析。
- 能正确选用键槽铣刀铣削直角沟槽。
- 能使用刚性靠棒、塞尺(对刀块)及分中对刀方法建立工件坐标系。
- 能使用对刀方式完成刀具刀沿中各数值的设置。
- 能利用操作面板在程序中插入固定循环指令。
- 能分析铣削直角沟槽的质量问题。

9.1.1 工作任务

1. 零件图样

对称槽零件图样如图 9-1 所示。

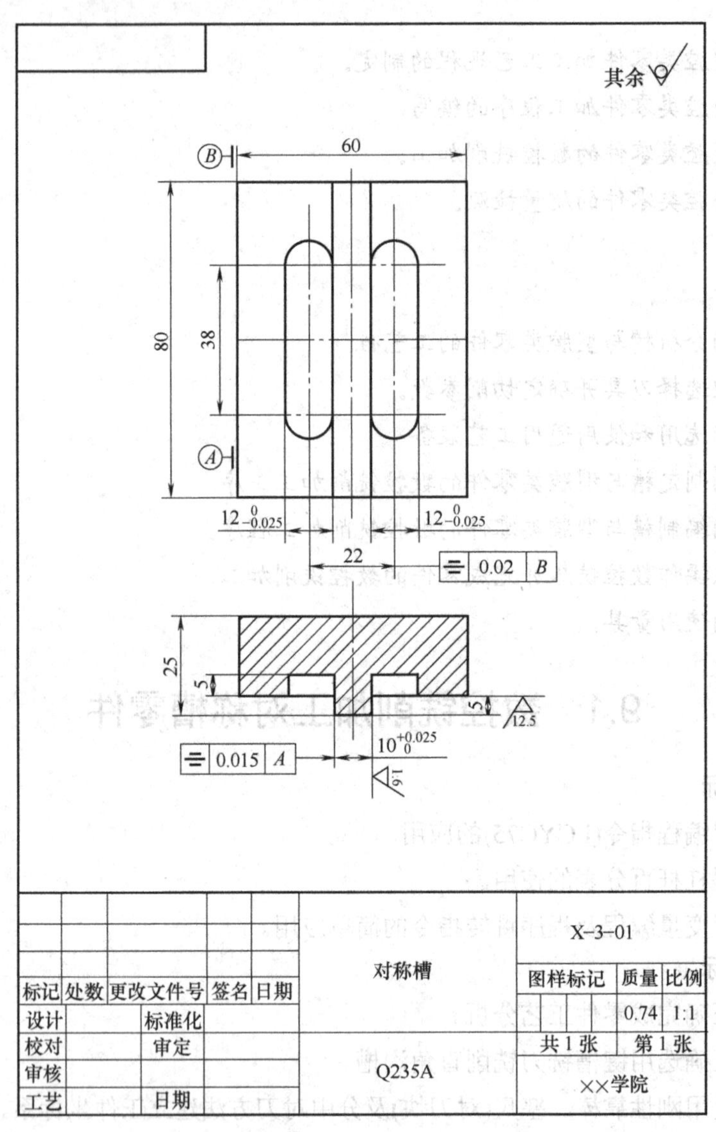

图 9-1 对称槽零件

2. 工作条件

(1) 生产纲领：单件。

(2) 毛坯：材料为 Q235A，尺寸为 80mm×60mm×25mm。

(3) 选用机床为 SINUMERIK 802S/C 系统的 XK7125B 型数控铣床。

(4) 时间定额：编程时间为 20min；实操时间为 150min。

3. 工作要求

(1) 工件经加工后，各尺寸符合图样要求。
(2) 工件经加工后，表面粗糙度符合图样要求。
(3) 工件经加工后，形位尺寸符合图样要求。
(4) 正确执行安全技术操作规程。
(5) 按企业有关文明生产规定，做到工作地整洁，工件、工具摆放整齐。

9.1.2 工作过程

1. 工艺分析与工艺设计

1) 结构分析

工件毛坯已加工成形。工件加工部位包括中间凸台、两个对称键槽，其几何形状为二维平面。工件主体由两个基本形状构成。材料为 Q235A，加工性能好。

2) 精度分析

在中间凸台形状尺寸中，侧壁尺寸 $10^{+0.025}_{0}$ 为公差等级 8 级左右，表面粗糙度为 1.6μm，且与基准 A 有 8 级对称度要求，精度高；凸台平面精度较低；在对称键槽尺寸中，尺寸 $12^{+0.025}_{0}$ 为公差等级 8 级左右，表面粗糙度为 1.6μm，且与基准 B 有 8 级对称度要求，精度高。

3) 零件装夹方案分析

零件毛坯已加工成形，为六面体，适合采用平口钳装夹。为正确加工，在实际加工前，必须对固定钳口、平口钳导轨及垫铁进行调整。以工件的底面及侧面作为定位基准及找正基准，采用底面及固定钳口定位，以侧面夹紧的方式装夹工件。装夹前，必须检测毛坯各面平行度和平面度，确认是否满足装夹定位要求，如果不满足，增加修正工序。

4) 加工刀具分析

工件中间凸台左上方部位平面加工余量大，能够采用 ϕ20mm 机夹硬质合金立铣刀集中去除。中间凸台轮廓精度高，需要考虑刀具半径补偿，才能达到图样要求。对称键槽的加工选用 ϕ8mm 高速钢钻头，可在槽中心位置打落刀孔，为 ϕ6mm 键槽铣刀下刀做准备。键槽铣刀有两个刀齿，圆柱面和端面都有切削刃，端面刃延至中心，也可把它看成立铣刀的一种。键槽铣刀的圆周切削刃仅在靠近端面的一小段长度内发生磨损，重磨时，只需刃磨端面切削刃，因此重磨后铣刀直径不变。用键槽铣刀铣削键槽时，一般先轴向进给达到槽深，然后沿键槽方向铣出键槽全长。铣削键槽时采用两步法，即先用小号铣刀粗加工出键槽，然后以逆铣方式精加工四周，这样可得到真正的直角，能够获得最佳的精度。

本例中刀具的选择如下。

T01：ϕ20mm 立铣刀 1 把。

T02：ϕ6mm 键槽铣刀 1 把。

T03：ϕ8mm 钻头 1 把。

5) 制作工序卡

制作如表 9-1 所示的工序卡。

表 9-1　工序卡

数控铣床加工工序卡				产品名称或代号		零件名称		零件图号		
						对称槽		X-3-01		
单位名称				夹具名称		使用设备		车间		
				平口钳		SINUMERIK 802S/C 系统的 XK7125B 型数控铣床		现代制造技术中心		
序　号	工艺内容	刀具号	刀补号	刀具规格/mm	主轴转速 n/(r/min)	进给速度 F/(mm/min)	背吃刀量 a_p/mm	刀片材料	程序编号	量　具
1	检测毛坯各面平行度和平面度，确认是否满足装夹定位要求，如果不满足，增加修正工序。正确安装平口钳，装夹工件并找正。建立工件坐标系									游标卡尺 (0～125　0.02) 百分表
2	分层粗铣中间凸台两边平面加工余量	T01	D1	立铣刀(ϕ20)	1500	450			XX41.MPF	游标卡尺 (0～125　0.02)
3	半精铣、精铣中间凸台外廓	T01	D2 D1	立铣刀(ϕ20)	2000	250			XX41.MPF	外径千分尺 (0～25　0.01) 游标卡尺 (0～125　0.02)
4	分别钻两个对称键槽中心落刀孔，深至 4.9mm	T03	D1	钻头(ϕ8)	600	60			XX42.MPF	游标卡尺 (0～125　0.02)
5	铣削对称键槽	T02	D1	键槽铣刀(ϕ6)	3000	450			XX43.MPF	游标卡尺 (0～125　0.02) 杠杆百分表
编　制		审　核			批　准		第 1 页		共 2 页	

续表

数控铣床加工工序卡				产品名称或代号		零件名称		零件图号		
						对称槽		X-3-01		
单位名称				夹具名称		使用设备		车间		
				平口钳		SINUMERIK 802S/C 系统的 XK7125B 型数控铣床		现代制造技术中心		
序　号	工艺内容	刀具号	刀补号	刀具规格/mm	主轴转速 n/(r/min)	进给速度 F/(mm/min)	背吃刀量 a_p/mm	刀片材料	程序编号	量　具
6	去尖棱、毛刺									
7	检验工件									
编　制			审　核		批　准		第 2 页		共 2 页	

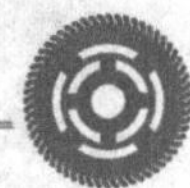

2. 数控编程

1) 建立工件坐标系

以工件上表面的中心为工件坐标系原点，以设定的工件坐标系编程。

2) 计算基点与节点

计算中间凸台、对称键槽相应基点坐标值。

3) 编制程序

(1) 中间凸台轮廓的铣削要运用刀具半径补偿进行编程，加工时分粗加工、半精加工及精加工。粗加工时，深度方向分层下刀，可采用变量编程及程序跳转指令简化程序。精加工时，应沿中间凸台轮廓的切线方向进行进刀、退刀，背吃刀量一般一次进给完成。

① 变量编程。从 R0～R249 的计算参数可供使用；一个程序段中可以有多个赋值语句；也可以用计算表达式赋值；给坐标轴地址(运行指令)赋值时，要求有一独立的程序段。

② 有条件跳转。跳转目标只能是有标记符的程序段，该程序段必须在此程序之内。跳转目标程序段中标记符后面必须为冒号；标记符位于程序段段首；如果程序段有段号，则标记符紧跟着段号；在一个程序中，标记符不能含有其他意义。有条件跳转指令要求一个独立的程序段。在一个程序段中可以有多个条件跳转指令。

编程格式如下：

```
IF 条件 GOTOF Label；向前跳转
IF 条件 GOTOB Label；向后跳转
```

(2) 对有公差要求的尺寸进行调整：$12_{-0.025}^{0}$ 调整为 11.9875 ± 0.0125；$10_{0}^{+0.025}$ 调整为 10.0125 ± 0.0125。

(3) 对称键槽的精度要求高，必须由粗、精加工完成。

运用 LCYC75 编程加工对称键槽，可实现粗、精加工且简化编程。

矩形槽、键槽、圆形凹槽铣削循环 LCYC75 可以铣削一个与轴平行的矩形槽、键槽或圆形凹槽。循环加工分为粗加工和精加工。如果设定凹槽长度= 凹槽宽度= 两倍的圆角半径，则可以铣削一个直径为凹槽长度的圆形凹槽。LCYC75 的参数及其含义如表 9-2 所示。

表 9-2 LCYC75 的参数及其含义

参 数	含义及取值范围
R101	退回平面(绝对平面)
R102	安全距离
R103	参考平面(绝对平面)
R104	凹槽深度(绝对值)
R116	凹槽中心横坐标
R117	凹槽中心纵坐标
R118	凹槽长度
R119	凹槽宽度
R120	拐角半径

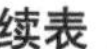

续表

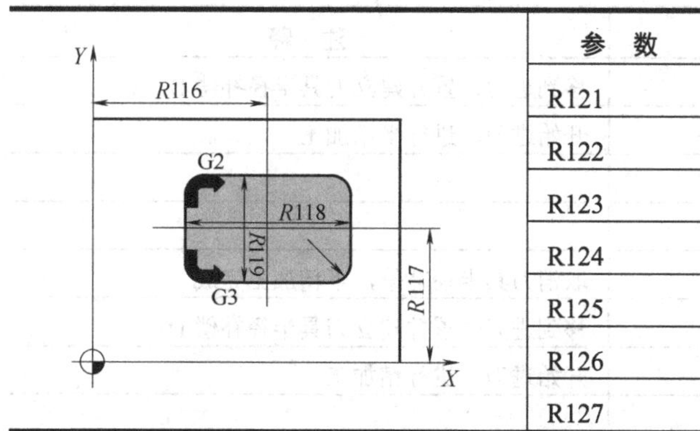

参　数	含义及取值范围
R121	最大进刀深度
R122	深度进刀进给率
R123	表面加工进给率
R124	表面加工的精加工余量
R125	深度加工的精加工余量
R126	铣削方向，2-G2，3-G3
R127	铣削类型，1-粗加工，2-精加工

加工程序单如表 9-3～表 9-5 所示。

表 9-3　加工程序单 I

程　序	注　释
XX41.MPF;	程序名
G54 G0 G17 G90 G94 G71 G40;	机床初始状态及工件坐标系
T1 D1;	给定刀具及刀具补偿
S1500 M03;	刀具起转
G00 Z5;	移到工件上表面 5mm
X-30 Y-55;	移到下刀位置
M08;	切削液开
R1=-1;	定义 *Z* 向初次下刀量
MAI:G1 Z=R1 F450;	移到工件的切削深度
Y55;	进刀，进行粗加工
G91 X10;	
Y-110;	
X4.3;	
G90 Y55;	
X30;	
Y-55;	
G91 X-10;	
Y110;	
X-4.3;	
G90 Y-75;	
X-30;	
R1=R1-1;	定义 *Z* 向每次下刀量
IF R1>=-5 GOTOB MAI;	程序跳转条件判断
S2000 M3;	

续表

程　序	注　释
G41 G1 X-5.00625 Y-55 F250 D2;	移到进刀位置并建立刀具半径补偿 D2
Y55;	开始进刀，进行半精加工
X5.00625;	
Y-85;	
G40 X-10;	取消刀具半径补偿，半精加工完成
G41 G1X-5.00625 Y-55 D1;	移到进刀位置并建立刀具半径补偿 D1
Y55;	开始进刀，进行精加工
X5.00625;	
Y-85;	
G40 X-10;	取消刀具半径补偿，精加工完成
G74 Z0;	提刀，回 Z 向参考点
M09;	切削液关
M05;	转速停止
M02;	程序停止

表 9-4　加工程序单 II

程　序	注　释
XX42.MPF;	程序名
G54 G0 G17 G90 G94 G71 G40;	机床初始状态及工件坐标系
T3D1;	给定刀具及刀具补偿
S600 M3;	刀具起转
G00 Z5;	移到工件上表面 5mm
G00 X-11 Y0;	移到下刀位置
M08;	切削液开
G01 Z-9.9 F60;	钻对称键槽中心落刀孔
Z5;	移到工件上表面 5mm
G00 X11 Y0;	移到下刀位置
G01 Z-9.9 F60;	钻另一对称键槽中心落刀孔
G074 Z0;	提刀，回 Z 向参考点
M09;	切削液关
M05;	转速停止
M02;	程序停止

表 9-5　加工程序单Ⅲ

程　序	注　释
XX43.MPF;	程序名
G54 G00 G17 G90 G94 G71 G40;	机床初始状态及工件坐标系
T2 D1;	给定刀具及刀具补偿
S3000 M03;	刀具起转
G00 Z5;	移到工件上表面 5mm
M08;	切削液开
G00X-11 Y0;	移到对称键槽中心
R101=5 R102=2 R103=-5 R104=-10;	定义铣槽循环参数
R116=-11 R117=0 R118=11.9875;	
R119=50 R120=5.99375;	
R121=2 R122=120 R123=450;	
R124=0.5 R125=0.5 R126=2 R127=1;	
LCYC75;	粗铣对称键槽
R127=1;	进行精加工定义
LCYC75;	精铣对称键槽
Z5;	移到工件上表面 5mm
G00 X11 Y0;	移到另一对称键槽中心
R127=2 R116=11;	定义另一对称键槽中心位置，进行粗加工定义
LCYC75;	粗铣另一对称键槽
R127=1;	进行精加工定义
LCYC75;	精铣另一对称键槽
G74 Z0;	提刀，回 *Z* 向参考点
M09;	切削液关
M05;	转速停止
M02;	程序停止

3. 模拟加工

模拟加工的结果如图 9-2 所示。

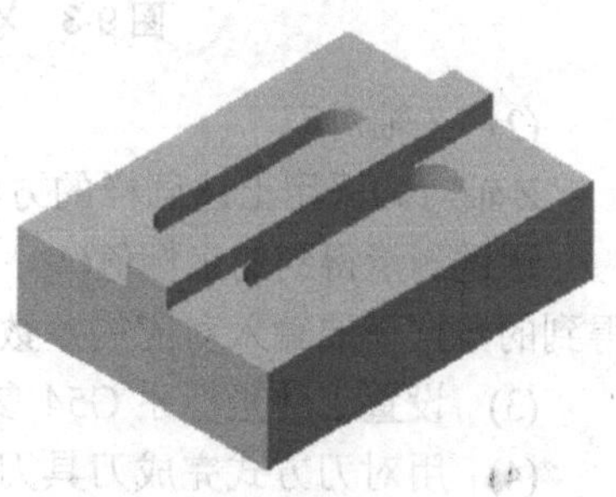

图 9-2　模拟加工的结果

4. 数控加工

1)　加工前准备

(1)　机床准备，开机。选用的机床为 SINUMERIK 802S/C 系统的 XK7125B 型数控铣床，检查机床状态、电源电压、接线是否正确，按下“急停”按钮，机床上电，数控上电，检查风扇电机运转、面板上的指示灯是否正常，松开“急停”按钮，按“复位”按钮。

(2) 机床回零。

(3) 工具、量具和刀具准备如表 9-1 所示。

2) 工件与刀具装夹

(1) 工件装夹并校正。测量工件两侧边平行度和底面的平面度，确认是否满足装夹定位要求，如果不满足，则增加修正工序。正确安装平口钳，装夹工件并找正。

(2) 刀具安装。将所用刀具安装在主轴上，装夹时注意刀具被夹紧后才可松手，以防刀具落下伤及工件或工作台。

(3) 输入刀具参数。

① 建立新刀具 T1，新刀沿 D1。

② 建立新刀具 T2，新刀沿 D1；建立新刀沿 D2。

③ 建立新刀具 T3，新刀沿 D1。

3) 使用刚性靠棒、塞尺(对刀块)，采用分中对刀方法，完成工件坐标系参数及各刀具的刀沿数值的设置

(1) X、Y 向分中对刀。

X 轴方向对刀：装夹刚性靠棒。

记下如图 9-3 所示位置，塞尺检查结果为“合适”时机床坐标系下的 X 坐标，为基准工具中心的 X 坐标，记为 X_1。记下图 9-4 所示位置：塞尺检查结果为“合适”时机床坐标系下的 X 坐标，此为基准工具中心的 X 坐标，记为 X_2。则工件坐标系原点的 X 坐标为 $(X_1+X_2)/2$，结果记为 X。

Y 方向对刀采用同样的方法。得到工件坐标系原点的 Y 坐标，记为 Y。

完成 X，Y 方向对刀后，需将塞尺和基准工具收回。

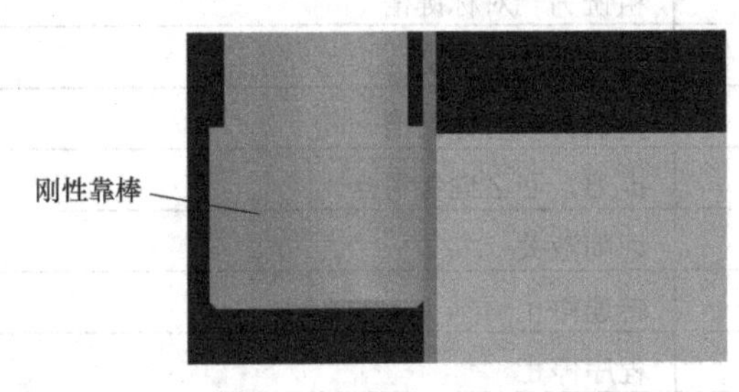

图 9-3 X 负方向对刀　　图 9-4 X 正方向对刀

(2) Z 轴对刀。

Z 轴对刀采用上述同样的方法。

通过测量得到的坐标值(X, Y, Z)即为工件坐标系原点在机床坐标系中的坐标值。测量得到的数据需要输入对应的参数中。

(3) 设置工件坐标系 G54 参数。

(4) 用对刀方式完成刀具刀沿中各数值的设置。

装夹刀具 T1，机床进入手动模式，移动机床到塞尺检查结果为“合适”时的图 9-5 所示位置。

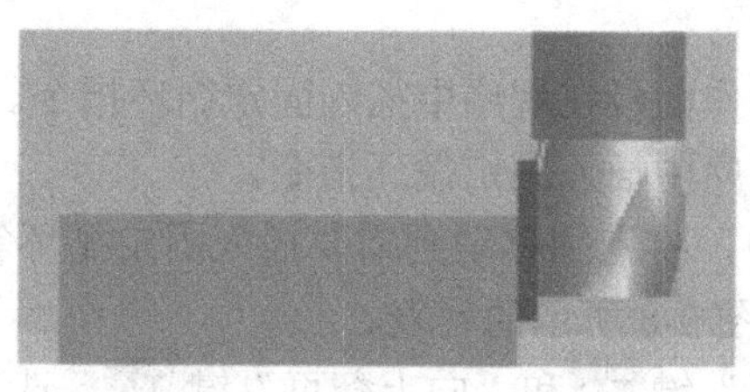

图 9-5　塞尺检查结果为“合适”

进入刀沿号 1 操作界面，按软键“对刀”，弹出如图 9-6 所示的界面，在“偏移”文本框中输入刀具位置与工件坐标系的距离；在“G”文本框中可输入数控程序中采用的工件坐标系。按软键“计算”，数据将填入横线下方，按软键“确认”返回上级菜单，并将数据自动填入相应位置。

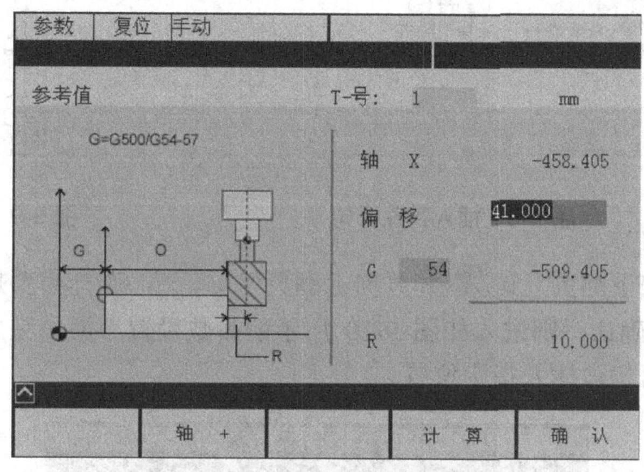

图 9-6　对刀界面

按软键“轴　+”可改变测量数据，调节轴至适当位置。进入刀具长度补偿计算界面，如图 9-7 所示。输入对应数据后，按软键“计算”，数据将填入横线下方，按软键“确认”返回上级菜单，并将数据自动填入相应位置。

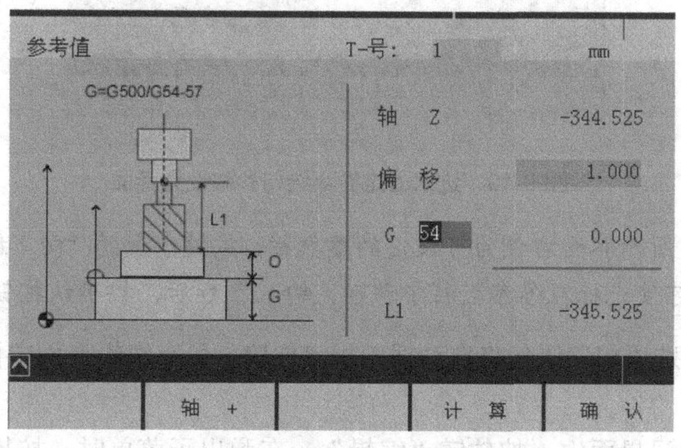

图 9-7　刀具长度补偿计算界面

4) 程序输入与调试

(1) 输入程序并利用操作面板在程序中插入固定循环指令。

① 利用操作面板在程序中插入固定循环指令。

在数控程序编辑界面中，将光标移动到需要插入固定循环等特殊语句的位置，按键盘上的多页按钮，弹出如图 9-8 所示的列表。

按键盘上的“向下翻页”键和“向上翻页”键，选择需要插入的特殊语句的种类，按确认按钮确认。

若选择 LCYCL 选项，则弹出如图 9-9 所示的循环指令，可从中选择相关指令。

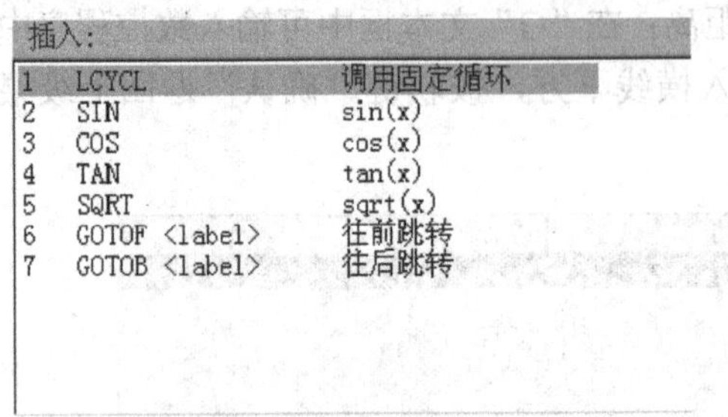

图 9-8 插入特殊语句

LCYC82
LCYC83
LCYC85
LCYC840
LCYC93
LCYC94
LCYC95
LCYC97

图 9-9 循环指令

按键盘上的“向下翻页”键和“向上翻页”键，选择需要插入的固定循环的语句，按确认按钮确认，则进入如图 9-10 所示的参数设置界面。完成参数设置后，按软键“确认”，则该语句被插入指定位置。

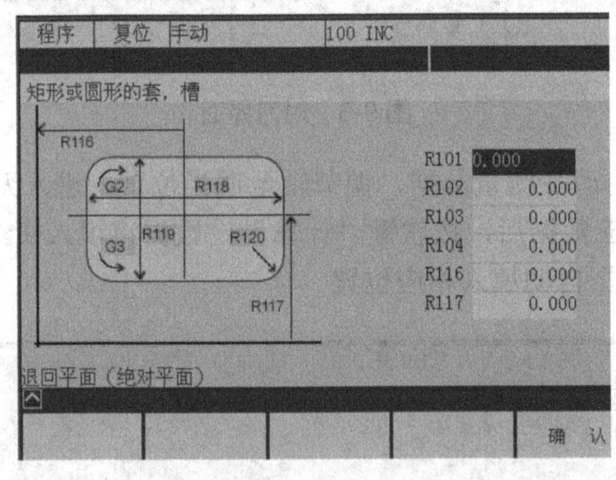

图 9-10 进入固定循环语句参数设置界面

注意：图 9-10 所示界面右侧为可设定的参数栏，按键盘上的“向下翻页”键和“向上翻页”键，可使光标在各参数栏中移动，输入参数后，按确认按钮确认。

若选择其他特殊语句，语句将自动插入指定位置，可在编辑界面中再进行修改。

② 分配软键。

在数控程序编辑界面中，按软键“编辑”，在弹出子菜单时，按扩展按钮，CRT 界面下方将显示软键“分配软键”。按此软键，弹出如图 9-11 所示的“分配软键”界面。

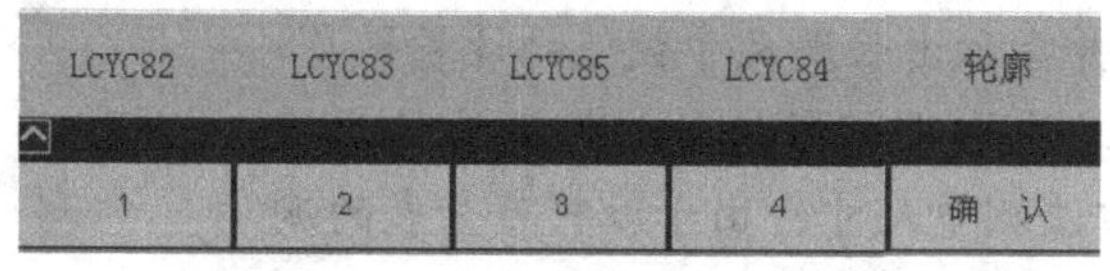

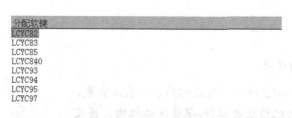

图 9-11　“分配软键”界面

列表中显示的是可供分配的软键名(均为固定循环)。界面下半部分显示的是现有的软键分配情况。如果希望将 LCYC840 作为第一个软键，则在列表中按键盘上的“向下翻页”键或“向上翻页”键，使光标停留在 LCYC840 上，然后按软键 1，即可完成设置。完成所有的设置后按软键“确认”即可。

(2) 检查刀具补偿参数。

(3) 调试程序。

5) 自动加工

按 7.1 节所述方法完成自动加工。

注意事项

(1) 数控机床属于精密设备，未经许可严禁尝试性操作。观察操作时必须戴护目镜且站在安全位置，并关闭防护挡板。

(2) 工件必须装夹稳固。

(3) 刀具必须装夹稳固方可进行加工。

(4) 严格按照教师给定的切削值范围加工。

(5) 切削加工中禁止用手触摸工件。

5. 加工工件质量检测

(1) 去尖棱、毛刺。

(2) 分别用游标卡尺、外径千分尺按工序卡说明检测各加工尺寸。

(3) 用杠杆百分表测对称度。

(4) 用类比目测法检查各加工表面的表面粗糙度。

6. 清场处理

(1) 清除切屑、擦拭机床，使机床与环境保持清洁状态。

(2) 注意检查或更换磨损坏的机床导轨上的油擦板。

(3) 检查润滑油、冷却液的状态，及时添加或更换。

(4) 依次关掉机床操作面板上的电源和总电源。

(5) 将现场设备、设施恢复到初始状态。

知识链接

1. 杠杆百分表的使用

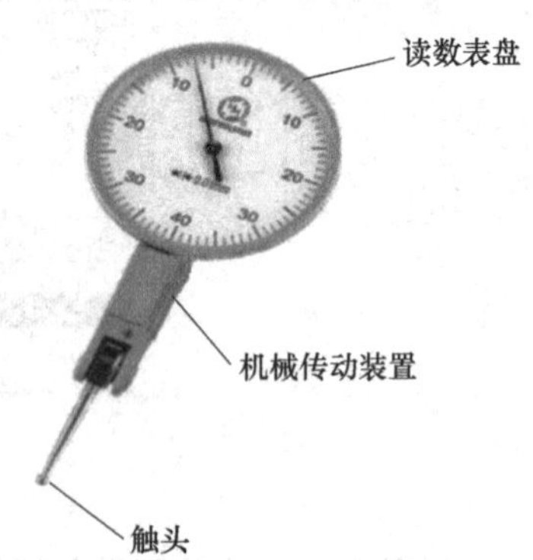

图 9-12 杠杆百分表的结构

杠杆百分表如图 9-12 所示，又被称为杠杆表或靠表，是利用杠杆-齿轮传动机构或者杠杆-螺旋传动机构，将尺寸变化为指针角位移，并指示出长度尺寸数值的计量器具。可用绝对测量法测量工件的几何形状和相互位置的正确性，也可用比较测量方法测量尺寸。由于杠杆百分表的测杆可以转动，而且可按测量位置调整测量端的方向，因此适用于测量通常钟表式百分表难以测量的小孔、凹槽、孔距和坐标尺寸等；由于其体积小、精度高，因此适应于一般百分表难以测量的场所。

杠杆百分表目前有正面式、侧面式及端面式几种类型。

杠杆百分表的分度值为 0.01mm，测量范围不大于 1mm；它的表盘刻度是对称的。

使用注意事项如下。

(1) 保持清洁，量面及转轴处请勿擦油。

(2) 当表安装于测量工位上之后，应拨动测量头，察看表针示值的稳定情况，旋转表盘对准所需“零位”，即可进行测量。

(3) 在使用时，注意使测量头的轴线垂直于被测量尺寸线，假若由于某些原因，测量头轴线不可能达到要求时，则需将所读的数乘以 $\cos\alpha$(α——测量头轴线与被测面的夹角)加以修正。

(4) 测头移动要轻缓，距离不要太大，更不能超量程使用。

(5) 测量杆与被测表面的相对位置要正确，以防止产生较大的测量误差。

(6) 表体不得猛烈震动，被测表面不能太粗糙，以免齿轮等运动部件损坏。图 9-13 所示为测量演示。实际槽的深度为位置 2 与位置 1 的 Z 坐标值的差值 Z。

(7) 为了减少测量误差，测杆轴线与工件被测表面的角度 α 不宜过大，如图 9-14 所示。

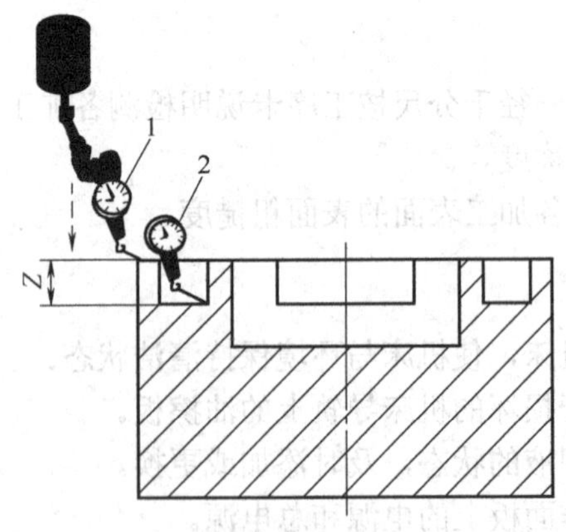

图 9-13 测量槽深度

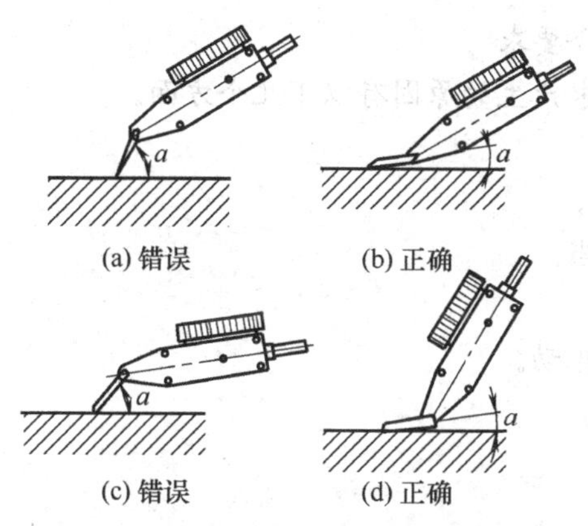

图 9-14　测杆轴线与工件被测表面的角度 α

注：α 以测杆轴线与工件被测表面的夹角为准，而不以测杆测身的角度为准。

2. 铣削直角沟槽的质量问题分析

1)　尺寸公差超差

尺寸公差超差产生的原因有以下几个方面。

(1)　铣刀有摆差。立铣刀、键槽铣刀和三面刃铣刀等刀具本身的摆动会造成尺寸超差，所以应检查铣刀刃磨质量，及时更换已磨损的刀具；检查铣刀安装后的摆动是否在精度允许的范围内；检查铣刀刀杆是否弯曲；检查铣刀与刀杆套筒接触端面之间是否有毛刺、异物；铣刀端面与刀杆轴线是否垂直等。

(2)　测量不准。

(3)　铣刀宽度(或直径)的尺寸不准。

2)　形位公差超差

形位公差超差产生的原因有以下几个方面。

(1)　夹具或工件未校正，使台阶和沟槽产生歪斜。

(2)　铣键槽时中心未对准，使键槽的对称度不准。

(3)　铣削时有“让刀”现象，使沟槽的位置(或对称度)不准。

(4)　铣槽时不允许定位不足。铣槽时要求完全定位，如果工件侧面只用一个销子定位，则定位不足，铣削时工件受力而转动，就会打坏刀具，甚至发生事故，改用长条形定位挡铁定位，就可实现完全定位，如图 9-15 所示。

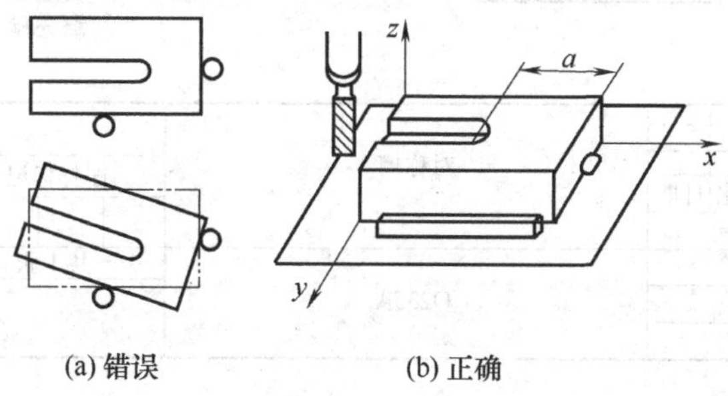

图 9-15　铣槽时要求完全定位

3) 表面粗糙度不符合要求

表面粗糙度不符合要求产生的原因有以下几个方面。

(1) 铣刀磨损变钝。

(2) 铣刀摆差过大。

(3) 铣削用量选择不当。

(4) 切削液使用不当。

(5) 铣削时有较大的振动。

9.1.3 拓展实训

本节应完成的任务如下。

(1) 记录机床操作流程。

(2) 使用尺寸为74mm×74mm×32mm的方料进行如图9-16所示零件的加工。

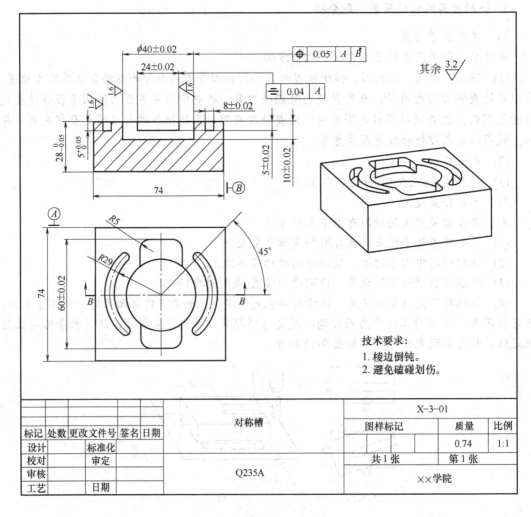

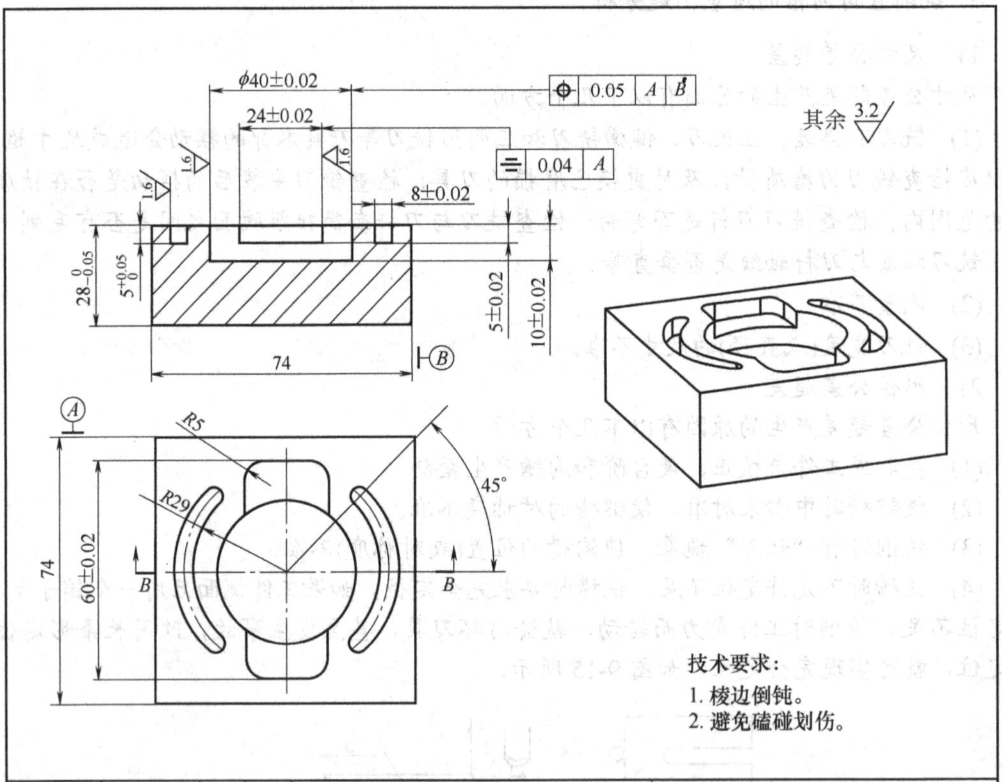

$\phi40\pm0.02$ 0.05 A B

24±0.02

其余 3.2

1.6 1.6 1.6

0.04 A

8±0.02

$28^{\ 0}_{-0.05}$ $5^{+0.05}_{\ 0}$ 5±0.02 10±0.02

74 B

A R5 R29 45° 74 60±0.02 B B

技术要求：

1. 棱边倒钝。
2. 避免磕碰划伤。

					对称槽	X-3-01			
标记	处数	更改文件号	签名	日期		图样标记		质量	比例
设计		标准化						0.74	1:1
校对		审定				共1张		第1张	
审核					Q235A	××学院			
工艺		日期							

图9-16 零件图Ⅰ

(3) 使用尺寸为 96mm×85mm×41mm 的方料进行如图 9-17 所示零件的加工。

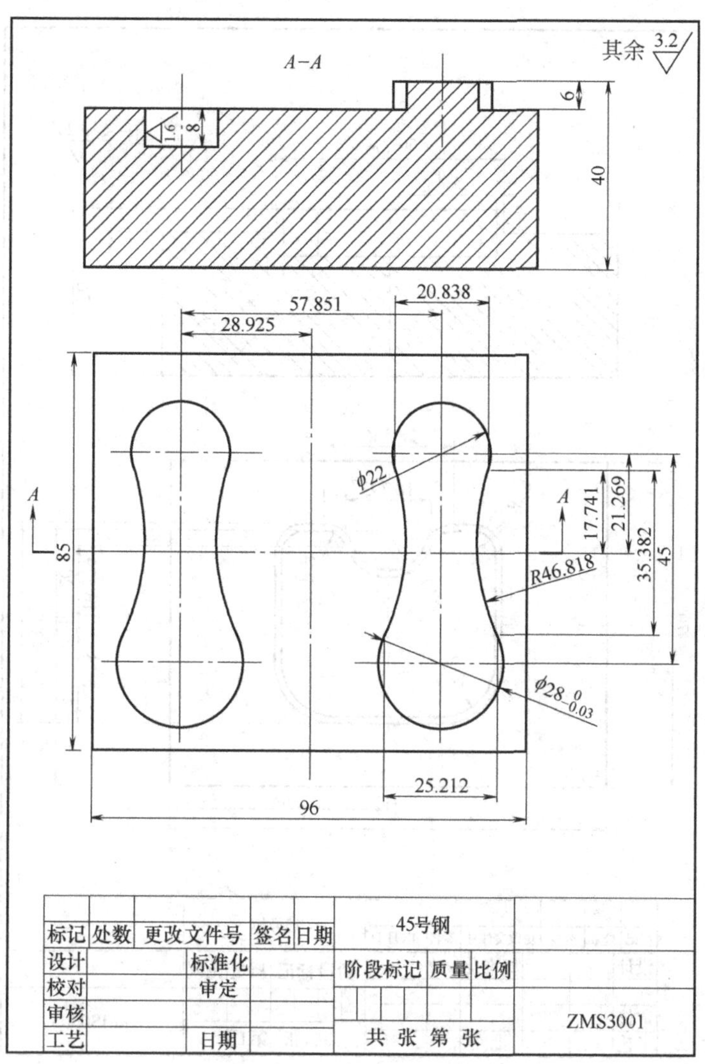

图 9-17　零件图 II

4. 使用尺寸为 96mm×70mm×36mm 的方料进行如图 9-18 所示零件的加工。

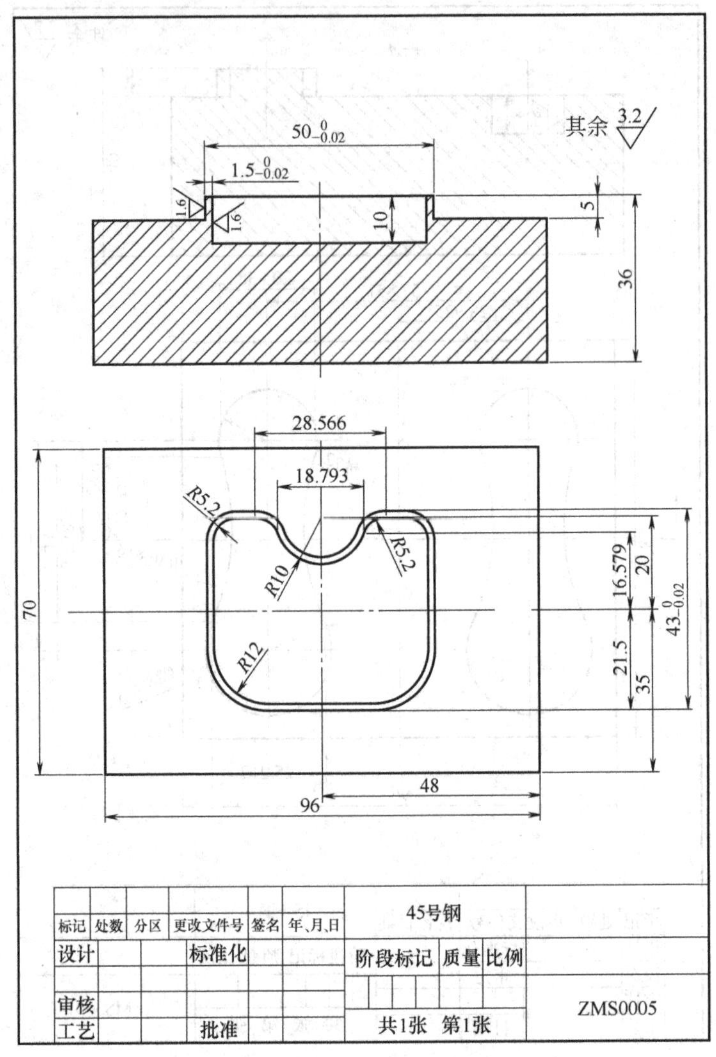

图 9-18 零件图Ⅲ

9.2 数控铣削加工多槽零件

知识目标

- 掌握工件加工中的编程(G258、G259、子程序、LCYC83、变量及跳转指令)。
- 掌握切削液的使用。
- 掌握应用压板装夹工件。

技能目标

- 能正确完成零件工艺分析。
- 能正确使用压板装夹工件并找正。

- 能灵活应用可编程的零点偏置、坐标轴旋转、子程序、钻孔循环指令、变量及跳转指令简化编程。
- 能正确选择切削液。
- 能正确应用断点搜查功能完成程序中断之后的再定位。

9.2.1　工作任务

1. 零件图样

多槽零件图样如图 9-19 所示。

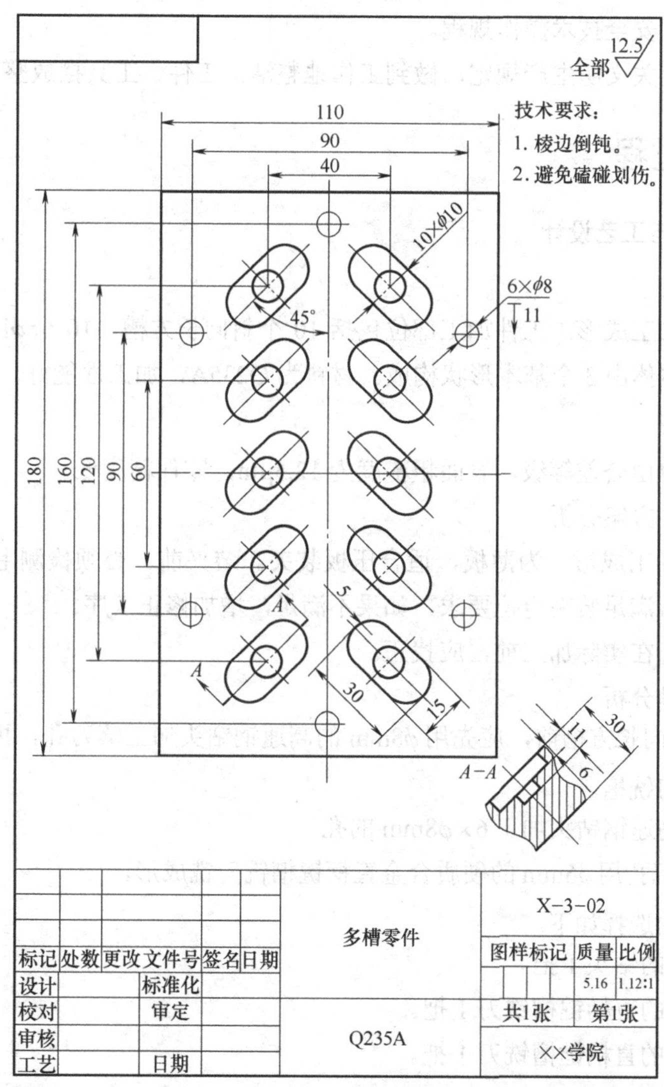

图 9-19　多槽零件

2. 工作条件

(1) 生产纲领：单件。

(2) 毛坯：材料为 Q235A，尺寸为 180mm×110mm×30mm。

(3) 选用机床为 SINUMERIK 802S/C 系统的 XK7125B 型数控铣床。

(4) 时间定额：编程时间为 20min；实操时间为 150min。

3. 工作要求

(1) 工件经加工后，各尺寸符合图样要求。

(2) 工件经加工后，表面粗糙度符合图样要求。

(3) 正确执行安全技术操作规程。

(4) 按企业有关文明生产规定，做到工作地整洁，工件、工具摆放整齐。

9.2.2 工作过程

1. 工艺分析与工艺设计

1) 结构分析

工件毛坯已加工成形。工件加工部位包括 10 个斜向长方槽、10 个 ϕ10mm 沉孔及 6 个 ϕ8mm 孔。工件主体由 3 个基本形状构成。材料为 Q235A，加工性能好。

2) 精度分析

所有尺寸为自由公差等级，表面粗糙度为 12.5μm，零件精度低。

3) 零件装夹方案分析

零件毛坯已加工成形，为薄板，适合压板装夹。装夹前，必须检测毛坯各面平行度和平面度，确认是否满足装夹定位要求，如果不满足，增加修正工序。

为正确加工，在实际加工前，应找正。

4) 加工刀具分析

加工 10 个斜向长方槽前，应先用 ϕ8mm 的高速钢钻头加工落刀孔，再用 ϕ8mm 的硬质合金直柄键槽铣刀铣槽。

用 ϕ8mm 的高速钢钻头加工 6×ϕ8mm 的孔。

10×ϕ10mm 沉孔用 ϕ6mm 的硬质合金直柄键槽铣刀铣成形。

本例中刀具的选择如下。

T01：ϕ8mm 的钻头 1 把。

T02：ϕ8mm 的直柄键槽铣刀 1 把。

T03：ϕ6mm 的直柄键槽铣刀 1 把。

5) 制作工序卡

工序卡如表 9-6 所示。

表 9-6　工序卡

数控铣床加工工序卡				产品名称或代号		零件名称		零件图号		
						多槽零件		X-3-03		
单位名称				夹具名称		使用设备		车间		
				压板		SINUMERIK 802S/C 系统 XK7125B 型数控铣床		现代制造技术中心		
序　号	工艺内容	刀具号	刀补号	刀具规格/mm	主轴转速 n/(r/min)	进给速度 F/(mm/min)	背吃刀量 a_p/mm	刀片材料	程序编号	量　具
1	使用压板装夹工件并找正，建立工件坐标系									百分表
2	钻斜向长方槽中心位置 10×ϕ8mm 孔至深度尺寸 10.8mm	T01	D1	钻头(ϕ8)	600	60			XX51.MPF	游标卡尺 (0～125　0.02)
3	钻 6×ϕ8mm 孔至深度尺寸 10.8mm	T01	D1	钻头(ϕ8)	600	60			XX51.MPF	游标卡尺 (0～125　0.02)
4	粗铣 10 个斜向长方槽至尺寸要求	T02	D1	键槽铣刀(ϕ8)	2000	450			XX52.MPF	游标卡尺 (0～125　0.02)
5	分层铣削 10×ϕ8mm 沉孔至尺寸要求	T03	D1	键槽铣刀(ϕ6)	3000	300			XX53.MPF L1.SPF	游标卡尺 (0～125　0.02)
6	去尖棱、毛刺									
7	检验工件									
编　制		审　核			批　准		第 1 页		共 1 页	

2. 数控编程

1) 建立工件坐标系

以工件上表面的中心为工件坐标系原点，以设定的工件坐标系编程。

2) 计算基点与节点

计算ϕ8mm 孔、ϕ10mm 沉孔相应的基点坐标值。

3) 程序编制

(1) 6×ϕ8mm 孔的加工采用固定循环 LCYC83 编程。各孔的加工应避免机床反向间隙的带入，以免影响孔的位置精度。LCYC83 的参数及其含义如表 9-7 所示。

表 9-7 LCYC83 的参数及其含义

参 数	含义及取值范围
*R*101	返回平面(绝对坐标)
*R*102	安全距离，无符号
*R*103	参考平面(绝对坐标)
*R*104	最后钻深(绝对坐标)
*R*105	在钻削深度停留时间(断屑)
*R*107	钻削进给率
*R*108	首钻进给率
*R*109	在起始点和排屑时停留时间
*R*110	首钻深度(绝对坐标)
*R*111	递减量，无符号
*R*127	加工方式：断屑=0 排屑=1

(2) 10×ϕ8mm 落刀孔的加工采用固定循环 LCYC60 编程。LCYC60 的参数及其含义如表 9-8 所示。

表 9-8 LCYC60 的参数及其含义

参 数	含义及取值范围
*R*115	钻孔或攻丝循环号数值：82(LCYC82)、83(LCYC83)、84(LCYC84)、840(LCYC840)、85(LCYC85)
*R*116	横坐标参考点
*R*117	纵坐标参考点
*R*118	第一孔到参考点的距离
*R*119	孔数
*R*120	平面中孔排列直线的角度
*R*121	孔间距离

(3) 对称键槽的加工采用可编程的零点偏置 G158，坐标轴旋转指令 G258、G259，以

及固定循环 LCYC5 编程。

用 G158 指令可以对所有坐标轴编程零点偏移。用 G258 指令可以在当前工作平面中编程一个坐标轴旋转，后面的 G158 或 G258 指令取代前面所有的可编程零点偏置和坐标轴旋转指令。G259 指令可以在当前工作平面中编程一个坐标轴旋转，如果已经有一个 G158、G258 或 G259 指令有效，则在 G259 指令下编程的旋转附加到当前的坐标轴偏置或旋转上。如果在程序段中仅输入 G158 指令而后面不跟坐标轴名称或者在 G258 指令后没有 RPL=…时，表示取消当前的可编程零点偏移和旋转。这些指令都要求一个独立的程序段。例如，图 9-20 所示的程序段：

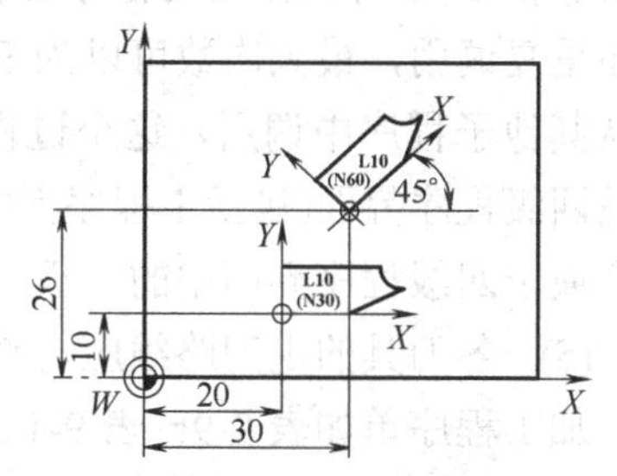

图 9-20　可编程零点偏移和旋转举例

```
N10 G17                        ;XOY 平面
N20 G158 X20 Y10;              ;可编程零点偏移
N30 …
N50 G158 X30 Y26               ;新的零点偏置
N60 G259 RPL=45                ;附加坐标轴旋转 45 度
N70 …
N80 G158                       ;取消偏移和旋转
```

对称键槽的加工也可以采用调用子程序编程。其走刀路线采用圆弧进刀、圆弧退刀的方式，使加工后的内廓光滑。其子程序如下：

```
L52.SPF
R7=-1
MARKE6: G0 X0 Y0
G1 Z=R7 F450 S2000
G90 G01  X2.475  Y2.475
G03  X-2.475  Y2.475  CR=3.5
G01  X-9.546 Y-4.596
G03  X-9.5459 Y-6.0104 CR=5
G01  X-6.010 Y-9.546
G03  X-4.596 Y -9.546 CR=5
G01  X9.546 Y4.596
G03  X9.5459 Y6.0104 CR=5
G01  X6.0104 Y9.5459
G03  X4.5962 Y9.5459 CR=5
G01  X-2.475  Y2.475
G03 X2.475  Y-2.475 CR=3.5
G01 X0
R7=R7-2
IF R7>-7 GOTOB MARKE6
Z150
RET
```

(4) 10×ϕ10mm 沉孔采用调用子程序及程序跳转指令编程。

在子程序中可以使用地址字 L…，其后的值可以有 7 位(只能为整数)；在一个程序(主程序或子程序)中可以直接用程序名调用子程序；子程序调用要求占用一个独立的程序段；子程序重复调用，最大次数可以为 9999(Pl…P9999)；子程序不仅可以从主程序中调用，也可以从其他子程序中调用，这个过程称为子程序的嵌套。子程序的嵌套深度可以为三层，也就是四级程序界面(包括主程序界面)。在使用加工循环进行加工时，要注意加工循环程序也同样属于四级程序界面中的一级。

(5) 各刀具的走刀路线应与夹具不产生干涉。

加工程序单如表 9-9～表 9-12 所示。

表 9-9 加工程序单 I

程　序	注　释
XX51.MPF;	程序名
G54 G0 G17 G90 G94 G71 G40;	机床初始状态及工件坐标系
T1 D1;	给定刀具及刀具补偿
S600 M03;	刀具起转
G00 X-100 Y100;	移到下刀位置
G01 Z50 F200;	移到工件上表面 5mm
M08;	切削液开
R101=40 R102=2 R103=0;	钻孔固定循环参数设置
R104=−10.8 R105=1 R107=60;	
R108=65 R109=0 R110=−3;	
R111=2 R127=1;	
LCYC83;	钻 6×ϕ8mm 孔
G00 X-45 Y-45;	
LCYC83;	
G00 X45;	
LCYC83;	
G00 X-45 Y45;	
LCYC83;	
G00 X45;	
LCYC83;	
G00 X-80 Y0;	
LCYC83;	
G00 X80;	
LCYC83;	
R101=5	退刀平面参数设置

续表

程　序	注　释
R115=83 R116=-60 R117=-20;	落刀孔线性钻孔循环参数设置
R118=0 R119=5 R120=0 R121=30;	
LCYC60;	钻 5 个落刀孔
R117=20;	另 5 个落刀孔的 Y 向定位参数设置
LCYC60;	钻另 5 个落刀孔
G74 Z0;	提刀，回参考点
M09;	切削液关
M05;	转速停止
M02;	程序停止

表 9-10　加工程序单 II

程　序	注　释
XX52.MPF;	程序名
G54 G0 G17 G90 G94 G71 G40;	机床初始状态及工件坐标系
T2D1;	给定刀具及刀具补偿
S2000 M03;	刀具起转
G00 X-11 Y0;	移到下刀位置
G01 Z10 F450;	移到工件上表面 5mm
M08;	切削液开
R13=-60 R14=5 R15=30;	定义条件跳转参数
MARKE3:G158 X=R13 Y20;	可编程的零点偏移
G259 RPL=45;	坐标轴旋转
R101=5 R102=2 R103=0 R104=-6;	铣槽固定循环参数设置
R116=0 R117=0 R118=30 R119=15;	
R120=5R121=2R122=200 R123=450;	
R124=0 R125=0 R126=2 R127=1;	
LCYC75;	铣槽可编程的零点偏移及坐标轴旋转
R13=R13+R15 R14=R14-1;	
G158;	取消
IF R14>0 GOTOB MARKE3;	条件跳转
G74 Z0;	提刀，回 Z 向参考点
M09;	切削液关
M05;	转速停止
M02;	程序停止

表 9-11　加工程序单Ⅲ

程　序	注　释
XX53.MPF;	程序名
G54 G0 G17 G90 G94 G71 G40;	机床初始状态及工件坐标系
T3 D1;	给定刀具及刀具补偿
S3000 M3;	刀具起转
G00 X-60 Y-20;	移到下刀位置
G01 Z5 F300;	移到工件上表面 5mm
M08;	切削液开
L1 P5;	调用 L1 子程序 5 次
G90 X-60 Y20;	移到下刀位置
L1 P5;	调用 L1 子程序 5 次
G74 Z0;	提刀，回 *Z* 向参考点
M09;	切削液关
M05;	转速停止
M02;	程序停止

表 9-12　加工程序单Ⅳ

程　序	注　释
L1.SPF;	子程序名
R11=-2;	
MARKE10:G90 G0 Z=R11;	下刀至初次下刀深度
G91 G1 X-1 F100;	
G02 I1 J0;	铣圆
G01 X1;	
R11=R11-2;	每次下刀量
IF R11>-12 GOTOB MARKE10;	条件跳转
G90 G1 Z10;	提刀
G91 G0 X30;	至下一个加工位置
RET;	返回主程序

3. 模拟加工

模拟加工的结果如图 9-21 所示。

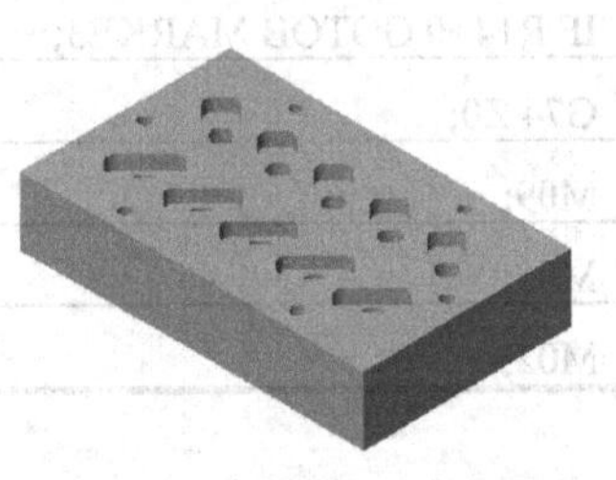

图 9-21　模拟加工的结果

4. 数控加工

1) 加工前准备

(1) 机床准备，开机。选用的机床为 SINUMERIK

802S/C 系统的 XK7125B 型数控铣床，检查机床状态、电源电压、接线是否正确，按下“急停”按钮，机床上电，数控上电，检查风扇电机运转、面板上的指示灯是否正常，松开“急停”按钮，按“复位”按钮。

(2) 机床回零。

(3) 工具、量具和刃具准备如表 9-6 所示。

2) 工件与刀具装夹

(1) 工件装夹并校正。测量工件两侧边平行度和底面的平面度，确认是否满足装夹定位要求，如果不满足，增加修正工序。用压板正确装夹工件并找正。

(2) 刀具安装。将所用刀具安装在主轴上，装夹时注意刀具被夹紧后才可松手，以防刀具落下伤及工件或工作台。

(3) 输入刀具参数。

① 建立新刀具 T1，新刀沿 D1，输入刀具补偿参数。

② 建立新刀具 T2，新刀沿 D1，输入刀具补偿参数；建立新刀沿 D2，输入刀具补偿参数。

③ 建立新刀具 T3，新刀沿 D1，输入刀具补偿参数。

3) 对刀及参数设置

采用分中对刀并完成工件坐标系参数的设置。

4) 程序输入与调试

(1) 程序输入。

(2) 检查刀具补偿参数。

(3) 调试程序。

5) 自动加工

程序中断之后的再定位：程序中断后(用“数控停止”键)可以用手动方式从加工轮廓退出刀具。控制器将中断点坐标保存，并能显示离开轮廓的坐标值。

选择“自动方式”，打开搜索窗口，如图 9-22 所示，准备装载中断点坐标。

加工 复位 自动 ROV
DEMO1.MPF
机床坐标 实际 再定位 F: inch/min
+X -450.000 0.000 实际:
+Y -250.000 0.000 0.000
+Z -170.000 0.000 给定:
+SP 0.000 0.000 0.000
S 0.000 300.000 T: 25 D: 1
程序控制 语言区放大 搜索 工件坐标 实际值放大

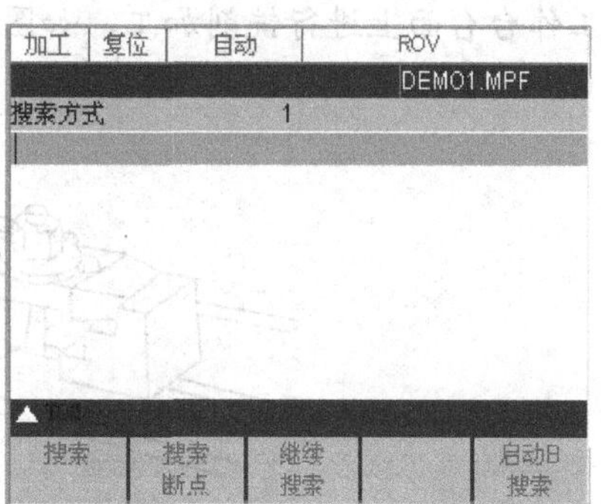

图 9-22　装载中断点坐标

装载中断点坐标，到达中断程序段；启动中断点搜索，使机床回到中断点；按“数控启动”键继续加工。

注意事项

(1) 数控机床属于精密设备，未经许可严禁尝试性操作。观察操作时必须戴护目镜且站在安全位置，并关闭防护挡板。

(2) 工件必须装夹稳固。

(3) 刀具必须装夹稳固方可进行加工。

(4) 严格按照教师给定的切削值范围加工。

(5) 切削加工中禁止用手触摸工件。

(6) 将工件的铣削部位一定要让出来，切忌被压板压住，以免妨碍铣削加工的正常进行。

5. 加工工件质量检测

(1) 去尖棱、毛刺。

(2) 用游标卡尺检测各加工尺寸。

(3) 用类比目测法检查各加工面的表面粗糙度。

6. 清场处理

(1) 清除切屑、擦拭机床，使机床与环境保持清洁状态。

(2) 注意检查或更换磨损坏的机床导轨上的油擦板。

(3) 检查润滑油、冷却液的状态，及时添加或更换。

(4) 依次关掉机床操作面板上的电源和总电源。

(5) 将现场设备、设施恢复到初始状态。

知识链接

使用压板装夹工件的操作方法

对于中型或大型和形状比较复杂又不太大的工件，一般可以利用压板将工件直接装夹在铣床工作台台面上进行铣削加工，如图 9-23 所示。当使用压板装夹工件时，应注意下列事项。

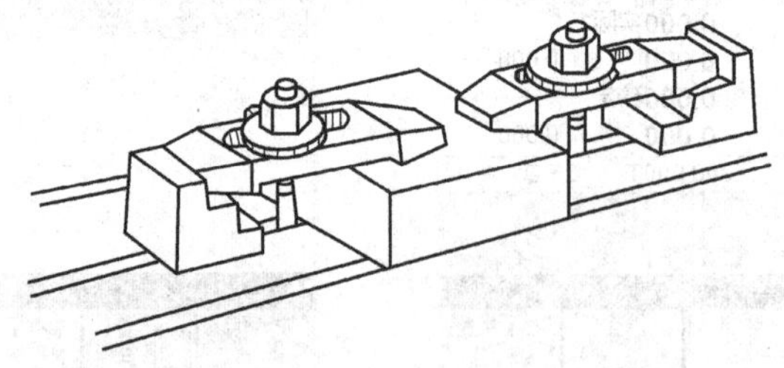

图 9-23 压板装夹工件

(1) 将工件的铣削部位一定要让出来，切忌被压板压住，以免妨碍铣削加工的正常进行。

(2) 压板垫铁的高度要适当，防止压板和工件接触不良。

(3) 装夹薄壁工件时，夹紧力的大小要适当。

(4) 螺栓要尽量靠近工件，以增大夹紧力。

(5) 在工件的光洁表面与压板之间必须放置铜垫片，以免损伤工件表面。

(6) 工件受压处不能悬空，如有悬空处应垫实。

(7) 在铣床工作台台面上直接装夹毛坯工件时，应在工件和工作台台面之间加垫纸片或铜片。这样不但可以保护铣床工作台台面，而且可以增加工作台台面和工件之间的摩擦力，使工件夹紧牢固可靠。其正确与错误的装夹方法可参见图 9-24。

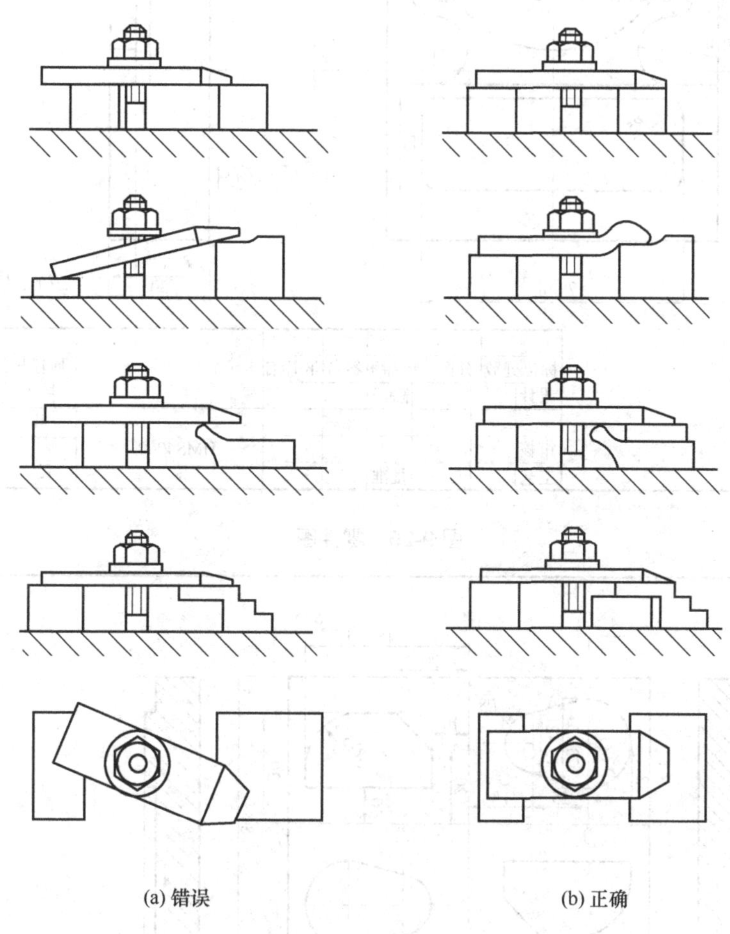

(a) 错误　　(b) 正确

图 9-24　压板装夹工件

9.2.3　拓展实训

本节应完成的任务如下。

(1) 请记录机床操作流程。

(2) 使用尺寸为 100mm×100mm×30mm 的方料进行如图 9-25 所示零件的加工。

(3) 使用尺寸为 100mm×100mm×30mm 的方料进行如图 9-26 所示零件的加工。

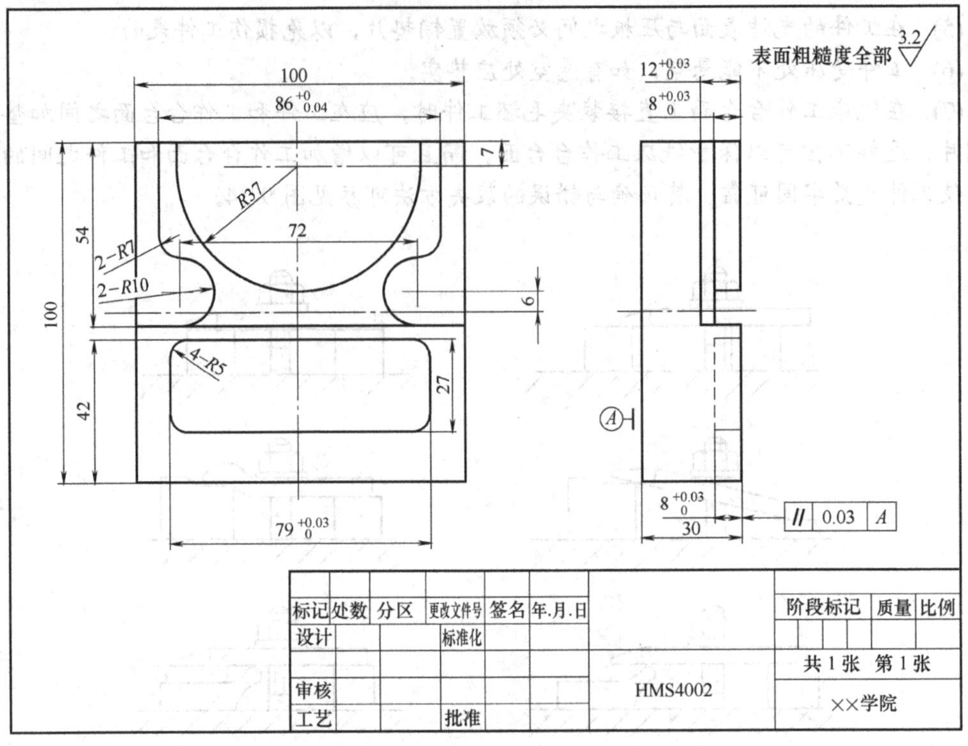

图 9-25 零件图 I

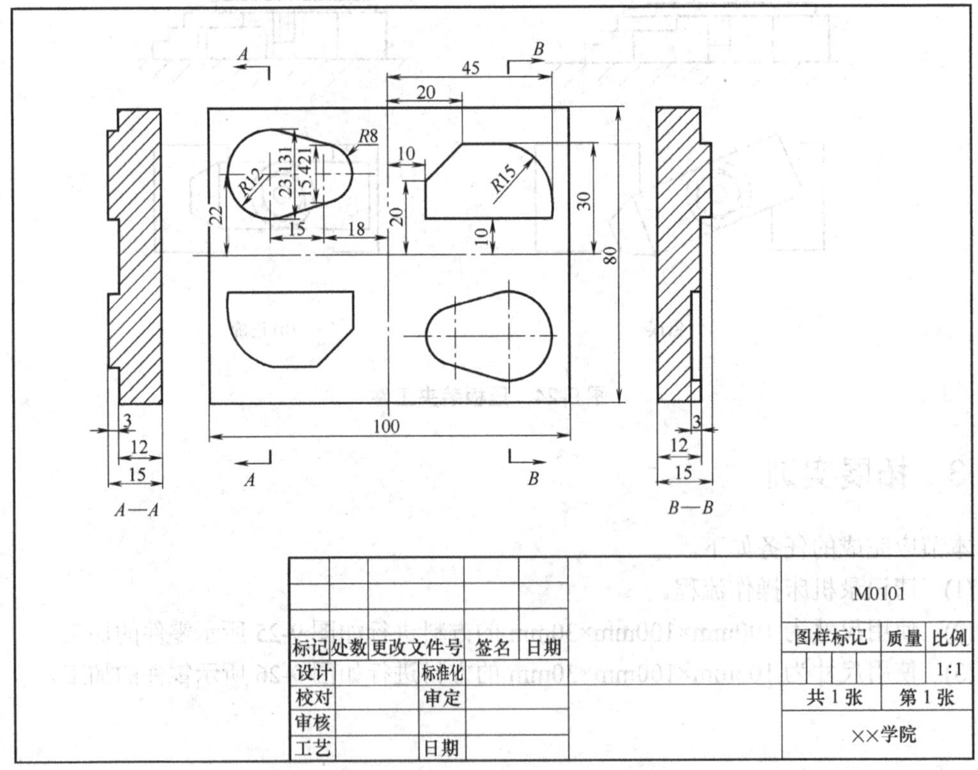

图 9-26 零件图 II

(4) 使用尺寸为 100mm×100mm×30mm 的铝质方料进行如图 9-27 和图 9-28 所示零件的加工，表面粗糙度 Ra 为 6.3，并进行组装。

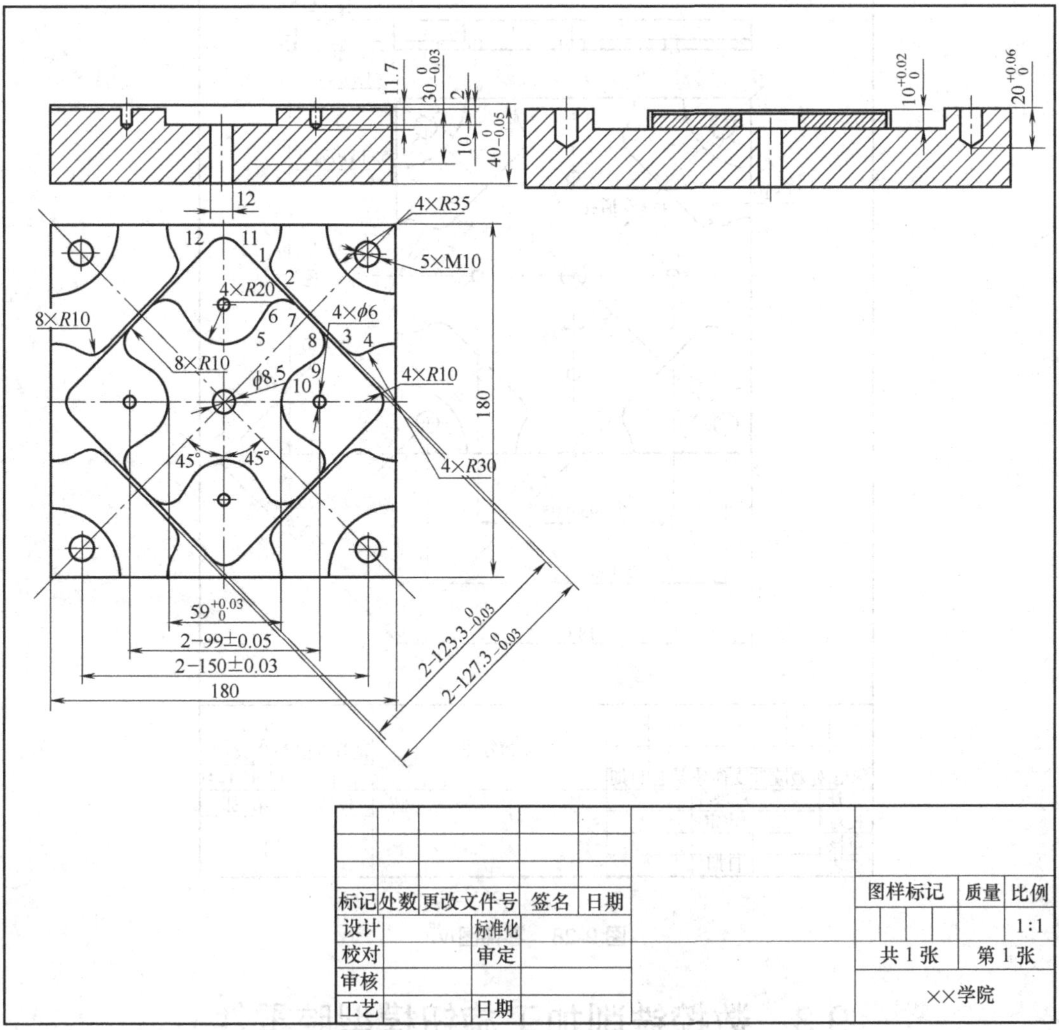

标记	处数	更改文件号	签名	日期
设计		标准化		
校对		审定		
审核				
工艺		日期		

图样标记	质量	比例
		1:1
共 1 张		第 1 张
××学院		

图 9-27　零件图Ⅲ

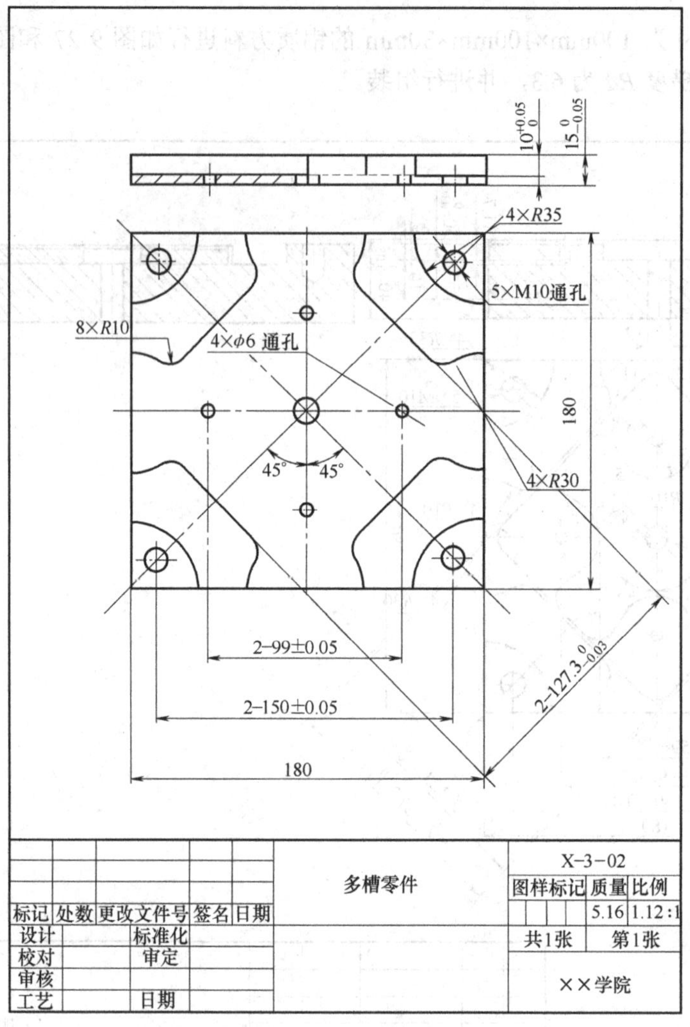

图 9-28　零件图Ⅳ

9.3　数控铣削加工旋钮模型腔零件

知识目标

- 掌握 G54 对刀方法。
- 掌握加工零件的工艺规程制定内容。
- 掌握控制指令坐标旋转、子程序的应用。
- 掌握非圆曲线、球面、宏指令的编程方法。

技能目标

- 能正确进行旋钮模型腔零件的质量检测。
- 能正确分析旋钮模型腔零件的工艺性。
- 能正确使用游标卡尺、样板 R 规、三坐标测量仪。

9.3.1　工作任务

1. 零件图样

旋钮模型腔零件图样如图 9-29 所示。

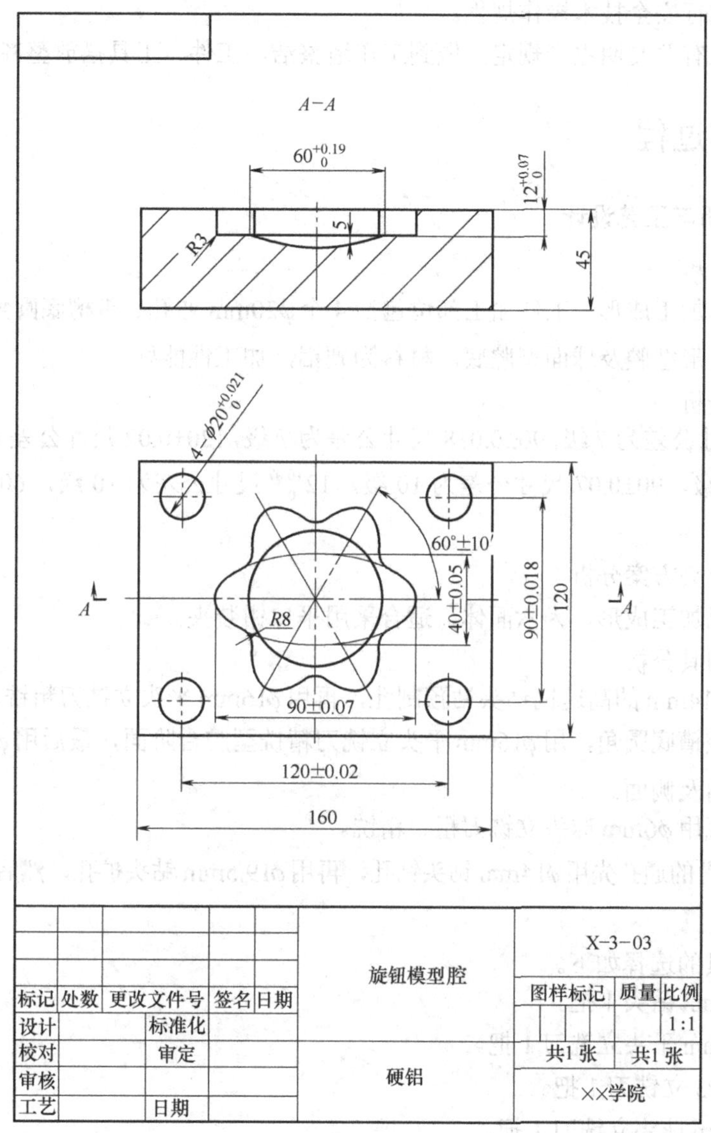

图 9-29　旋钮模型腔零件图样

2. 工作条件

(1) 生产纲领：单件。

(2) 毛坯：材料为硬铝块，尺寸为 160mm×120mm×45mm。

(3) 选用机床为 FANUC 0i 系统的 VC1055 型数控加工中心。

(4) 时间定额：编程时间为 480min；实操时间为 240min。

3. 工作要求

(1) 工件经加工后，各尺寸符合图样要求。

(2) 工件经加工后，形位公差符合图样要求。

(3) 工件经加工后，表面粗糙度符合图样要求。

(4) 正确执行安全技术操作规程。

(5) 按企业有关文明生产规定，做到工作地整洁，工件、工具摆放整齐。

9.3.2 工作过程

1. 工艺分析与工艺设计

1) 结构分析

工件毛坯已加工成形。工件加工部位包括 4 个 ϕ20mm 通孔、带槽底圆角的由圆弧及椭圆曲线组成的柱形型腔及球面型腔底。材料为硬铝，加工性能好。

2) 精度分析

$\phi 20_{0}^{+0.021}$ 尺寸公差为 7 级，90±0.018 尺寸公差为 7 级，120±0.02 尺寸公差为 7 级，40±0.05 尺寸公差为 10 级，90±0.07 尺寸公差为 10 级，$12_{0}^{+0.07}$ 尺寸公差为 10 级，$60_{0}^{+0.19}$ 尺寸公差为 11 级。

3) 零件装夹方案分析

零件毛坯已加工成形，为六面体，适合采用平口钳装夹。

4) 加工刀具分析

型腔先用 ϕ14mm 的高速钢钻头钻预制孔，再用 ϕ16mm 平头立铣刀粗铣，然后用 ϕ10r3 立铣刀粗铣型腔槽底圆角，用 ϕ16mm 平头立铣刀精铣型腔台阶面，最后用 ϕ10r3 立铣刀精铣型腔槽底圆角及侧面。

球面型腔底用 ϕ6mm 球头立铣刀粗、精铣。

4 个 $\phi 20_{0}^{+0.021}$ 的通孔先用 ϕ14mm 钻头钻孔，再用 ϕ19.5mm 钻头扩孔，然后用 ϕ20mm 铰刀铰孔。

本例中刀具的选择如下。

T01：ϕ14mm 钻头 1 把。

T02：ϕ16mm 平头立铣刀 1 把。

T03：ϕ10r3 立铣刀 1 把。

T04：ϕ6mm 球头立铣刀 1 把。

T05：ϕ19.5mm 钻头 1 把。

T06：ϕ20mm 铰刀 1 把。

5) 制作工序卡

制作如表 9-13 所示的工序卡。

表 9-13　工序卡

加工中心加工工序卡			产品名称或代号		零件名称		零件图号		
					旋钮模型腔		X-3-03		
单位名称			夹具名称		使用设备		车间		
			平口钳		FANUC 0i 系统 VC1055 型数控加工中心		现代制造技术中心		
序号	工艺内容	刀具号	刀具规格/mm	主轴转速 n/(r/min)	进给速度 F/(mm/min)	背吃刀量 a_p/mm	刀片材料	程序编号	量具
1	钻型腔的预制孔	T01	ϕ14 钻头	500	100	7		O3200	游标卡尺
2	钻孔 4-ϕ20mm 至ϕ14mm	T01	ϕ14 钻头	500	100	7		O3201	游标卡尺
3	粗铣型腔留单边余量 0.3mm	T02	ϕ16 平头立铣刀	500	50	3		O3202 O3213 O3212 O3211	游标卡尺
4	粗铣型腔槽底圆角留单边余量 0.3mm	T03	ϕ10r3 立铣刀	500	50	3		O3212 O3211	游标卡尺、样板 R 规
5	粗铣型腔球面留单边余量 0.3mm	T04	ϕ6 球头立铣刀	500	50	2.5		O3204	游标卡尺、样板 R 规
6	扩孔 4-ϕ20mm 至ϕ19.5mm	T05	ϕ19.5 钻头	200	50	2.75		O3205	游标卡尺
编制		审核		批准		第 1 页		共 2 页	

续表

加工中心加工工序卡			产品名称或代号		零件名称		零件图号		
					旋钮模型腔		X-3-03		
单位名称			夹具名称		使用设备		车间		
			平口钳		FANUC 0i 系统 VC1055 型数控加工中心		现代制造技术中心		
序　号	工艺内容	刀具号	刀具规格/mm	主轴转速 n/(r/min)	进给速度 F/(mm/min)	背吃刀量 a_p/mm	刀片材料	程序编号	量　具
7	精铣型腔台阶面达图纸要求	T02	ϕ16 平头立铣刀	800	40	0.3		O3212 O3211	游标卡尺
8	精铣型腔槽底圆角及侧面达图纸要求	T03	ϕ10r3 立铣刀	800	40	0.3		O3212 O3211	游标卡尺、样板 R 规
9	精铣型腔球面达到图纸要求	T04	ϕ6 球头立铣刀	800	40	0.3		O3208	游标卡尺、样板 R 规
10	铰孔 4-ϕ20mm 达到图纸要求	T06	ϕ20 铰刀	50	30	0.25		O3209	游标卡尺
编　制		审　核		批　准		第 2 页		共 2 页	

2. 数控编程

(1) 建立工件坐标系。把工件顶面的中心作为工件原点，并以此为工件坐标系编程。

(2) 计算基点与节点。采用 CAD 软件找点，如图 9-30 所示，其各基点坐标值分别为：*A*(16.919，−29.304)、*B*(29.304，−16.919)、*C*(32.809，−13.688)、*D*(32.809，13.688)、*E*(29.304，16.919)、*F*(33.838，0)。

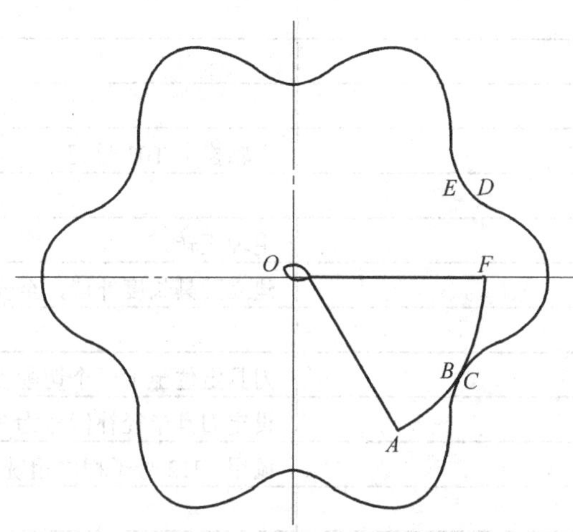

图 9-30　计算基点坐标

(3) 编制程序。加工程序单如表 9-14～表 9-23 所示。

表 9-14　加工程序单 I

程　序	注　释
O3200;	主程序：程序号
G54 G90 G17 G80 G40 G49 G21 G00;	机床初始状态及工件坐标系
M08;	
M05;	
G91G28Z0;	
M06T01;	主轴换上 T01 号刀
G90G00X0Y0;	
M03 S500;	主轴正转
G43 Z100. H01;	建立刀具长度补偿，至安全高度
M98 P3201;	调用 3201 号子程序钻孔
M05;	
G91G28Z0;	
M06T02;	主轴换上 T02 号刀
G90G00X0Y0;	

续表

程　序	注　释
M03S500;	主轴正转
G43Z100.H02;	建立刀具长度补偿，至安全高度
G00Z5.	
G01 Z0.3 F50;	刀具定位至下一个切削点位置
M98 P3202;	调用 3202 号子程序粗铣型腔
G01 Z5.	
M05;	
G91G28Z0;	
M06T03;	主轴换上 T03 号刀
G90G00X0Y0;	
M03S500;	主轴正转
G43Z100.H03;	建立刀具长度补偿，至安全高度
G00Z5.;	
G01Z-11.7F50;	刀具定位至下一个切削点位置
#22=3;	设定刀具半径补偿号为 3，补偿值为 5.3mm
M98 P3212;	调用 3212 号子程序粗铣型腔槽底圆角
Z5.	
M05;	
G91G28Z0;	
M06T04;	主轴换上 T04 号刀
G90G00X0Y0;	
M03S500;	主轴正转
G43Z100.H04;	建立刀具长度补偿，至安全高度
G00Z5.	
G01Z-8.7F50;	刀具定位至下一个切削点位置
M98 P3204;	调用 3204 号子程序粗铣型腔球面
G01Z5.;	
M05;	
G91G28Z0;	
M06T05;	主轴换上 T05 号刀
G90G00X0Y0;	
M03 S200;	主轴正转
G43 Z100. H05;	建立刀具长度补偿，至安全高度
M98 P3205;	调用 3205 号子程序扩孔
M05;	
G91G28Z0;	
M06T02;	主轴换上 T02 号刀
G90G00X0Y0;	

续表

程　序	注　释
M03S800;	主轴正转
G43Z100.H02;	建立刀具长度补偿，至安全高度
G00Z5.;	
G01Z-12.035F40;	刀具定位至下一个切削点位置
#22=4;	设定刀具半径补偿号为 4，补偿值为 11mm
M98 P3212;	调用 3212 号子程序精铣型腔台阶面
G40G01X0Y0;	
Z5.	
M05;	
G91G28Z0;	
M06T03;	主轴换上 T03 号刀
G90G00X0Y0;	
M03S800;	主轴正转
G43Z100.H03;	建立刀具长度补偿，至安全高度
G00Z5.;	
G01Z-12.035F40;	刀具定位至下一个切削点位置
#22=5;	设定刀具半径补偿号为 5，补偿值为 5mm
M98 P3212;	调用 3212 号子程序精铣型腔槽底圆角及侧面
G40G01X0Y0;	
Z5.	
M05;	
G91G28Z0;	
M06T04;	主轴换上 T04 号刀
G90G00X0Y0;	
M03S800;	主轴正转
G43Z100.H04;	建立刀具长度补偿，至安全高度
G00Z5.	
G01Z-9.F40;	刀具定位至下一个切削点位置
M98 P3208;	调用 3208 号子程序精铣型腔球面
G01Z5.;	
M05;	
G91G28Z0;	
M06T06;	主轴换上 T06 号刀
G90G00X0Y0;	
M03 S50;	主轴正转
G43 Z100. H06;	建立刀具长度补偿，至安全高度

续表

程 序	注 释
M98 P3209;	调用 3209 号子程序铰孔
M09;	
M05;	主轴停止
M30;	程序结束

表 9-15 加工程序单 II

程 序	注 释
O3201;	钻孔子程序：程序号
G99 G81 Z-16. R5. F100;	钻型腔预制孔
X60. Y45. Z-52.;	钻其余孔
X-60.;	
Y-45.;	
G98X60.;	
G80;	取消孔加工循环
M99;	子程序结束并返回主程序

表 9-16 加工程序单 III

程 序	注 释
O3202;	粗铣型腔子程序：程序号
#21=1;	加工次数
#22=1;	设置刀具半径补偿号为 1，补偿值为 8.3mm
N10G91 G01 Z-3. F50;	利用相对坐标编程，每次下刀 3mm
M98 P3213;	调用 3213 号子程序先铣出圆形孔
G90G01X0Y0;	
M98 P3212;	调用 3212 号子程序铣削型腔轮廓
#21=#21+1;	
IF [#21LE3]GOTO10;	三次下刀，总加工深度为 9mm
#22=2;	设置刀具半径补偿号为 2，补偿值为 11.3mm
IF [#21EQ4] GOTO10;	第 4 次下刀刀具半径补偿值增大 3mm
M99;	子程序结束并返回主程序

表 9-17 加工程序单 IV

程 序	注 释
O3204;	粗铣型腔球面子程序：程序号
#1=20.415;	第 1 次粗铣，*X* 坐标初始值

续表

程　序	注　释
#2=3.;	*X* 方向的步长
#3=0;	*X* 坐标终值
N30 #4=SQRT[86.85*86.85-#1*#1];	在以圆心为坐标原点的 *Z* 坐标
#5=75.5-#4;	在工件坐标系中的 *Z* 坐标
G01 X#1 Z#5;	斜坡下刀到切削点
G03 I[-#1];	铣削圆
#1=#1-#2;	下一次 *X* 坐标值
IF [#1GT#3] GOTO 30;	循环至第 1 次粗铣球面完成
G01 Z-8.7;	刀具抬起到下一个切削高度
#11=29.062;	第 2 次粗铣，*X* 坐标初始值
#12=3.;	*X* 方向的步长
#13=0;	*X* 坐标终值
N40 #14=89.2*89.2-#11*#11;	在以圆心为坐标原点的 *Z* 坐标
#15=75.5-SQRT[#14];	在工件坐标系中的 *Z* 坐标
G01 X#11 Z#15;	斜坡下刀到切削点
G03 I[-#11];	铣削整圆
#11=#11-#12;	下一次 *X* 坐标值
IF [#11GT#13] GOTO 40;	循环至第 2 次粗铣球面完成
M99;	子程序结束并返回主程序

表 9-18　加工程序单Ⅴ

程　序	注　释
O3205;	扩孔子程序：程序号
G99 G81 X60. Y45. Z-52. R5. F50;	返回到 *R* 点(前 3 个孔)
X-60.;	
Y-45.;	
G98X60.;	返回到起始点(最后一个孔)
G80;	取消孔加工循环
M99;	子程序结束并返回主程序

表 9-19　加工程序单Ⅵ

程　序	注　释
O3208;	精铣型腔球面子程序：程序号
#21=30.095;	*X* 坐标初始值
#22=0.5;	*X* 方向的步长
#23=0;	*X* 坐标终值

续表

程　序	注　释
N50 #24=89.286*89.286-#21*#21;	在以圆心为坐标原点的 Z 坐标
#25=75.206-SQRT[#24];	在工件坐标系中的 Z 坐标
G01 X#21 Z#25;	斜坡下刀到切削点
G03 I[-#21];	铣削整圆
#21=#21-#22;	下一次 X 坐标值
IF [#21GT#23] GOTO 50;	循环至精铣球面完成
M99;	子程序结束并返回主程序

表 9-20　加工程序单Ⅶ

程　序	注　释
O3209;	铰孔子程序：程序号
G99 G85 X60. Y45. Z-52. R5. F30;	返回到 R 点(前 3 个孔)
X-60.;	
Y-45.;	
G98X60.;	返回到起始点(最后一个孔)
G80;	取消孔加工循环
M99;	子程序结束并返回主程序

表 9-21　加工程序单Ⅷ

程　序	注　释
O3212;	铣削型腔轮廓的子程序：程序号
#11=0;	旋转角度的初始值
#12=60.;	每次旋转角度的增量
G90G41G01X16.919Y-29.304D#22;	建立刀具半径补偿
G03X29.304Y-16.919R33.838	圆弧切入
WHILE [#11LT360] DO1	循环 6 次
G68 X0 Y0 R#11;	坐标旋转赋值给#11 的角度
M98 P3211;	调用 3211 号子程序，铣削 1/6 轮廓
G69;	取消坐标旋转
#11=#11+#12;	每次旋转的角度
END1	循环结束
G03X33.838Y0R33.838;	圆弧切出
G40G01X0Y0;	取消刀具半径补偿
M99;	子程序结束并返回主程序

表 9-22　加工程序单Ⅸ

程　序	注　释
O3211;	铣削型腔 1/6 轮廓的子程序：程序号
G02X32.809Y-13.688R8.F100;	铣削 *R*8 圆弧
#1=-13.688;	*Y* 坐标初始值
#2=1.;	*Y* 方向步长
#3=13.688;	*Y* 坐标终值
N10#1=#1+#2;	*Y* 坐标值
#5=1-#1*#1/[20*20];	
#4=45*SQRT[#5];	*X* 坐标值
G01X[#4]Y[#1];	铣削椭圆部分
IF[#1LT#3]GOTO10;	循环至椭圆部分完成
G02X29.304Y16.919R8.;	铣削 *R*8 圆弧
M99;	子程序结束并返回主程序

表 9-23　加工程序单Ⅹ

程　序	注　释
O3213;	先铣削出的圆形的子程序：程序号
G90X13.;	刀具移动至圆的起点
G03I-13.;	铣削第 1 圈
G01X25.538;	刀具移动至圆的起点
G03I-25.538;	铣削第 2 圈
M99;	子程序结束并返回主程序

3. 模拟加工

模拟加工的结果如图 9-31 所示。

图 9-31　模拟加工的结果

4. 数控加工

1)　加工前准备

(1)　电源接通。

(2)　机床回零。

(3)　刀辅具准备和毛坯准备。

2)　工件与刀具装夹

(1)　工件装夹。工件装夹在平口钳上。

(2)　刀具安装。将加工零件的刀具依次插到刀库的相应刀套内。

3)　对刀与参数设置

XY 方向采用分中对刀，*Z* 方向采用试切对刀，并正确输入各刀具半径及长度补偿。

4)　程序调入与调试

(1)　调入程序。

(2) 刀具补偿。
(3) 调试程序。
(4) 自动加工。

5. 加工工件质量检测

(1) 去尖棱、毛刺。
(2) 按工序卡说明用游标卡尺检测各工序尺寸；用样板尺规检测球面及槽底圆角。
(3) 用三坐标测量仪检测各曲面。
(4) 用类比目测法检查各表面的加工质量。

6. 清场处理

(1) 清除切屑、擦拭机床，使机床与环境保持清洁状态。
(2) 注意检查或更换磨损坏的机床导轨上的油擦板。
(3) 检查润滑油、冷却液的状态，及时添加或更换。
(4) 依次关掉机床操作面板上的电源和总电源。
(5) 将现场设备、设施恢复到初始状态。

知识链接

1. 曲面轮廓的加工方案

立体曲面的加工应根据曲面形状、刀具形状和精度要求采用不同的铣削加工方法，如两轴半、三轴、四轴及五轴等联动加工。

(1) 对曲率变化不大和精度要求不高的曲面的粗加工。常用两轴半坐标的行切法加工，即 X、Y、Z 三轴中任意两轴作联动插补，第三轴作单独的周期进给。

(2) 对曲率变化较大和精度要求较高的曲面的精加工。常用 X、Y、Z 三坐标联动插补的行切法加工。

(3) 对像叶轮、螺旋桨这样的零件精加工。因其叶片形状复杂，刀具易于相邻表面干涉，常用五坐标联动加工。

2. 三坐标测量机的应用

三坐标测量机(CMM)是一种以精密机械为基础，综合应用电子技术、计算机技术、光栅与激光干涉技术等先进技术的检测仪器。三坐标测量机的主要功能如下。

(1) 可实现空间坐标点的测量，可方便地测量各种零件的三维轮廓尺寸、位置精度等。测量精确可靠，通用性强。

(2) 由于计算机的引入，可方便地进行数字运算与程序控制，并具有很高的智能化程度。因此，它不仅可以方便地进行空间三维尺寸的测量，还可以实现主动测量和自动检测。在模具制造工业中，三坐标测量机充分显示了在测量方面的万能性、测量对象的多样性。

三坐标测量机按其工作方式可分为：点位测量方式和连续扫描测量方式。点位测量方式是由测量机采集零件表面上一系列有意义的空间点，通过数学处理，求出这些点所组成的特定几何元素的形状和位置。连续扫描测量方式是对曲线、曲面轮廓进行连续测量，多为大、中型测量机。

根据三坐标测量机的结构形式及三个方向测量轴的相互配置位置的不同，三坐标测量机可分为：悬臂式、桥式、龙门式、立柱式和坐标镗床式等，如图 9-32 所示。它们各有特点及相应的适用范围。

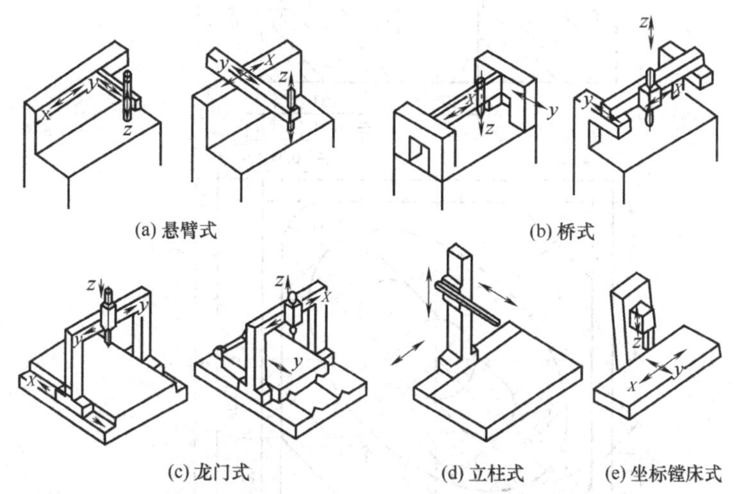

图 9-32　三坐标测量机的结构形式

三坐标测量机按测量范围可分为大型、中型和小型。按其精度可分为两类：一类是精密型，一般放在有恒温条件的计量室，用于精密测量，分辨率一般为 0.5～2μm；另一类为生产型，一般放在生产车间，用于生产过程检测，分辨率为 5μm 或 10μm。

9.3.3　拓展实训

按照图 9-33～图 9-35 所示的工件图样完成加工操作。

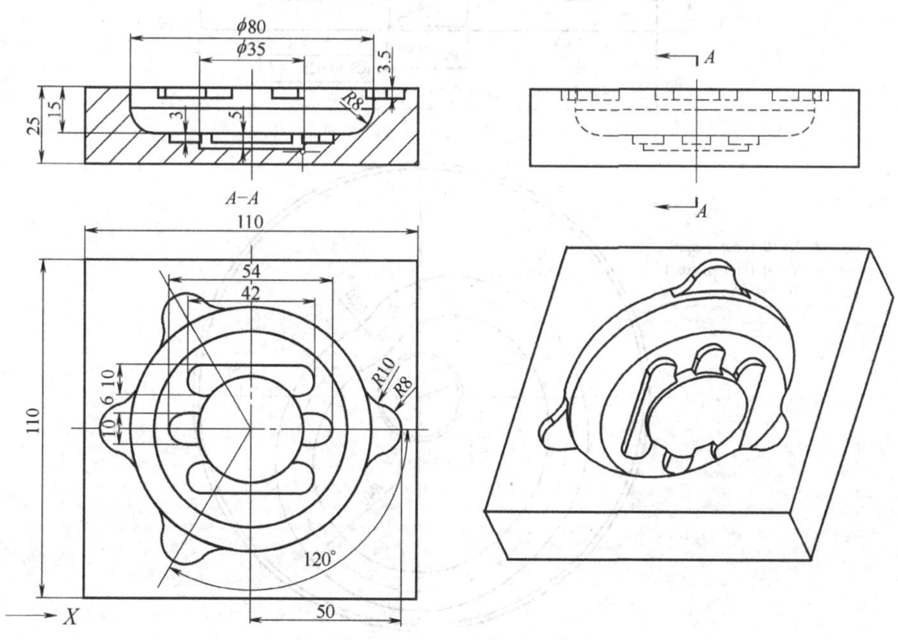

图 9-33　曲面型腔零件图

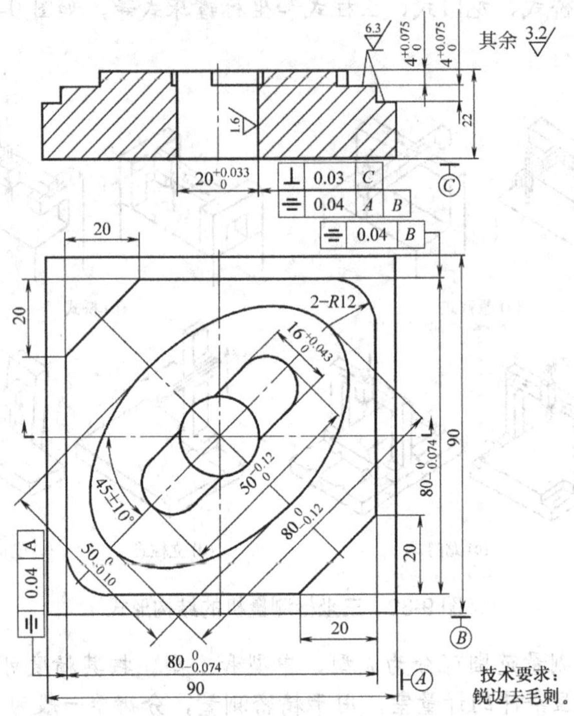

图 9-34 曲面轮廓零件图

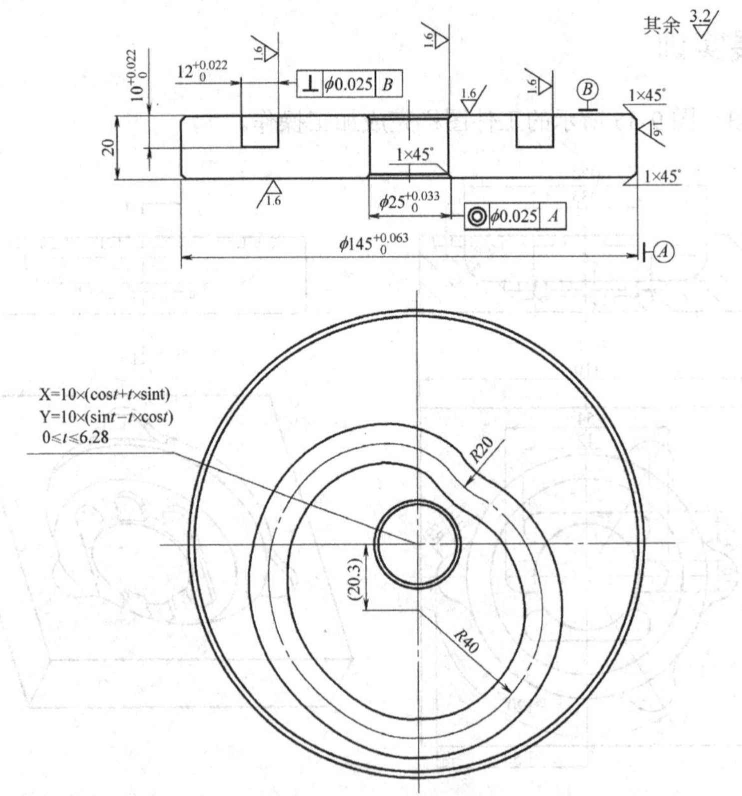

图 9-35 槽形凸轮零件图

9.4　数控铣削加工复杂零件

知识目标

- 掌握工件编程过程中变量的应用。
- 掌握复杂零件的加工工艺及选择合理的切削用量。
- 掌握椭圆程序的编制方法。

技能目标

- 能够读懂变量程序分析图。
- 知道变量编程的概念及变量的分类。
- 能正确完成零件工艺分析。
- 能灵活应用可编程的坐标轴旋转、子程序、钻孔循环指令、变量及跳转指令简化编程。
- 能正确选择切削参数。
- 能熟练操作数控铣床并完成零件的数控铣削加工。
- 能正确使用量具。

9.4.1　工作任务

1. 零件图样

零件图样如图 9-36 所示。

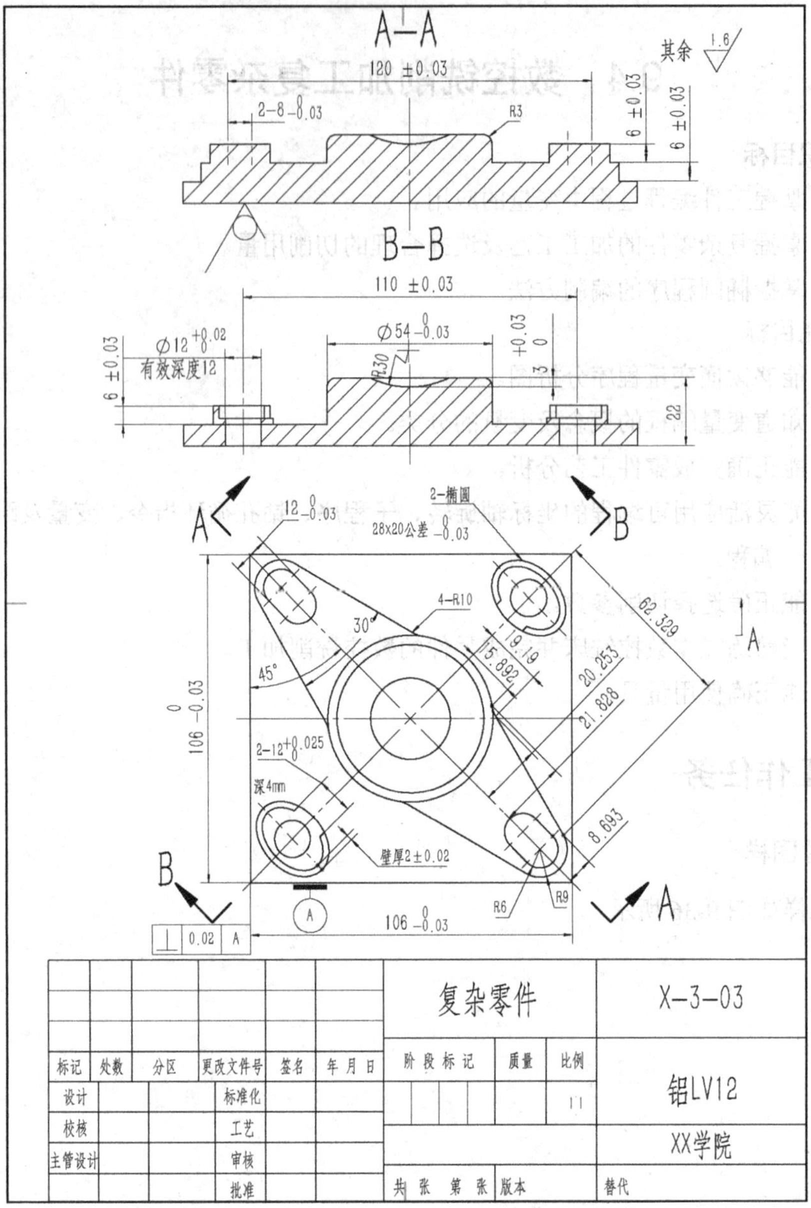

A—A

其余 1.6

120 ±0.03

2–8 $^{0}_{-0.03}$

R3

6 ±0.03

6 ±0.03

B—B

110 ±0.03

∅12 $^{+0.02}_{0}$

有效深度12

∅54 $^{0}_{-0.03}$

R30

6 ±0.03

3 $^{+0.03}_{0}$

22

12 $^{0}_{-0.03}$

2–椭圆

28x20公差 $^{0}_{-0.03}$

4–R10

30°

45°

62.329

19.19

15.892

20.253

21.828

106 $^{0}_{-0.03}$

2–12 $^{+0.025}_{0}$

深4mm

壁厚2±0.02

8.693

R6

R9

106 $^{0}_{-0.03}$

⊥ 0.02 A

标记	处数	分区	更改文件号	签名	年 月 日	复杂零件	X–3–03
设计			标准化			阶段标记 / 质量 / 比例 1:1	铝LV12
校核			工艺				XX学院
主管设计			审核				
			批准			共 张 第 张 版本	替代

图 9-36　复杂零件

2. 工作条件

(1) 生产纲领：单件。

(2) 毛坯：材料为铝 LY12，尺寸为 110mm×110mm×40mm。

(3) 选用机床为 FANUC 0i 系统的 VC1055 型数控加工中心。

(4) 时间定额：编程时间为 90min；实操时间为 240min。

3. 工作要求

(1) 工件经加工后，各尺寸符合图样要求。

(2) 工件经加工后，表面粗糙度符合图样要求。

(3) 正确执行安全技术操作规程。

(4) 按企业有关文明生产规定，做到工作地整洁，工件、工具摆放整齐。

9.4.2　工作过程

1. 工艺分析与工艺设计

1)　结构分析

工件毛坯已加工成型。工件加工部位包括 2 个椭圆柱、2 个椭圆形键槽、2 个 ϕ12mm 通孔、1 个圆球曲面及 1 个 ϕ54mm 的圆柱。工件主体由 3 个基本形状构成。材料为铝 LY12，加工性能好。

2)　精度分析

$\phi 54_{-0.03}^{0}$ mm 尺寸公差为 7 级，$\phi 12_{0}^{+0.02}$ mm 尺寸公差为 7 级，(110±0.03)mm 尺寸公差为 8 级，(2±0.02)mm 尺寸公差为 10 级，$12_{-0.03}^{0}$ mm 尺寸公差为 8 级，$20_{-0.03}^{0}$ mm 尺寸公差为 8 级，其他零件的大部分尺寸为自由公差，表面粗糙度为 1.6μm。

3)　零件装夹方案分析

零件毛坯已加工成型，适合平口钳装夹。装夹前必须检测毛坯各面的平行度和平面度，确认是否满足装夹定位要求，如果不满足，增加修正工序。

4)　加工刀具分析

首先使用刀具 ϕ14mm 立铣刀加工 28mm×20mm 椭圆凸台和 ϕ54mm 圆柱凸台以及宽度为 12mm 的凸台和最大外轮廓凸台，再使用 ϕ11.8mm 麻花钻进行孔加工和 ϕ12mm 铰刀铰孔，然后使用 ϕ10mm 立铣刀加工椭圆凹槽和椭圆开口槽，最后使用 ϕ8mm 的球头刀具加工 R30 的球面。

本例中刀具的选择如下。

T01：ϕ14mm 的立铣刀 1 把。

T02：ϕ10mm 的立铣刀 1 把。

T03：ϕ11.8mm 的麻花钻 1 把。

T04：ϕ12mm 的铰刀 1 把。

T05：ϕ8mm 的球头立铣刀 1 把。

5)　制作工序卡

工序卡如表 9-24 所示。

2. 数控编程

1)　建立工件坐标系

以工件上表面的中心为工件坐标系原点，并以此为工件坐标系编程。

2)　计算基点与节点

利用旋转坐标系功能可直接获取相应点的坐标值。

3)　程序编制。加工程序单如表 9-25～表 9-33 所示。

表 9-24　工序卡

加工中心加工工序卡			产品名称或代号		零件名称		零件图号		
					复杂零件		X-03-04		
单位名称			夹具名称		使用设备		车间		
			平口钳		FANUC 0i 系统的 VC1055 型数控加工中心		现代制造技术中心		
序　号	工艺内容	刀具号	刀具规格/mm	主轴转速 n/(r/min)	进给速度 F/(mm/min)	背吃刀量 a_p/mm	刀片材料	程序编号	量　具
1	加工 28mm×20mm 椭圆台程序	T01	ϕ14 立铣刀	3000	2000	1		O1111 O2222	外径千分尺 (0 ～ 25 0.01)
2	加工最大轮廓凸台	T01	ϕ14 立铣刀	3000	2000	1		O3333	游标卡尺 (0 ～ 125 0.02)
3	加工宽度为 12mm 的凸台	T01	ϕ14 立铣刀	3000	2000	1		O4444 O5555	外径千分尺 (0 ～ 25 0.01)
4	加工ϕ54mm 圆柱凸台	T01	ϕ14 立铣刀	3000	2000	1		O6666	外径千分尺 (50 ～ 75 0.01)
5	钻ϕ12mm 孔	T03	ϕ11.8 麻花钻	600	80			O7001	内径千分尺 (0 ～ 25 0.01)
编　制		审　核		批　准		第 1 页		共 2 页	

续表

加工中心加工工序卡			产品名称或代号		零件名称		零件图号		
					复杂零件		X-03-04		
单位名称			夹具名称		使用设备		车间		
			平口钳		FANUC 0i 系统的 VC1055 型数控加工中心		现代制造技术中心		
序　号	工艺内容	刀具号	刀具规格/mm	主轴转速 n/(r/min)	进给速度 F/(mm/min)	背吃刀量 a_p/mm	刀片材料	程序编号	量　具
6	铰 ϕ12mm 孔	T04	ϕ12 铰刀	800	80			O7002	内径千分尺 (0 ～ 25 0.01)
7	铣 24mm×16mm 椭圆槽	T02	ϕ10 立铣刀	3200	1800	0.5		O8001 O8002	游标卡尺 (0 ～ 125 0.02)
8	铣椭圆开口槽	T02	ϕ10 立铣刀	3200	1800	0.5		O8100 O8101	游标卡尺 (0 ～ 125 0.02)
9	铣 R30 球面	T05	ϕ8 球头立铣刀	3200	1800	0.1		O8200	三坐标测量仪
10	去尖棱、毛刺								
11	检验工件								
编　制		审　核		批　准		第 2 页		共 2 页	

表 9-25　加工程序单 I

程　序	注　释
O1111	椭圆子程序 O1111
#1=0	角度变量初始为 0
X30 Y-30	定位到工件外侧
G01Z-1	下到指定深度(可改变深度值来多层加工)
G42D1X14Y-30	加入刀补
Y0	快速定位到指定位置
N10G01X[COS[#1]×14]Y X[SIN[#1] ×10]	加工椭圆
#1=#1+5	
IF [#1LE360]GOTO10	跳转到 10
Y10	
G0Z5	快速定位到指定位置
G40X30Y-30	取消刀补
M99	子程序结束
椭圆主程序	28mm×20mm 椭圆台程序
O2222	
G90G54G17G00Z100	机床初始状态及工件坐标系
M03S3000F2000	主轴正转
G52X[COS[45]×55]Y[SIN[45]×55]	设定局部坐标系
G68X0Y0Z0R-45	坐标旋转
M98 O1111	调用子程序 O1111
G52X0Y0	取消局部坐标系
G52X-[COS[45]×55]Y-[SIN[45]×55]	设定局部坐标系
G68R135	坐标旋转
M98 O1111	调用子程序 O1111
G52X0Y0	取消局部坐标系
G00Z100	退刀
M30	结束

表 9-26　加工程序单 II

程　序	注　释
O3333	加工最大轮廓凸台指令
G90G54G17G00Z100	机床初始状态及选择工件坐标系
G68X0Y0Z0R-45	坐标旋转到逆时针 45°
M03S3000F2000	主轴正转
X80Y30	定位到起始位置

续表

程　序	注　释
Z5	快速定位深度到 5
G01Z-1	加工到相应深度(可改变深度值来多层加工)
G41D1X69Y0	加入刀补
G02X62.329Y-8.693R9	加工 *R*9 圆弧
G01X19.19Y-20.253	加工切线
G03X15.892Y-21.828R10	加工圆角
G02X-15.892R27	加工 *R*27 圆弧
G03X-19.19Y-20.253R10	加工圆角
G01 X-62.329Y-8.693	加工切线
G02Y8.693R9	加工 *R*9 圆弧
G01 X-19.19Y20.253	加工切线
G03 X-15.892Y21.828R10	加工圆角
G02X15.892R27	加工 *R*27 圆弧
G03X19.19Y20.253R10	加工圆角
G01X62.329Y8.69	加工切线
G02X69Y0R9	加工 *R*9 圆弧
G01Y-10	切出工件
G00Z100	退刀
M30	

表 9-27　加工程序单Ⅲ

程　序	注　释
O4444	加工宽度为 $12_{-0.03}^{0}$ 的凸台的子程序
G01Z-1	下刀至深度(可改变深度值来多层加工)
G41D1X66Y0	加入刀补
G02X60Y-6R6	加工 *R*6 圆弧
G01X52	加工直线
G02Y6R6	加工 *R*6 圆弧
G01X60	加工直线
G02X66Y0R6	加工 *R*6 圆弧
G01Y-10	切出工件
G00Z5	退刀
G40X0Y0	取消刀补
M99	子程序结束
2-$12_{-0.03}^{0}$ 的凸台的主程序	加工宽度为 $12_{-0.03}^{0}$ 的凸台的子程序
O5555	程序名

续表

程　序	注　释
G90G54G17G00X0Y0Z100	机床初始状态及选择工件坐标系
M03S3000F2000	主轴正转
G68X0Y0R-45	坐标系旋转 45°
X80Y30	快速到达位置
Z5	
M98 P4444	调用子程序
G69	取消旋转坐标指令
G68X0Y0R135	坐标系旋转 135°
X80Y30	快速到达位置
Z5	
M98 P4444	调用子程序
G69	取消旋转坐标指令
G00Z100	退刀
M30	

表 9-28　加工程序单Ⅳ

程　序	注　释
O6666	加工ϕ54mm 圆柱程序
G90G54G17G00X0Y0Z100	机床初始状态及选择工件坐标系
M03S3000F2000	主轴正转
G68X0Y0R-45	坐标系旋转-45°
X40Y30	快速定位
Z5	
G01Z-2	加工深度(可改变深度值来多层加工)
G41D1X27Y0	加入刀补
G02I-27	加工整圆
G01Y-20	切出工件
G69	取消旋转
G00Z100	退刀
M30	

表 9-29　加工程序单 v

程　序	注　释
O7001	钻ϕ12mm 孔指令
G90G54G17G00X0Y0Z100	机床初始状态及选择工件坐标系

续表

程　序	注　释
M03S600	主轴正转
G68X0Y0R-45	坐标系旋转-45°
X55Y0	快速定位
Z5	
G98G83X55Y0Z-15R-5Q5F80	钻孔循环
X-55Y0	第二个孔的位置
G0Z100	
M30	

表 9-30　加工程序单Ⅵ

程　序	注　释
O7002	钻ϕ12mm 孔指令
G90G54G17G00X0Y0Z100	机床初始状态及选择工件坐标系
M03S800	主轴正转
G68X0Y0R-45	坐标系旋转-45°
X55Y0	快速定位到指定点
Z5	
G98G85X55Y0Z-15R-5Q5F80	铰孔循环
X-55Y0	第二个孔的位置
G0Z100	
M30	

表 9-31　加工程序单Ⅶ

程　序	注　释
O8001	铣 24mm×16mm 椭圆槽子程序
#1=0	角度变量初始赋值
X0 Y0	定位到位置
G01Z-0.5	下刀深度(可改变深度值来多层加工)
G41D1X12Y0	加入刀补
N10G01X[COS[#1]×12]Y X[SIN[#1] ×8]	椭圆参数方程
#1=#1+5	
IF [#1LE360]GOTO10	条件跳转
G0Z5	
G40X30Y-30	取消刀补
M99	子程序结束

续表

程 序	注 释
O8002	铣 24mm×16mm 椭圆槽主程序
G90G54G17G00Z100	机床初始状态及工件坐标系
M03S3200F1800	主轴正转
G52X[COS[45]×55]Y[SIN[45]×55]	设定局部坐标系
G68R-45	坐标旋转
M98 O8001	调用子程序 O8001
G52X0Y0	取消局部坐标系
G52X-[COS[45]×55]Y-[SIN[45]×55]	设定局部坐标系
G68R135	坐标旋转
M98 O78001	调用子程序 O78001
G52X0Y0	取消局部坐标系
G00Z100	退刀
M30	

表 9-32 加工程序单Ⅷ

程 序	注 释
O8100	铣椭圆开口槽的子程序名字
G0X0Y0	快速定位
G01Z-0.5F100	下刀深度(可改变深度值来多层加工)
G41D1X6	加入刀补
Y-20	加工椭圆开口槽
X-6	加工椭圆开口槽
Y0	加工椭圆开口槽
G40X0Y0	取消刀补回到起点
M99	
O8101	铣椭圆开口槽的主程序
G90G54G17G00X0Y0Z100	机床初始状态及工件坐标系
M03S3200F1800	主轴正转
G52X[COS[45]×55]Y[SIN[45]×55]	设定局部坐标系
G68R-45	坐标旋转
M98 O7777	调用子程序 O8100
G52X0Y0	取消局部坐标系
G52X-[COS[45]×55]Y-[SIN[45]×55]	设定局部坐标系
G68R135	坐标旋转
M98 O7777	调用子程序 O8100

续表

程　序	注　释
G52X0Y0	取消局部坐标系
G00Z100	退刀
M30	

表 9-33　加工程序单Ⅸ

程　序	注　释
O8200	铣 *R*30 球面
#1=20	角度变量初始赋值
G90G54G17G00X0Y0Z100	机床初始状态及工件坐标系
M03S3200F1800	主轴正转
N50 #2=26*SIN[#1]	*x* 方向变量值
#3=26*COS[#1]+4-27	*z* 方向变量值
X0 Y0	定位到位置
G01X#2Y0Z#3	走到相应位置
G02I-#2	加工相应的整圆
#1=#1-2	自变量变换
IF [#1GE0]GOTO50	条件跳转
G0Z50	
M30	
M30	

3. 模拟加工

模拟加工的结果如图 9-37 所示。

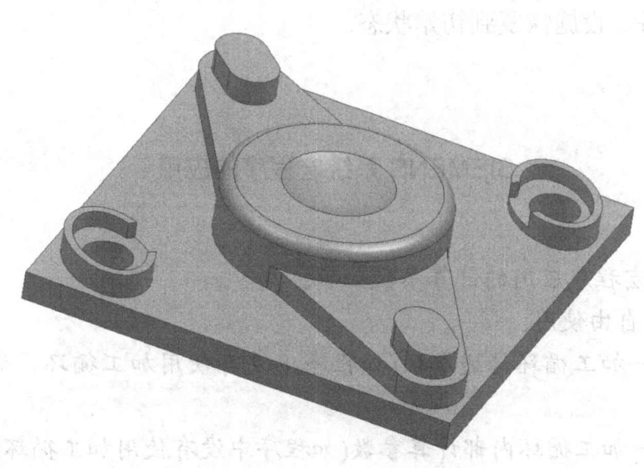

图 9-37　模拟加工的结果

4. 数控加工

1) 加工前准备

(1) 电源接通。

(2) 机床回零。

(3) 刀辅具准备和毛坯准备。

2) 工件与刀具装夹

(1) 工件装夹。工件装夹在平口钳上。

(2) 刀具安装。将加工零件的刀具依次插到刀库的相应刀套内。

3) 对刀与参数设置

X、*Y* 方向采用分中对刀，*Z* 方向采用试切对刀，并正确输入各刀具半径及长度补偿。

4) 程序调入与调试

(1) 调入程序。

(2) 刀具补偿。

(3) 调试程序。

(4) 自动加工。

5. 加工工件质量检测

(1) 去尖棱、毛刺。

(2) 用游标卡尺、千分尺等检测各加工尺寸。

(3) 用类比目测法检查各加工面的表面粗糙度。

6. 清场处理

(1) 清除切屑、擦拭机床，使机床与环境保持清洁状态。

(2) 注意检查或更换磨损坏的机床导轨上的油擦板。

(3) 检查润滑油、冷却液的状态，及时添加或更换。

(4) 依次关掉机床操作面板上的电源和总电源。

(5) 将现场设备、设施恢复到初始状态。

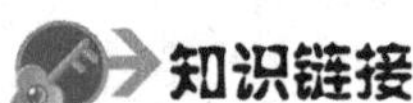

SIEMENS 系统宏程序的应用

1. 计算参数

SIEMENS 系统宏程序应用的计算参数如下。

R0～R99——可自由使用；

R100～R249——加工循环传递参数(如程序中没有使用加工循环，这部分参数可自由使用)；

R250～R299——加工循环内部计算参数(如程序中没有使用加工循环，这部分参数可自由使用)。

2. 赋值方式

为程序的地址赋值时，在地址字之后应使用“=”，N、G、L 除外。

例：G00 X=R2

3. 控制指令

控制指令主要有：

IF 条件 GOTOF 标号

IF 条件 GOTO 标号

说明：IF——如果满足条件，跳转到标号处；如果不满足条件，执行下一条指令。

GOTOF——向前跳转。

GOTOB——向后跳转。

标号——目标程序段的标记符，必须由 2～8 个字母或数字组成，其中开始两个符号必须是字母或下画线。标记必须位于程序有顺序号字，标记符必须紧跟顺序号字；标记符后面必须为冒号。

条件——计算表达式，通常用比较运算表达式，比较运算符如表 9-34 所示。

表 9-34　比较运算符

比较运算符	意　义	比较运算符	意　义
=	等于	<	小于
<>	不等于	>=	大于或小于
>	大于	<=	小于或等于

例如：

```
…
N10 IF R1<10 GOTOF LAB1
…
N100 LAB1G0 Z80
```

例：用镗孔循环 LCYC85 加工图 9-38 所示矩阵排列孔，无孔底停留时间，安全间隙为 2mm。

```
N10 G0 G17G90 F1000 T2 D2 S500 M3
N20 X10 Y10 Z105
N30 R1=0
N40 R101=105 R102=2 R103=102 R104=77 R105=0 R107=200 R108=100
N50 R115=85 R116=30 R117=20 R118=10 R119=5 R120=0 R121=10
N60 MARKE1 LCYC60
N70 R1=R1+1 R117=R117+10
N80 IF R1<5 GOTOB MARKE1
N90 G0 G90 X10 Z10 Y10Z105
N100 M2
```

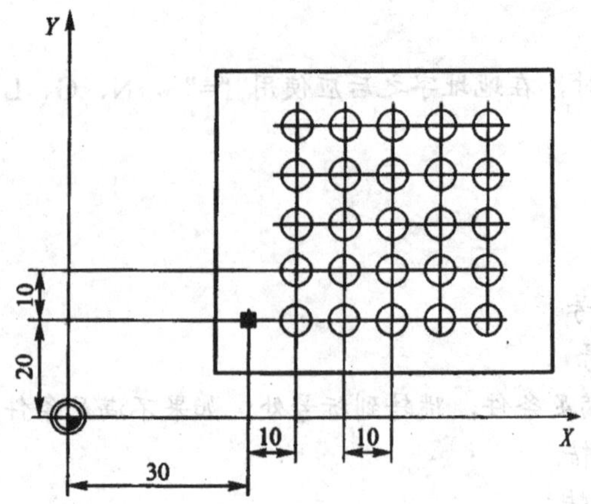

图 9-38　矩阵排列孔加工实例

9.4.3　拓展实训

按照图 9-39～图 9-40 所示的工件图样完成加工操作。

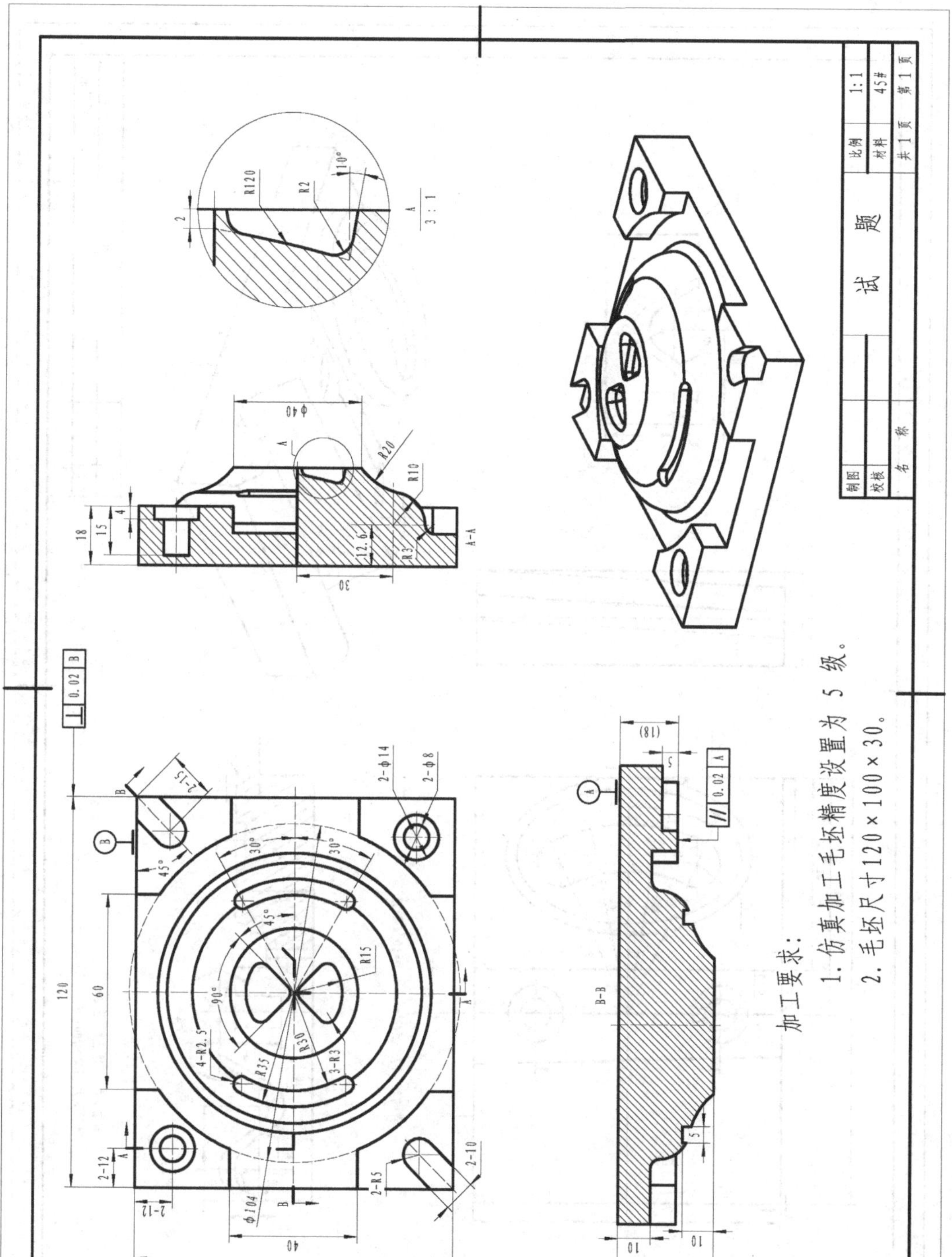

加工要求：

1. 仿真加工毛坯精度设置为 5 级。
2. 毛坯尺寸120×100×30。

试题	比例	1:1
	材料	45#
	共 1 页	第 1 页

制图　校核　名称

图 9-39　零件图 I

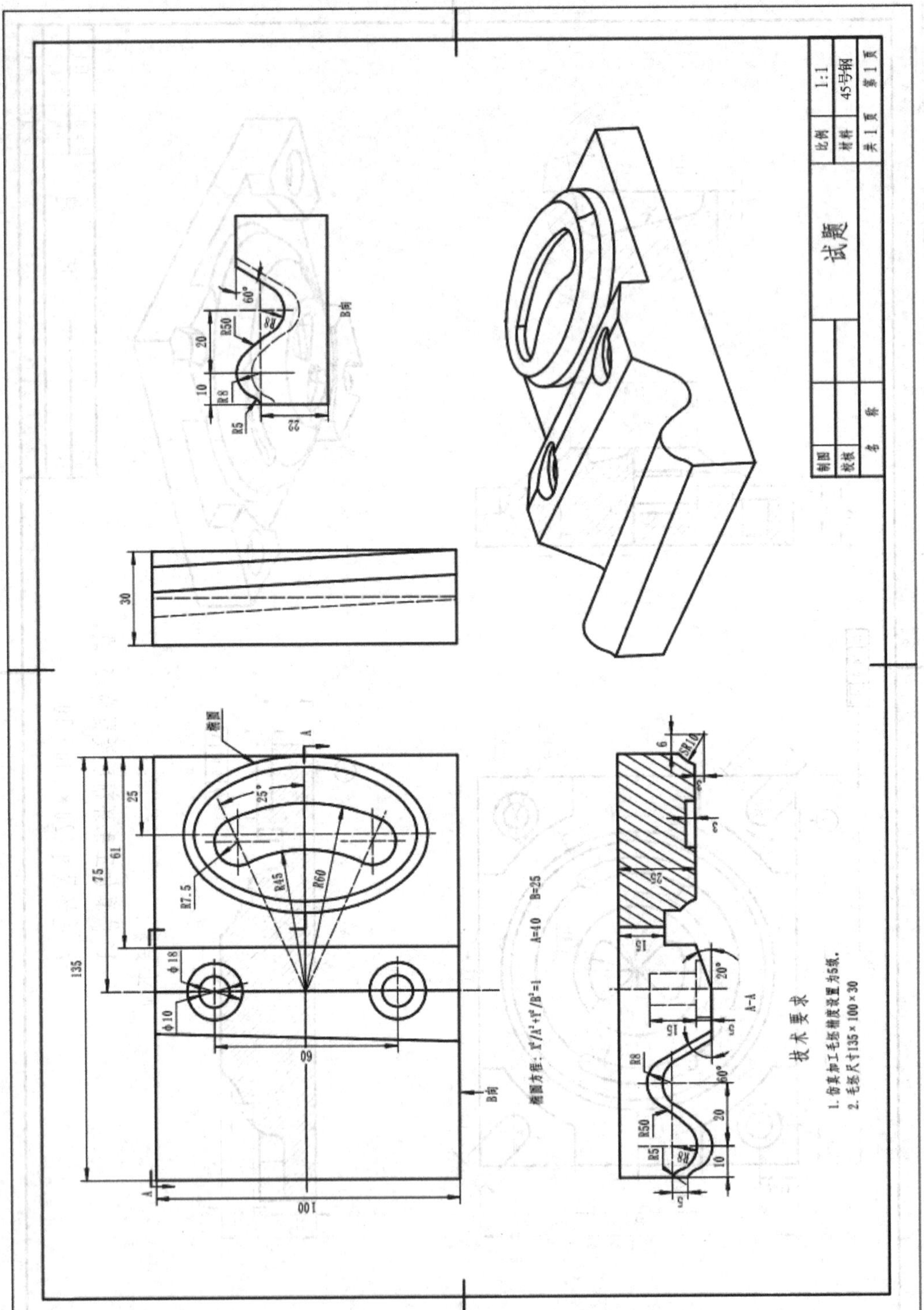

图 9-40　零件图 II

参考文献

1. 刘胜勇. 实用数控加工手册[M]. 北京：机械工业出版社，2015.
2. 沈春根. FANUC 数控宏程序编程案例手册[M]. 北京：机械工业出版社，2017.
3. 李小笠. 数控机床操作与编程[M]. 北京：机械工业出版社，2016.
4. 王桂莲. 数控机床装调维修技术与实训[M]. 北京：机械工业出版社，2015.
5. 张新香. 数控车削编程与加工[M]. 北京：机械工业出版社，2015.
6. 蒙斌. 机床数控技术与系统[M]. 北京：机械工业出版社，2015.
7. 陈为国. 数控加工编程技巧与禁忌[M]. 北京：机械工业出版社，2014.
8. 赵莹. 数控车床操作工岗位手册[M]. 北京：机械工业出版社，2014.
9. 孙继山. 数控车床编程与操作[M]. 北京：机械工业出版社，2013.
10. 赵勤德. 零件的数控车加工[M]. 北京：机械工业出版社，2013.
11. 左文刚. 现代数控机床全过程维修[M]. 北京：人民邮电出版社，2008.
12. 刘战术，窦凯. 数控机床及其维护[M]. 北京：人民邮电出版社，2008.
13. 顾淑群. 数控铣工实训手册[M]. 北京：高等教育出版社，2020.
14. 庄瑜. 数控铣削加工[M]. 北京：高等教育出版社，2020.
15. 倪厚滨. 数控铣削程序编制与调试[M]. 北京：高等教育出版社，2020.
16. 顾淑群. 数控车工实训手册[M]. 北京：高等教育出版社，2020.
17. 崔陵. 数控铣床编程与加工技术[M]. 2 版. 北京：高等教育出版社，2019.
18. 王乐文. 数控加工技术训练[M]. 北京：高等教育出版社，2019.
19. 于万成. 数控铣削编程及加工[M]. 北京：高等教育出版社，2018.
20. 朱鹏程. 数控机床与编程[M]. 北京：高等教育出版社，2017.
21. 赵波. 数控铣床加工项目教程[M]. 北京：高等教育出版社，2016.
22. 王荣兴. 使用数控车床的零件加工[M]. 北京：高等教育出版社，2016.
23. 李斌. 数控铣削加工技术与技能[M]. 北京：高等教育出版社，2016.
24. 王振宇. 数控加工工艺与 CAM 技术[M]. 北京：高等教育出版社，2019.
25. 韩旻. 数控加工软件 Mastercam 训练教程[M]. 2 版. 北京：高等教育出版社，2016.
26. 王岗. 数控车削加工技术与技能[M]. 北京：高等教育出版社，2015.
27. 于文强. 数控加工与 CAM 技术[M]. 北京：高等教育出版社，2015.
28. 孙根正. 工程制图基础[M]. 4 版. 北京：高等教育出版社，2019.
29. 王冰. 机械制图及测绘实训[M]. 北京：高等教育出版社，2019.
30. 彭晓兰. 机械制图[M]. 2 版. 北京：高等教育出版社，2019.
31. 钱可强. 机械制图[M]. 5 版. 北京：高等教育出版社，2018.
32. 魏峥. 机械 CAD/CAM(UG)[M]. 2 版. 北京：高等教育出版社，2019.
33. 王春 . UG 应用项目训练教程[M]. 北京：高等教育出版社，2015.
34. 魏峥. 机械 CAD/CAM(UG)[M]. 北京：高等教育出版社，2015.

35. 王靖东. 金属切削与加工[M]. 北京：高等教育出版社，2014.

36. 胡立平. 加工中心操作工考级项目训练教程[M]. 北京：高等教育出版社，2015.

37. 孙连栋. 加工中心(数控铣工)实训[M]. 北京：高等教育出版社，2011.

38. 王志平. 使用加工中心的零件加工[M]. 北京：高等教育出版社，2010.

39. 才家刚. 图解常用量具的使用方法和测量实例[M]. 北京：机械工业出版社，2007.

40. 沈其文，徐鸿本. 机械制造工艺禁忌手册[M]. 北京：机械工业出版社，2004.